Hola a tod@s!!

Esta edición impresa del material pretende ser una ayuda más para todos aquellos que no siempre tenéis disponible internet para consultar #BertoBlog o que simplemente (y al igual que me pasa a mí) preferís tener las cosas en papel a la hora de estudiar. Espero que resulte útil a todo el mundo y que con todo vuestro esfuerzo, y este pequeño granito de arena que os aporto yo, alcancéis todos vuestros objetivos. Es un año importante y las pruebas de acceso a la universidad siempre asustan. Pero no puedes dejar que ese miedo te paralice, si no usarlo de motivación para salir a por todas!

Encontraréis en este libro las pruebas de acceso a la universidad de la Comunidad Valenciana de los últimos años con sus soluciones.

Tenéis mucho más contenido en #BertoBlog, y lo mejor es que un pequeño gesto como el que has tenido tú al adquirir el libro, ayudará a que cada día haya más y más contenido disponible.

Un saludo y muchas gracias por adquirir, valorar y recomendar el libro.

Espero que te sea de mucha ayuda. Para cualquier cosa nos vemos en #BertoBlog!!

PRUEBAS DE ACCESO

A LA UNIVERSIDAD

COMUNIDAD

VALENCIANA

QUIMICA

2010-2024

INDICE

OPCION A   JUNIO 2010

CUESTION 1

Considere las moléculas CS_2, CH_3Cl, H_2Se, NCl_3, y responda razonadamente a las siguientes cuestiones:

a) Represente la estructura de Lewis de cada una de éstas moléculas. **(0,8 puntos)**

b) Prediga su geometría molecular. **(0,8 puntos)**

c) Explique, en cada caso, si la molécula tiene o no momento dipolar. **(0,4 puntos)**

DATOS.- Números atómicos: H = 1; C = 6; N = 7; S = 16; Cl = 17; Se = 34.

PROBLEMA 2

La reacción de la hidracina, N_2H_4, con el peróxido de hidrógeno, H_2O_2, se usa en la propulsión de cohetes. La reacción ajustada que tiene lugar es la siguiente:

$$N_2H_4 \text{ (l)} + 2 H_2O_2 \text{ (l)} \longrightarrow N_2 \text{ (g)} + 4 H_2O \text{ (g)} \quad ; \quad \Delta H = -642,2 \text{ kJ}$$

a) Calcule la entalpía de formación estándar de la hidracina. **(0,8 puntos)**

b) Calcule el volumen total, en litros, de los gases formados al reaccionar 320 g de hidracina con la cantidad adecuada de peróxido de hidrógeno a 600°C y 650 mmHg. **(1,2 puntos)**

DATOS.- Masas atómicas: H = 1; N = 14; O = 16; R = 0,082 atm.L/mol.K ; 1 atmósfera=760 mmHg.
ΔH^o_f (kJ/mol): ΔH^o_f [H_2O_2 (l)]= -187,8 ; ΔH^o_f [H_2O (g)]= -241,8.

CUESTION 3

Considere el siguiente equilibrio: 3 Fe (s) + 4 H_2O (g) <===> Fe_3O_4 (s) + 4 H_2 (g) ; ΔH = -150 kJ/mol

Explique cómo afecta, cada una de las siguientes modificaciones, a la cantidad de H_2 (g) presente en la mezcla en equilibrio: **(0,4 puntos cada apartado)**

a) Elevar la temperatura de la mezcla.

b) Introducir más H_2O (g).

c) Eliminar Fe_3O_4 (s) a medida que se va produciendo.

d) Aumentar el volumen del recipiente en el que se encuentra la mezcla en equilibrio (manteniendo constante la temperatura).

e) Adicionar a la mezcla en equilibrio un catalizador adecuado.

PROBLEMA 4

El ácido benzoico, C_6H_5COOH, es un ácido monoprótico débil que se utiliza como conservante (E-210) en alimentación. Se dispone de 250 mL de una disolución de ácido benzoico que contiene 3,05 g de éste ácido.

a) Calcule el pH de ésta disolución. **(1,2 puntos)**

b) Calcule el pH de la disolución resultante cuando se añaden 90 mL de agua destilada a 10 mL de la disolución de ácido benzoico. **(0,8 puntos)**

DATOS.- Masas atómicas: H = 1; C = 12; O = 16; K_a(C_6H_5COOH)=6,4x10^{-5}; K_w=1,0x10^{-14}.

CUESTION 5

Formule o nombre, según corresponda, los siguientes compuestos. **(0,2 puntos cada uno)**

a) 1-etil-3-metilbenceno

b) 2-metil-2-propanol

c) 2-metilpropanoato de etilo

d) hidrogenofosfato de calcio

e) sulfito sódico.

f) CuCN

g) $Hg_2(NO_3)_2$

h) ClCH=CH-CH_3

i) CH_3-CH_2-O-CH_2-CH_3

j) CH_3-CH(CH_3)-CO-CH_2-CH(CH_3)-CH_3

OPCION B

CUESTION 1

Considere los elementos A, B y C de números atómicos 10, 11 y 12, respectivamente, y responda razonadamente las siguientes cuestiones:

a) Asigne los valores siguientes, correspondientes a la primera energía de ionización, a cada uno de los tres elementos del enunciado: 496 kJ/mol, 738 kJ/mol, 2070 kJ/mol. **(1 punto)**

b) Indique el ión más probable que formarán los elementos B y C, y justifique cuál de ellos tendrá mayor radio iónico. **(1 punto)**

PROBLEMA 2

En medio ácido, el ión clorato, ClO_3^-, oxida al hierro (II) de acuerdo con la siguiente reacción **no ajustada**:

$$ClO_3^- \text{ (ac)} + Fe^{2+} \text{ (ac)} + H^+ \text{ (ac)} \longrightarrow Cl^- \text{ (ac)} + Fe^{3+} \text{ (ac)} + H_2O \text{ (l)}$$

a) Escriba y ajuste la correspondiente reacción. **(0,6 puntos)**

b) Determine el volumen de una disolución de clorato de potasio ($KClO_3$) 0,6 M necesario para oxidar 100 gramos de cloruro de hierro (II) ($FeCl_2$) cuya pureza es del 90% en peso. **(1,4 puntos)**

DATOS.- Masas atómicas: Fe = 55,8 ; O = 16; Cl = 35,5 ; K = 39,1.

CUESTION 3

Se prepara una pila voltaica formada por electrodos Ni^{2+}(ac)/Ni(s) y Ag^+(ac)/Ag(s) en condiciones estándar.

a) Escriba la semirreacción que ocurre en cada electrodo así como la reacción global ajustada. **(1 punto)**

b) Explique qué electrodo actúa de ánodo y cuál de cátodo y calcule la diferencia de potencial que proporcionará la pila. **(1 punto)**

DATOS.- E^o [Ni^{2+}(ac)/Ni(s)] = -0,23 V; E^o [Ag^+(ac)/Ag(s)] = +0,80 V.

PROBLEMA 4

A 700 K el sulfato cálcico, $CaSO_4$, se descompone parcialmente según el siguiente equilibrio:

$$2 CaSO_4 \text{ (s)} \Longleftrightarrow 2 CaO \text{ (s)} + 2 SO_2 \text{ (g)} + O_2 \text{ (g)}$$

Se introduce una cierta cantidad de $CaSO_4$ (s) en un recipiente cerrado de 2 L de capacidad, en el que previamente se ha hecho el vacío; se calienta a 700 K y cuando se alcanza el equilibrio, a la citada temperatura, se observa que la presión total en el interior del recipiente es de 0,60 atmósferas.

a) Calcule el valor de K_p y de K_c. **(1,2 puntos)**

b) Calcule la cantidad, en gramos, de $CaSO_4$ (s) que se habrá descompuesto. **(0,8 puntos)**

DATOS.- Masas atómicas: O = 16; S = 32; Ca = 40; R = 0,082 atm.L/mol.K

CUESTION 5

Complete las siguientes reacciones y nombre los compuestos orgánicos que intervienen. **(0,4 puntos cada una)**

a) CH_3–CH=CH_2 + HCl $\longrightarrow$

b) CH_3–CH_2Br + KOH (ac) $\longrightarrow$

c) C_6H_5–OH + NaOH $\longrightarrow$

d) CH_3–COOH + NaOH $\longrightarrow$

e) n CH_2=CH_2 + catalizador $\longrightarrow$

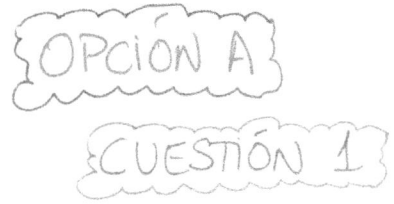

CUESTIÓN 1

$\boxed{CS_2}$ LEWIS + RPECV

$C(z=6)$: $1s^2 2s^2 2p^2 \longrightarrow$ $\overset{2s}{\boxed{1\downarrow}}$ $\overset{2p}{\boxed{\uparrow|\uparrow|\;}}$ 4e⁻ de valencia

$S(z=16)$: $1s^2 2s^2 2p^6 3s^2 3p^4 \longrightarrow$ $\overset{3s}{\boxed{1\downarrow}}$ $\overset{3p}{\boxed{1\downarrow|\uparrow|\uparrow}}$ 6e⁻ de valencia

$S\quad C\quad S \Rightarrow \ddot{S}-C-\ddot{S} \Rightarrow :\ddot{S}-C-\ddot{S}: \Rightarrow \ddot{S}=C=\ddot{S}$

16 electrones   Quedan 12e⁻   Carga formal   Definitiva!!

La estructura es definitiva al ser nula la carga formal sobre todos los átomos. Molécula AX_2 con geometría LINEAL

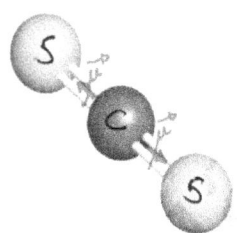

Como vemos, al ser $\vec{\mu}_{TOTAL} = \vec{0}$, se trata de una molécula APOLAR.

$\boxed{CH_3Cl}$ LEWIS + RPECV

$C(z=6)$: $1s^2 2s^2 2p^2 \longrightarrow$ $\overset{2s}{\boxed{1\downarrow}}$ $\overset{2p}{\boxed{\uparrow|\uparrow|\;}}$ 4e⁻ de valencia

$Cl(z=17)$: $1s^2 2s^2 2p^6 3s^2 3p^5 \longrightarrow$ $\overset{3s}{\boxed{1\downarrow}}$ $\overset{3p}{\boxed{1\downarrow|1\downarrow|\uparrow}}$ 7e⁻ de valencia

$H(z=1)$: $1s^1 \longrightarrow$ $\overset{1s}{\boxed{\uparrow}}$ 1e⁻ de valencia

Cl   Cl   :Cl:

H   C   H $\Rightarrow$ H $-$ C $-$ H $\Rightarrow$ H $-$ C $-$ H

     H   H   H

14 electrones   Quedan 6e⁻   Definitiva!!

La estructura es definitiva al ser nula la carga formal sobre todos los átomos. Se trata de una molécula AX_4 que presentará geometría TETRAÉDRICA.

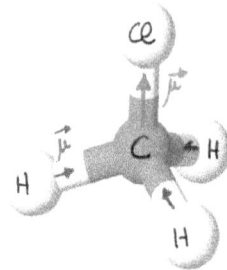

Como $\vec{\mu_{TOTAL}} \neq \vec{0}$ $\Rightarrow$ Molécula POLAR

* El enlace H-C también podría considerarse apolar al tener H y C electronegatividades muy similares.

| H_2Se | LEWIS + RPECV

$Se\,(z=34): 1s^2 2s^2 2p^6 3s^2 3p^6 3d^{10} 4s^2 4p^4 \rightarrow$ 4s [↑↓]   4p [↑↓|↑|↑]   6e⁻ de valencia

$H\,(z=1): 1s^1 \longrightarrow$ 1s [↑]   1e⁻ de valencia

H   Se   H $\Rightarrow$ H $-$ Se $-$ H $\Rightarrow$ H $-$ S̈e $-$ H $\Rightarrow$ La estructura

8 electrones   Quedan 4e⁻   Definitiva!!

es definitiva al no tener carga formal Molécula AX_2E_2 ANGULAR.

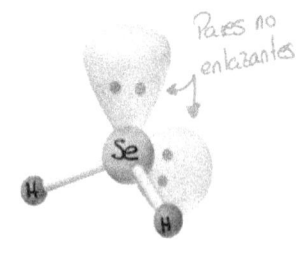

Pares no enlazantes

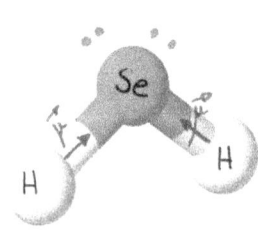

Como $\vec{\mu_{TOTAL}} \neq \vec{0}$

⇓

Molécula POLAR

* El enlace H-Se podría considerarse apolar al tener H y Se electronegatividades similares. No obstante, los pares no enlazantes aseguran la polaridad de la molécula.

$\boxed{\text{NCl}_3}$ LEWIS +RPECV

N (z=7): $1s^2 2s^2 2p^3$ ⟶ $\boxed{1\downarrow}$ $\boxed{\uparrow\,|\,\uparrow\,|\,\uparrow}$ $5e^-$ de valencia

Cl (z=17): $1s^2 2s^2 2p^6 3s^2 3p^5$ ⟶ $\boxed{1\downarrow}$ $\boxed{1\downarrow\,|\,1\downarrow\,|\,\uparrow}$ $7e^-$ de valencia

Cl   N   Cl ⟹ Cl — N — Cl ⟹ :Cl — N — Cl:

26 electrones   Quedan 20e⁻   Definitiva!!

La estructura es definitiva al ser nula la carga formal sobre todos los átomos. Se trata de una molécula AX_3E con geometría de PIRÁMIDE TRIGONAL.

Par no enlazante

Como $\overrightarrow{\mu_{TOTAL}} \neq \vec{0}$, se trata de una molécula POLAR

* El enlace N-Cl tiene una polaridad prácticamente despreciable, pues N y Cl tienen electronegatividades casi idénticas. No obstante, el par no enlazante asegura la polaridad de la molécula.

PÁGINA 3

PROBLEMA 2

$$N_2H_{4(l)} + 2H_2O_{2(l)} \longrightarrow N_{2(g)} + 4H_2O_{(g)}$$

$$\Delta H_R^o = 4 \cdot \Delta H_{f_{H_2O(g)}}^o + 1 \cdot \Delta H_{f_{N_2(g)}}^o \!\!\!\!\nearrow^0 - 2 \cdot \Delta H_{f_{H_2O_2(l)}}^o - 1 \cdot \Delta H_{f_{N_2H_4(l)}}^o$$

$$-642'2 = 4 \cdot (-241'8) - 2 \cdot (-187'8) - \Delta H_{f_{N_2H_4(l)}}^o$$

$$\Longrightarrow \Delta H_{f_{N_2H_4(l)}}^o = 50'6 \ kJ/mol$$

* Hemos tenido que suponer que el ΔH dado para la reacción era en realidad para cuando la reacción sucede en condiciones estándar (ΔH^o)

b) $320 \ g \ N_2H_{4(l)} \times \dfrac{1 \ mol \ N_2H_4}{32 \ g \ N_2H_4} \times \dfrac{5 \ moles \ gas}{1 \ mol \ N_2H_4} = 50 \ moles \ gaseosas$

$$P \cdot V = nRT \Rightarrow V = \dfrac{50 \cdot 0'082 \cdot 873}{650/760} = 4185'03 \ Litros$$

CUESTIÓN 3

$$3 Fe_{(s)} + 4H_2O_{(g)} \rightleftharpoons Fe_3O_{4(s)} + 4H_{2(g)} \quad \Delta H = -150 kJ$$

a) Como vemos, se tiene que:

$$3Fe_{(s)} + 4H_2O_{(g)} \xrightarrow[\substack{\text{Reacción} \\ \text{Inversa} \quad \Delta H = +150 kJ \ (\text{Endotérmica})}]{\substack{\text{Reacción} \\ \text{Directa} \quad \Delta H = -150 kJ \ (\text{Exotérmica})}} Fe_3O_{4(s)} + 4H_{2(g)}$$

Para que suceda la reacción inversa, hemos de aportar calor (endotérmica). Aumentar la temperatura es justamente

PÁGINA 4

aportar calor y por tanto, será la ruta endotérmica la que se favorezca. Así, el equilibrio se desplazará a la izquierda disminuyendo por tanto la cantidad de $H_2(g)$ presente en el equilibrio.

b) Si introducimos más $H_2O(g)$ el equilibrio se desplazará a la derecha para consumirlo, aumentando así la cantidad de $H_2(g)$ presente en el equilibrio.

c) El $Fe_3O_4(s)$ es un sólido y no afecta por tanto al cociente de reacción. La cantidad de $H_2(g)$ en el equilibrio no se verá afectada.

d) Un aumento de volumen (a temperatura constante) traerá consigo una disminución de la presión. El equilibrio se desplazará hacia donde haya mayor número de moles gaseosos. En este caso, tenemos los mismos moles de gas en reactivos y en productos. El equilibrio no se desplazará y la cantidad de $H_2(g)$ en el equilibrio no se verá afectada.

e) Un catalizador puede afectar a la velocidad de la reacción pero no al estado de equilibrio. La cantidad de $H_2(g)$ en equilibrio por tanto no se verá afectada.

PROBLEMA 4

$$C_6H_5-COOH + H_2O \rightleftharpoons C_6H_5-COO^- + H_3O^+$$

Inicial	C_0	...	—	—
Reacciona	X	...	—	—
Forma	...	...	X	X
Equilibrio	C_0-X		X	X

$$K_a = \frac{[C_6H_5-COO^-] \cdot [H_3O^+]}{[C_6H_5-COOH]} \Rightarrow 6'4 \cdot 10^{-5} = \frac{x^2}{C_0-X}$$

$$C_0 = \frac{n_{soluto}}{V_{dsón}} = \frac{\frac{m}{PM}}{V_{dsón}} = \frac{\frac{3'05}{7 \cdot 12 + 2 \cdot 16 + 6}}{0'25} = \frac{\frac{3'05}{122}}{0'25} = 0'1\,mol/L$$

$$6'4 \cdot 10^{-5} = \frac{x^2}{0'1-x} \Rightarrow x^2 + 6'4 \cdot 10^{-5}x - 6'4 \cdot 10^{-6} = 0 \quad \begin{array}{l} \nearrow X = 2'5 \cdot 10^{-3}\,mol/L \\ \searrow X = Negativo \end{array}$$

$$pH = -log\,[H_3O^+] = -log\,(2'5 \cdot 10^{-3}) = 2'602$$

b) $n_{benzoico} = M \cdot V = 0'1 \cdot 0'01 = 1 \cdot 10^{-3}\,moles\ benzoico$

Al añadir 90 mL de agua, la nueva concentración será:

$$C_0' = \frac{n_{soluto}}{V_{dsón}} = \frac{1 \cdot 10^{-3}}{0'01 + 0'09} = 0'01\,mol/L \Rightarrow$$

$$\Rightarrow 6'4 \cdot 10^{-5} = \frac{x^2}{0'01-x} \Rightarrow x^2 + 6'4 \cdot 10^{-5}x - 6'4 \cdot 10^{-7} = 0 \quad \begin{array}{l} \nearrow X = 7'69 \cdot 10^{-4}\,mol/L \\ \searrow X = Negativo \end{array}$$

$$pH = -log\,[H_3O^+] = -log\,(7'69 \cdot 10^{-4}) = 3'114$$

CUESTIÓN 5

a) 1-etil-3-metilbenceno

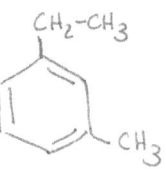

b) 2-metil-2-propanol $CH_3 - \overset{\overset{OH}{|}}{\underset{\underset{CH_3}{|}}{C}} - CH_3$

c) 2-metilpropanoato de etilo $CH_3 - \underset{\underset{CH_3}{|}}{CH} - COO - CH_2 - CH_3$

d) Hidrogenofosfato de calcio $CaHPO_4$

e) Sulfito sódico Na_2SO_3

f) CuCN   Cianuro de cobre (I)

g) $Hg_2(NO_3)_2$ Nitrato de mercurio (I)   VER AMPLIACIÓN

h) $ClCH = CH - CH_3$ 1-cloropropeno

i) $CH_3 - CH_2 - O - CH_2 - CH_3$ dietiléter

j) $CH_3 - \underset{\underset{CH_3}{|}}{CH} - \overset{\overset{O}{||}}{C} - CH_2 - \underset{\underset{CH_3}{|}}{CH} - CH_3$ 2,5-dimetil-3-hexanona

OPCIÓN B

CUESTIÓN 1

$A (z=10): 1s^2 2s^2 2p^6 \longrightarrow$

2s | 2p
$\boxed{1\downarrow}$ | $\boxed{1\downarrow}\boxed{1\downarrow}\boxed{1\downarrow}$ Grupo 18 Período 2

$B (z=11): 1s^2 2s^2 2p^6 3s^1 \longrightarrow$

3s
$\boxed{\uparrow}$ Grupo 1 Período 3

$C (z=12): 1s^2 2s^2 2p^6 3s^2 \longrightarrow$

3s
$\boxed{1\downarrow}$ Grupo 2 Período 3

La energía de ionización es la energía que se requiere para arrancar un electrón de un átomo en estado gaseoso en su estado fundamental : $X_{(g)} + EI \longrightarrow X^+_{(g)} + e^-$

En general, la regla es que la EI aumenta a medida que nos movemos hacia la derecha en un mismo período (ya que al disminuir el radio atómico hay mayor atracción) y disminuye al descender en un grupo (al estar aumentando el radio atómico).

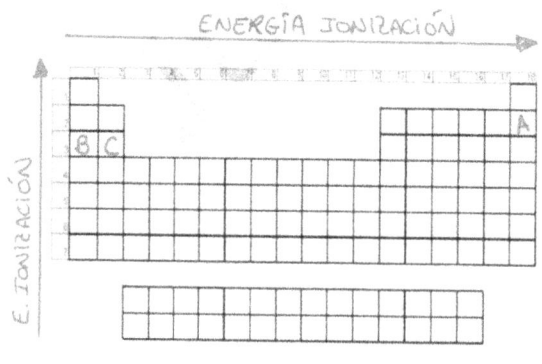

ENERGÍA IONIZACIÓN

E. IONIZACIÓN

Por tanto:

$EI_{(A)} = 2070$ KJ/mol

$EI_{(C)} = 738$ KJ/mol

$EI_{(B)} = 496$ KJ/mol

PÁGINA 8

b) Los iones más estables que formarán los elementos B y C son los que les otorgan configuración electrónica del gas noble más cercano. En ambos casos esto se conseguirá cuando pierdan los electrones del orbital 3s. Así:

$$B - 1e^- \longrightarrow B^+ : 1s^2 2s^2 2p^6$$

$$C - 2e^- \longrightarrow C^{2+} : 1s^2 2s^2 2p^6$$

Los iones B^+ y C^{2+} son especies isoelectrónicas:

$$B^+ \longrightarrow \begin{cases} z = 11 \text{ protones} \\ 10 \text{ electrones} \end{cases} \quad ; \quad C^{2+} \longrightarrow \begin{cases} z = 12 \text{ protones} \\ 10 \text{ electrones} \end{cases}$$

Como vemos, el C^{2+} tendrá un radio iónico menor pues los electrones estarán más fuertemente atraídos al núcleo el tener éste mayor número de protones $\Rightarrow r_{B^+} > r_{C^{2+}}$

PROBLEMA 2

$$\overset{+5}{Cl}O_3^-{}_{(ac)} + Fe^{2+}{}_{(ac)} + H^+{}_{(ac)} \longrightarrow Cl^-{}_{(ac)} + Fe^{3+}{}_{(ac)} + H_2O_{(e)}$$

Reducción: $ClO_3^- + 6e^- + 6H^+ \longrightarrow Cl^-{}_{(ac)} + 3H_2O$

Oxidación: $\left(Fe^{2+}{}_{(ac)} - 1e^- \longrightarrow Fe^{3+}{}_{(ac)} \right) \times 6$

$$\rule{10cm}{0.4pt}$$

$$ClO_3^-{}_{(ac)} + 6Fe^{2+}{}_{(ac)} + 6H^+{}_{(ac)} \longrightarrow Cl^-{}_{(ac)} + 6Fe^{3+}{}_{(ac)} + 3H_2O_{(e)}$$

$$100g \; FeCl_2 \; imp \times \underbrace{\frac{90g \; FeCl_2 \; puro}{100g \; FeCl_2 \; imp}}_{Pureza} \times \underbrace{\frac{1 \; mol \; FeCl_2}{126'8 \; g \; FeCl_2}}_{PM_{FeCl_2} = 55'8 + 2 \cdot 35'5 = 126'8 \; g/mol} \times \frac{1 \; mol \; KClO_3}{6 \; mol \; FeCl_2} \times$$

$$\times \underbrace{\frac{1 \; L \; dsón \; KClO_3}{0'6 \; mol \; KClO_3}}_{Molaridad} = 0'197 \; Litros \; de \; dsón \; de \; KClO_3$$

CUESTIÓN 3

Como vemos en los potenciales estándar de reducción dados, la plata $Ag^+_{(ac)}$ tiene mayor tendencia a reducirse. Por tanto, la plata Ag^+ se reducirá y el $Ni_{(s)}$ se oxidará según:

Reducción: $\left(Ag^+_{(ac)} + 1e^- \longrightarrow Ag^0_{(s)} \right) \times 2 \qquad E^o_{red} (Ag^+/Ag) = 0'8 \; V$
CÁTODO

Oxidación: $\underline{Ni^0_{(s)} - 2e^- \longrightarrow Ni^{2+}_{(ac)} \qquad E^o_{oxi} (Ni/Ni^{2+}) = +0'23 V}$
ÁNODO

$$2 Ag^+_{(ac)} + Ni_{(s)} \longrightarrow 2 Ag_{(s)} + Ni^{2+}_{(ac)} \qquad E^o_{pila} = 1'03 \; V$$

El ánodo será el electrodo de níquel sólido y el cátodo el electrodo de plata.

$$Ni_{(s)} \left| Ni^{2+}_{(ac)} (1M) \right| \left| Ag^+_{(ac)} (1M) \right| Ag_{(s)}$$

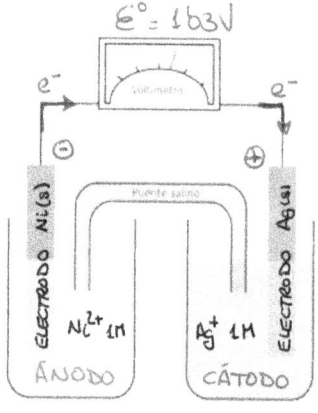

PROBLEMA 4

$$2\,CaSO_4\,(s) \rightleftharpoons 2\,CaO(s) + 2\,SO_2\,(g) + O_2\,(g)$$

Inicial	n_0	—	—	—
Reacciona	$2x$	—	—	—
Forma	—	$2x$	$2x$	x
Equilibrio	$n_0 - 2x$	$2x$	$2x$	x

$n_{totales}$ gases $= 2x + x = 3x$; $P \cdot V = nRT \Rightarrow 0'6 \cdot 2 = 3x \cdot 0'082 \cdot 700$

$$\Rightarrow x = 6'97 \cdot 10^{-3}\,moles$$

$$K_c = [SO_2]^2 \cdot [O_2] = \left(\frac{2x}{2}\right)^2 \cdot \frac{x}{2} = \frac{x^3}{2} = \frac{(6'97 \cdot 10^{-3})^3}{2} = 1'692 \cdot 10^{-7}$$

$$K_p = K_c (RT)^{\Delta n_{gas}} = 1'692 \cdot 10^{-7} \cdot (0'082 \cdot 700)^3 = 0'032$$

b) $n_{reacciona}$ $CaSO_4$ $= 2x = 0'01394\,mol\,CaSO_4 \times \dfrac{136\,g\,CaSO_4}{1\,mol\,CaSO_4} = 1'896\,g$

$PM_{CaSO_4} = 40 + 32 + 4 \cdot 16 = 136\,g/mol$

CUESTIÓN 5

a) $CH_3 - CH = CH_2 + HCl \longrightarrow CH_3 - CHCl - CH_3$

propeno   2-cloropropano

ADICIÓN

(Markovnikov: Adicionamos H al carbono más hidrogenado)

©Juan Bertomeu Ferrer
www.bertoblog.com

19

b) $CH_3 - CH_2Br + KOH_{(ac)} \longrightarrow CH_3 - CH_2OH + KBr$

   Bromoetano   Etanol   SUSTITUCIÓN

c) $C_6H_5 - OH + NaOH \longrightarrow C_6H_5 - ONa + H_2O$

   Fenol   Fenolato de sodio
                                          (Fenóxido de sodio)

El fenol tiene cierto carácter ácido, lo que permite

su reacción de NEUTRALIZACIÓN con la base:

d) $CH_3 - COOH + NaOH \longrightarrow CH_3 - COONa + H_2O$

   ácido etanoico   acetato de sodio   NEUTRALIZACIÓN
                                          (etanoato de sodio)

e) $n\ CH_2 = CH_2 + catalizador \longrightarrow [- CH_2 - CH_2 -]_n$

   Etileno   polietileno

                        POLIMERIZACIÓN

EL IÓN MERCURIOSO

La configuración electrónica del mercurio es:

$$Hg\,(z=80) = [Xe]\,4f^{14}\,5d^{10}\,6s^2 \longrightarrow$$

6s

↑↓

Puede formar dos iones según pierda un electrón del orbital 6s (ión mercurioso Hg^+) o bien pierda los dos (ión mercúrico Hg^{2+}) Sin embargo, no hay evidencias experimentales de la existencia del ión mercurioso Hg^+ como tal, mientras que si existe dicho ión como un dímero

$$Hg^+ - Hg^+ \longrightarrow [Hg_2]^{2+}$$

Los iones Hg^+ se unen mediante enlace covalente (uno de los primeros enlaces metal-metal conocidos)

El compuesto $Hg_2(NO_3)_2$ por tanto no se trata de un error de imprenta sino de la forma correcta correcta de representar al nitrato mercurioso.

$Hg\,(NO_3)_2 \longrightarrow$ Nitrato mercúrico

$Hg_2\,(NO_3)_2 \longrightarrow$ Nitrato mercurioso

$Hg\,(NO_3) \longrightarrow$ Nitrato mercurioso $\longrightarrow$ INCORRECTO

OPCION A   SEPTIEMBRE 2010

CUESTION 1

Considere los elementos con número atómico 4, 11, 16 y 17, y responda, razonadamente, a las siguientes cuestiones: **(0,5 puntos cada una)**

a) Nombre cada uno de estos elementos, escriba su configuración electrónica y especifique el número de electrones de la capa de valencia.

b) Indique a qué periodo y grupo del sistema periódico pertenece cada elemento y si es o no un metal.

c) Justifique cual es el elemento más electronegativo y cuál el de menor electronegatividad.

d) Explique cuál es el ión más estable formado por cada uno de ellos.

PROBLEMA 2

La etiqueta de una botella de una disolución acuosa de amoníaco, NH_3, indica que su concentración es del 32 % en peso y su densidad de 0,88 kg/L. Calcule:

a) La concentración de la disolución en moles/L. **(1 punto)**

b) El volumen de esta disolución concentrada de amoníaco que debe tomarse para preparar 2 litros de una disolución de amoníaco de concentración 0,5 M. **(1 punto)**

DATOS.- Masas atómicas: H = 1 ; N = 14 .

CUESTION 3

Considere el siguiente equilibrio: $4 NH_3 (g) + 5 O_2 (g) <===> 4 NO (g) + 6 H_2O (g)$, y responda razonadamente a las siguientes cuestiones: **(0,5 puntos cada una)**

a) Escriba las expresiones de las constantes K_p y K_c.

b) Establezca la relación entre K_p y K_c.

c) Razone como influiría en el equilibrio un aumento de la presión mediante una reducción del volumen.

d) Si se aumenta la concentración de oxigeno justifique en que sentido se desplazaría el equilibrio; ¿se modificaría el valor de la constante de equilibrio?

PROBLEMA 4

En un laboratorio se tienen dos matraces, uno de ellos contiene 15 mL de disolución de HCl 0,05M y el otro 15 mL de disolución 0,05 M en ácido acético, CH_3COOH.

a) Calcule el pH de cada una de éstas disoluciones. **(1 punto)**

b) ¿Qué volumen de agua debe añadirse a una de las disoluciones para que el pH de ambas sea el mismo? **(1 punto)**

DATOS: $K_a(CH_3COOH)=1,8x10^{-5}$.

CUESTION 5

Formule o nombre, según corresponda, los siguientes compuestos. **(0,2 puntos cada uno)**

a) $Ca(OH)_2$ b) PCl_3 c) NaH_2PO_4 d) $CH_3–CH_2-CO-CH_3$

e) $CH_3–CCl_2–CH_3$ f) óxido de aluminio   g) cloruro amónico   h) ácido 2-metilpropanoico

i) etanoato de potasio   j) 1,2-bencenodiol (1,2-dihidroxibenceno)

OPCION B

CUESTION 1

A partir de las estructuras de Lewis de las siguientes especies químicas OCl_2, NCl_3, NCl_4^+ y CCl_4, responda razonadamente las siguientes cuestiones:

a) Deduzca la geometría de cada una de las especies químicas propuestas. **(1 punto)**

b) Justifique, en cada caso, si la especie química tiene o no momento dipolar. **(1 punto)**

PROBLEMA 2

Las mezclas de termita se utilizan en algunas soldaduras debido al carácter fuertemente exotérmico de la siguiente reacción (**no ajustada**):

$$Fe_2O_3 \text{ (s)} + Al \text{ (s)} \longrightarrow Al_2O_3 \text{ (s)} + Fe \text{ (s)}$$

a) Ajuste la reacción anterior y calcule la cantidad de energía en forma de calor que se libera al reaccionar 2 gramos de Fe_2O_3 con la cantidad adecuada de Al. **(1 punto)**

b) ¿Qué cantidad de Al, en gramos, será necesaria que reaccione con la cantidad adecuada de Fe_2O_3 para que se liberen 10^6 J de energía en forma de calor? **(1 punto)**

DATOS: Entalpías de formación (kJ/mol): ΔH^o_f [Fe_2O_3 (s)] = -824 ; ΔH^o_f [Al_2O_3 (s)] = -1676 ;

Masas atómicas: O = 16 ; Al = 27 ; Fe=55,8.

CUESTION 3

Considere la siguiente reacción ajustada de descomposición del carbonato cálcico:

$$CaCO_3 \text{ (s)} \longrightarrow CaO \text{ (s)} + CO_2 \text{ (g)} ; \qquad \Delta H > 0$$

Explique, justificando la respuesta, si son ciertas o falsas las siguientes afirmaciones:

a) La reacción es espontánea a cualquier temperatura. **(0,5 puntos)**

b) La reacción sólo es espontánea a bajas temperaturas. **(0,5 puntos)**

c) La variación de entropía se opone a la espontaneidad de la reacción. **(0,5 puntos)**

d) La reacción será espontánea a altas temperaturas. **(0,5 puntos)**

PROBLEMA 4

En un recipiente cerrado y vacío de 10L de capacidad, se introducen 0'04 moles de monóxido de carbono e igual cantidad de cloro gas. Cuando a 525 ºC se alcanza el equilibrio, se observa que ha reaccionado el 37'5% del cloro inicial, según la reacción:

$$CO \text{ (g)} + Cl_2 \text{ (g)} <===> COCl_2 \text{ (g)}.$$

Calcule:

a) El valor de K_p. **(1 punto)**

b) El valor de K_c. **(0,5 puntos)**

c) La cantidad, en gramos, de monóxido de carbono (CO) existente cuando se alcanza el equilibrio. **(0,5 puntos)**

DATOS.- Masas atómicas: C = 12 ; O= 16 ; Cl = 35,5 ; R = 0,082 atm.L/mol.K

CUESTION 5

Complete las siguientes reacciones y nombre los compuestos orgánicos que intervienen. **(0,4 puntos cada una)**

a) $ClCH=CHCl + Cl_2 \longrightarrow$

b) $CH_3\text{-}CH_2\text{-}CH_2Br + KOH \text{ (ac)} \longrightarrow$

c) $CH_3\text{-}CHOH\text{-}CH_3 \xrightarrow{K_2Cr_2O_7/H^+(ac)}$

d) $CH_3\text{-}CH(CH_3)\text{-}COOH + CH_3\text{-}CH_2OH \longrightarrow$

e) $CH_3\text{-}CHOH\text{-}CH_2\text{-}CH_3 \xrightarrow{H_2SO_4 \text{ (conc.)}}$

OPCIÓN A

CUESTIÓN 1

Be $(z=4)$: $1s^2 2s^2 \longrightarrow$ $\boxed{\uparrow\downarrow}$ ^{2s} 2e⁻ de valencia

$\llcorner_{\rightarrow}$ Berilio ; Grupo 2 Periodo 2 ; METAL

$\llcorner_{\rightarrow}^{\text{Ión más estable}}$ Be^{2+} : $1s^2$ (Be $-2e^-$)

Na $(z=11)$: $1s^2 2s^2 2p^6 3s^1 \longrightarrow$ $\boxed{\uparrow}$ ^{3s} 1e⁻ de valencia

$\llcorner_{\rightarrow}$ Sodio ; Grupo 1 Periodo 3 ; METAL

$\llcorner_{\rightarrow}^{\text{Ión más estable}}$ Na$^+$: $1s^2 2s^2 2p^6$ (Na $-1e^-$)

S $(z=16)$: $1s^2 2s^2 2p^6 3s^2 3p^4 \longrightarrow$ $\boxed{\uparrow\downarrow}$ ^{3s} $\boxed{\uparrow\downarrow|\uparrow|\uparrow}$ ^{3p} 6e⁻ de valencia

$\llcorner_{\rightarrow}$ Azufre ; Grupo 16 Periodo 3 , NO METAL.

$\llcorner_{\rightarrow}^{\text{Ión más estable}}$ S^{2-} : $1s^2 2s^2 2p^6 3s^2 3p^6$ (S $+2e^-$)

Cl $(z=17)$: $1s^2 2s^2 2p^6 3s^2 3p^5 \longrightarrow$ $\boxed{\uparrow\downarrow}$ ^{3s} $\boxed{\uparrow\downarrow|\uparrow\downarrow|\uparrow}$ ^{3p} 7e⁻ de valencia

$\llcorner_{\rightarrow}$ Cloro , Grupo 17 Periodo 3 ; NO METAL.

$\llcorner_{\rightarrow}^{\text{Ión más estable}}$ Cl$^-$: $1s^2 2s^2 2p^6 3s^2 3p^6$ (Cl $+1e^-$)

PÁGINA 1

La electronegatividad es una medida de la capacidad de un átomo para atraer a los electrones cuando forma un enlace químico en una molécula. Su variación periódica en general viene dada por:

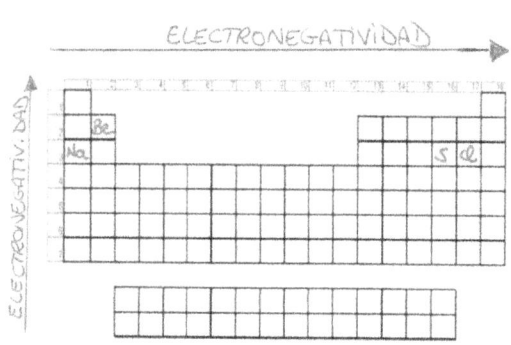

Por lo tanto, podemos establecer que el elemento más electronegativo es el cloro y el menos electronegativo será el sodio.

PROBLEMA 2:

a) $1\,L\ dsón\ NH_3 \times \dfrac{0'88\,Kg\ dsón\ NH_3}{1\,L\ dsón\ NH_3} \times \dfrac{1000\,g\ dsón\ NH_3}{1\,Kg\ dsón\ NH_3} \times$

↓
densidad

$\times \dfrac{32\,g\ NH_3}{100\,g\ dsón\ NH_3} \times \dfrac{1\,mol\ NH_3}{17\ g\ NH_3} = 16'565\ moles\ NH_3$

32% en peso $PM_{NH_3} = 14 + 3 = 17\,g/mol$

$$\Rightarrow [NH_3] = 16'565\ mol/L$$

b) $2\,L\ dsón\ diluida \times \dfrac{0'5\ mol\ NH_3}{1\,L\ dsón\ diluida} \times \dfrac{1\,L\ dsón\ concentrada}{16'565\ mol\ NH_3} =$

Molaridad

$= 0'06037\ L\ dsón\ concentrada = 60'37\ mL\ dsón\ concentrada$

CUESTIÓN 3

$$4\,NH_{3(g)} + 5\,O_{2(g)} \rightleftarrows 4\,NO_{(g)} + 6\,H_2O_{(g)}$$

a) $K_c = \dfrac{[NO]^4 \cdot [H_2O]^6}{[NH_3]^4 \cdot [O_2]^5}$; $K_p = \dfrac{P_{NO}^4 \cdot P_{H_2O}^6}{P_{NH_3}^4 \cdot P_{O_2}^5}$

b) Como $P \cdot V = nRT \Rightarrow P = \dfrac{n}{V} \cdot RT \Rightarrow P = [\ ] \cdot R \cdot T$

$$K_p = \frac{[NO]^4 \cdot (RT)^4 \cdot [H_2O]^6 \cdot (RT)^6}{[NH_3]^4 \cdot (RT)^4 \cdot [O_2]^5 \cdot (RT)^5} = \underbrace{\frac{[NO]^4 \cdot [H_2O]^6}{[NH_3]^4 \cdot [O_2]^5}}_{K_c} \cdot RT = K_c \cdot R \cdot T$$

c) Si se produce un aumento de la presión mediante una reducción del volumen, el equilibrio se desplazará hacia donde haya menos moles gaseosos. En este caso, se desplazará a la izquierda.

d) Si se aumenta la concentración de oxígeno, el equilibrio evolucionará de modo que se consuma ese oxígeno "extra" que hemos añadido. Es decir, que el equilibrio se desplazará a la derecha.

El valor de la constante de equilibrio no se verá afectado.

PÁGINA 3

PROBLEMA 4:

El ácido clorhídrico es un ácido fuerte que se disocia completamente. Así:

$$HCl + H_2O \longrightarrow Cl^- + H_3O^+$$

Inicial	0'05M	...	—	—
Final	...	...	...	0'05 M

$$pH = -\log[H_3O^+] = -\log(0'05) = 1'301$$

El ácido acético sin embargo es un ácido débil que se disociará parcialmente.

$$CH_3-COOH + H_2O \rightleftharpoons CH_3-COO^- + H_3O^+$$

Inicial	0'05	...	—	—
Reacciona	X	...	—	—
Forma	—	—	X	X
Equilibrio	0'05-x	...	X	X

$$K_c = \frac{[H_3O^+]\cdot[CH_3-COO^-]}{[CH_3-COOH]} \implies 1'8\cdot10^{-5} = \frac{x^2}{0'05 - x}$$

$$\implies x^2 + 1'8\cdot10^{-5}x - 9\cdot10^{-7} = 0 \begin{cases} x = 9'4\cdot10^{-4} \ mol/L \\ x = \text{Negativo} \end{cases}$$

$$pH = -\log[H_3O^+] = -\log(9'4\cdot10^{-4}) = 3'027$$

Para que ambas disoluciones tengan el mismo pH tendremos que diluir en agua la disolución de HCl para que pase de ser 0'05 M a ser $9'4 \cdot 10^{-4}$ M. Así:

$$M = \frac{n_{soluto}}{V_{dsón}} \Rightarrow 0'05 = \frac{n_{HCl}}{0'015} \Rightarrow n_{HCl} = 7'5 \cdot 10^{-4} \ mol \ HCl$$

Y ahora añadimos el agua para diluirla:

$$M = \frac{n_{soluto}}{V_{dsón}} \Rightarrow 9'4 \cdot 10^{-4} = \frac{7'5 \cdot 10^{-4}}{0'015 + V_{H_2O}} \Rightarrow V_{H_2O} = 0'783 \ L \ de \ H_2O$$

CUESTIÓN 5

a) $Ca(OH)_2$ Hidróxido de calcio   b) PCl_3 Cloruro de fósforo (III)

c) NaH_2PO_4 Dihidrógenofosfato de sodio   d) $CH_3-CH_2-CO-CH_3$ Butanona

e) $CH_3-CCl_2-CH_3$ 2,2-dicloropropano   f) Óxido de aluminio Al_2O_3

g) Cloruro Amónico NH_4Cl h) Ácido 2-metilpropanoico

$$CH_3 - \underset{\underset{CH_3}{|}}{CH} - COOH$$

i) Etanoato de potasio CH_3-COOK

j) 1,2-bencenodiol

OPCIÓN B

CUESTIÓN 1

OCl_2 LEWIS + RPECV

$O (z=8): 1s^2 2s^2 2p^4 \longrightarrow$ $\boxed{1\downarrow}$ $\boxed{1\downarrow}\boxed{\uparrow}\boxed{\uparrow}$ $6e^-$ de valencia

$\overset{2s}{}$ $\overset{2p}{}$

$Cl (z=17): 1s^2 2s^2 2p^6 3s^2 3p^5 \longrightarrow$ $\boxed{1\downarrow}$ $\boxed{1\downarrow}\boxed{1\downarrow}\boxed{\uparrow}$ $7e^-$ de valencia

$\overset{3s}{}$ $\overset{3p}{}$

$Cl \quad O \quad Cl \Rightarrow Cl-O-Cl \Rightarrow :\overset{..}{\underset{..}{Cl}} - \overset{..}{\underset{..}{O}} - \overset{..}{\underset{..}{Cl}}:$

20 electrones   Quedan 16 e^-

    La estructura es definitiva al ser nula la carga

formal sobre todos los átomos. Se trata de una molécula AX_2E_2

que presentará geometría ANGULAR.

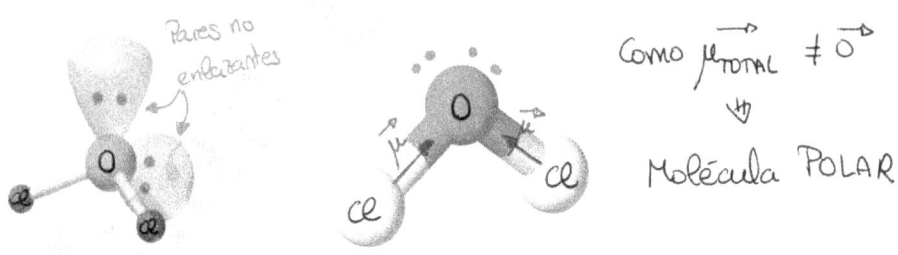

Pares no enlazantes

Como $\vec{\mu}_{TOTAL} \neq \vec{0}$

⇓

Molécula POLAR

    * El oxígeno es ligeramente más electronegativo que el

cloro. Los enlaces $Cl-O$ son débilmente polares.

$\boxed{NCl_3}$ LEWIS + RPECV

$N(z=7): 1s^2 2s^2 2p^3 \longrightarrow$ $\boxed{1\!\downarrow}$ $\boxed{\uparrow|\uparrow|\uparrow}$ $5e^-$ de valencia

$\overset{2s}{}$ $\overset{2p}{}$

$Cl(z=17) \longrightarrow 7e^-$ de valencia

Cl
Cl N Cl $\implies$ Cl – $\overset{.}{N}$ – Cl $\implies$ $:\overset{..}{Cl} - \overset{.}{\underset{.}{N}} - \overset{..}{Cl}:$

26 electrones   Quedan 20 e^-

La estructura es definitiva al ser nula la carga formal sobre todos los átomos. Se trata de una molécula AX_3E que presentará geometría de PIRÁMIDE TRIGONAL.

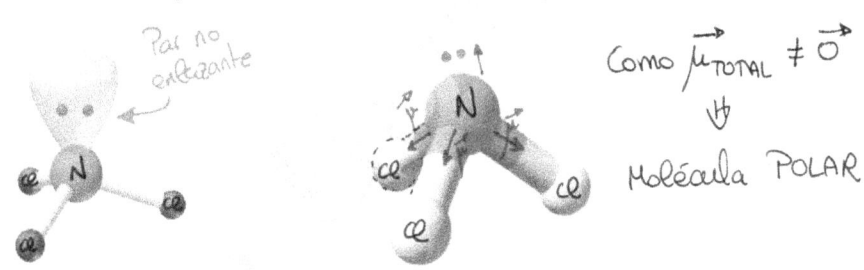

Par no enlazante

Como $\vec{\mu}_{TOTAL} \neq \vec{0}$
$\Downarrow$
Molécula POLAR

* El nitrógeno y el cloro tienen electronegatividades muy similares. Los enlaces N-Cl son prácticamente apolares y podríamos igualmente considerarlos como apolares.

$\boxed{NCl_4^+}$ LEWIS + RPECV

Cl
Cl N Cl $\implies$ Cl – $\overset{|}{N}$ – Cl $\implies$ $:\overset{..}{Cl} - \overset{\oplus}{N} - \overset{..}{Cl}:$
Cl   Cl

33 electrones – 1 e^- = 32 e^- Quedan 24 e^- Carga formal
la carga ión

PÁGINA 7

$$\Rightarrow \left[:\overset{..}{C}l - \overset{|}{N} - \overset{..}{C}l: \right]^{\oplus}$$

La estructura es definitiva pues la carga formal coincide con la carga del ión. Se trata de una molécula AX_4 con geometría TETRAÉDRICA.

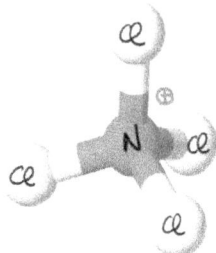

En los iones no tiene sentido hablar de polaridad. Por definición es un absurdo. Decir que esto es apolar sería del todo incorrecto.

$\boxed{CCl_4}$ LEWIS + RPECV

$C(z=6): 1s^2 2s^2 2p^2 \longrightarrow$ [↑↓] [↑|↑|] 4e^- de valencia

$Cl(z=17) \longrightarrow 7e^-$ de valencia.

$$Cl \quad C \quad Cl \Rightarrow Cl-\overset{Cl}{\underset{Cl}{C}}-Cl \Rightarrow :\overset{..}{C}l-\overset{:\overset{..}{C}l:}{\underset{:\overset{..}{C}l:}{C}}-\overset{..}{C}l:$$

32 electrones   Quedan 24e⁻

La estructura es definitiva al ser nula la carga formal. Se trata de una molécula AX_4 que presenta geometría TETRAÉDRICA.

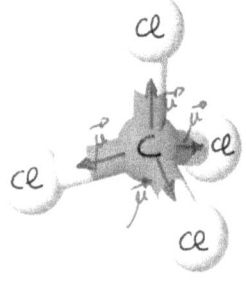

Como $\vec{\mu}_{TOTAL} = \vec{0} \Rightarrow$ Molécula APOLAR

PROBLEMA 2:

$$Fe_2O_{3\,(s)} + 2 \cdot Al_{(s)} \longrightarrow Al_2O_{3\,(s)} + 2\,Fe_{(s)}$$

$$\Delta H_R^0 = 2 \cdot \cancel{\Delta H_{f_{Fe(s)}}^0}^{\,0} + \Delta H_{f_{Al_2O_3(s)}}^0 - \Delta H_{f_{Fe_2O_3(s)}}^0 - 2 \cdot \cancel{\Delta H_{f_{Al(s)}}^0}^{\,0}$$

$$\Delta H_R^0 = -1676 + 824 = -852 \; KJ$$

$$2\; g\; Fe_2O_3 \times \frac{1\,mol\; Fe_2O_3}{159'6\;g\; Fe_2O_3} \times \frac{-852\; KJ}{1\,mol\; Fe_2O_3} = -10'68\,KJ$$

$$PM_{Fe_2O_3} = 2 \cdot 55'8 + 3 \cdot 16 = 159'6 \; g/mol$$

b) $$-10^6\, J \times \frac{1\,KJ}{10^3\,J} \times \frac{2\,mol\; Al}{-852\,KJ} \times \frac{27g\; Al}{1\,mol\; Al} = 63'38\; g \; de\; Al_{(s)}$$

CUESTIÓN 3

$$Ca\,CO_{3\,(s)} \longrightarrow Ca\,O_{(s)} + CO_{2\,(g)} \quad con \quad \Delta H > 0$$

a) La reacción será espontánea si $\Delta G < 0$, siendo $\Delta G = \Delta H - T \cdot \Delta S$. Por un lado nos dicen que $\Delta H > 0$. Podemos deducir que ΔS será $\Delta S > 0$ al haber un mayor número de moles gaseosos en los productos que en los reactivos. Por tanto, $\Delta H - T \cdot \Delta S$ será menor que cero solo cuando $T \cdot \Delta S > \Delta H$. Esto no sucederá a cualquier temperatura, sino solo para aquellas que sean $T > \dfrac{\Delta H}{\Delta S}$. Por tanto la afirmación es FALSA.

PÁGINA 9

b) Tal y como ya hemos razonado, la espontaneidad se verá favorecida por las temperaturas altas. La afirmación es FALSA.

c) Tal y como ya hemos visto, que ΔS sea $\Delta S > 0$ contribuye favorablemente a que ΔG sea $\Delta G < 0$. La afirmación es FALSA.

d) Tal y como ya hemos visto, la afirmación es VERDADERA.

PROBLEMA 4

$$CO_{(g)} + Cl_{2\,(g)} \rightleftharpoons COCl_{2\,(g)} \qquad \alpha = 37'5\%$$

	CO	Cl_2	$COCl_2$
Inicial	0'04	0'04	—
Reacciona	0'375·0'04 =0'015	0'015	—
Forma	—	—	0'015
Equilibrio	0'025	0'025	0'015

$$K_c = \frac{[COCl_2]}{[CO]\cdot[Cl_2]} = \frac{\dfrac{0'015}{10}}{\dfrac{0'025}{10}\cdot\dfrac{0'025}{10}} = 240$$

$$K_p = K_c\,(RT)^{\Delta n_{gas}} = 240\cdot(0'082\cdot798)^{-1} = 3'668$$

$Pm_{CO} = 12 + 16 = 28\,g/mol$

$$0'025\ mol\ CO_{(g)} \times \frac{28\ g\ CO_{(g)}}{1\ mol\ CO_{(g)}} = 0'7\,g\ de\ CO_{(g)}$$

CUESTIÓN 5

a) $ClCH = CHCl + Cl_2 \longrightarrow Cl_2CH - CHCl_2$ ADICIÓN

   1,2-dicloroeteno   1,1,2,2 - tetracloroetano

b) $CH_3 - CH_2 - CH_2Br + KOH \longrightarrow CH_3 - CH_2 - CH_2OH + KBr$

   1 - bromopropano   1-propanol   SUSTITUCIÓN

c) $CH_3 - CH(OH) - CH_3 \xrightarrow{K_2Cr_2O_7 / H^+} CH_3 - CO - CH_3$

   2 - propanol   propanona

Se trata de la OXIDACIÓN DE UN ALCOHOL SECUNDARIO. Estos

alcoholes se oxidan a cetonas:

d) $CH_3 - \underset{\underset{CH_3}{|}}{CH} - COOH + CH_3 - CH_2OH \longrightarrow CH_3 - \underset{\underset{CH_3}{|}}{CH} - COO - CH_2 - CH_3 + H_2O$

ácido 2-metilpropanoico   etanol   2-metilpropanoato de etilo

ESTERIFICACIÓN (condensación)

e) $CH_3 - \underset{\underset{OH}{|}}{CH} - CH_2 - CH_3 \xrightarrow{H_2SO_4} CH_3 - CH = CH - CH_3 + H_2O$

   2 - butanol   2-buteno

Tenemos una DESHIDRATACIÓN (Eliminación) de un

alcohol secundario que entenderás mejor mirando el

examen de JUNIO 2013.

PÁGINA 11

GENERALITAT VALENCIANA

CONSELLERIA D'EDUCACIÓ

COMISSIÓ GESTORA DE LES PROVES D'ACCÉS A LA UNIVERSITAT

COMISIÓN GESTORA DE LAS PRUEBAS DE ACCESO A LA UNIVERSIDAD

SISTEMA UNIVERSITARI VALENCIÀ
SISTEMA UNIVERSITARIO VALENCIANO

PROVES D'ACCÉS A LA UNIVERSITAT	PRUEBAS DE ACCESO A LA UNIVERSIDAD
CONVOCATÒRIA: JUNY 2011	CONVOCATORIA: JUNIO 2011
QUÍMICA	QUÍMICA

BAREMO DEL EXAMEN: El alumno deberá elegir una opción (A o B) y contestar a las 3 cuestiones y los 2 problemas de la opción elegida. En cada cuestión/problema la calificación máxima será de 2 puntos; en cada apartado se indica la calificación máxima que se puede obtener.

OPCION A

CUESTION 1

a) Explique razonadamente, justificando la respuesta, si son ciertas o falsas las siguientes afirmaciones:

   a1) La segunda energía de ionización del helio es más elevada que la primera.   **(0,6 puntos)**

   a2) El radio del ión sodio, Na^+, es mayor que el radio del ión potasio, K^+.   **(0,6 puntos)**

b) Utilice el modelo de estructuras de Lewis para deducir el tipo de enlace nitrógeno-nitrógeno presente en:

   b1) N_2H_4 b2) N_2F_2.   **(0,8 puntos)**

PROBLEMA 2

El metanol se puede obtener a partir de la reacción: (**1 punto cada apartado**)

$$2 H_2 (g) + CO (g) \longrightarrow CH_3OH (l) ; \qquad \Delta H = -128 \text{ kJ}$$

a) Si la entalpía de formación del monóxido de carbono, CO (g), vale -110,5 kJ/mol, calcule la entalpía molar de formación del metanol líquido.

b) Si la entalpía de vaporización del metanol es de 35,2 kJ/mol, calcule la entalpía formación del metanol gas.

CUESTION 3

Conteste razonadamente y justifique la respuesta.

a) ¿Cuál de los siguientes procesos es siempre espontáneo y cuál no lo será nunca?   **(1 punto)**

Proceso	ΔH	ΔS
1	$\Delta H < 0$	$\Delta S > 0$
2	$\Delta H > 0$	$\Delta S < 0$
3	$\Delta H < 0$	$\Delta S < 0$
4	$\Delta H > 0$	$\Delta S > 0$

b) ¿Por encima de qué temperatura será espontánea una reacción con $\Delta H = 98$ kJ y $\Delta S = 125$ $J \cdot K^{-1}$?   (**1 punto**)

PROBLEMA 4

Una disolución de ácido hipocloroso, HClO, tiene un pH de 4,26. Calcule:

a) La concentración de ácido hipocloroso existente en el equilibrio.   **(1 punto)**

b) Si a 10 mL de la disolución anterior se le añaden 10 mL de una disolución de hidróxido de sodio 0,1 M, razone si la disolución resultante será ácida, neutra o básica.   **(1 punto)**

DATOS: K_a (HClO) = $3,02 \cdot 10^{-8}$; $K_w = 1,0 \cdot 10^{-14}$

CUESTION 5

a) Escriba las expresiones de velocidad para las siguientes reacciones químicas referidas tanto a la desaparición de reactivos como a la formación de productos:

   a1) $3 O_2 (g) \rightarrow 2 O_3 (g)$ **(0,5 puntos)**

   a2) $4 NO_2 (g) + O_2 (g) \rightarrow 2 N_2O_5 (g)$ **(0,5 puntos)**

b) En la reacción: $4 NO_2 (g) + O_2 (g) \rightarrow 2 N_2O_5 (g)$, el oxígeno molecular en un determinado momento se está consumiendo con una velocidad de 0,024 M/s.

   b1) ¿Con qué velocidad se está formando en ese instante el producto N_2O_5?   **(0,5 puntos)**

   b2) ¿Con qué velocidad se está consumiendo, en ese momento, el reactivo NO_2?   **(0,5 puntos)**

OPCION B

CUESTION 1

Considere las especies químicas siguientes: NH_2^-, NH_3 y NH_4^+. Responda razonadamente a estas cuestiones:

a) Dibuje las estructuras de Lewis de cada una de las especies químicas propuestas. **(0,6 puntos)**

b) Indique la distribución espacial de los pares electrónicos que rodean al átomo central en cada caso. **(0,6 puntos)**

c) Discuta la geometría de cada una de las especies químicas. **(0,8 puntos)**

PROBLEMA 2

Para determinar el contenido en hierro de cierto preparado vitamínico, donde el hierro se encuentra en forma de Fe(II), se pesaron 25 g del preparado, se disolvieron en medio ácido y se hicieron reaccionar con una disolución 0,1M en permanganato potásico necesitándose, para ello, 30 mL de ésta disolución. La reacción **no ajustada** que tiene lugar es la siguiente:

$$MnO_4^- \text{ (ac)} + Fe^{2+} \text{ (ac)} + H^+ \text{ (ac)} \longrightarrow Mn^{2+} \text{ (ac)} + Fe^{3+} \text{ (ac)} + H_2O \text{ (l)}$$

a) Ajuste en forma iónica la reacción anterior por el método ión-electrón. **(0,8 puntos)**

b) Calcule el % de hierro (en peso) presente en el preparado vitamínico. **(1,2 puntos)**

DATOS.- Masas atómicas: Fe=55,8.

CUESTION 3

a) Razone si son ciertas o falsas las afirmaciones referidas a una disolución acuosa de amoniaco en la que existe el siguiente equilibrio:

$$NH_3 \text{ (ac)} + H_2O \text{ (l)} <===> NH_4^+ \text{ (ac)} + OH^- \text{ (ac)}$$

a1) El porcentaje de amoníaco que reacciona es independiente de su concentración inicial. **(0,6 puntos)**

a2) Si se añade una pequeña cantidad de hidróxido sódico el porcentaje de amoníaco que reacciona aumenta. **(0,6 puntos)**

b) El amoníaco es un gas que se forma, por síntesis, a partir de sus componentes de acuerdo con:

$$N_2 \text{ (g)} + 3 H_2 \text{ (g)} <===> 2 NH_3 \text{ (g)} \; ; \Delta H = -92,4 \text{ kJ.}$$

Razone cuáles son las condiciones de presión y temperatura más adecuadas para obtener una mayor cantidad de amoniaco. **(0,8 puntos)**

PROBLEMA 4

En un recipiente cerrado y vacío de 5 L de capacidad, a 727 °C, se introducen 1 mol de selenio y 1 mol de hidrógeno, alcanzándose el equilibrio siguiente:

$$Se \text{ (g)} + H_2 \text{ (g)} <===> H_2Se \text{ (g)}$$

Cuando se alcanza el equilibrio se observa que la presión en el interior del recipiente es de 18,1 atmósferas.

a) Calcule las concentraciones de cada uno de los componentes en el equilibrio. **(1 punto)**

b) Calcule el valor de K_p y de K_c. **(1 punto)**

DATO: $R = 0,082$ atm·L·K^{-1}·mol^{-1}.

CUESTION 5

Complete las siguientes reacciones y nombre los compuestos orgánicos que intervienen. **(0,4 puntos cada una)**

a) $CH_2=CH-CH_3 + HCl \longrightarrow$

b) $C_6H_5-CH_3 + HNO_3 \xrightarrow{H_2SO_4 \text{ (conc)}}$

c) $CH_3-CH_2OH + \text{oxidante} \longrightarrow$

d) $CH_3-COOH + CH_3OH \longrightarrow$

e) $CH_3-CH_2-CH_2Cl + KOH \text{ (ac)} \longrightarrow$

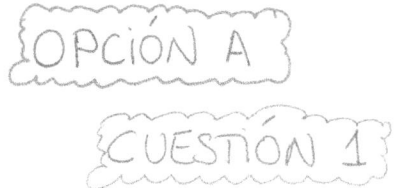

CUESTIÓN 1

Cuantas más capas electrónicas tiene un átomo mayor será su tamaño y por tanto, los radios atómicos de un grupo de elementos aumentan al descender en el grupo

Del mismo modo es fácil deducir que a medida que nos movemos hacia la derecha en un mismo periodo, aumentamos el número de protones en el núcleo que, al atraer a los electrones con mayor intensidad, contraen al núcleo. Así:

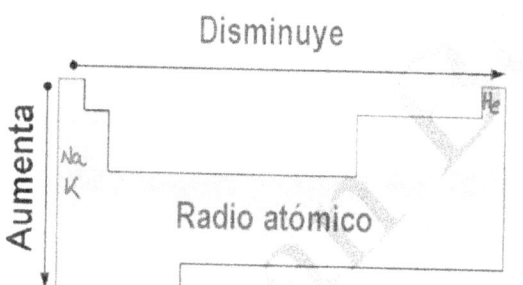

Disminuye

Aumenta

Radio atómico

Con este primer razonamiento de momento podemos asegurar que

$$r_{Na} < r_K$$

Por otro lado, cuando un átomo pierde uno o más electrones formándose un ión positivo, aumenta la fuerza de atracción sobre los electrones que quedan, habiendo por tanto una reducción de tamaño.

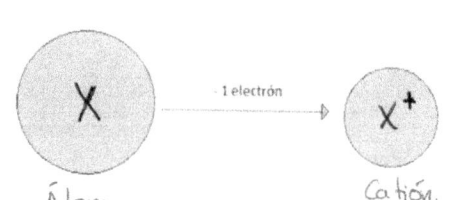

Átomo   1 electrón   Catión

Por tanto, es evidente que tendremos:

$$r_{Na^+} < r_{K^+}$$

siendo por tanto FALSA la afirmación a_2)

La energía de ionización es la energía que se requiere para arrancar un electrón de un átomo en estado gaseoso en su estado fundamental. En este caso:

$$He_{(g)} + EI \longrightarrow He^+_{(g)} + e^-$$

Si queremos arrancar otro electrón (segunda ionización) hay que tener en cuenta por lo expuesto anteriormente que el radio atómico del catión He^+ es menor, con lo que la fuerza de atracción del núcleo será mayor. En consecuencia nos costará más arrancar ese segundo electrón. La afirmación a_1) es por tanto VERDADERA.

b) $N(z=7): 1s^2 2s^2 2p^3 \longrightarrow$
2s	2p		
↑↓	↑	↑	↑

5 e⁻ de valencia

$H(z=1): 1s^1 \longrightarrow$
1s
↑

1 e⁻ de valencia

$F(z=9): 1s^2 2s^2 2p^5 \longrightarrow$
2s	2p		
↑↓	↑↓	↑↓	↑

7 e⁻ de valencia

$\boxed{N_2 H_4}$ LEWIS

H N   N H $\Rightarrow$ H – N – N – H $\Rightarrow$ H – $\ddot{N}$ – $\ddot{N}$ – H

    H   H | | | |

                                H   H   H   H

  14 electrones   Quedan 4e-   Definitiva

La estructura es definitiva al ser nula la carga formal.

Como vemos, se tiene enlace sencillo N–N

$\boxed{N_2 F_2}$ LEWIS

F N N F $\Rightarrow$ F – N – N – F $\Rightarrow$:$\ddot{\underset{..}{F}}$ – $\ddot{N}$ – $\ddot{N}$ – $\ddot{\underset{..}{F}}$:

  24 electrones   Quedan 18e-   ⊖ → ⊕

                                             cargas formales

$\Rightarrow$:$\ddot{\underset{..}{F}}$ – $\ddot{N}$ = $\ddot{N}$ – $\ddot{\underset{..}{F}}$:

         Definitiva.

La estructura es definitiva al ser nula la carga formal

Como vemos, se tiene enlace doble N = N

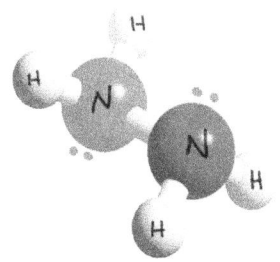

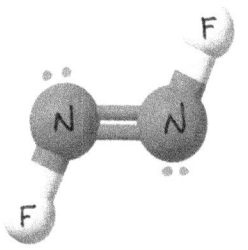

PÁGINA 3

PROBLEMA 2

a) $2H_{2\,(g)} + CO_{(g)} \longrightarrow CH_3OH_{(\ell)}$ $\Delta H = -128 \; KJ$

$\Delta H = 1 \cdot \Delta H_{f\,CH_3OH_{(\ell)}} - 2 \cdot \Delta H_{f\,H_{2\,(g)}}^{0} - 1 \cdot \Delta H_{f\,CO_{(g)}}$

$-128 = \Delta H_{f\,CH_3OH_{(\ell)}} + 110'5 \Rightarrow \Delta H_{f\,CH_3OH_{(\ell)}} = -238'5 \; KJ/mol$

b) Vaporización $\Rightarrow CH_3OH_{(\ell)} \longrightarrow CH_3OH_{(g)}$ $\Delta H = 35'2 \; KJ$

$\Delta H = 1 \cdot \Delta H_{f\,CH_3OH_{(g)}} - 1 \cdot \Delta H_{f\,CH_3OH_{(\ell)}}$

$35'2 = \Delta H_{f\,CH_3OH_{(g)}} + 238'5 \Rightarrow \Delta H_{f\,CH_3OH_{(g)}} = -203'3 \; KJ/mol$

CUESTIÓN 3

Una reacción es espontánea cuando ΔG es $\Delta G < 0$, siendo $\Delta G = \Delta H - T \cdot \Delta S$. Así:

Proceso 1:

$\left.\begin{array}{l} \Delta H < 0 \\ \Delta S > 0 \end{array}\right\}$ $\Delta G = \underset{<0}{\Delta H} - T \cdot \underset{>0}{\Delta S}$. Será siempre $\Delta G < 0$

independientemente de la temperatura $\Rightarrow$ Espontánea siempre.

Proceso 2:

$$\left.\begin{array}{l} \Delta H > 0 \\ \Delta S < 0 \end{array}\right\} \quad \Delta G = \underset{>0}{\Delta H} - \underset{<0}{T \cdot \Delta S} \quad \text{Será siempre } \Delta G > 0$$

independientemente de la temperatura $\Rightarrow$ Nunca espontánea

Proceso 3:

$$\left.\begin{array}{l} \Delta H < 0 \\ \Delta S < 0 \end{array}\right\} \quad \Delta G = \underset{<0}{\Delta H} - \underset{<0}{T \cdot \Delta S} \quad \text{Será espontánea cuando}$$

$|\Delta H| > |T \cdot \Delta S|$. Es decir, la espontaneidad se verá favorecida

por las temperaturas bajas.

Proceso 4:

$$\left.\begin{array}{l} \Delta H > 0 \\ \Delta S > 0 \end{array}\right\} \quad \Delta G = \underset{>0}{\Delta H} - \underset{>0}{T \cdot \Delta S} \quad \text{Será espontánea cuando}$$

$T \cdot \Delta S > \Delta H$. Es decir, la espontaneidad se verá favorecida

por las temperaturas altas.

b) $\left.\begin{array}{l} \Delta H = 98000 \text{ J} \\ \Delta S = 125 \text{ J/K} \end{array}\right\} \quad \Delta G = 98000 - T \cdot 125$

Será espontánea ($\Delta G < 0$) si $T \cdot 125 > 98000$

$$\Rightarrow \quad \Delta G < 0 \quad \text{si} \quad T > 784 \text{ K}$$

PROBLEMA 4

$$HClO + H_2O \rightleftharpoons ClO^- + H_3O^+ \qquad K_a = 3'02 \cdot 10^{-8}$$

Inicial	c_0	...	—	—
Reacciona	x	...	—	—
Forma	—	—	x	x
Equilibrio	$c_0 - x$	...	x	x

$$pH = -\log [H_3O^+] \implies 4'26 = -\log x \implies x = 5'4954 \cdot 10^{-5} \, mol/L$$

$$K_a = \frac{[ClO^-] \cdot [H_3O^+]}{[HClO]} \implies [HClO]_{eq} = \frac{[ClO^-] \cdot [H_3O^+]}{K_a} = \frac{(5'4954 \cdot 10^{-5})^2}{3'02 \cdot 10^{-8}} = 0'1 \, mol/L$$

b) $M = \dfrac{n_{soluto}}{V_{disón}}$

$\longrightarrow n_{ácido} = 0'1 \cdot 0'01 = 0'001 \, mol \, HClO$

$\longrightarrow n_{base} = 0'1 \cdot 0'01 = 0'001 \, mol \, NaOH$

$$HClO + NaOH \longrightarrow NaClO + H_2O$$

Inicial	0'001	0'001	—	—
Final	0	0	0'001	0'001

$\longrightarrow NaClO \xrightarrow{H_2O} ClO^-_{(ac)} + Na^+_{(ac)}$

$\qquad \qquad \qquad \qquad \qquad$ ↳ NO HIDROLIZA

$\qquad \qquad \qquad \qquad \qquad$ (proviene de base fuerte)

HIDRÓLISIS

$\longrightarrow ClO^- + H_2O \rightleftharpoons HClO + OH^-$

se trata de una disolución básica por la presencia de los iones hidroxilo OH^-

CUESTIÓN 5

a) $3O_2 (g) \longrightarrow 2O_3 (g)$

$$V = -\frac{1}{3} \cdot \frac{d[O_2]}{dt} = \frac{1}{2} \frac{d[O_3]}{dt} \Rightarrow V = -\frac{1}{3} V_{desap\,O_2} = \frac{1}{2} V_{form\,O_3}$$

$$4NO_2 (g) + O_2 (g) \longrightarrow 2N_2O_5 (g)$$

$$V = -\frac{1}{4} \frac{d[NO_2]}{dt} = -\frac{d[O_2]}{dt} = \frac{1}{2} \frac{d[N_2O_5]}{dt}$$

$$V = -\frac{1}{4} \cdot V_{desap\,NO_2} = -V_{desap\,O_2} = \frac{1}{2} \cdot V_{form\,N_2O_5}$$

b) Si la velocidad de desaparición de O_2 es $V_{desap\,O_2} = -0'024 \frac{mol}{L \cdot s}$

entonces tendremos:

$$-\frac{1}{4} V_{desap\,NO_2} = -(-0'024) = \frac{1}{2} V_{form\,N_2O_5}$$

$$\hookrightarrow V_{desap\,NO_2} = -0'096 \frac{mol}{L \cdot s}$$

$$\hookrightarrow V_{form\,N_2O_5} = 0'048 \frac{mol}{L \cdot s}$$

donde el signo negativo denota una velocidad de desaparición

de reactivo y el signo positivo una velocidad de formación

de producto.

OPCIÓN B

CUESTIÓN 1

$N (z=7): 1s^2 2s^2 2p^3 \longrightarrow$ [↑↓] $\underset{2s}{}$ [↑|↑|↑] $\underset{2p}{}$ 5e⁻ de valencia

$H (z=1): 1s^1 \longrightarrow$ [↑] $\underset{1s}{}$ 1e⁻ de valencia.

$\boxed{NH_2^-}$ LEWIS + RPECV

H N H $\Longrightarrow$ H – N – H $\Longrightarrow$ H – $\overset{..}{\underset{..}{N}}{}^{\ominus}$ – H $\Longrightarrow$

7 electrones   Quedan 4e⁻   Carga formal
+1e⁻ Carga Ión.
─────────
8 electrones

$\Longrightarrow \left[H - \overset{..}{\underset{..}{N}} - H \right]^{\ominus}$: La estructura es definitiva, pues la carga formal sobre el átomo central coincide con la carga del ión. Se

trata de una molécula AX_2E_2. La distribución espacial de los pares electrónicos entorno al nitrógeno es tetraédrica, pero la geometría será ANGULAR.

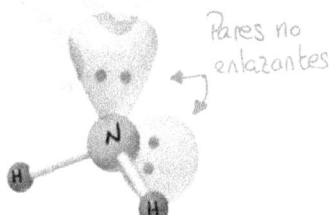

Pares no enlazantes

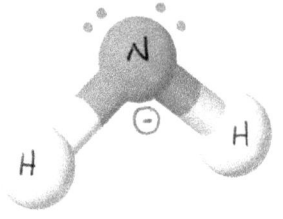

$\boxed{NH_3}$ LEWIS + RPECV

$$H \quad N \quad H \implies H-\overset{\overset{H}{|}}{N}-H \implies H-\overset{\overset{H}{|}}{\underset{\cdot\cdot}{N}}-H$$

8 electrones   Quedan 2e⁻   Definitiva!

La estructura es definitiva al ser nula la carga formal sobre todos los átomos. Tenemos una molécula AX₃E. La distribución espacial de los pares electrónicos en torno al nitrógeno es tetraédrica y la geometría es de PIRÁMIDE TRIGONAL.

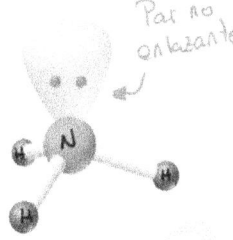

Par no enlazante

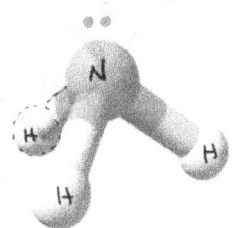

$\boxed{NH_4^+}$ LEWIS + RPECV

$$H \quad N \quad H \implies H-\overset{\overset{H}{|}}{\underset{\underset{H}{|}}{N}}-H \implies H-\overset{\overset{H}{|}}{\underset{\underset{H}{|}}{\overset{\oplus}{N}}}-H \implies \left[H-\overset{\overset{H}{|}}{\underset{\underset{H}{|}}{N}}-H\right]^{\oplus}$$

9 electrones   Quedan 0e⁻   Carga formal   Definitiva!!

$\dfrac{-1e^-}{8\ electrones}$

La estructura es definitiva pues la carga formal coincide con la carga neta del ión. Tenemos una molécula AX₄ que presenta una distribución de pares electrónicos y una geometría TETRAÉDRICA.

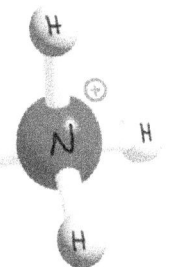

PÁGINA 9

PROBLEMA 2

$$MnO_4^-{}_{(ac)} + Fe^{2+}_{(ac)} + H^+_{(ac)} \longrightarrow Mn^{2+}_{(ac)} + Fe^{3+}_{(ac)} + H_2O_{(e)}$$

Reducción: $MnO_4^-{}_{(ac)} + 8H^+_{(ac)} + 5e^- \longrightarrow Mn^{2+}_{(ac)} + 4H_2O_{(e)}$

Oxidación: $\left(Fe^{2+}_{(ac)} - 1e^- \longrightarrow Fe^{3+}_{(ac)} \right) \times 5$

$$MnO_4^-{}_{(ac)} + 5Fe^{2+}_{(ac)} + 8H^+_{(ac)} \longrightarrow Mn^{2+}_{(ac)} + 5Fe^{3+}_{(ac)} + 4H_2O_{(e)}$$

$$30\,mL\ MnO_4^-{}_{(ac)} \times \frac{1\,L\ MnO_4^-{}_{(ac)}}{1000\,mL\ MnO_4^-{}_{(ac)}} \times \frac{0'1\,mol\ MnO_4^-}{1\,L\ MnO_4^-{}_{(ac)}} \times \frac{5\,mol\ Fe^{2+}_{(ac)}}{1\,mol\ MnO_4^-} \times$$

$$\times \frac{55'8\,g\ Fe^{2+}}{1\,mol\ Fe^{2+}} = 0'837g\ Fe^{2+} \qquad \text{MOLARIDAD}$$

$$\%_{Fe} = \frac{M_{Fe}}{M_{total}} \cdot 100 = \frac{0'837}{25} \cdot 100 = 3'35\%$$

CUESTIÓN 3

$$NH_3{}_{(ac)} + H_2O_{(e)} \rightleftharpoons NH_4^+{}_{(ac)} + OH^-_{(ac)}$$

Inicial	C_0	...	—	—
Reacciona	αC_0	...	—	—
Forma	—	—	αC_0	αC_0
Equilibrio	$C_0(1-\alpha)$		αC_0	αC_0

$$K_b = \frac{[NH_4^+] \cdot [OH^-]}{[NH_3]} = \frac{\alpha^2 \cdot C_0^2}{C_0(1-\alpha)} = \frac{\alpha^2 \cdot C_0}{1-\alpha} \Rightarrow C_0 \cdot \alpha^2 + K_b \cdot \alpha - K_b = 0$$

Dado que el valor de K_b es constante, es evidente que el valor de "α" que despejaríamos en la ecuación anterior dependerá del valor de la concentración inicial C_0.

Además, es muy fácil razonar que un aumento del valor de C_0 implicará una disminución del grado de ionización "α" y viceversa. Por todo lo expuesto, podemos concluir que la primera afirmación es FALSA.

La segunda afirmación es igualmente FALSA. Al añadir una pequeña cantidad de NaOH, estamos aumentando la concentración de iones hidroxilo OH^- según $NaOH \longrightarrow Na^+ + OH^-$. Al aumentar la concentración de los productos, el equilibrio se desplazará hacia la izquierda y en consecuencia disminuirá el porcentaje de NH_3 que reacciona.

b) $N_2(g) + 3H_2(g) \rightleftharpoons 2NH_3(g) \qquad \Delta H = -92'4\,KJ$

La reacción que nos da el amoniaco (la reacción directa) es una reacción exotérmica ($\Delta H < 0$) que se verá favorecida por las BAJAS TEMPERATURAS.

Respecto a la presión, interesa que sean ALTAS PRESIONES para que el equilibrio se desplace hacia donde hay menos moles gaseosos (hacia la derecha en nuestro caso) favoreciendo así la formación de amoniaco.

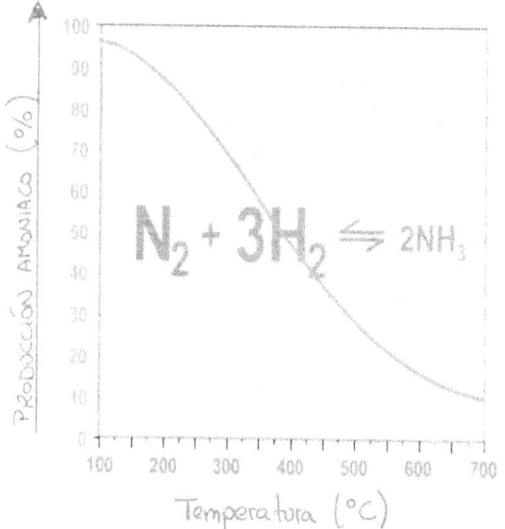

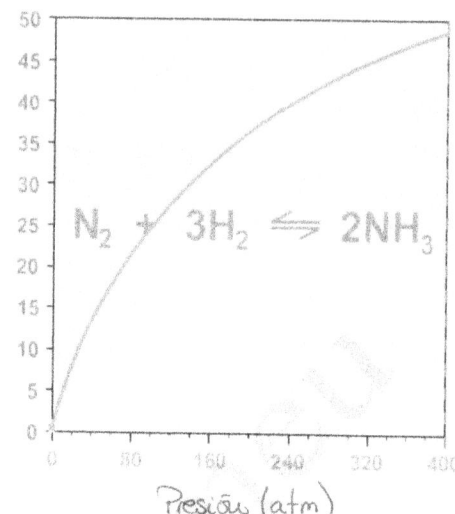

Se puede ver en estos gráficos la influencia positiva que tiene en el rendimiento de la obtención de NH_3 el aumento de la presión, y, del mismo modo, como el aumento de temperaturas influye negativamente.

A pesar de que a bajas temperaturas mejoraríamos el rendimiento, los reactores en los que se produce amoniaco trabajan a temperaturas relativamente altas (entorno a los 400°C). Esto es así porque a temperaturas bajas la reacción es excesivamente lenta (recordad la ecuación de Arrhenius para la constante de velocidad).

Para acelerar la reacción se calientan los reactivos además de utilizar catalizadores (normalmente Fe_2O_3 sobre AlO_3)

PROBLEMA 4

$$Se_{(g)} + H_{2\,(g)} \rightleftharpoons H_2Se_{(g)}$$

Inicial	1	1	—
Reacciona	x	x	—
Forma	—	—	x
Equilibrio	1-x	1-x	x

$n_{\text{totales gas}} = 1-x+1-x+x = 2-x$

$P \cdot V = n R T \Rightarrow 18'1 \cdot 5 = (2-x) \cdot 0'082 \cdot 1000 \Rightarrow x = 0'896 \text{ moles}$

$\left[H_2Se\right]_{eq} = \dfrac{0'896}{5} = 0'1792 \text{ mol/L} \; ; \; \left[Se\right]_{eq} = \left[H_2\right]_{eq} = \dfrac{1-0'896}{5} = 0'0208 \text{ mol/L}$

$K_c = \dfrac{\left[H_2Se\right]}{\left[Se\right] \cdot \left[H_2\right]} = \dfrac{0'1792}{(0'0208)^2} = 414'2$

$K_p = K_c (RT)^{\Delta n_{gas}} = 414'2 \cdot (0'082 \cdot 1000)^{-1} = 5'05$

CUESTIÓN 5

a) $CH_2 = CH - CH_3 + HCl \longrightarrow CH_3 - CHCl - CH_3$

    propeno   2-cloropropano   ADICIÓN

b) $C_6H_5 - CH_3 + HNO_3 \xrightarrow{H_2SO_4}$

    tolueno

                                  paranitrotolueno

PÁGINA 43

Se trata de una reacción de nitración que comprenderéis mejor mirando el examen de Junio 2013.

En realidad esta nitración arroja varias sustituciones:

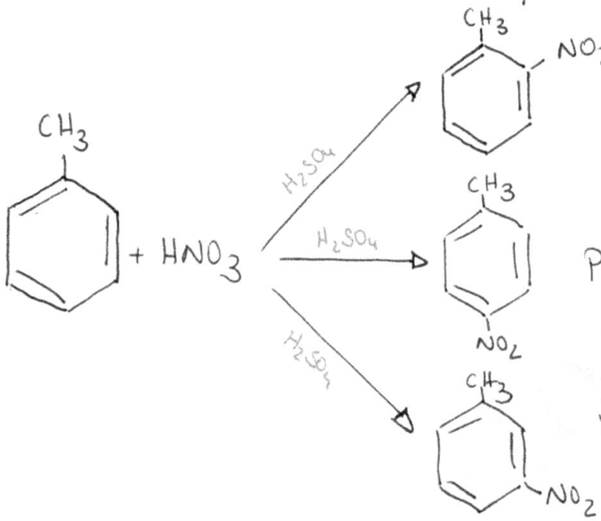

ortonitrotolueno (40%)

paranitrotolueno (57%)

metanitrotolueno (3%)
(MUY POCO ESTABLE)

c) CH_3-CH_2OH + Oxidante $\longrightarrow$ CH_3-CHO OXIDACIÓN
   etanol   etanal   ALCOHOL PRIMARIO

d) CH_3-COOH + CH_3OH $\longrightarrow$ $CH_3-COO-CH_3$ + H_2O ESTERIFICACIÓN
   ácido etanoico metanol   etanoato de metilo

e) $CH_3-CH_2-CH_2Cl$ + KOH $\longrightarrow$ $CH_3-CH_2-CH_2OH$ + KCl
   1-cloropropano   1-propanol   SUSTITUCIÓN

PROVES D'ACCÉS A LA UNIVERSITAT	PRUEBAS DE ACCESO A LA UNIVERSIDAD
CONVOCATÒRIA: SETEMBRE 2011	CONVOCATORIA: SEPTIEMBRE 2011
QUÍMICA	QUÍMICA

BAREMO DEL EXAMEN: El alumno deberá elegir una opción (A o B) y contestar a las 3 cuestiones y los 2 problemas de la opción elegida. En cada cuestión/problema la calificación máxima será de 2 puntos; en cada apartado se indica la calificación máxima que se puede obtener.

OPCION A

CUESTION 1

Considere los elementos B, C, N, O y Cl. Responda <u>razonadamente</u> a las siguientes cuestiones:

a) Deduzca la fórmula molecular más probable para los compuestos formados por:

  i) B y Cl ;   ii) C y Cl ;   iii) N y Cl ;   iv) O y Cl   **(0,8 puntos)**

b) Dibuje las estructuras de Lewis de las cuatro moléculas e indique la geometría de cada una de ellas. **(1,2 puntos)**

DATOS.- Números atómicos: B = 5; C = 6; N = 7; O = 8; Cl = 17.

PROBLEMA 2

En una fábrica de cemento se requiere aportar al horno 3300 kJ por cada kilogramo de cemento producido. La energía se obtiene por combustión de gas metano, CH_4, con oxígeno del aire de acuerdo con la reacción **no ajustada:**

$$CH_4 \ (g) + O_2 \ (g) \longrightarrow CO_2 \ (g) + H_2O \ (l) \ ;$$

Calcule:

a) La cantidad de gas metano consumido, expresada en kg, para obtener 1000 kg de cemento.   **(1,2 puntos)**

b) La cantidad de aire, en metros cúbicos, medido a 1 atmósfera y 25°C necesario para la combustión completa del metano del apartado a).   **(0,8 puntos)**

DATOS.- Masas atómicas: H = 1; C = 12; O = 16; R = 0,082 atm·L/mol·K; el aire contiene 21% (volumen) de O_2 ;

ΔH^o_f (kJ/mol): CH_4 (g)= -74,8 ; CO_2 (g) = -393,5 ; H_2O (l) = -285,8.

CUESTION 3

Teniendo en cuenta los potenciales estándar que se dan al final del enunciado, responda razonadamente:

a) Deduzca si los metales cinc, cobre y hierro reaccionarán al añadirlos, cada uno de ellos por separado, a una disolución ácida [H^+(ac)]= 1 M.   **(0,8 puntos)**

b) Si disponemos de una disolución de Fe^{2+} de concentración 1 M, razone qué metal (cobre o cinc), al reaccionar con Fe^{2+}, permitiría obtener hierro metálico. Escriba las semirreacciones de oxidación y de reducción e indique qué especie se oxida y cuál se reduce.   **(1,2 puntos)**

DATOS: E^o (Zn^{2+}/Zn) = - 0,76 V; E^o (Cu^{2+}/Cu) = + 0,34 V; E^o (Fe^{2+}/Fe) = -0,44 V; E^o [H^+(ac)/H_2] = 0,00 V.

PROBLEMA 4

El ácido fluorhídrico tiene una constante de acidez K_a= 6,3x10^{-4}

a) Calcule el volumen de disolución que contiene 2 g de ácido fluorhídrico si el pH de esta es de 2,1.   **(1 punto)**

b) Si los 2 gramos de ácido fluorhídrico estuviesen contenidos en 10 L de disolución, ¿cuál sería el pH de ésta?   **(1 punto)**

DATOS.- Masas atómicas: H = 1; F = 19; K_w=1,0x10^{-14}.

CUESTION 5

Formule o nombre, según corresponda, los siguientes compuestos.   **(0,2 puntos cada uno)**

a) dietiléter	b) ácido benzoico	c) carbonato cálcico	d) ácido nítrico
e) sulfato sódico	f) NH_3	g) H_2SO_4	h) $Cu(OH)_2$
i) CH_3-CH_2OH	j) CH_3-CO-CH_3		

OPCION B

CUESTION 1

Responda razonadamente a las siguientes cuestiones:

a) Asigne los valores de los **radios atómicos** 74, 112 y 160 (en *picómetros*) a los elementos cuyos números atómicos (Z) son 4, 8 y 12. **(1 punto)**

b) Relacione los valores de la ***primera energía de ionización*** 496, 1680 y 2080 *(en kJ/mol)* con los elementos cuyos números atómicos (Z) son 9, 10 y 11. **(1 punto)**

PROBLEMA 2

En medio ácido, el ión dicromato reacciona con el anión yoduro de acuerdo con la siguiente reacción **no ajustada**:

$$Cr_2O_7^{2-} (ac) + I^- (ac) + H^+ (ac) \rightarrow Cr^{3+} (ac) + I_2 (ac) + H_2O (l)$$

a) Escriba las semirreacciones de oxidación y de reducción y la ecuación química global. **(0,8 puntos)**

b) Calcule la cantidad, en gramos, de yodo obtenido cuando a 50 mL de una disolución acidificada de dicromato 0,1 M se le añaden 300 mL de una disolución de yoduro 0,15 M. **(1,2 puntos)**

DATOS: Masas atómicas.- I = 126,9.

CUESTION 3

Razone el efecto que tendrá, sobre el siguiente equilibrio, cada uno de los cambios que se indican:

$$4NH_3 (g) + 3O_2 (g) <==> 2N_2 (g) + 6H_2O (g) ; \quad \Delta H = -1200 \text{ kJ}$$

a) Disminuir la presión total aumentando el volumen

b) Aumentar la temperatura

c) Añadir O_2 (g)

d) Añadir un catalizador

(0,5 puntos cada apartado)

PROBLEMA 4

A 400 K el trióxido de azufre, SO_3, se descompone parcialmente según el siguiente equilibrio:

$$2 SO_3 (g) <==> 2 SO_2 (g) + O_2 (g)$$

Se introducen 2 moles de SO_3 (g) en un recipiente cerrado de 10 L de capacidad, en el que previamente se ha hecho el vacío, y se calienta a 400 K; cuando se alcanza el equilibrio a dicha temperatura hay 1,4 moles de SO_3. Calcule:

a) El valor de K_c y K_p. **(1,2 puntos)**

b) La presión parcial de cada gas y la presión total en el interior del recipiente cuando se alcance el equilibrio a la citada temperatura. **(0,8 puntos)**

DATOS: R=0,082 atm·L/K·mol

CUESTION 5

Complete las siguientes reacciones y nombre los compuestos orgánicos que intervienen. **(0,4 puntos cada una)**

a) $CH_2=CH_2 + Cl_2 \longrightarrow$

b) $CH_3-CH_2I + NH_3 \longrightarrow$

c) $CH_3-CH_2OH \xrightarrow{MnO_4^-, H^+}$

d) $CH_3-CH_2-CH_2OH \xrightarrow{H_2SO_4, \text{ calor}}$

e) $CH_3-CH_2-COOH + CH_3OH \longrightarrow$

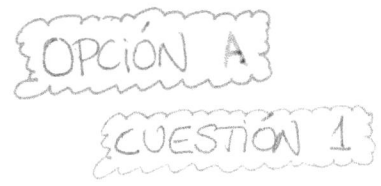

OPCIÓN A

CUESTIÓN 1

$B(z=5): 1s^2 2s^2 2p^1 \longrightarrow$ | 2s: $\uparrow\downarrow$ | 2p: $\uparrow$ | | | 3e$^-$ de valencia

Promoción $\longrightarrow$ 2s: $\uparrow$ | 2p: $\uparrow$ | $\uparrow$ | $\overset{hibridación}{\Longrightarrow}$ sp^2: $\uparrow$ | $\uparrow$ | $\uparrow$ P$_z$: | |

$C(z=6): 1s^2 2s^2 2p^2 \longrightarrow$ | 2s: $\uparrow\downarrow$ | 2p: $\uparrow$ | $\uparrow$ | | 4e$^-$ de valencia

Promoción $\longrightarrow$ 2s: $\uparrow$ | 2p: $\uparrow$ | $\uparrow$ | $\uparrow$ $\overset{hibridación}{\Longrightarrow}$ sp^3: $\uparrow$ | $\uparrow$ | $\uparrow$ | $\uparrow$

$N(z=7): 1s^2 2s^2 2p^3 \longrightarrow$ | 2s: $\uparrow\downarrow$ | 2p: $\uparrow$ | $\uparrow$ | $\uparrow$ | 5e$^-$ de valencia

$O(z=8): 1s^2 2s^2 2p^4 \longrightarrow$ | 2s: $\uparrow\downarrow$ | 2p: $\uparrow\downarrow$ | $\uparrow$ | $\uparrow$ | 6e$^-$ de valencia

$Cl(z=17): 1s^2 2s^2 2p^6 3s^2 3p^5 \longrightarrow$ | 3s: $\uparrow\downarrow$ | 3p: $\uparrow\downarrow$ | $\uparrow\downarrow$ | $\uparrow$ | 7e$^-$ de valencia

i) B y Cl

$\cdot\overset{\cdot}{B}\cdot$ $\cdot\overset{\cdot\cdot}{Cl}:$ $\Longrightarrow$ $:\overset{\cdot\cdot}{Cl}\cdot\overset{:\overset{\cdot\cdot}{Cl}:}{B}\cdot\overset{\cdot\cdot}{Cl}:$ $\Longrightarrow$ BCl_3

Lewis:

$:\overset{\cdot\cdot}{Cl}:$

$:\overset{\cdot\cdot}{Cl}-\overset{|}{B}-\overset{\cdot\cdot}{Cl}:$

La estructura es definitiva al ser nula la carga formal sobre todos los átomos. Se trata de una molécula AX_3 con geometría TRIANGULAR PLANA.

PÁGINA 1

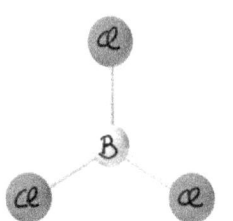

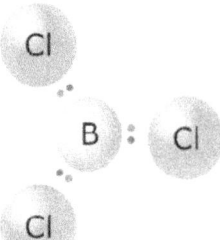

$\boxed{ii)\ C\ y\ C\ell}$

$\cdot \overset{\cdot}{C} \cdot \quad \cdot \overset{\cdot\cdot}{\underset{\cdot\cdot}{C\ell}} : \quad \Rightarrow \quad :\overset{\cdot\cdot}{C\ell} \cdot \cdot \overset{C\ell}{\underset{C\ell}{C}} \cdot \cdot C\ell: \quad \Rightarrow \quad CC\ell_4$

Lewis:

$$:\overset{\cdot\cdot}{\underset{\cdot\cdot}{C\ell}}:$$
$$\vert$$
$$:\overset{\cdot\cdot}{\underset{\cdot\cdot}{C\ell}} - C - \overset{\cdot\cdot}{\underset{\cdot\cdot}{C\ell}}:$$
$$\vert$$
$$:\overset{\cdot\cdot}{\underset{\cdot\cdot}{C\ell}}:$$

Estructura definitiva al ser nula la carga formal sobre todos los átomos. Tenemos una molécula AX_4 con geometría TETRAÉDRICA.

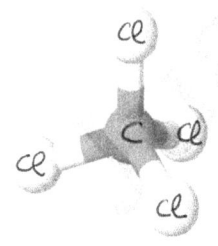

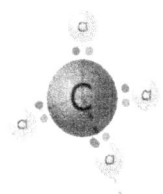

$\boxed{iii)\ N\ y\ C\ell}$

$\cdot \overset{\cdot\cdot}{N} \cdot \quad \cdot \overset{\cdot\cdot}{\underset{\cdot}{C\ell}} : \quad \Rightarrow \quad :\overset{\cdot\cdot}{C\ell} \cdot \cdot \overset{\cdot\cdot}{N} \cdot \cdot C\ell: \quad \Rightarrow \quad NC\ell_3$

$$\overset{\cdot\cdot}{\underset{\cdot\cdot}{C\ell}}$$

Lewis:

$:\ddot{C}l - \ddot{N} - \ddot{C}l:$
      $|$
     $:\ddot{C}l:$

La estructura es definitiva al ser nula la carga formal sobre todos los átomos. Tenemos una molécula AX_3E con geometría de PIRÁMIDE TRIGONAL.

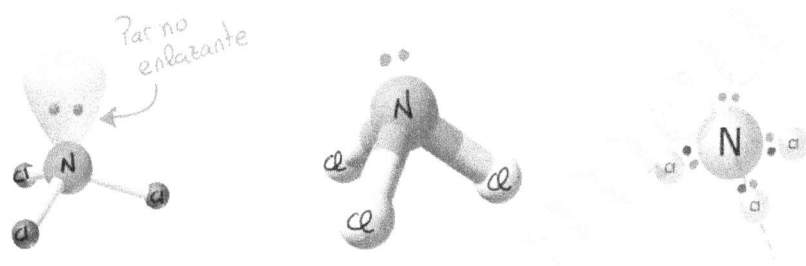

Par no enlazante

iv) O y Cl

$\cdot\ddot{O}\cdot \ddot{C}l: \Rightarrow :\ddot{C}l\cdot\ddot{O}\cdot\ddot{C}l: \Rightarrow OCl_2$

Lewis:

$:\ddot{C}l - \ddot{O} - \ddot{C}l:$

La estructura es definitiva al ser nula la carga formal sobre todos los átomos. Es una molécula AX_2E_2 con geometría ANGULAR

Pares no enlazantes

©Juan Bertomeu Ferrer
www.bertoblog.com

PROBLEMA 2

$$CH_{4(g)} + 2 \cdot O_{2(g)} \longrightarrow CO_{2(g)} + 2 H_2O_{(l)}$$

$$\Delta H_R^o = 1 \cdot \Delta H_{f_{CO_2}}^o + 2 \cdot \Delta H_{f_{H_2O}}^o - 1 \cdot \Delta H_{f_{CH_4}}^o - 2 \cdot \Delta H_{f_{O_2}}^o =$$

$$= 1 \cdot (-393'5) + 2 \cdot (-285'8) - 1 \cdot (-74'8) = -890'3 KJ$$

$Pm_{CH_4} = 12+4 = 16 g/mol$

$$1000 \ Kg \ cemento \ \times \ \frac{3300 \ KJ}{1 \ Kg \ cemento} \ \times \ \frac{1 \ mol \ CH_{4(g)}}{890'3 \ KJ} \ \times \ \frac{16 g \ CH_4}{1 \ mol \ CH_4} \ \times$$

$$\times \ \frac{1 \ Kg \ CH_4}{1000 \ g \ CH_4} = 59'306 Kg \ de \ CH_4$$

$$1000 \ Kg \ cemento \ \times \ \frac{3300 \ KJ}{1 \ Kg \ cemento} \ \times \ \frac{2 mol \ O_2}{890'3 KJ} = 7413'23 \ mol \ O_{2(g)}$$

$$P \cdot V = n \cdot R \cdot T \implies V = \frac{7413'23 \cdot 0'082 \cdot 298}{1} = 181149'725 \ L \ O_{2(g)}$$

$$181149'725 \ Litros \ O_2 \times \frac{100 \ L \ aire}{21 \ L \ O_2} \times \frac{1 m^3 \ aire}{1000 L \ aire} =$$

21% de O_2 en el aire

$$= 862'618 \ m^3 \ aire$$

CUESTIÓN 3

a) Una reacción socede de forma espontánea cuando tiene $\Delta G° < 0$, y siendo $\Delta G° = -n \cdot F \cdot E°_{reacción}$ será $\Delta G° < 0$ cuando $E°_{reacción}$ sea $E°_{reacción} > 0$.

Por otro lado $E°_{reacción} = E°_{oxidación} + E°_{reducción}$. Como en nuestro caso $E°_{red}(H^+_{(ac)} | H_2) = 0V$ tendremos que:

$$E°_{reacción} = E°_{oxi} + \cancel{E°_{red}}^{\,0} = E°_{oxi}, \text{ y por tanto como}$$

$E°_{reacción} = E°_{oxi}$, la reacción sucederá cuando sea $E°_{oxi} > 0$

Como vemos:

$$E°_{red}(Zn^{2+} / Zn) = -0'76V \Rightarrow E°_{oxi}(Zn / Zn^{2+}) = +0'76V$$

$$\Rightarrow \text{El zinc metálico reaccionará}$$

$$E°_{red}(Cu^{2+} / Cu) = +0'34V \Rightarrow E°_{oxi}(Cu / Cu^{2+}) = -0'34V$$

$$\Rightarrow \text{El cobre metálico no reaccionará}$$

$$E°_{red}(Fe^{2+} / Fe) = -0'44V \Rightarrow E°_{oxi}(Fe / Fe^{2+}) = +0'44V$$

$$\Rightarrow \text{El hierro metálico reaccionará.}$$

b) Si el Fe^{2+} se tiene que reducir a hierro metálico Fe, el otro metal se tendrá que oxidar. Así:

$$\boxed{Fe^{2+}_{(ac)} + Cu_{(s)}}$$

Reducción: $Fe^{2+}_{(ac)} + 2e^- \longrightarrow Fe^0_{(s)}$ $E^0_{red} = -0'44 \text{ V}$

Oxidación: $\underline{Cu^0_{(s)} - 2e^- \longrightarrow Cu^{2+}_{(ac)}}$ $E^0_{oxi} = -0'34 \text{ V}$

$Fe^{2+}_{(ac)} + Cu_{(s)} \longrightarrow Fe_{(s)} + Cu^{2+}_{(ac)}$ $E^0_{reacción} = -0'78 \text{ V}$

Como $E^0 < 0 \Rightarrow$ El cobre metálico no reacciona con Fe^{2+}

$$\boxed{Fe^{2+} + Zn_{(s)}}$$

Reducción: $Fe^{2+}_{(ac)} + 2e^- \longrightarrow Fe^0_{(s)}$ $E^0_{red} = -0'44 \text{ V}$

Oxidación: $\underline{Zn^0_{(s)} - 2e^- \longrightarrow Zn^{2+}_{(ac)}}$ $E^0_{oxi} = +0'76 \text{ V}$

$Fe^{2+}_{(ac)} + Zn_{(s)} \longrightarrow Fe_{(s)} + Zn^{2+}_{(ac)}$ $E^0_{reacción} = +0'32 \text{ V}$

Como $E^0 > 0 \Rightarrow$ El zinc metálico reaccionará con los iones Fe^{2+} para obtener hierro metálico.

PÁGINA 6

PROBLEMA 4

$$HF + H_2O \rightleftharpoons F^- + H_3O^+$$

Inicial	C_0	...	—	—
Reacciona	X	...	—	—
Forma	—	—	X	X
Equilibrio	C_0-X	...	X	X

$Ka = 6'3 \cdot 10^{-4}$

$$pH = -\log[H_3O^+] \Rightarrow 2'1 = -\log(x) \Rightarrow x = 7'9433 \cdot 10^{-3} \, mol/L$$

$$Ka = \frac{[F^-] \cdot [H_3O^+]}{[HF]} \Rightarrow 6'3 \cdot 10^{-4} = \frac{x^2}{C_0-x} \Rightarrow$$

$$\Rightarrow 6'3 \cdot 10^{-4} = \frac{(7'9433 \cdot 10^{-3})^2}{C_0 - 7'9433 \cdot 10^{-3}} \Rightarrow C_0 = 0'1081 \, mol/L$$

$$C_0 = \frac{n_{HF}}{V_{dsón}} = \frac{\frac{m_{HF}}{PM}}{V_{dsón}} \Rightarrow 0'1081 = \frac{\frac{2}{20}}{V_{dsón}} \Rightarrow V_{dsón} = 0'925 \, L$$

b) La nueva concentración inicial será:

$$C_0 = \frac{n_{HF}}{V_{dsón}} = \frac{\frac{m_{HF}}{PM}}{V_{dsón}} = \frac{\frac{2}{20}}{10} = 0'01 \, mol/L$$

$$Ka = \frac{x^2}{C_0-x} \Rightarrow 6'3 \cdot 10^{-4} = \frac{x^2}{0'01-x} \Rightarrow$$

$$\Rightarrow x^2 + 6'3 \cdot 10^{-4}x - 6'3 \cdot 10^{-6} = 0 \nearrow x = 2'215 \cdot 10^{-3} \, mol/L$$
$$\searrow x = Negativo$$

$$pH = -\log [H_3O^+] = -\log (2'215 \cdot 10^{-3}) = 2'654$$

CUESTIÓN 5:

a) dietiléter $CH_3-CH_2-O-CH_2-CH_3$

b) ácido benzoico C_6H_5-COOH

c) carbonato cálcico $CaCO_3$

d) ácido nítrico HNO_3

e) sulfato sódico Na_2SO_4

f) NH_3 Amoniaco

g) H_2SO_4 Ácido sulfúrico

h) $Cu(OH)_2$ Hidróxido de cobre (II)

i) CH_3-CH_2OH etanol

j) $CH_3-CO-CH_3$ propanona

OPCIÓN B

CUESTIÓN 1

A $(z=4)$: $1s^2 2s^2$ Grupo 2 Período 2

B $(z=8)$: $1s^2 2s^2 2p^4$ Grupo 16 Período 2

C $(z=12)$: $1s^2 2s^2 2p^6 3s^2$ Grupo 2 Período 3

D $(z=9)$: $1s^2 2s^2 2p^5$ Grupo 17 Período 2

E $(z=10)$: $1s^2 2s^2 2p^6$ Grupo 18 Período 2

F $(z=11)$: $1s^2 2s^2 2p^6 3s^1$ Grupo 1 Período 3

Cuantas más capas electrónicas tiene un átomo, mayor será su tamaño, y por tanto, los radios atómicos de un grupo de elementos aumentan al descender en el grupo. Del mismo modo es fácil deducir que a medida que nos movemos hacia la derecha en un mismo período, aumentamos el número de protones en el núcleo que, al atraer a los electrones con mayor intensidad, contraen al núcleo.

La energía de ionización es la energía que se

©Juan Bertomeu Ferrer
www.bertoblog.com

requiere para arrancar un electrón de un átomo en estado gaseoso en su estado fundamental.

$$X_{(g)} + EI \longrightarrow X^+_{(g)} + e^-$$

En general, la regla es que la EI aumenta a medida que nos movemos hacia la derecha en un mismo periodo (ya que al disminuir el radio atómico hay mayor atracción) y disminuye al descender en un grupo (al estar aumentando el radio atómico). Así:

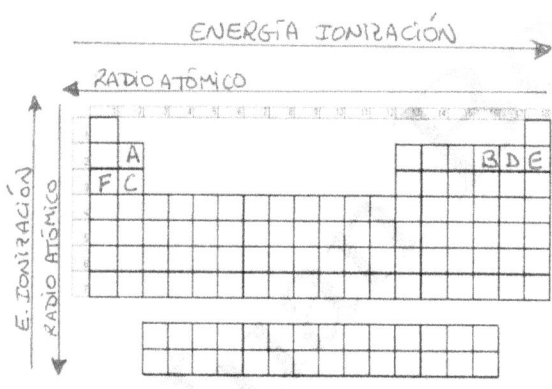

$r_B = 74 \, pm$

$r_A = 112 \, pm$

$r_C = 160 \, pm$

$EI \, (F) = 496 \, kJ/mol$

$EI \, (D) = 1680 \, kJ/mol$

$EI \, (E) = 2080 \, kJ/mol$

PROBLEMA 2

a) $\overset{+6}{Cr_2}O_7^{2-}{}_{(ac)} + I^-{}_{(ac)} + H^+{}_{(ac)} \longrightarrow Cr^{3+}{}_{(ac)} + \overset{0}{I_2}{}_{(ac)} + H_2O_{(\ell)}$

Reducción: $\overset{+6}{Cr_2}O_7^{2-}{}_{(ac)} + 14H^+ + 6e^- \longrightarrow 2Cr^{3+}{}_{(ac)} + 7H_2O_{(\ell)}$

Oxidación: $\left(2I^-{}_{(ac)} - 2e^- \longrightarrow \overset{0}{I_2}{}_{(ac)} \right) \times 3$

$Cr_2O_7^{2-}{}_{(ac)} + 6I^-{}_{(ac)} + 14H^+ \longrightarrow 2Cr^{3+}{}_{(ac)} + 3I_2{}_{(ac)} + 7H_2O_{(\ell)}$

b) $M = \dfrac{n_{soluto}}{V_{dsón}}$

$n_{Cr_2O_7^{2-}} = 0'1 \cdot 0'05 = 5 \cdot 10^{-3} \text{ mol } Cr_2O_7^{2-}{}_{(ac)}$

$n_{I^-} = 0'15 \cdot 0'3 = 0'045 \text{ mol } I^-{}_{(ac)}$

Veamos cuál es el limitante:

$5 \cdot 10^{-3} \text{ mol } Cr_2O_7^{2-} \times \dfrac{6 \text{ mol } I^-}{1 \text{ mol } Cr_2O_7^{2-}} = 0'03 \text{ mol de } I^-{}_{(ac)}$

Como vemos, tenemos exceso de $I^-{}_{(ac)}$, con lo que el $Cr_2O_7^{2-}$ se agotará por completo por ser el limitante. Así:

$5 \cdot 10^{-3} \text{ mol } Cr_2O_7^{2-} \times \dfrac{3 \text{ mol } I_2}{1 \text{ mol } Cr_2O_7^{2-}} \times \dfrac{253'8 \text{ g } I_2}{1 \text{ mol } I_2} = 3'81 \text{ g } I_2$

PÁGINA 11

CUESTIÓN 3

$$4 NH_{3(g)} + 3 O_{2(g)} \rightleftharpoons 2 N_{2(g)} + 6 H_2O_{(g)} \quad \Delta H = -1200 KJ$$

a) Al disminuir la presión total el equilibrio se desplazará para formar sustancias que contribuyan al aumento de la presión total. Es decir, se desplazará hacia donde haya más moles gaseosos. En nuestro caso, se desplazará por tanto hacia la derecha.

b) Como vemos, se tiene que:

Reacción Directa $\Delta H = -1200 KJ$ (Exotérmica)

$$4 NH_{3(g)} + 3 O_{2(g)} \xrightleftharpoons{} 2 N_{2(g)} + 6 H_2O_{(g)}$$

Reacción Inversa $\Delta H = +1200 KJ$ (Endotérmica)

Para que suceda la reacción inversa, hemos de aportar calor (endotérmica). Aumentar la temperatura es aportar calor y por tanto será la ruta endotérmica la que se favorezca. Así, el equilibrio se desplazará a la izquierda.

c) Al aumentar la concentración de los reactivos, el equilibrio tenderá a consumirlos favoreciendo la formación de productos, desplazándose por tanto hacia la derecha.

d) La presencia de un catalizador no modifica el estado de equilibrio.

PÁGINA 12

PROBLEMA 4

a)
$$2SO_{3(g)} \rightleftharpoons 2SO_{2(g)} + O_{2(g)}$$

Inicial	C_0	–	–
Reacciona	$2x$	–	–
Forma	–	$2x$	x
Equilibrio	$C_0 - 2x$	$2x$	x

donde $C_0 = \dfrac{n_{SO_3}}{V_{dsón}} = \dfrac{2}{10} = 0'2\ mol/L$

$C_{eq} = \dfrac{n_{SO_3\,eq}}{V_{dsón}} \Rightarrow C_0 - 2x = \dfrac{1'4}{10} \Rightarrow 2x = 0'06 \Rightarrow x = 0'03\ mol/L$

$K_c = \dfrac{[SO_2]^2 \cdot [O_2]}{[SO_3]^2} = \dfrac{0'06^2 \cdot 0'03}{0'14^2} = 5'51 \cdot 10^{-3}$

$K_p = K_c \cdot (RT)^{\Delta n_{gas}} = 5'51 \cdot 10^{-3} \cdot (0'082 \cdot 400)^1 = 0'1807$

b)

$P \cdot V = n \cdot R \cdot T$

$\quad \hookrightarrow P = C \cdot R \cdot T$

$\quad\quad P_{SO_3} = (0'2 - 2 \cdot 0'03) \cdot 0'082 \cdot 400 = 4'592\ atm$

$\quad\quad P_{SO_2} = (2 \cdot 0'03) \cdot 0'082 \cdot 400 = 1'968\ atm$

$\quad\quad P_{O_2} = 0'03 \cdot 0'082 \cdot 400 = 0'984\ atm$

$P_{TOTAL} = P_{SO_3} + P_{SO_2} + P_{O_2} = 7'544\ atm$

PÁGINA 13

CUESTIÓN 5

a) $CH_2 = CH_2 + Cl_2 \longrightarrow CH_2Cl - CH_2Cl$ ADICIÓN

   eteno   1,2-dicloroetano

b) $CH_3 - CH_2I + NH_3 \longrightarrow CH_3 - CH_2NH_2 + HI$

   yodoetano   etilamina   SUSTITUCIÓN

c) $CH_3 - CH_2OH \xrightarrow{MnO_4^-, H^+} CH_3 - CHO \xrightarrow{MnO_4^-, H^+} CH_3 - COOH$

   etanol   etanal   ácido etanoico

Se trata de la OXIDACIÓN DE UN ALCOHOL PRIMARIO

que podréis ver con mucho más detalle en el examen de

JULIO 2013

d) $CH_3 - CH_2 - CH_2OH \xrightarrow[calor]{H_2SO_4} CH_3 - CH = CH_2 + H_2O$

   1-propanol   propeno   ELIMINACIÓN

Comprenderéis mejor la deshidratación de alcoholes si miráis

el examen de JUNIO 2013

e) $CH_3 - CH_2 - COOH + CH_3OH \longrightarrow CH_3 - CH_2 - COO - CH_3 + H_2O$

   ácido propanoico   metanol   propanoato de metilo

Que es una reacción de ESTERIFICACIÓN (Condensación)

PÁGINA 14

GENERALITAT VALENCIANA
CONSELLERIA D'EDUCACIÓ, FORMACIÓ I OCUPACIÓ

COMISSIÓ GESTORA DE LES PROVES D'ACCÉS A LA UNIVERSITAT
COMISIÓN GESTORA DE LAS PRUEBAS DE ACCESO A LA UNIVERSIDAD

SISTEMA UNIVERSITARI VALENCIÀ
SISTEMA UNIVERSITARIO VALENCIANO

PROVES D'ACCÉS A LA UNIVERSITAT	PRUEBAS DE ACCESO A LA UNIVERSIDAD
CONVOCATÒRIA:　　JUNY　2012	CONVOCATORIA:　　JUNIO　2012
QUÍMICA	QUÍMICA

BAREMO DEL EXAMEN: El alumno deberá elegir una opción (A o B) y contestar a las 3 cuestiones y los 2 problemas de la opción elegida. En cada cuestión/problema la calificación máxima será de 2 puntos; en cada apartado se indica la calificación máxima que se puede obtener.

OPCIÓN A

CUESTION 1

Considere los elementos A, B, C y D de números atómicos A=2, B=11, C=17, D=34, y responda razonadamente a las siguientes cuestiones:

a) Escriba la configuración electrónica de cada uno de estos elementos e indique el grupo y período al que pertenecen.
(1 punto)
b) Clasifique cada uno de los elementos en las siguientes categorías: metal, no metal o gas noble. **(0,5 puntos)**
c) Ordene los elementos según valor creciente de su primera energía de ionización. **(0,5 puntos)**

PROBLEMA 2

El proceso de fotosíntesis se puede representar por la ecuación química siguiente:

$$6 CO_2 (g) + 6 H_2O (l) \rightarrow C_6H_{12}O_6 (s) + 6 O_2 (g) \qquad \Delta H^o = +3402,8 \ kJ$$

Calcule:
a) La entalpía de formación estándar de la glucosa, $C_6H_{12}O_6$. **(1 punto)**
b) La energía necesaria para la formación de 500 g de glucosa mediante fotosíntesis. **(1 punto)**
DATOS.- Masas atómicas: H = 1; C = 12; O = 16; $\Delta H_f^o[CO_2(g)]$= -393,5 kJ/mol ; $\Delta H_f^o[H_2O(l)]$= -285,8 kJ/mol ;

CUESTION 3

El proceso Deacon suele utilizarse cuando se dispone de HCl como subproducto de otros procesos químicos. Dicho proceso permite obtener gas cloro a partir de cloruro de hidrógeno de acuerdo con el siguiente equilibrio:

$$4 HCl (g) + O_2 (g) \Longleftrightarrow 2 Cl_2 (g) + 2 H_2O (g) \ \Delta H^o = -114 \ kJ$$

Se deja que una mezcla de HCl, O_2, Cl_2 y H_2O alcance el equilibrio a cierta temperatura. Explique cuál es el efecto sobre la cantidad de cloro gas en el equilibrio, si se introducen los siguientes cambios: **(0,4 puntos cada apartado)**

a) Adicionar a la mezcla más O_2 (g).
b) Extraer HCl (g) de la mezcla.
c) Aumentar el volumen al doble manteniendo constante la temperatura.
d) Adicionar un catalizador a la mezcla de reacción.
e) Elevar la temperatura de la mezcla.

PROBLEMA 4

Se ha preparado en el laboratorio una disolución 0,025M de un ácido débil HA. Dicha disolución tiene un pH = 2,26.
Calcule:
a) La constante de acidez, K_a, del ácido débil HA. **(1 punto)**
b) El porcentaje de ácido HA que se ha disociado en estas condiciones. **(1 punto)**

CUESTION 5

Formule o nombre, según corresponda, los siguientes compuestos: **(0,2 puntos cada uno)**

a) óxido de cromo(III)	b) nitrato de magnesio	c) hidrogenosulfato de sodio	d) ácido benzoico
e) $Ca(OH)_2$	f) HgS	g) H_3PO_4	h) $CHCl_3$
i) CH_3-CH_2-CHO	j) $C_6H_5-CH_3$		

OPCION B

CUESTION 1

Considere las siguientes especies químicas N_2O, NO_2^+, NO_2^-, NO_3^-, y responda razonadamente a las siguientes cuestiones:

a) Represente la estructura de Lewis de cada una de las especies químicas propuestas. **(1 punto)**

b) Prediga la geometría de cada una de estas especies químicas. **(1 punto)**

DATOS.- Números atómicos: N = 7; O = 8.

PROBLEMA 2

Se disuelven 0,9132 g de un mineral de hierro en una disolución acuosa de ácido clorhídrico. En la disolución resultante el hierro se encuentra como Fe^{2+}(ac). Para oxidar todo este Fe^{2+} a Fe^{3+} se requieren 28,72 mL de una disolución 0,05 M de dicromato potásico, $K_2Cr_2O_7$. La reacción redox, **no ajustada**, que tiene lugar es la siguiente:

$$Fe^{2+} (ac) + Cr_2O_7^{2-} (ac) \rightarrow Fe^{3+} (ac) + Cr^{3+} (ac) + H_2O (l)$$

a) Escriba las semirreacciones de oxidación y de reducción y la ecuación química global. **(1 punto)**

b) Calcule el porcentaje en masa del hierro en la muestra del mineral. **(1 punto)**

DATOS.- Masas atómicas: Fe = 55,85.

CUESTION 3

a) Considere los ácidos HNO_2, HF, HCN, CH_3-COOH. Ordénelos de mayor a menor fuerza ácida, justificando la respuesta. **(1 punto)**

b) Indique, justificando la respuesta, si las disoluciones acuosas de las siguientes sales serán ácidas, neutras o básicas: $NaNO_2$, NH_4NO_3, NaF, KCN. **(1 punto)**

DATOS: $K_a(HNO_2) = 5,1x10^{-4}$; $K_a(NH_4^+) = 5,5x10^{-10}$; $K_a(HCN) = 4,8x10^{-10}$; $K_a(CH_3COOH) = 1,8x10^{-5}$; $K_a(HF) = 6,8x10^{-4}$.

PROBLEMA 4

A 130 ºC el hidrogenocarbonato de sodio, $NaHCO_3$ (s), se descompone parcialmente según el siguiente equilibrio:

$$2 NaHCO_3 (s) \Longleftrightarrow Na_2CO_3 (s) + CO_2 (g) + H_2O (g) \qquad K_p = 6,25 \text{ a } 130 \text{ ºC}$$

Se introducen 100 g de $NaHCO_3$(s) en un recipiente cerrado de 2 L de capacidad, en el que previamente se ha hecho el vacío y se calienta a 130ºC. **Calcule**:

a) El valor de Kc y la presión total en el interior del recipiente cuando se alcance el equilibrio a 130ºC. **(1,2 puntos)**

b) La cantidad, en gramos, de $NaHCO_3$(s) que quedará sin descomponer. **(0,8 puntos)**

DATOS.- Masas atómicas: H = 1; C = 12; O = 16; Na = 23; R = 0,082 atm·L/mol·K.

CUESTION 5

Complete las siguientes reacciones y nombre los compuestos orgánicos que intervienen. **(0,4 puntos cada una)**

a) $CH_2=CH$-CH_3 + H_2 $\xrightarrow{\text{catalizador}}$

b) CH_3-CH_2-CO-CH_2-CH_3 + H_2 $\xrightarrow{\text{catalizador}}$

c) CH_3-COO-CH_2-CH_3 + H_2O $\xrightarrow{H^+(ac)}$

d) $CH_2=CH_2$ + H_2O $\xrightarrow{H^+ (ac)}$

e) CH_3-CH_2OH $\xrightarrow{MnO_4^-, H^+(ac)}$

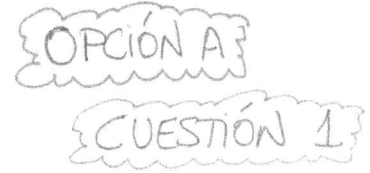

OPCIÓN A

CUESTIÓN 1

A ($z = 2$): $1s^2$ Grupo 18 Período 1 Gas Noble

B ($z = 11$): $1s^2 2s^2 2p^6 3s^1$ Grupo 1 Período 3 Metal Alcalino

C ($z = 17$): $1s^2 2s^2 2p^6 3s^2 3p^5$ Grupo 17 Período 3 No Metal

D ($z = 34$): $1s^2 2s^2 2p^6 3s^2 3p^6 3d^{10} 4s^2 4p^4$ Grupo 16 Período 4 No Metal

   La energía de ionización es la energía que se requiere

para arrancar un electrón de un átomo en estado gaseoso

en su estado fundamental $\Rightarrow$ $X_{(g)} + EI \longrightarrow X^+_{(g)} + e^-$

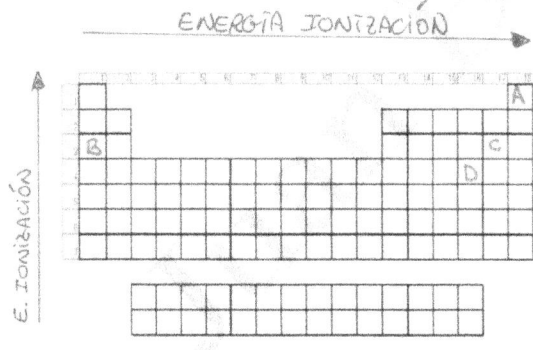

En general, la regla es que

la EI aumenta hacia la

derecha (ya que al disminuir

el radio atómico hay mayor

atracción) y disminuye al

descender en un grupo (al estar aumentando el radio). Así:

$$EI_{(B)} < EI_{(D)} < EI_{(C)} < EI_{(A)}$$

PÁGINA 1

©Juan Bertomeu Ferrer
www.bertoblog.com

PROBLEMA 2

$$6 CO_{2 (g)} + 6 H_2 O_{(\ell)} \longrightarrow C_6 H_{12} O_{6 (s)} + 6 O_{2 (g)}$$

$$\Delta H_R^o = \Delta H_{f_{C_6 H_{12} O_6}}^o + 6 \cdot \cancel{\Delta H_{f_{O_2}}^o}^{0} - 6 \cdot \Delta H_{f_{CO_2}}^o - 6 \cdot \Delta H_{f_{H_2 O}}^o$$

$$3402'8 = \Delta H_{f_{C_6 H_{12} O_6}}^o - 6 \cdot (-393'5) - 6 \cdot (-285'8) \Longrightarrow$$

$$\Longrightarrow \Delta H_{f_{C_6 H_{12} O_6}}^o = -673 \, KJ/mol$$

$$500 \, g \, C_6 H_{12} O_6 \times \frac{1 \, mol \, C_6 H_{12} O_6}{180 \, g \, C_6 H_{12} O_6} \times \frac{3402'8 \, KJ}{1 \, mol \, C_6 H_{12} O_6} = 9452'22 \, KJ$$

$$P_{M_{C_6 H_{12} O_6}} = 6 \cdot 12 + 12 + 6 \cdot 16 = 180 \, g/mol$$

CUESTIÓN 3

$$4 HCl_{(g)} + O_{2 (g)} \rightleftharpoons 2 Cl_{2 (g)} + 2 H_2 O_{(g)} \quad \Delta H_R^o = -114 \, KJ$$

a) Al añadir un exceso de $O_{2 (g)}$, el equilibrio se desplazará a la derecha para consumirlo, aumentando así la cantidad de gas cloro en el equilibrio.

b) Al disminuir la concentración de $HCl_{(g)}$, el equilibrio se desplazará a la izquierda para volver a formar el HCl que hemos quitado, disminuyendo así el $Cl_{2 (g)}$ en equilibrio

c) Al aumentar el volumen manteniendo constante la temperatura, estamos disminuyendo la presión total. El equilibrio se desplazará para formar sustancias que contribuyan al aumento de la presión total. Es decir, se desplazará hacia donde haya más moles gaseosos. En nuestro caso, se desplazará por tanto a la izquierda, disminuyendo por tanto el $Cl_2(g)$ en equilibrio.

d) Un catalizador no afecta a la cantidad de $Cl_2(g)$ en equilibrio.

e) Como vemos, se tiene que:

$$4\,HCl(g) + O_2(g) \underset{\text{Inversa} \quad \Delta H° = +114\,KJ \text{ (Endotérmica)}}{\overset{\text{Directa} \quad \Delta H° = -114\,KJ \text{ (Exotérmica)}}{\rightleftharpoons}} 2\,Cl_2(g) + 2\,H_2O(g)$$

Para que suceda la reacción inversa, hemos de aportar calor (endotérmica). Aumentar la temperatura es justamente aportar calor y por tanto será la ruta endotérmica la que se favorezca, disminuyendo así la cantidad de cloro gas en el equilibrio.

PROBLEMA 4

$$HA + H_2O \rightleftharpoons A^- + H_3O^+$$

Inicial	0'025	...	—	—
Reacciona	X	...	—	—
Forma	—	—	X	X
Equilibrio	0'025−x	...	X	X

$$pH = -\log [H_3O^+] \Rightarrow 2'26 = -\log x \Rightarrow x = 5'496 \cdot 10^{-3} \, mol/L$$

$$K_a = \frac{[A^-] \cdot [H_3O^+]}{[HA]} = \frac{(5'496 \cdot 10^{-3})^2}{0'025 - 5'496 \cdot 10^{-3}} = 1'548 \cdot 10^{-3}$$

b) $\alpha = \dfrac{x}{c_0} = \dfrac{5'496 \cdot 10^{-3}}{0'025} = 0'2198 \Rightarrow$ Se disocia el 21'98%

CUESTIÓN 5

a) Óxido de Cromo (III) Cr_2O_3

b) Nitrato de Magnesio $Mg(NO_3)_2$

c) Hidrogenosulfato de sodio $NaHSO_4$

d) Ácido benzoico C_6H_5-COOH

e) $Ca(OH)_2$ Hidróxido de calcio

f) HgS Sulfuro de mercurio (II)

g) H_3PO_4 Ácido fosfórico

h) $CHCl_3$ Triclorometano

i) CH_3-CH_2-CHO Propanal

j) $C_6H_5-CH_3$ Metil benceno (TOLUENO)

OPCIÓN B

CUESTIÓN 1

N(z=7): $1s^2 2s^2 2p^3 \longrightarrow$ 2s [↑↓] 2p [↑|↑|↑] $5e^-$ de valencia

O(z=8): $1s^2 2s^2 2p^4 \longrightarrow$ 2s [↑↓] 2p [↑↓|↑|↑] $6e^-$ de valencia

N_2O LEWIS + RPECV

N N O ⟹ N – N – O ⟹ 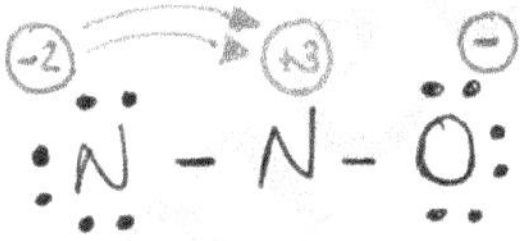

16 electrones — Quedan $12e^-$ — Cargas formales

⟹ 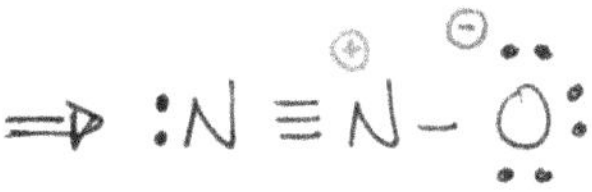

Definitiva!!

Recordar que cuando debe haber carga formal, la carga negativa deberá ir en el átomo más electronegativo.

Se trata pues de una molécula AX_2 con geometría LINEAL

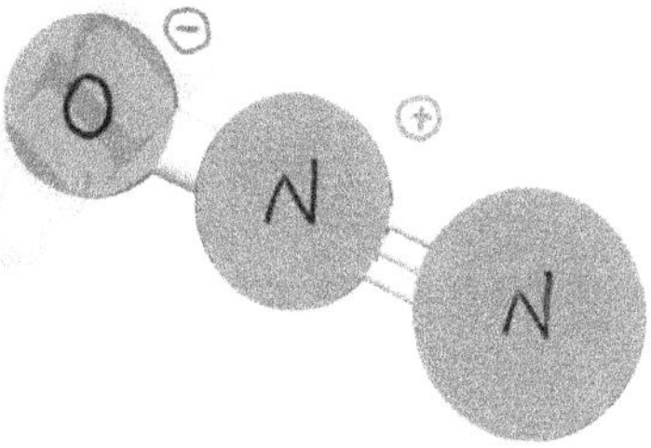

NO_2^+ LEWIS + RPECV

O N O ⟹ O – N – O ⟹ 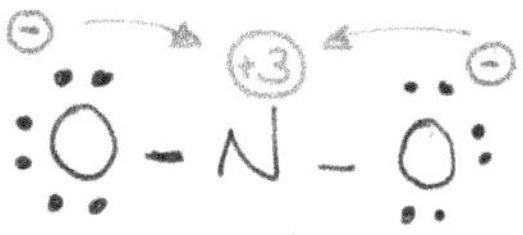

17 electrones
$-1e^-$ (carga ión)
16 electrones

Quedan $12e^-$

Cargas formales

PÁGINA 5

$\Rightarrow \ddot{\underset{..}{O}} = \overset{\oplus}{\ddot{N}} = \ddot{\underset{..}{O}} \Rightarrow \left[\ddot{\underset{..}{O}} = N = \ddot{\underset{..}{O}} \right]^{\oplus}$

Definitiva!!

Se trata de una molécula AX_2 con geometría LINEAL

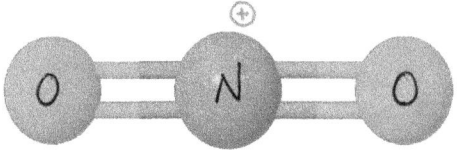

$\boxed{NO_2^-}$ LEWIS + RPECV

O N O $\Rightarrow$ O—N—O $\Rightarrow$ $\overset{\ominus}{:\underset{..}{\ddot{O}}} - \overset{\oplus}{\ddot{N}} - \overset{\ominus}{\ddot{O}:}$

17 electrones   Quedan 14 e⁻   Cargas formales

+1 e⁻ Carga Ión

18 electrones

Y tenemos dos opciones posibles (RESONANCIA)

$\left\{ \ddot{\underset{..}{O}} = \ddot{N} - \overset{\ominus}{\ddot{O}:} \longleftrightarrow \overset{\ominus}{:\underset{..}{\ddot{O}}} - \ddot{N} = \ddot{\underset{..}{O}} \right\} \Rightarrow \left[O \cdots \ddot{N} \cdots O \right]^{\ominus}$

Se trata de una molécula AX_2E con geometría ANGULAR

Par no enlazante

©Juan Bertomeu Ferrer
www.bertoblog.com

$\boxed{NO_3^-}$ LEWIS + RPECV

O
O   N   O

23 electrones
+ 1 e⁻ Carga Ión
──────────
24 electrones

⟹ O – N – O
      |
      O

Quedan 18 e⁻

⟹ :Ö – N – Ö:
        |
       :Ö:⁻

Cargas formales   (+2)

Y de nuevo se nos da el fenómeno de resonancia

$$\left\{ \ddot{O} = N - \ddot{O}: \quad \longleftrightarrow \quad :\ddot{O} - N = \ddot{O} \quad \longleftrightarrow \quad :\ddot{O} - N - \ddot{O}: \right\}$$

⟹ $\left[O \cdots \overset{..}{N} \cdots O \right]^{\ominus}$ ⟹ Molécula AX₃ con geometría TRIANGULAR PLANA

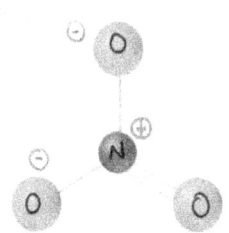

PROBLEMA 2:

$$Fe^{+2}_{(ac)} + Cr_2^{+6}O_7^{2-}{}_{(ac)} \longrightarrow Fe^{3+}_{(ac)} + Cr^{3+}_{(ac)} + H_2O_{(\ell)}$$

Reducción: $Cr_2^{+6}O_7^{2-}{}_{(ac)} + 14H^+ + 6e^- \longrightarrow 2Cr^{3+}_{(ac)} + 7H_2O$

Oxidación: $(Fe^{2+}_{(ac)} - 1e^- \longrightarrow Fe^{3+}_{(ac)}) \times 6$

$$Cr_2O_7^{2-}{}_{(ac)} + 14H^+_{(ac)} + 6Fe^{2+}_{(ac)} \longrightarrow 2Cr^{3+}_{(ac)} + 6Fe^{3+}_{(ac)} + 7H_2O_{(\ell)}$$

$$28'72 \, mL \, K_2Cr_2O_7 \times \frac{1L}{1000\,mL} \times \frac{0'05 \, mol \, K_2Cr_2O_7}{1\,L \, dsón \, K_2Cr_2O_7} \times \frac{1 \, mol \, Cr_2O_7^{2-}}{1 \, mol \, K_2Cr_2O_7} \times$$

Molaridad

$$\times \frac{6 \, mol \, Fe^{2+}_{(ac)}}{1 \, mol \, Cr_2O_7^{2-}} \times \frac{55'85 \, g \, Fe^{2+}}{1 \, mol \, de \, Fe^{2+}} = 0'4812 \text{ gramos de } Fe^{2+}$$

$$\%_{Fe} = \frac{m_{Fe}}{m_{total}} \cdot 100 = \frac{0'4812}{0'9132} \cdot 100 = 52'69\% \text{ de Fe en la muestra del mineral.}$$

CUESTIÓN 3

Recordemos que un ácido es toda aquella sustancia dadora de protones (H^+). La constante de acidez K_a nos dice como de fuerte es un ácido ya que:

$$HA + H_2O \rightleftharpoons A^- + H_3O^+ \qquad K_a = \frac{[A^-] \cdot [H_3O^+]}{[HA]}$$

Como vemos, K_a es directamente proporcional a $[H_3O^+]$.

Eso quiere que cuanto mayor es K_a mayor es $[H_3O^+]$ Esto

es, mayor número de protones se han cedido y por tanto,

mayor capacidad ácida (fortaleza) tendrá el ácido en

cuestión. Por tanto, de mayor a menor acidez tendremos:

$$HF > HNO_2 > CH_3-COOH > NH_4^+ > HCN$$

$$6'8 \cdot 10^{-4} > 5'1 \cdot 10^{-4} > 1'8 \cdot 10^{-5} > 5'5 \cdot 10^{-10} > 4'8 \cdot 10^{-10}$$

b) $NaNO_2 \xrightarrow{H_2O} Na^+_{(ac)} + NO_2^-{}_{(ac)}$

El ión Na^+ no sufre hidrólisis. Sin embargo, el NO_2^-

es la base conjugada de un ácido débil (HNO_2). Por tanto

hidrolizará según:

$$NO_2^- + H_2O \rightleftharpoons HNO_2 + OH^-$$

Se trata de una disolución BÁSICA por la presencia de

los iones hidroxilo.

$$NH_4NO_3 \xrightarrow{H_2O} NH_4^+{}_{(ac)} + NO_3^-{}_{(ac)}$$

El ión NO_3^- no hidroliza, pero el ión NH_4^+ lo hará según:

$$NH_4^+ + H_2O \rightleftharpoons NH_3 + H_3O^+$$

Se trata de una disolución ÁCIDA por la presencia de

los iones hidronio.

$$Na F \xrightarrow{H_2O} Na^+_{(ac)} + F^-_{(ac)}$$

El ión Na^+ no hidroliza, pero el F^- es la base conjugada del ácido débil HF y por tanto hidroliza según:

$$F^-_{(ac)} + H_2O \rightleftharpoons HF + OH^-$$

dando lugar por tanto a una disolución BÁSICA.

$$K CN \xrightarrow{H_2O} K^+_{(ac)} + CN^-_{(ac)}$$

El ión K^+ no sufre hidrólisis, pero el CN^- es base conjugada del ácido débil HCN y por tanto hidroliza:

$$CN^-_{(ac)} + H_2O \rightleftharpoons HCN + OH^-$$

y de nuevo, se trata de una disolución BÁSICA.

PROBLEMA 4

$$2 NaHCO_{3(s)} \rightleftharpoons Na_2CO_{3(s)} + CO_{2(g)} + H_2O_{(g)}$$

	$2NaHCO_3$	Na_2CO_3	CO_2	H_2O
Inicial	n_0	—	—	—
Reacciona	$2x$	—	—	—
Forma	—	x	x	x
Equilibrio	$n_0 - 2x$	x	x	x

$$100 \, g \; NaHCO_3 \times \frac{1 \, mol \; NaHCO_3}{84 \, g \; NaHCO_3} = 1'1905 \; mol \; NaHCO_3$$

$PM = 23 + 1 + 12 + 3 \cdot 16 = 84 \, g/mol$

$$K_p = K_c \cdot (RT)^{\Delta n_{gas}} \implies 6'25 = K_c \cdot (0'082 \cdot 403)^2 \implies K_c = 5'723 \cdot 10^{-3}$$

$$K_c = [CO_2] \cdot [H_2O] \implies 5'723 \cdot 10^{-3} = \left(\frac{x}{2}\right) \cdot \left(\frac{x}{2}\right) \implies$$

$$\implies x^2 = 0'0229 \implies x = 0'1513 \text{ moles}$$

$$n_{totales} = 2x = 0'3026 \text{ moles de gas (en equilibrio)}$$
$$\text{gas}$$

$$P \cdot V = n \cdot R \cdot T \implies P = \frac{0'3026 \cdot 0'082 \cdot 403}{2} = 5 \text{ atm}$$

b) $n_{NaHCO_3} = n_0 - 2x = 1'1905 - 0'3026 =$

$$= 0'8879 \text{ mol } NaHCO_3 \times \frac{84 \text{ g } NaHCO_3}{1 \text{ mol } NaHCO_3} = 74'58 \text{ g } NaHCO_3$$

CUESTIÓN 5

a) $CH_2 = CH - CH_3 + H_2 \xrightarrow{\text{catalizador}} CH_3 - CH_2 - CH_3$ ADICIÓN

   propeno   propano

b) $CH_3 - CH_2 - CO - CH_2 - CH_3 + H_2 \xrightarrow{\text{catalizador}} CH_3 - CH_2 - CHOH - CH_2 - CH_3$

   3-pentanona   3-pentanol

Es una reacción de hidrogenación de una cetona
en la que ésta se REDUCE a alcohol secundario
(REDUCCIÓN)

c) $CH_3 - COO - CH_2 - CH_3 + H_2O \xrightarrow{H^+} CH_3 - COOH + CH_3 - CH_2OH$

Acetato de etilo   Ácido   etanol
                                         acético

Tenemos la hidrólisis de un ester en medio ácido

$$R - C \underset{OR'}{\overset{=O}{<}} + H_2O \xrightarrow{H^+} R - C \underset{OH}{\overset{=O}{<}} + R'-OH$$

d) $CH_2 = CH_2 + H_2O \xrightarrow{H^+} CH_3 - CH_2OH$

   eteno   etanol

Se trata de una reacción de hidratación de un alqueno. Dado que el agua es un ácido muy débil con una concentración insuficiente de protones H^+ para iniciar la reacción de adición electrófila, es necesario un catalizador ácido (normalmente H_2SO_4)

Como vemos, el ácido se regenera en la última etapa de la hidratación y de ahí que sea un catalizador.

e) $CH_3 - CH_2OH \xrightarrow{MnO_4^-, H^+} CH_3 - CHO \longrightarrow CH_3 - COOH$

    etanol   etanal   ácido etanoico

Se trata de una oxidación de un alcohol primario que se oxida a un aldehído. Para los oxidantes fuertes (y el MnO_4^- es fuerte) se produce la sobreoxidación a un ácido carboxílico.

Podéis ver las etapas de la oxidación con más detalle si consultais las soluciones del examen de Julio 2013

GENERALITAT VALENCIANA
CONSELLERIA D'EDUCACIÓ,
FORMACIÓ I OCUPACIÓ

COMISSIÓ GESTORA DE LES PROVES D'ACCÉS A LA UNIVERSITAT

COMISIÓN GESTORA DE LAS PRUEBAS DE ACCESO A LA UNIVERSIDAD

SISTEMA UNIVERSITARI VALENCIÀ
SISTEMA UNIVERSITARIO VALENCIANO

PROVES D'ACCÉS A LA UNIVERSITAT	PRUEBAS DE ACCESO A LA UNIVERSIDAD
CONVOCATÒRIA: SETEMBRE 2012	CONVOCATORIA: SEPTIEMBRE 2012
QUÍMICA	QUÍMICA

BAREMO DEL EXAMEN: El alumno deberá elegir una opción (A o B) y contestar a las 3 cuestiones y los 2 problemas de la opción elegida. En cada cuestión/problema la calificación máxima será de 2 puntos; en cada apartado se indica la calificación máxima que se puede obtener.

OPCION A

CUESTION 1

Considere las moléculas CS_2, OCl_2, PH_3, $CHCl_3$, y responda razonadamente a las siguientes cuestiones:

a) Represente la estructura de Lewis de cada una de éstas moléculas y prediga su geometría.   **(1,2 puntos)**
b) Explique, en cada caso, si la molécula tiene o no momento dipolar.   **(0,8 puntos)**

DATOS.- Números atómicos: $H = 1$; $C = 6$; $O = 8$; $P = 15$; $S = 16$; $Cl = 17$.

PROBLEMA 2

La primera etapa de la síntesis industrial del ácido sulfúrico, H_2SO_4, corresponde a la obtención del dióxido de azufre, SO_2. Este óxido se puede preparar por calentamiento de pirita de hierro, FeS_2, en presencia de aire, de acuerdo con la siguiente reacción ajustada:

$$4\ FeS_2\ (s) + 11\ O_2\ (g) \rightarrow 2\ Fe_2O_3\ (s) + 8\ SO_2\ (g)$$

Si el rendimiento de la reacción es del 80% y la pureza de la pirita del 85% (en peso), **calcule**:

a) La masa en kg de SO_2 que se obtendrá a partir del tratamiento de 500 kg de pirita.   **(1 punto)**

b) El volumen de aire a 0,9 atmósferas y 80°C que se requerirá para el tratamiento de los 500 kg de pirita. **(1 punto)**

DATOS.- Masas atómicas: $O = 16$; $S = 32$; $Fe = 55,8$; $R = 0,082$ atm·L/mol·K ; el aire contiene el 21% en volumen de oxígeno.

CUESTION 3

Aplicando la teoría ácido-base de Brönsted-Lowry, explique razonadamente, escribiendo las ecuaciones químicas adecuadas, si las siguientes especies químicas: a) NH_3; b) CN^- ; c) CH_3COOH; d) HCl, se comportan como ácidos o como bases. Indique, en cada caso, cuál es el ácido o la base conjugada para cada una de dichas especies. **(0,5 puntos cada apartado)**

PROBLEMA 4

El ácido fórmico, $HCOOH$, es un ácido monoprótico débil. Se preparan 600 mL de una disolución de ácido fórmico que contiene 6,9 g de dicho ácido. El pH de esta disolución es 2,173.

a) Calcule la constante de acidez, K_a, del ácido fórmico.   **(1,2 puntos)**

b) Si a 10 mL de la disolución de ácido fórmico se le añaden 25 mL de una disolución de hidróxido sódico 0,1M, razone si la disolución resultante será ácida, neutra o básica.   **(0,8 puntos)**

DATOS.- Masas atómicas: $H =1$; $C = 12$; $O = 16$.

CUESTION 5

Formule o nombre, según corresponda, los siguientes compuestos.   **(0,2 puntos cada uno)**

a) peróxido de sodio   b) ácido cloroso   c) óxido de cobre(II)   d) propanona
e) metoxietano (etil metil éter)   f) $KMnO_4$ g) $NaHCO_3$ h) CH_3-CH_2OH
i) CH_3-$CH=CH$-CH_2-CH_3 j) CH_3-CO-CH_2-CH_3

OPCION B

CUESTION 1

Considere los elementos A, B, C y D de números atómicos A=17, B=18, C=19, D=20. A partir de las configuraciones electrónicas de estos elementos responda, razonadamente, a las cuestiones siguientes:

a) Ordene los elementos A, B, C y D en orden creciente de su primera energía de ionización. **(1 punto)**

b) Escriba la configuración electrónica del ión más estable que formará cada uno de estos elementos. **(1 punto)**

PROBLEMA 2

La combustión de mezclas hidrógeno-oxígeno se utiliza en algunas operaciones industriales cuando es necesario alcanzar altas temperaturas. Teniendo en cuenta la reacción de combustión del hidrógeno en condiciones estándar,

$$H_2 (g) + \tfrac{1}{2} O_2 (g) \rightarrow H_2O (l) \qquad \Delta H^o_1 = -285,8 \text{ kJ}$$

y la reacción de condensación del vapor de agua en condiciones estándar,

$$H_2O (g) \rightarrow H_2O (l) \qquad \Delta H^o_2 = -44,0 \text{ kJ}$$

Calcule:

a) La entalpía de combustión del hidrógeno cuando da lugar a la formación de vapor de agua: **(0,8 puntos)**

$$H_2 (g) + \tfrac{1}{2} O_2 (g) \rightarrow H_2O (g) \qquad \Delta H^o_3$$

b) La cantidad de energía en forma de calor que se desprenderá al quemar 9 g de hidrógeno, $H_2(g)$, y 9 g de oxígeno, $O_2(g)$, si el producto de la reacción es vapor de agua. **(1,2 puntos)**

DATOS.- Masas atómicas: H = 1; O = 16 .

CUESTION 3

El ión amonio, NH_4^+, es un ácido débil que se disocia parcialmente de acuerdo con el siguiente equilibrio:

$$NH_4^+ (ac) + H_2O (l) \Longleftrightarrow NH_3(ac) + H_3O^+ (ac) \qquad \Delta H^o = +52,2 \text{ kJ}$$

Explique cuál es el efecto sobre el grado de disociación del ácido NH_4^+, si después de alcanzarse el equilibrio se introducen los siguientes cambios: **(0,4 puntos cada apartado)**

a) Añadir una pequeña cantidad de ácido fuerte (tal como HCl).

b) Añadir una pequeña cantidad de base fuerte (tal como NaOH).

c) Adicionar más NH_3.

d) Agregar una pequeña cantidad de NaCl.

e) Elevar la temperatura de la disolución.

PROBLEMA 4

A 375 K el SO_2Cl_2 (g) se descompone parcialmente según el siguiente equilibrio:

$$SO_2Cl_2 (g) \ <==> \ SO_2 (g) + Cl_2 (g) \qquad\qquad K_p = 2,4 \text{ (a 375 K)}$$

Se introducen 0,05 moles de SO_2Cl_2 (g) en un recipiente cerrado de 2 L de capacidad, en el que previamente se ha hecho el vacío, y se calienta a 375 K. Cuando se alcanza el equilibrio a dicha temperatura, **calcule**:

a) La presión parcial de cada uno de los gases presentes en el equilibrio a 375 K. **(1,4 puntos)**

b) El grado de disociación del SO_2Cl_2 (g) a la citada temperatura. **(0,6 puntos)**

DATOS: R= 0,082 atm·L/K·mol

CUESTION 5

Dada la reacción: 2 NO (g) + Cl_2 (g) $\rightarrow$ 2 NOCl (g),

a) Defina el término <u>velocidad de reacción</u> e indique sus unidades. **(0,6 puntos)**

b) Experimentalmente se ha obtenido que la reacción anterior es de orden 2 respecto del NO y de orden 1 respecto del cloro. Escriba la <u>ecuación de velocidad</u> para la citada reacción e indique el orden total de la reacción. **(0,6 ptos)**

c) Deduzca las unidades de la <u>constante de velocidad</u> de la reacción anterior. **(0,8 puntos)**

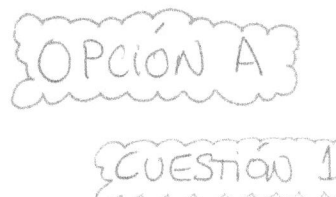

{ CUESTIÓN 1 }

CS_2 LEWIS + RPECV

$C\,(z=6): 1s^2 2s^2 2p^2 \longrightarrow$ [2s ↑↓] [2p ↑ | ↑ |] 4e⁻ de valencia

$S\,(z=16): 1s^2 2s^2 2p^6 3s^2 3p^4 \longrightarrow$ [3s ↑↓] [3p ↑↓ | ↑ | ↑] 6e⁻ de valencia

$S\ C\ S \Rightarrow S-C-S \Rightarrow :\ddot{S}-C-\ddot{S}: \Rightarrow \ddot{S}=C=\ddot{S}:$

16 electrones   Quedan 12e⁻   Cargas formales   Definitiva

La estructura es definitiva al ser nula la carga formal sobre todos los átomos. Se trata de una molécula AX_2 que presentará geometría LINEAL.

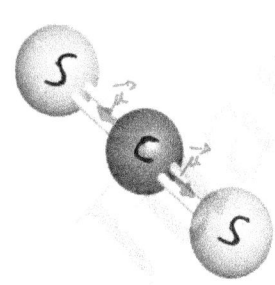

Como vemos al ser $\vec{\mu}_{TOTAL}=\vec{0}$ se trata de una molécula APOLAR

* El azufre y el carbono tienen electronegatividades similares. También se podría considerar que los enlaces C-S son apolares.

OCl_2 LEWIS + RPECV

$O\,(z=8): 1s^2 2s^2 2p^4 \longrightarrow$ [2s ↑↓] [2p ↑↓ | ↑ | ↑] 6e⁻ de valencia

$Cl\,(z=17): 1s^2 2s^2 2p^6 3s^2 3p^5 \longrightarrow$ [3s ↑↓] [3p ↑↓ | ↑↓ | ↑] 7e⁻ de valencia

Cl O Cl $\Rightarrow$ Cl – O – Cl $\Rightarrow$:Cl̈ – Ö – Cl̈:

20 electrones   Quedan 16e⁻   Definitiva

La estructura es definitiva al ser nula la carga formal sobre todos los átomos. Se trata de una molécula AX_2E_2 que presenta geometría ANGULAR.

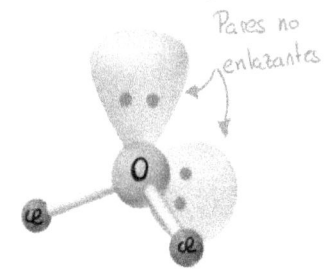

Pares no enlazantes

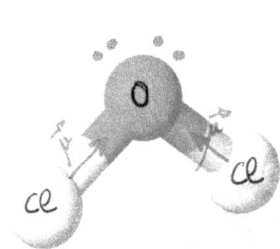

Por ser $\vec{\mu}_{TOTAL} \neq \vec{0}$ tenemos una molécula POLAR

$\boxed{PH_3}$ LEWIS + RPECV

$P (z=15): 1s^2 2s^2 2p^6 3s^2 3p^3 \longrightarrow$ [↑↓] (3s) [↑][↑][↑] (3p) 5e⁻ de valencia

$H (z=1): 1s^1 \longrightarrow$ [↑] (1s) 1 e⁻ de valencia

        H   H   H
H   P   H $\Rightarrow$ H – P̣ – H $\Rightarrow$ H – P̈ – H

8 electrones   Quedan 2e⁻   Definitiva

La estructura es definitiva al ser nula la carga formal.

Tenemos una molécula AX_3E asu geometría de PIRÁMIDE

TRIGONAL :

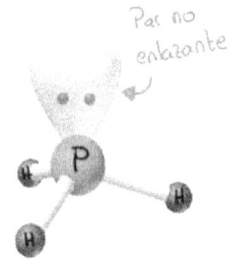

Par no enlazante

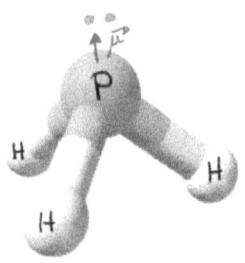

Ojo!! → La electronegatividad del fósforo y del hidrógeno son prácticamente idénticas y por tanto los enlaces P-H son apolares. No obstante, dada la existencia del par no enlazante tendremos un momento dipolar $\vec{\mu}_{TOTAL} \neq \vec{0}$ que hace que la molécula sea POLAR.

$\boxed{CHCl_3}$ LEWIS + RPECV

C: 4e^- valencia ; H: 1e^- valencia ; Cl: 7e^- valencia

$$Cl \quad C \quad Cl$$
$$Cl$$
26 electrones

$$\Rightarrow Cl - \underset{Cl}{\overset{H}{\underset{|}{\overset{|}{C}}}} - Cl$$
Quedan 18e^-

$$\Rightarrow \ddot{\underset{..}{Cl}} - \underset{\underset{..}{\overset{..}{Cl}}}{\overset{H}{\underset{|}{\overset{|}{C}}}} - \ddot{\underset{..}{Cl}}$$
Definitiva

La estructura es definitiva al ser nula la carga formal sobre todos los átomos. Tenemos una molécula AX_4 con geometría TETRAÉDRICA.

Como vemos, al ser $\vec{\mu}_{TOTAL} \neq \vec{0}$ se trata de una molécula POLAR.

* El carbono y el hidrógeno tienen electronegatividades muy similares. También se podría considerar que el enlace H-C es apolar.

PROBLEMA 2

a) $$4\, FeS_{2\,(s)} + 11\, O_{2\,(g)} \longrightarrow 2\, Fe_2O_{3\,(s)} + 8\, SO_{2\,(g)}$$

$500\, Kg\ pirita \times \dfrac{1000g\ pirita}{1\, Kg\ pirita} \times \dfrac{85\,g\ FeS_{2\,(s)}}{100g\ pirita} \times \dfrac{1\,mol\ FeS_2}{119'8\,g\ FeS_2} \times$

pureza

$PM_{FeS_2} = 55'8 + 2\cdot 32 = 119'8\ g/mol$

$PM_{SO_2} = 32 + 2\cdot 16 = 64\,g/mol$

$\times \dfrac{8\,mol\ SO_2\ teórico}{4\,mol\ FeS_{2\,(s)}} \times \dfrac{80\,mol\ SO_2\ real}{100\,mol\ SO_2\ teórico} \times \dfrac{64\,g\ SO_2}{1\,mol\ SO_2} \times \dfrac{1\,Kg\ SO_2}{1000g\ SO_2} =$

rendimiento

$= 363'27\ Kg\ de\ SO_2$

b) $500\,Kg\ pirita \times \dfrac{1000\,g\ pirita}{1\,Kg\ pirita} \times \dfrac{85\,g\ FeS_{2\,(s)}}{100g\ pirita} \times \dfrac{1\,mol\ FeS_2}{119'8\,g\ FeS_2} \times \dfrac{11\,mol\ O_2}{4\,mol\ FeS_2} =$

$= 9755'8431\ mol\ O_2$

$P\cdot V = n\cdot R\,T$

$V = \dfrac{9755'8431 \cdot 0'082 \cdot 353}{0'9} = 313769'59\ L\ O_2$

$313769'59\ L\ O_2 \times \dfrac{100\,L\ Aire}{21\,L\ O_2} = 1494140'92\ L\ aire$

21% de O_2
en el aire

PÁGINA 4

Brönsted y Lowry definen a los ácidos como sustancias dadoras de protones (H^+) y a las bases como sustancias aceptoras de estos protones.

a) $NH_3 + H_2O \rightleftharpoons NH_4^+ + OH^-$
   base   ácido
                   conjugado

El NH_3 acepta un protón del agua. Es por tanto una base, siendo el amonio NH_4^+ su ácido conjugado.

b) $CN^- + H_2O \rightleftharpoons HCN + OH^-$
   base   ácido
                   conjugado

El cianuro CN^- acepta un protón, y por tanto es base, siendo el cianhídrico HCN su ácido conjugado.

c) $CH_3-COOH + H_2O \rightleftharpoons CH_3-COO^- + H_3O^+$
   ácido   base
                       conjugada.

El ácido acético CH_3-COOH cede un protón al agua, comportándose por tanto como ácido, siendo el acetato CH_3-COO^- su base conjugada.

d) $HCl + H_2O \rightleftharpoons Cl^- + H_3O^+$
   ácido   base
                   conjugada

El clorhídrico HCl cede un protón al agua, y por tanto es un ácido, siendo el cloruro Cl^- su base conjugada.

PROBLEMA 4

$$HCOOH + H_2O \rightleftharpoons HCOO^- + H_3O^+$$

	HCOOH	H_2O	$HCOO^-$	H_3O^+
Inicial	c_0	...	−	−
Reaccionan	x	...	−	−
Forma	−	−	x	x
Equilibrio	$c_0 - x$	...	x	x

$$c_0 = \frac{n_{HCOOH}}{V_{dsón}} = \frac{\frac{m}{PM}}{V_{dsón}} = \frac{\frac{6'9}{2+12+32}}{0'6} = \frac{0'15}{0'6} = 0'25 \, mol/L$$

$$pH = -\log[H_3O^+] \Rightarrow 2'173 = -\log x \Rightarrow x = 6'7143 \cdot 10^{-3} \, mol/L$$

$$K_a = \frac{[HCOO^-] \cdot [H_3O^+]}{[HCOOH]} = \frac{(6'7143 \cdot 10^{-3})^2}{0'25 - 6'7143 \cdot 10^{-3}} = 1'853 \cdot 10^{-4}$$

b) $M = \dfrac{n}{V}$

$\rightarrow n_{ácido} = 0'25 \, \frac{mol}{L} \cdot 0'01 \, L = 2'5 \cdot 10^{-3}$ moles HCOOH

$\rightarrow n_{base} = 0'1 \, \frac{mol}{L} \cdot 0'025 \, L = 2'5 \cdot 10^{-3}$ moles NaOH

La reacción de neutralización:

$$HCOOH + NaOH \longrightarrow HCOONa + H_2O$$

	HCOOH	NaOH	HCOONa	H_2O
Inicial	$2'5 \cdot 10^{-3}$	$2'5 \cdot 10^{-3}$	−	−
Final	0	0	$2'5 \cdot 10^{-3}$	...

La sal se disocia en el agua:

$$HCOONa \xrightarrow{H_2O} HCOO^-_{(ac)} + Na^+_{(ac)}$$

HIDRÓLISIS!!   ↓ NO
HIDROLIZA

El Na^+ no hidroliza al provenir de una base fuerte. Pero el ión $HCOO^-$ proviene de un ácido débil ($K_a = 1'853 \cdot 10^{-4}$) e hidrolizará según:

$$HCOO^- + H_2O \rightleftharpoons HCOOH + OH^-$$

El pH será básico por la presencia de los iones hidroxilo.

CUESTIÓN 5

a) Peróxido de sodio Na_2O_2

b) Ácido cloroso $HClO_2$

c) Óxido de cobre (II) CuO

d) Propanona $CH_3-CO-CH_3$

e) Metoxietano $CH_3-O-CH_2-CH_3$

f) $KMnO_4$ Permanganato potásico

g) $NaHCO_3$ Hidrogenocarbonato de sodio

h) CH_3-CH_2OH Etanol

i) $CH_3-CH=CH-CH_2-CH_3$ 2-penteno

j) $CH_3-CO-CH_2-CH_3$ butanona

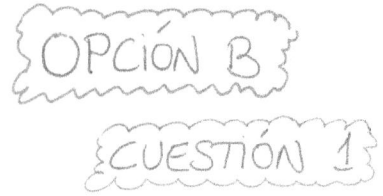

OPCIÓN B

CUESTIÓN 1

$A(z=17)$: $1s^2 2s^2 2p^6 3s^2 3p^5$ Periodo 3 Grupo 17

└→ Ión más estable: A^-: $1s^2 2s^2 2p^6 3s^2 3p^6$ $(A+1e^-)$

$B(z=18)$: $1s^2 2s^2 2p^6 3s^2 3p^6$ Periodo 3 Grupo 18

└→ No formará iones estables (es un gas noble!!)

$C(z=19)$: $1s^2 2s^2 2p^6 3s^2 3p^6 4s^1$ Periodo 4 Grupo 1

└→ Ión más estable: C^+: $1s^2 2s^2 2p^6 3s^2 3p^6$

$D(z=20)$: $1s^2 2s^2 2p^6 3s^2 3p^6 4s^2$ Periodo 4 Grupo 2

└→ Ión más estable: D^{2+}: $1s^2 2s^2 2p^6 3s^2 3p^6$

La energía de ionización es la energía que se requiere para arrancar un electrón de un átomo en estado gaseoso en su estado fundamental $\Rightarrow$ $X_{(g)} + EI \longrightarrow X^+_{(g)} + e^-$

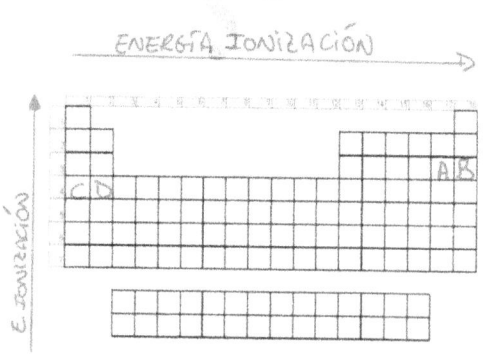

ENERGÍA IONIZACIÓN

En general, la regla es que la EI aumenta hacia la derecha (ya que al disminuir el radio atómico hay mayor atracción) y disminuye al descender en un grupo (al estar aumentando el radio atómico). Así:

$$EI(C) < EI(D) < EI(A) < EI(B)$$

PROBLEMA 2

$$H_2(g) + \frac{1}{2}O_2(g) \longrightarrow H_2O(g) \quad \Delta H_3^\circ ?$$

Reacción 1: $\quad H_2(g) + \frac{1}{2}O_2(g) \longrightarrow H_2O(l) \quad \Delta H_1^\circ = -285'8 \, kJ$

Reacción 2: $\quad H_2O(g) \longrightarrow H_2O(l) \quad\quad \Delta H_2^\circ = -44 \, kJ$

$$R_1: \quad H_2(g) + \frac{1}{2}O_2(g) \longrightarrow H_2O(l)$$

$$-1 \cdot R_2: \quad \underline{H_2O(l) \longrightarrow H_2O(g)}$$

$$H_2(g) + \frac{1}{2}O_2(g) \longrightarrow H_2O(g)$$

$$\Rightarrow \Delta H_3^\circ = \Delta H_1^\circ - \Delta H_2^\circ = -285'8 - (-44) = -241'8 \, kJ$$

b) $\quad H_2(g) + \frac{1}{2}O_2(g) \longrightarrow H_2O(g)$

$\quad\quad$ 9g $\quad\quad$ 9g

Veamos cuál es el reactivo limitante:

$$9 \, g \; H_2(g) \times \frac{1 \, mol \, H_2}{2 \, g \, H_2} \times \frac{\frac{1}{2} \, mol \, O_2}{1 \, mol \, H_2} \times \frac{32 \, g \, O_2}{1 \, mol \, O_2} = 72 \, g \; de \; O_2(g)$$

Como vemos, para que reaccionasen los 9 gramos de $H_2(g)$ necesitaríamos tener 72g de O_2 (y no hay suficiente!!). Por tanto el $O_2(g)$ es nuestro reactivo limitante. Así:

$$9 \, g \; O_2(g) \times \frac{1 \, mol \, O_2}{32 \, g \, O_2} \times \frac{-241'8 \, kJ}{\frac{1}{2} \, mol \, O_2} = -136'01 \, kJ$$

PÁGINA 9

CUESTIÓN 3

$$NH_4^+{}_{(ac)} + H_2O_{(e)} \rightleftharpoons NH_3{}_{(ac)} + H_3O^+{}_{(ac)} \quad \Delta H° = +52'2\,KJ$$

a) Si se añade un ácido fuerte ($HCl + H_2O \rightarrow Cl^- + H_3O^+$) aumentará la concentración de iones hidronio H_3O^+. El equilibrio se desplazará a la izquierda para compensar ese exceso de iones H_3O^+, DISMINUYENDO así el grado de disociación

b) Si se añade una base fuerte ($NaOH_{(ac)} \rightarrow Na^+ + OH^-$), los iones OH^- reaccionarán con los H_3O^+ ($H_3O^+ + OH^- \rightleftharpoons 2H_2O$). El equilibrio se desplazará a la derecha para volver a formar los H_3O^+ consumidos, AUMENTANDO así el grado de disociación.

c) Al añadir NH_3 el equilibrio se desplazará a la izquierda para consumir el exceso de NH_3 añadido, DISMINUYENDO así el grado de disociación.

d) $NaCl$ es un electrolito fuerte que se disociará por completo según $NaCl \rightarrow Na^+ + Cl^-$. Estos iones no afectan a la reacción y el grado de disociación NO VARÍA

e) $NH_4^+ + H_2O$ $\underset{\Delta H° = -52'2\,KJ \text{ Exotérmica}}{\overset{\Delta H° = +52'2\,KJ \text{ Endotérmica}}{\rightleftharpoons}}$ $NH_3 + H_3O^+$

Al aumentar la temperatura, el equilibrio se desplaza en sentido endotérmico para absorber ese exceso de calor. En nuestro caso se desplazará a la derecha, AUMENTANDO así el grado de disociación.

PÁGINA 10

PROBLEMA 4

$$SO_2Cl_{2(g)} \rightleftharpoons SO_{2(g)} + Cl_{2(g)} \qquad K_p = 2'4$$

Inicial	$C_0 = \dfrac{0'05}{2} = 0'025$	—	—
Reacciona	X	—	—
Forma	—	X	X
Equilibrio	$0'025 - X$	X	X

$$K_p = K_c (RT)^{\Delta n} \Rightarrow 2'4 = K_c \cdot (0'082 \cdot 375)^1 \Rightarrow K_c = 0'078$$

$$K_c = \frac{[SO_2] \cdot [Cl_2]}{[SO_2Cl_2]} \Rightarrow 0'078 = \frac{x^2}{0'025 - x} \Rightarrow 1'95 \cdot 10^{-3} - 0'078x = x^2$$

$$\Rightarrow x^2 + 0'078x - 1'95 \cdot 10^{-3} = 0 \begin{cases} \nearrow \ x = 0'02 \ mol/L \\ \searrow \ x = \cancel{Negativo} \end{cases}$$

$$P \cdot V = nRT$$
$$\hookrightarrow P = C \cdot RT$$

$$P_{Cl_2} = P_{SO_2} = 0'02 \cdot 0'082 \cdot 375 = 0'615 \ atm$$

$$P_{SO_2Cl_2} = (0'025 - 0'02) \cdot 0'082 \cdot 375 = 0'154 \ atm$$

b) $\alpha = \dfrac{x}{C_0} = \dfrac{0'02}{0'025} = 0'8$

El $SO_2Cl_{2(g)}$ está disociado al 80%

{CUESTIÓN 5}

$$2\,NO_{(g)} + Cl_2\,_{(g)} \longrightarrow 2\,NOCl_{(g)}$$

a) La velocidad de reacción V_R se define como la cantidad de sustancia que se transforma en una determinada reacción por unidad de volumen y tiempo.

Se mide en $[V_R] = \dfrac{mol}{L \cdot S}$ $(mol \cdot L^{-1} \cdot s^{-1})$

b) $V_R = K \cdot [NO]^2 \cdot [Cl_2]$ Orden total = 3

c) $V_R = K \cdot [NO]^2 \cdot [Cl_2]$

$$\dfrac{mol}{t \cdot s} = [K] \cdot \left(\dfrac{mol}{L}\right)^2 \cdot \left(\dfrac{mol}{t}\right) \Rightarrow [K] = \dfrac{L^2}{mol^2 \cdot s}$$

GENERALITAT VALENCIANA
CONSELLERIA D'EDUCACIÓ
CULTURA I ESPORT

COMISSIÓ GESTORA DE LES PROVES D'ACCÉS A LA UNIVERSITAT

COMISIÓN GESTORA DE LAS PRUEBAS DE ACCESO A LA UNIVERSIDAD

SISTEMA UNIVERSITARI VALENCIÀ
SISTEMA UNIVERSITARIO VALENCIANO

PROVES D'ACCÉS A LA UNIVERSITAT	PRUEBAS DE ACCESO A LA UNIVERSIDAD
CONVOCATÒRIA: JUNY 2013	CONVOCATORIA: JUNIO 2013
QUÍMICA	QUÍMICA

BAREMO DEL EXAMEN: El alumno deberá elegir una opción (A o B) y contestar a las 3 cuestiones y los 2 problemas de la opción elegida. En cada cuestión/problema la calificación máxima será de 2 puntos; en cada apartado se indica la calificación máxima que se puede obtener.

OPCIÓN A

CUESTION 1

Considere los elementos X e Y cuyos números atómicos son 8 y 17, respectivamente, y responda razonadamente a las cuestiones siguientes: **(0,5 puntos cada apartado)**

a) Escriba las configuraciones electrónicas de cada uno de los elementos X e Y.

b) Deduzca la fórmula molecular más probable del compuesto formado por X e Y.

c) A partir de la estructura de Lewis del compuesto formado por X e Y, prediga su geometría molecular.

d) Explique si la molécula formada por X e Y es polar o apolar.

PROBLEMA 2

La descomposición de la piedra caliza, $CaCO_3(s)$, en cal viva, $CaO(s)$, y $CO_2(g)$, se realiza en un horno de gas.

(1 punto cada apartado)

a) Escriba la reacción ajustada de la descomposición de la caliza y **calcule** la cantidad de energía, en forma de calor, necesaria para obtener 1000 kg de cal viva, $CaO(s)$, por descomposición de la cantidad adecuada de $CaCO_3(s)$.

b) Si el calor proporcionado al horno en el apartado anterior proviene de la combustión del butano, $C_4H_{10}(g)$, ¿qué cantidad de butano (en kg) será necesario quemar para la obtención de los 1000 kg de cal viva, $CaO(s)$?

DATOS.- Masas atómicas: H =1 ; C = 12; O = 16; Ca = 40,1 ; Entalpías de formación estándar, $\Delta H°_f$ (kJ·mol^{-1}):

$CaCO_3(s)$ = - 1207 ; $CaO(s)$ = - 635 ; $CO_2(g)$ = - 393,5 ; $C_4H_{10}(g)$ = - 125,6 ; $H_2O(l)$ = - 285,8

CUESTION 3

El ácido fluorhídrico, HF(ac), es un ácido débil cuya constante de acidez, K_a, vale $6,3 \times 10^{-4}$. Responda, razonadamente, si son verdaderas o falsas cada una de las siguientes afirmaciones: **(0,5 puntos cada apartado)**

a) El pH de una disolución 0,1M de HF es mayor que el pH de una disolución 0,1M de ácido clorhídrico (HCl).

b) El grado de disociación del ácido HF aumentará al añadir iones H^+ a la disolución.

c) El grado de disociación del ácido HF aumentará al añadir iones hidroxilo, OH^-, a la disolución.

d) Una disolución acuosa de NaF tendrá un pH neutro.

PROBLEMA 4

A 182 °C el pentacloruro de antimonio, $SbCl_5(g)$, se disocia parcialmente según el siguiente equilibrio:

$$SbCl_5 (g) \Longleftrightarrow SbCl_3 (g) + Cl_2 (g)$$

Se introduce cierta cantidad de $SbCl_5(g)$ en un recipiente cerrado, en el que previamente se ha hecho el vacío, y se calienta a 182 °C. Cuando se alcanza el equilibrio, a la citada temperatura, la presión total en el interior del recipiente es de 1,00 atmósferas y el grado de disociación del $SbCl_5(g)$ es del 29,2%.

a) **Calcule** el valor de K_p y de K_c. **(1,2 puntos)**

b) Si cuando se alcanza el equilibrio, a la citada temperatura, el $SbCl_5(g)$ se ha disociado al 60% ¿cuál será la presión total en el interior del recipiente? **(0,8 puntos)**

DATOS.- R = 0,082 atm·L/mol·K

CUESTION 5

Para la reacción, $2 NO(g) + O_2(g) \to 2 NO_2(g)$, la ley de velocidad es: $v = k \cdot [NO]^2 \cdot [O_2]$. Cuando las concentraciones iniciales son $[NO]_0 = 2,0 \cdot 10^{-3}$ y $[O_2]_0 = 1,0 \cdot 10^{-3}$ (mol·L^{-1}), la velocidad inicial de reacción es $26,0 \cdot 10^{-6}$ mol·L^{-1}·s^{-1} .

a) Determine las unidades de la constante de velocidad k. **(0,4 puntos)**

b) Calcule el valor de la constante de velocidad, k, de la reacción. **(0,8 puntos)**

c) Calcule la velocidad de reacción si las concentraciones iniciales son $[NO]_0 = 1,0 \cdot 10^{-3}$ y $[O_2]_0 = 1,0 \cdot 10^{-3}$ (mol·L^{-1}) **(0,8 puntos)**

OPCIÓN B

CUESTION 1

Responda razonadamente a las siguientes cuestiones:

a) Escriba las configuraciones electrónicas de las siguientes especies químicas: Be^{2+}, Cl, Cl^-, C^{2-}. **(0,8 puntos)**

b) Represente la estructura de Lewis de cada una de las siguientes especies químicas y prediga su geometría molecular: NCl_3, BeH_2, NH_4^+. **(0,9 puntos)**

c) Explique si las moléculas BeH_2 y NCl_3 tienen o no momento dipolar. **(0,3 puntos)**

DATOS.- Números atómicos: $H = 1$; $Be = 4$; $C = 6$; $N = 7$; $O = 8$; $Cl = 17$

PROBLEMA 2

El titanio es un metal con numerosas aplicaciones debido a su baja densidad y resistencia a la corrosión. La primera etapa en la obtención del titanio es la conversión de la mena rutilo, $TiO_2(s)$, en tetracloruro de titanio, $TiCl_4(g)$, mediante reacción con carbono y cloro, de acuerdo con la siguiente reacción **(no ajustada)**:

$$TiO_2 \text{ (s)} + C \text{ (s)} + Cl_2 \text{ (g)} \rightarrow TiCl_4 \text{ (g)} + CO \text{ (g)}$$

a) Ajuste la reacción y **calcule** los gramos de $TiCl_4$ que se obtendrán al hacer reaccionar 500 g de una mena de TiO_2 del 85,3% de riqueza, con 426,6 g de cloro y en presencia de un exceso de carbono. **(1,2 puntos)**

b) Si la reacción anterior se lleva a cabo en un horno de 125 L de volumen, cuya temperatura se mantiene a 800 ºC ¿cuál será la presión en su interior cuando finalice la reacción? **(0,8 puntos)**

DATOS.- Masas atómicas: $C = 12$; $O = 16$; $Cl = 35,5$; $Ti = 47,9$; $R = 0,082$ atm·L/mol·K

CUESTION 3

Para cierta reacción química $\Delta H^o = +10,2$ kJ y $\Delta S^o = +45,8$ J·K^{-1}. Indique, razonadamente, si son verdaderas o falsas cada una de las siguientes afirmaciones: **(0,5 puntos cada apartado)**

a) Se trata de una reacción espontánea porque aumenta la entropía.

b) Se trata de una reacción que libera energía en forma de calor.

c) Es una reacción en que los productos están más ordenados que los reactivos.

d) A 25ºC la reacción no es espontánea.

PROBLEMA 4

El yodo, $I_2(s)$, es poco soluble en agua. Sin embargo, en presencia de ión yoduro, $I^-(ac)$, aumenta su solubilidad debido a la formación de ión triyoduro, $I_3^-(ac)$, de acuerdo con el siguiente equilibrio: **(1 punto cada apartado)**

$$I_2 \text{ (ac)} + I^- \text{ (ac)} \iff I_3^- \text{ (ac)} ; \qquad K_c = 720$$

Si a 50 mL de una disolución 0,025 M en yoduro, $I^-(ac)$, se le añaden 0,1586 g de yodo, $I_2(s)$, **calcule**:

a) La concentración de cada una de las especies presentes en la disolución una vez se alcance el equilibrio.

b) Si una vez alcanzado el equilibrio del apartado a) se añaden 0,0635 g de yodo(s), a los 50 mL de la mezcla anterior ¿cuál será la concentración de yodo cuando se alcance el nuevo equilibrio?

DATO.- Masa atómica: $I = 126,9$

Nota: suponga que la adición de sólido no modifica el volumen de la disolución.

CUESTION 5

Complete las siguientes reacciones y nombre los compuestos orgánicos que intervienen. **(0,5 puntos cada una)**

a) $CH_3\text{-}CH=CH\text{-}CH_3 + Cl_2 \longrightarrow$

b) $CH_3\text{-}CH=CH\text{-}CH_3 + O_2 \longrightarrow$

c) $CH_3\text{--}CH_2OH \xrightarrow{H_2SO_4, \text{ calor}}$

d) $C_6H_6 + HNO_3 \xrightarrow{H_2SO_4 \text{ (conc)}}$

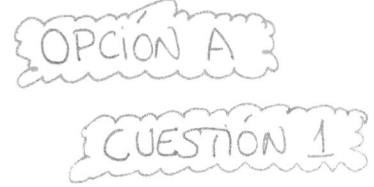

OPCIÓN A

CUESTIÓN 1

$$X(z=8): 1s^2 2s^2 2p^4 \longrightarrow \boxed{2s}\ \boxed{2p} \quad 6e^- \text{ de valencia} \quad \cdot \ddot{\underset{\cdot\cdot}{X}} \cdot$$

$$Y(z=17): 1s^2 2s^2 2p^6 3s^2 3p^5 \longrightarrow \boxed{3s}\ \boxed{3p} \quad 7e^- \text{ de valencia} \quad : \ddot{\underset{\cdot\cdot}{Y}} \cdot$$

Según la regla del octeto, la fórmula molecular más probable para el compuesto formado por X e Y será:

$$\cdot \ddot{\underset{\cdot\cdot}{X}} \cdot \cdot \ddot{\underset{\cdot\cdot}{Y}} : \implies : \ddot{Y} \ \ddot{X} \ \ddot{Y} : \implies X Y_2$$

Como vemos, la estructura de Lewis es $: \ddot{Y} - \ddot{X} - \ddot{Y} :$, que es definitiva al ser nula la carga formal sobre todos los átomos. Tenemos una molécula AX_2E_2 con geometría ANGULAR

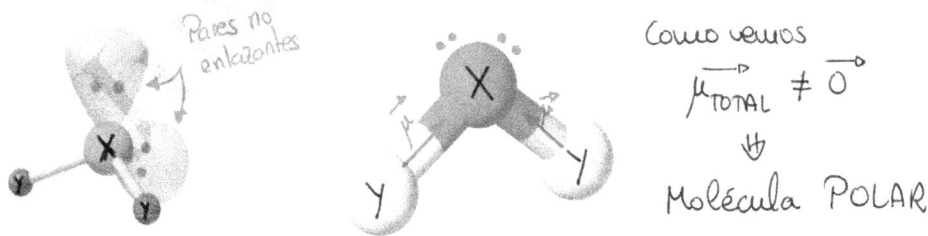

Pares no enlazantes

Como vemos

$$\overrightarrow{\mu_{TOTAL}} \neq \overrightarrow{0}$$

⇓

Molécula POLAR

* Los átomos X $(z=8)$ son ligeramente más electronegativos que los átomos Y $(z=17)$.

{PROBLEMA 2}

a) $CaCO_{3(s)} \longrightarrow CaO_{(s)} + CO_{2(g)}$

$\Delta H^{\circ}_R = 1 \cdot \Delta H^{\circ}_{f\,CaO} + 1 \cdot \Delta H^{\circ}_{f\,CO_2} - 1 \cdot \Delta H^{\circ}_{f\,CaCO_3} = -635 - 393'5 + 1207 = 178\ KJ$

$1000\ Kg\ CaO \times \dfrac{1000g\ CaO}{1\ Kg\ CaO} \times \dfrac{1\ mol\ CaO}{56'1g\ CaO} \times \dfrac{178 KJ}{1\ mol\ CaO} = 3'173 \cdot 10^{6}\ KJ$

$\qquad\qquad\qquad Pm_{CaO} = 40'1 + 16 = 56'1\ g/mol$

b) $C_4H_{10(g)} + \dfrac{13}{2}\ O_{2(g)} \longrightarrow 4\ CO_{2(g)} + 5\ H_2O_{(e)}$

$\Delta H^{\circ}_R = 4 \cdot \Delta H^{\circ}_{f\,CO_2} + 5 \cdot \Delta H^{\circ}_{f\,H_2O} - \dfrac{13}{2} \cdot \Delta H^{\circ}_{f\,O_2} - 1 \cdot \Delta H^{\circ}_{f\,C_4H_{10}} =$

$= 4 \cdot (-393'5) + 5 \cdot (-285'8) + 125'6 = -2877'4\ KJ$

$3'173 \cdot 10^{6}\ KJ \times \dfrac{1\ mol\ C_4H_{10}}{2877'4\ KJ} \times \dfrac{58\ g\ C_4H_{10}}{1\ mol\ C_4H_{10}} \times \dfrac{1\ Kg\ C_4H_{10}}{1000g\ C_4H_{10}} = 63'96\ Kg$

$\qquad\qquad Pm_{C_4H_{10}} = 12 \cdot 4 + 10 = 58\ g/mol$

$\Rightarrow$ Hay que quemar 63'96 Kg de butano para obtener el

calor que hay que aportar al horno para la formación de

1000 Kg de cal viva.

CUESTIÓN 3

a) Se trata de una afirmación VERDADERA.

El $HCl_{(ac)}$ es un ácido fuerte que se disocia completamente, mientras que el $HF_{(ac)}$ es un ácido débil que se disociará parcialmente:

	HCl	$\longrightarrow$	H^+ +	Cl^-		HF	$\rightleftharpoons$	H^+ +	F^-
Inicial	0'1		-	-		0'1		-	-
Equilibrio	-		0'1	0'1		0'1-x		x	x

Al ser $x < 0'1 \Rightarrow [H^+]_{HCl} > [H^+]_{HF} \Rightarrow pH_{HCl} < pH_{HF}$

b) Se trata de una afirmación FALSA.

Al añadir iones H^+, el equilibrio se desplazará hacia la izquierda para consumirlos y formando así HF. En consecuencia, el ácido HF se disocia menos.

c) Se trata de una afirmación VERDADERA.

Al añadir iones OH^-, éstos reaccionarán consumiendo iones H^+ en la neutralización $H^+ + OH^- \longrightarrow H_2O$. El equilibrio se desplazará a la derecha para formar de nuevo los H^+ consumidos y en consecuencia el ácido HF se disociará más.

PÁGINA 3

d) Se trata de una afirmación FALSA

$$NaF_{(ac)} \longrightarrow Na^+_{(ac)} + F^-_{(ac)}$$

Los iones Na^+ no hidrolizan, pero los iones F^- son base conjugada del ácido débil HF y por tanto hidrolizarán:

$$F^-_{(ac)} + H_2O \rightleftharpoons HF + OH^-$$

Por tanto, la disolución tendrá un pH básico debido a la presencia de los iones hidroxilo.

$\{$PROBLEMA 4$\}$

a)
$$SbCl_{5\,(g)} \rightleftharpoons SbCl_{3(g)} + Cl_2\,(g)$$

	$SbCl_5$	$SbCl_3$	Cl_2
Inicial	C_0	—	—
Reacciona	αC_0	—	—
Forma	—	αC_0	αC_0
Equilibrio	$C_0 - \alpha C_0$	αC_0	αC_0

$$C_{total\ gases} = C_0 - \alpha C_0 + \alpha C_0 + \alpha C_0 = C_0 + \alpha C_0 = C_0(1+\alpha)$$

$$P \cdot V = n \cdot R \cdot T \Rightarrow P = C \cdot R \cdot T \Rightarrow 1 = C_0(1+\alpha) \cdot 0'082 \cdot 455$$

$$\Rightarrow C_0 = \frac{1}{(1+\alpha) \cdot 0'082 \cdot 455} = \frac{1}{(1+0'292) \cdot 0'082 \cdot 455} = 0'021\ mol/L$$

$$K_C = \frac{[SbCl_3] \cdot [Cl_2]}{[SbCl_5]} = \frac{\alpha C_0 \cdot \alpha C_0}{C_0 (1-\alpha)} = \frac{\alpha^2 \cdot C_0}{1-\alpha} =$$

$$= \frac{0'292^2 \cdot 0'021}{1-0'292} = 2'5 \cdot 10^{-3}$$

$$K_P = K_C \cdot (RT)^{\Delta n_{gas}} = 2'5 \cdot 10^{-3} \cdot (0'082 \cdot 455)^1 = 0'0932$$

b) $K_C = \frac{\alpha^2 \cdot C_0}{1-\alpha} \implies 2'5 \cdot 10^{-3} = \frac{0'6^2 \cdot C_0}{1-0'6} \implies C_0 = 2'78 \cdot 10^{-3} \, mol/L$

$$P \cdot V = nRT \implies P = CRT = C_0 (1+\alpha) \cdot R \cdot T =$$

$$= 2'78 \cdot 10^{-3} (1+0'6) \cdot 0'082 \cdot 455 = 0'1658 \, atm$$

CUESTIÓN 5

$$2 NO_{(g)} + O_{2(g)} \longrightarrow 2 NO_{2(g)} \qquad V = K \cdot [NO]^2 [O_2]$$

a y b) $K = \dfrac{V}{[NO]^2 \cdot [O_2]} = \dfrac{26 \cdot 10^{-6} \left(\frac{mol}{L \cdot s}\right)}{(2 \cdot 10^{-3})^2 \left(\frac{mol}{L}\right)^2 \cdot 1 \cdot 10^{-3} \left(\frac{mol}{L}\right)} =$

$$= 6500 \, \frac{L^2}{mol^2 \cdot s}$$

c) $V = K \cdot [NO]^2 \cdot [O_2] = 6500 \cdot (1 \cdot 10^{-3})^2 (1 \cdot 10^{-3}) = 6'5 \cdot 10^{-6} \, \dfrac{mol}{L \cdot s}$

OPCIÓN B

CUESTIÓN 1

$Be \, (z=4): 1s^2 2s^2 \; ; \; Be^{2+}: 1s^2 \quad (Be - 2e^-)$

$Cl \, (z=17): 1s^2 2s^2 2p^6 3s^2 3p^5 \; ; \; Cl^-: 1s^2 2s^2 2p^6 3s^2 3p^6 \quad (Cl + e^-)$

$C \, (z=6): 1s^2 2s^2 2p^2 \; ; \; C^{2-}: 1s^2 2s^2 2p^4 \quad (C + 2e^-)$

$\boxed{NCl_3}$ LEWIS + RPECV

$N (z=7): 1s^2 2s^2 2p^3 \longrightarrow$ [2s: ↑↓] [2p: ↑ | ↑ | ↑] 5e⁻ de valencia

$Cl (z=17): 1s^2 2s^2 2p^6 3s^2 3p^5 \longrightarrow$ [3s: ↑↓] [3p: ↑↓ | ↑↓ | ↑] 7e⁻ de valencia

Cl   N   Cl   ⟹   Cl−N−Cl   ⟹   :Cl̈−N̈−C̈l:
                        | |
                        Cl   :Cl̈:

26 electrones   Quedan 20e⁻   Definitiva!!

La estructura es definitiva al ser nula la carga formal sobre todos los átomos. Tenemos una molécula tipo $AX_3\bar{E}$ que presentará geometría de PIRÁMIDE TRIGONAL.

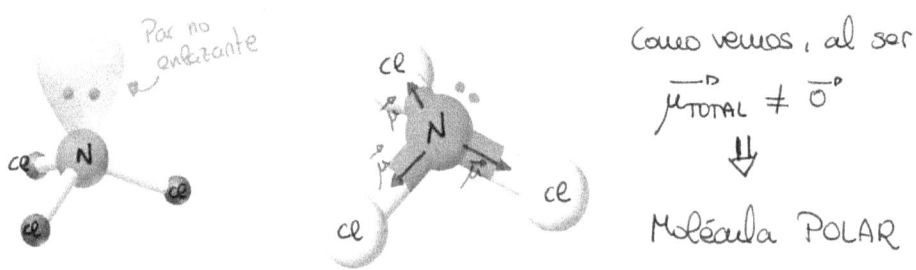

Par no enlazante

Como vemos, al ser

$\overrightarrow{\mu_{TOTAL}} \neq \overrightarrow{0^\circ}$

⟱

Molécula POLAR

©Juan Bertomeu Ferrer
www.bertoblog.com

$\boxed{BeH_2}$ LEWIS + RPECV

$Be(z=4): 1s^2 2s^2 \longrightarrow \boxed{\uparrow\downarrow}^{2s}$ $2e^-$ de valencia

$H(z=1): 1s^1 \longrightarrow \boxed{\uparrow}^{1s}$ $1e^-$ de valencia

H   Be   H $\Rightarrow$ H – Be – H

4 electrones   Definitiva!!

> La estructura es definitiva al ser nula la carga formal sobre todos los átomos.

Tenemos una molécula AX_2 con geometría LINEAL.

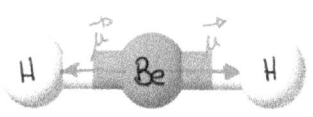

Al tenerse $\vec{\mu}_{TOTAL} = \vec{0}$, se trata de una molécula APOLAR

$\boxed{NH_4^+}$ LEWIS + RPECV

$N(z=7): 1s^2 2s^2 2p^3 \to 5e^-$ de valencia; $H(z=1): 1e^-$ de valencia

H

H N H $\Rightarrow$ $\overset{\displaystyle H}{\underset{\displaystyle H}{H - \overset{\oplus}{N} - H}}$

H

$9e^- - 1e^- = 8$ electrones
  $\uparrow$ carga del ión

Carga formal
Definitiva!!

> La estructura es definitiva pues la carga formal sobre el átomo central coincide con la carga neta del ión.

Tenemos pues una molécula AX_4 que tendrá geometría TETRAÉDRICA.

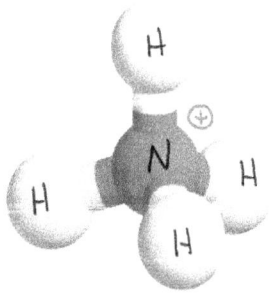

PÁGINA 7

PROBLEMA 2

a) $TiO_{2(s)} + 2 C_{(s)} + 2 Cl_{2(g)} \longrightarrow TiCl_{4(g)} + 2 CO_{(g)}$

$PM_{Cl_2} = 2 \cdot 35'5 = 71 \, g/mol$

$$500g \; mena \times \frac{85'3 g \; TiO_2}{100 g \; mena} \times \frac{1 \, mol \; TiO_2}{79'9 \, g \; TiO_2} \times \frac{2 \, mol \; Cl_2}{1 \, mol \; TiO_2} \times \frac{71 \, g \; Cl_2}{1 \, mol \; Cl_2} = $$

Riqueza $PM_{TiO_2} = 47'9 + 2 \cdot 16 = 79'9 \, g/mol$

$$= 757'98 \, g \; de \; Cl_{2(g)}$$

Como vemos, para que reaccionasen los 500g de mena, necesi-

-taríamos tener 757'98 g de Cl_2 y solo tenemos 426'6g.

Por tanto, el Cl_2 es el reactivo limitante y se agotará

por completo. Así:

$PM_{TiCl_4} = 47'9 + 4 \cdot 35'5 = 189'9 \, g/mol$

$$426'6 g \; Cl_2 \times \frac{1 \, mol \; Cl_2}{71 g \; Cl_2} \times \frac{1 \, mol \; TiCl_4}{2 \, mol \; Cl_2} \times \frac{189'9 g \; TiCl_4}{1 \, mol \; TiCl_4} = $$

$$= 570'5 \, g \; de \; TiCl_{4(g)}$$

b) $426'6 \, g \; Cl_2 \times \dfrac{1 \, mol \; Cl_2}{71 g \; Cl_2} \times \dfrac{3 \, moles \; gaseosos}{2 \, mol \; Cl_2} = 9'013 \; moles$ gaseosos

$$P \cdot V = nRT \Rightarrow P = \frac{nRT}{V} = \frac{9'013 \cdot 0'082 \cdot 1073}{125} = 6'344 \; atm$$

CUESTIÓN 3

a) FALSO. La espontaneidad de una reacción no viene determinada porque sea $\Delta S° > 0$ si no porque sea $\Delta G° < 0$. Al ser $\Delta G° = \Delta H° - T \cdot \Delta S°$, es cierto que $\Delta S° > 0$ favorece la espontaneidad, pero no es suficiente que $\Delta S°$ sea $\Delta S° > 0$ para que $\Delta G°$ sea $\Delta G° < 0$.

b) FALSO. Como vemos, la reacción tiene $\Delta H° > 0$. Eso significa que la reacción es endotérmica y ABSORBE energía en forma de calor.

c) FALSO. $\Delta S° = S°_{productos} - S°_{reactivos}$, y como tenemos que $\Delta S° > 0$, entonces $S°_{productos} > S°_{reactivos}$. Los productos están más "desordenados" que los reactivos.

d) $\Delta G° = \Delta H° - T \cdot \Delta S°$ $(T = 25°C = 298 K)$

$\Delta G° = \underline{10200 - 298 \cdot 45'8} = -3448'4 \ J$

Ojo con las unidades!!

Como $\Delta G° < 0 \Rightarrow$ La reacción es espontánea $\Rightarrow$ FALSO

PROBLEMA 4

$$I_{2\,(ac)} + I^-_{(ac)} \rightleftharpoons I^-_{3\,(ac)} \qquad K_c = 720$$

Inicial $\quad Co_{I_2} \qquad 0'025 \qquad -$

Reacciona $\quad x \qquad x \qquad -$

Forma $\qquad - \qquad - \qquad x$

Equilibrio $\quad Co_{I_2} - x \quad 0'025-x \quad x$

$$Co_{I_2} = \frac{n_{I_2}}{V_{dsón}} = \frac{\frac{m}{PM}}{V_{dsón}} = \frac{\frac{0'1586}{2\cdot126'9}}{0'05} = 0'0125 \text{ mol/L}$$

$$K_c = \frac{[I_3^-]}{[I_2]\cdot[I^-]} \Rightarrow 720 = \frac{x}{(0'0125-x)\cdot(0'025-x)} \Rightarrow$$

Debe ser
$0 < x \le 0'0125$

$$\Rightarrow 720x^2 - 28x + 0'225 = 0 \quad \begin{array}{l} \nearrow \;\; x = 0'027 \text{ mol/L} \\ \searrow \;\; x = 0'0113 \text{ mol/L} \end{array}$$

Por tanto:

$[I_2]_{eq} = 0'0125 - 0'0113 = 1'2\cdot10^{-3} \text{ mol/L}$

$[I^-]_{eq} = 0'025 - 0'0113 = 0'0137 \text{ mol/L}$

$[I_3^-]_{eq} = 0'0113 \text{ mol/L}$

b) Con 0'0635 g adicionales de yodo se tendrá:

$$C_{0_{I_2}} = \frac{n_{I_2}}{V_{dsón}} = \frac{\frac{m}{PM}}{V_{dsón}} = \frac{\frac{0'1586 + 0'0635}{2 \cdot 126'9}}{0'05} = 0'0175 \, mol/L$$

$$K_C = \frac{[I_3^-]}{[I_2] \cdot [I^-]} \Rightarrow 720 = \frac{x}{(0'0175 - x) \cdot (0'025 - x)} \Rightarrow$$

$$\Rightarrow 720 x^2 - 31'6 x + 0'315 = 0 \begin{cases} \Rightarrow \; \cancel{x = 0'0286 \, mol/L} \quad 0 < x \le 0'0175 \\ \Rightarrow \; x = 0'0153 \, mol/L \end{cases}$$

Y por tanto:

$$[I_2]_{eq} = C_0 - x = 0'0175 - 0'0153 = 2'2 \cdot 10^{-3} \, mol/L$$

Nota!! → Da igual considerar que los 0'0635 g de yodo se añaden una vez alcanzado el equilibrio que considerar que se añaden de inicio (que es como está resuelto aquí).

La gracia de los equilibrios es que tienden al equilibrio, y añadir un efecto perturbador sobre un equilibrio ya alcanzado o añadir dicho efecto perturbador de inicio llevará al sistema a un estado de equilibrio idéntico en ambos casos

CUESTIÓN 5

a) $CH_3-CH=CH-CH_3 + Cl_2 \longrightarrow CH_3-CHCl-CHCl-CH_3$

    2-buteno   2,3-diclorobutano

    ADICIÓN AL DOBLE ENLACE

b) $CH_3-CH=CH-CH_3 + 6O_2 \longrightarrow 4CO_2 + 4H_2O$

    2-buteno   COMBUSTIÓN (REACCIÓN REDOX!!)

c) $CH_3-CH_2OH \xrightarrow[calor]{H_2SO_4} CH_2=CH_2 + H_2O$ ELIMINACIÓN

    etanol   eteno

Una de las reacciones de eliminación más importante es la deshidratación de alcoholes primarios. Se realiza empleando un catalizador que posibilita la protonación del grupo OH

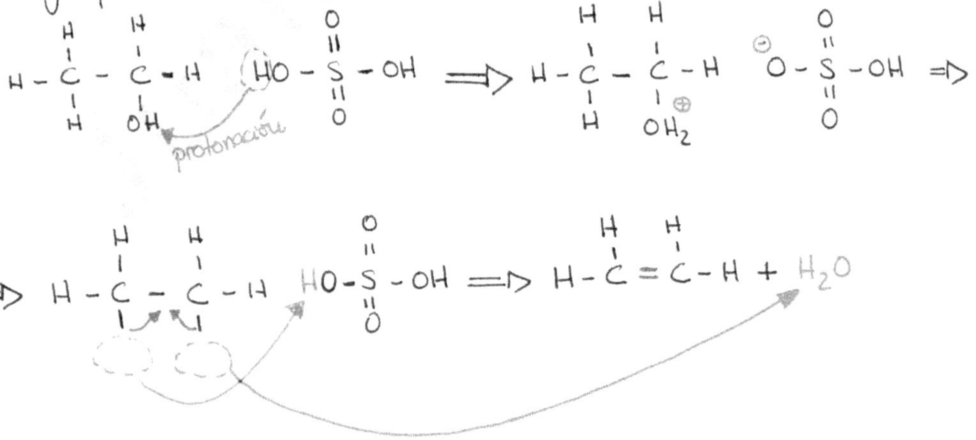

d) $C_6H_6 + HNO_3 \xrightarrow{H_2SO_4} C_6H_5-NO_2 + H_2O$

benceno   nitrobenceno   SUSTITUCIÓN

Esta reacción de sustitución es una nitración aromática. El ácido sulfúrico actúa como catalizador, primero reaccionando con el ácido nítrico para generar el ión nitronio (NO_2^+) para luego ser regenerado.

Dicho ión nitronio NO_2^+ es el electrófilo de la reacción de sustitución, que reaccionará con el benceno para formar el complejo que perderá un protón que será atrapado por el ión hidrogenosulfato.

1) $H_2SO_4 + HNO_3 \longrightarrow HSO_4^- + NO_2^+ + H_2O$

©Juan Bertomeu Ferrer
www.bertoblog.com

2) $C_6H_6 + NO_2^+ \longrightarrow C_6H_5NO_2 + H^+$

3) $HSO_4^- + H^+ \longrightarrow H_2SO_4$

Como vemos, en la última etapa, el ácido efectivamente se regenera, de ahí que sea un catalizador (igual que ha pasado en la reacción de eliminación del apartado anterior).

GENERALITAT VALENCIANA
CONSELLERIA D'EDUCACIÓ,
CULTURA I ESPORT

COMISSIÓ GESTORA DE LES PROVES D'ACCÉS A LA UNIVERSITAT

COMISIÓN GESTORA DE LAS PRUEBAS DE ACCESO A LA UNIVERSIDAD

SISTEMA UNIVERSITARI VALENCIÀ
SISTEMA UNIVERSITARIO VALENCIANO

PROVES D'ACCÉS A LA UNIVERSITAT	PRUEBAS DE ACCESO A LA UNIVERSIDAD
CONVOCATÒRIA: JULIOL 2013	CONVOCATORIA: JULIO 2013
QUÍMICA	QUÍMICA

BAREMO DEL EXAMEN: El alumno deberá elegir una opción (A o B) y contestar a las 3 cuestiones y los 2 problemas de la opción elegida. En cada cuestión/problema la calificación máxima será de 2 puntos; en cada apartado se indica la calificación máxima que se puede obtener.

OPCIÓN A

CUESTION 1

Considere los elementos A, B, y C, de números atómicos A=33, B=35, C=38, y responda razonadamente a las siguientes cuestiones: **(0,5 puntos cada apartado)**

a) Escriba la configuración electrónica de cada uno de estos elementos.

b) Explique cuál será el ión más estable que formará cada uno de estos elementos

c) Compare el tamaño atómico de cada elemento con el tamaño de su correspondiente ión más estable.

d) Ordene los elementos según el valor creciente de su primera energía de ionización.

PROBLEMA 2

Dadas las entalpías estándar de combustión del hexano líquido, $C_6H_{14}(l)$, C(sólido) e $H_2(g)$, **calcule:**

a) La entalpía de formación del hexano líquido, $C_6H_{14}(l)$, a 25°C. **(1 punto)**

b) El número de moles de $H_2(g)$ consumidos en la formación de cierta cantidad de $C_6H_{14}(l)$, si en la citada reacción se han liberado 30 kJ. **(1 punto)**

DATOS.- Entalpías de combustión estándar $\Delta H°_{combustión}$(kJ·mol⁻¹): $C_6H_{14}(l)$ = - 4192,0 ; C(sólido) = - 393,1 ; $H_2(g)$= -285,8

Nota: considere que en los procesos de combustión donde se forme agua, ésta se encuentra en estado líquido.

CUESTION 3

Dada la pila, a 298 K: Pt, H_2(1bar) | H^+ (1M) || Cu^{2+} (1M) | Cu(s). Indique, razonadamente, si son verdaderas o falsas cada una de las siguientes afirmaciones: **(0,5 puntos cada apartado)**

a) El potencial estándar de la pila es $\Delta E°$ = + 0,34 V

b) El electrodo de hidrógeno actúa como cátodo.

c) El ión Cu^{2+} tiene más tendencia a captar electrones que el ión H^+.

d) En la pila, el hidrógeno sufre una oxidación.

DATOS.- Potenciales estándar en medio ácido en voltios (V): $E°(H^+/H_2)$ = 0,00 ; $E°(Cu^{2+}/Cu)$ = +0,34

PROBLEMA 4

Se preparan 200 mL de una disolución acuosa de ácido yódico, HIO_3, que contiene 1,759 g de dicho compuesto. El pH de ésta disolución es 1,395.

a) Calcule la constante de acidez, K_a, del ácido yódico. **(1,2 puntos)**

b) Si a 20 mL de la disolución de ácido yódico se le añaden 10 mL de una disolución de hidróxido sódico 0,1 M, razone si la disolución resultante será ácida, básica o neutra. **(0,8 puntos)**

DATOS.- Masas atómicas: H = 1; O = 16 ; I = 126,9

CUESTION 5

Formule o nombre, según corresponda, los siguientes compuestos. **(0,2 puntos cada uno)**

a) 3,4-dimetil-1-pentino   b) dietilamina   c) metilbutanona   d) ácido fosforoso

e) tetracloruro de estaño   f) $KMnO_4$ g) $Al_2(SO_4)_3$ h) $HBrO_4$

i) $CH_2=CH-CH(CH_3)-CH_3$ j) $CH_3-CH_2-O-CH_2-CH_3$

OPCIÓN B

CUESTION 1

Considere las especies químicas CO_3^{2-}, CS_2, $SiCl_4$, NCl_3, y responda razonadamente a las siguientes cuestiones:

a) Represente la estructura de Lewis de cada una de las especies químicas propuestas. **(0,8 puntos)**

b) Prediga la geometría molecular de cada una de las especies químicas. **(0,8 puntos)**

c) Explique si las moléculas CS_2 y NCl_3 tienen o no momento dipolar. **(0,4 puntos)**

DATOS.- Números atómicos: C = 6; N = 7; O = 8; Si = 14; S =16; Cl =17

PROBLEMA 2

En medio ácido, el permanganato potásico, $KMnO_4$, reacciona con el sulfato de hierro(II), $FeSO_4$, de acuerdo con la siguiente reacción **no ajustada**:

$$KMnO_4 \text{ (ac)} + FeSO_4 \text{ (ac)} + H_2SO_4 \text{ (ac)} \rightarrow MnSO_4 \text{ (ac)} + Fe_2(SO_4)_3 \text{ (ac)} + K_2SO_4 \text{ (ac)} + H_2O \text{ (l)}$$

a) Escriba la reacción redox anterior **ajustada** tanto en su forma iónica como molecular. **(1 punto)**

b) Calcule el volumen de una disolución de permanganato potásico 0,02 M necesario para la oxidación de 30 mL de sulfato de hierro(II) 0,05M, en presencia de ácido sulfúrico. **(1 punto)**

CUESTION 3

Para cada una de las siguientes reacciones, **justifique** si será espontánea a baja temperatura, si será espontánea a alta temperatura, espontánea a cualquier temperatura o no será espontánea para cualquier temperatura.

(0,5 puntos cada apartado)

a) $2 NH_3 \text{ (g)} \rightarrow N_2 \text{ (g)} + 3 H_2 \text{ (g)}$ $\qquad\qquad \Delta H^o_r = +92,2 \text{ kJ}$

b) $2 NH_4NO_3 \text{ (s)} \rightarrow 2 N_2 \text{ (g)} + 4 H_2O \text{ (g)} + O_2 \text{ (g)}$ $\qquad \Delta H^o_r = - 225,5 \text{ kJ}$

c) $N_2 \text{ (g)} + 3 Cl_2 \text{ (g)} \rightarrow 2 NCl_3 \text{ (l)}$ $\qquad\qquad \Delta H^o_r = + 230,0 \text{ kJ}$

d) $2 H_2 \text{ (g)} + O_2 \text{ (g)} \rightarrow 2 H_2O \text{ (l)}$ $\qquad\qquad \Delta H^o_r = - 571,6 \text{ kJ}$

PROBLEMA 4

A 50 ºC el tetraóxido de dinitrógeno, N_2O_4, se disocia parcialmente según el siguiente equilibrio:

$$N_2O_4 \text{ (g)} \Longleftrightarrow 2 NO_2 \text{ (g)};$$

Se introducen 0,375 moles de N_2O_4 en un recipiente cerrado de 5L de capacidad, en el que previamente se ha hecho el vacío, y se calienta a 50 ºC. Cuando se alcanza el equilibrio, a la citada temperatura, la presión total en el interior del recipiente es de 3,33 atmósferas.

Calcule:

a) El valor de K_c y de K_p. **(1,2 puntos)**

b) La presión parcial de cada uno de los gases en el equilibrio a la citada temperatura. **(0,8 puntos)**

DATOS.- R = 0,082 atm·L/mol·K

CUESTION 5

Complete las siguientes reacciones y nombre los compuestos orgánicos que intervienen. **(0,4 puntos cada una)**

a) $CH_3\text{-}CH=CH_2 + Br_2 \longrightarrow$

b) $CH_3\text{-}CH_2\text{-}CH_2Cl + KOH\text{(ac)} \longrightarrow$

c) $n\ CH_2=CH_2 \xrightarrow{\text{catalizador, calor}}$

d) $CH_3\text{-}CH_2I + NH_3 \longrightarrow$

e) $CH_3\text{-}CH_2OH \xrightarrow{MnO_4^-,\ H^+}$

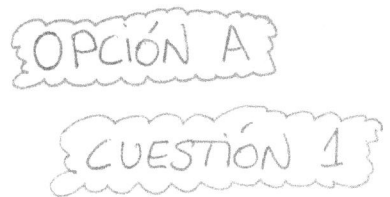

OPCIÓN A

CUESTIÓN 1

$A (z = 33)$: $1s^2 2s^2 2p^6 3s^2 3p^6 4s^2 3d^{10} 4p^3$ Grupo 15 Periodo 4

   El ión más estable será el A^{3-} en el que se capturan

tres electrones

   A^{3-}: $1s^2 2s^2 2p^6 3s^2 3p^6 4s^2 3d^{10} 4p^6$ $(A + 3e^-)$

$B (z = 35)$: $1s^2 2s^2 2p^6 3s^2 3p^6 4s^2 3d^{10} 4p^5$ Grupo 17 Periodo 4

   El ión más estable será el B^- en el que se captura

un electrón.

   B^-: $1s^2 2s^2 2p^6 3s^2 3p^6 4s^2 3d^{10} 4p^6$ $(B + 1e^-)$

$C (z = 38)$: $1s^2 2s^2 2p^6 3s^2 3p^6 4s^2 3d^{10} 4p^6 5s^2$ Grupo 2 Periodo 5

   El ión más estable será el C^{2+} en el que se

pierden los dos electrones de valencia

   C^{2+}: $1s^2 2s^2 2p^6 3s^2 3p^6 4s^2 3d^{10} 4p^6$ $(C - 2e^-)$

PÁGINA 1

Cuando un átomo metálico pierde uno o más electrones formándose un ión positivo (catión), aumenta la fuerza de atracción sobre los electrones que quedan, habiendo por tanto una reducción de tamaño.

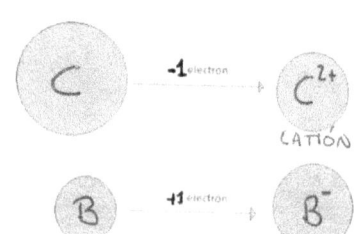

Sin embargo, cuando un átomo no metálico adquiere uno o más electrones formándose un ión negativo (anión) se produce el efecto contrario y aumenta el tamaño. Así:

$$r_A < r_{A^{3-}} \quad ; \quad r_B < r_{B^-} \quad ; \quad r_C > r_{C^{2+}}$$

La energía de ionización es la energía que se requiere para arrancar un electrón de un átomo en estado gaseoso en su estado fundamental

$$X_{(g)} + EI \longrightarrow X^+_{(g)} + e^-$$

En general, la regla es que la EI aumenta hacia la derecha (ya que al disminuir el radio atómico hay mayor atracción) y, por el mismo motivo, la EI disminuye al descender en un grupo (al aumentar el radio). Por tanto:

PÁGINA 2

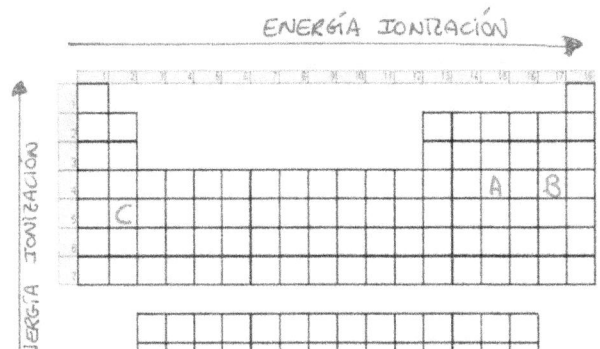

$EI_C < EI_A < EI_B$

PROBLEMA 2

Formación $C_6H_{14\,(l)} \Rightarrow 6\,C_{(s)} + 7\,H_{2\,(g)} \longrightarrow C_6H_{14\,(l)}$ ΔH_R^o??

$R_1 \longrightarrow C_6H_{14\,(l)} + \frac{19}{2}O_{2\,(g)} \longrightarrow 6\,CO_{2\,(g)} + 7\,H_2O_{(l)}$ $\Delta H_1^o = -4192\,KJ$

$R_2 \longrightarrow C_{(s)} + O_{2\,(g)} \longrightarrow CO_{2\,(g)}$ $\Delta H_2^o = -393'1\,KJ$

$R_3 \longrightarrow H_{2\,(g)} + \frac{1}{2}O_{2\,(g)} \longrightarrow H_2O_{(l)}$ $\Delta H_3^o = -285'8\,KJ$

$(-1)\cdot R_1: \ 6\,CO_{2\,(g)} + 7\,H_2O_{(l)} \longrightarrow C_6H_{14\,(l)} + \frac{19}{2}O_{2\,(g)}$

$6\cdot R_2: \ 6\,C_{(s)} + 6\,O_{2\,(g)} \longrightarrow 6\,CO_{2\,(g)}$

$7\cdot R_3: \ 7\,H_{2\,(g)} + \frac{7}{2}O_{2\,(g)} \longrightarrow 7\,H_2O_{(l)}$

$\overline{\hspace{2cm} 6\,C_{(s)} + 7\,H_{2\,(g)} \longrightarrow C_6H_{14\,(l)} \hspace{2cm}}$

$\Delta H_R^o = -\Delta H_1^o + 6\cdot\Delta H_2^o + 7\cdot\Delta H_3^o = -(-4192) + 6\cdot(-393'1) + 7\cdot(-285'3) =$

$= -167'2\,KJ \ \Rightarrow \ \Delta H_{f\,C_6H_{14}}^o = -167'2\,KJ/mol$

b) $-30\,KJ \times \dfrac{1\,mol\,C_6H_{14\,(l)}}{-167'2\,KJ} \times \dfrac{7\,mol\,H_{2\,(g)}}{1\,mol\,C_6H_{14}} = 1'256\,mol\,H_{2\,(g)}$

PÁGINA 3

a) Recordemos la notación esquemática de una pila:

$$\underbrace{\begin{array}{c|c} \text{Electrodo} & \text{Disolución} \\ \text{Ánodo} & \text{Anódica} \end{array}}_{\substack{\text{ÁNODO} \\ \text{(oxidación)}}} \Big\| \underbrace{\begin{array}{c|c} \text{Disolución} & \text{Electrodo} \\ \text{Catódica} & \text{Cátodo} \end{array}}_{\substack{\text{CÁTODO} \\ \text{(reducción)}}}$$

Puente Salino

Nosotros tenemos $\underbrace{H_2 \,(1\,bar) \,|\, H^+ (1M)}_{\text{ÁNODO}} \Big\| \underbrace{Cu^{2+}(1M) \,|\, Cu(s)}_{\text{CÁTODO}}$. Planteamos las

semireacciones:

Reducción : $Cu^{2+}_{(ac)} + 2e^- \longrightarrow Cu^0_{(s)}$ $E^0_{red} = +0'34\,V$

Oxidación : $\underline{H^0_{2(g)} - 2e^- \longrightarrow 2H^+_{(ac)}}$ $E^0_{oxi} = 0\,V$

$Cu^{2+}_{(ac)} + H^0_{2(g)} \longrightarrow 2H^+_{(ac)} + Cu^0_{(s)}$ $E^0_{pila} = 0'34\,V$

⟹ la afirmación es VERDADERA

b) Como ya hemos visto, es una afirmación FALSA.

c) Captar electrones es reducirse:

Como $E^0_{red}(Cu^{2+}/Cu) > E^0_{red}(H^+/H_2)$ ⟹ VERDADERA

d) Como ya hemos visto, es una afirmación VERDADERA

©Juan Bertomeu Ferrer
www.bertoblog.com

PROBLEMA 4

a)
$$HIO_3 + H_2O \rightleftharpoons IO_3^- + H_3O^+$$

Inicial	C_0	...	—	—
Reaccionan	x	...	—	—
Forman	—	—	x	x
Equilibrio	$C_0 - x$	...	x	x

$$pH = -\log [H_3O^+] \implies 1'395 = -\log x \implies x = 0'0403 \text{ mol/L}$$

$$C_0 = \frac{n_{HIO_3}}{V_{dsóu}} = \frac{\frac{m}{PM}}{V_{dsón}} = \frac{\frac{1'759}{175'9}}{0'2} = 0'05 \text{ mol/L}$$

$$K_a = \frac{[IO_3^-] \cdot [H_3O^+]}{[HIO_3]} = \frac{x^2}{C_0 - x} = \frac{0'0403^2}{0'05 - 0'0403} = 0'1674$$

b) $M = \dfrac{n}{V}$

$\nearrow$ $n_{ácido} = 0'05 \dfrac{mol}{L} \cdot 0'02 \, L = 1 \cdot 10^{-3}$ moles HIO_3

$\searrow$ $n_{base} = 0'1 \dfrac{mol}{L} \cdot 0'01 \, L = 1 \cdot 10^{-3}$ moles $NaOH$

La reacción de neutralización:

$$HIO_3 + NaOH \longrightarrow NaIO_3 + H_2O$$

Inicial	$1 \cdot 10^{-3}$	$1 \cdot 10^{-3}$	...	...
Final	—	—	$1 \cdot 10^{-3}$	...

La sal se disocia en el agua:

$$NaIO_3 \xrightarrow{H_2O} Na^+_{(ac)} + IO_3^-{}_{(ac)}$$

El ión Na^+ no hidroliza al provenir de una base fuerte. Sin embargo, el yodato IO_3^- proviene de un ácido semifuerte, con lo que hidrolizará según:

$$IO_3^- + H_2O \rightleftharpoons HIO_3 + OH^-$$

Por tanto, el pH resultante será <u>muy ligeramente</u> básico por la presencia de los iones hidroxilo OH^-

CUESTIÓN 5

a) 3,4-dimetil-1-pentino    $HC\equiv C - CH - CH - CH_3$ (con CH_3, CH_3)

b) dietilamina $CH_3 - CH_2 - NH - CH_2 - CH_3$

c) metilbutanona $CH_3 - CH - CO - CH_3$ (con CH_3)

d) ácido fosforoso H_3PO_3

e) tetracloruro de estaño $SnCl_4$

f) $KMnO_4$ permanganato potásico

g) $Al_2(SO_4)_3$ sulfato de aluminio

h) $HBrO_4$ ácido perbrómico

i) $CH_2 = CH - CH(CH_3) - CH_3$ 3-metil-1-buteno

j) $CH_3 - CH_2 - O - CH_2 - CH_3$ dietiléter

OPCIÓN B

CUESTIÓN 1

$\boxed{CO_3^{2-}}$ LEWIS + RPECV

$C(z=6): 1s^2 2s^2 2p^2 \longrightarrow$ $2s$ $\boxed{\uparrow\downarrow}$ $2p$ $\boxed{\uparrow|\uparrow|\;}$ $4e^-$ de valencia

$O(z=8): 1s^2 2s^2 2p^4 \longrightarrow$ $2s$ $\boxed{\uparrow\downarrow}$ $2p$ $\boxed{\uparrow\downarrow|\uparrow|\uparrow}$ $6e^-$ de valencia

O C O

O $\Rightarrow$ O–C–O $\Rightarrow$:Ö–C–Ö:

22 electrones

+ 2 electrones $\longrightarrow$ Carga neta del ión

_____

24 electrones

Quedan 18 e^-

cargas formales

y ahora vemos que hay tres estructuras posibles (fenómeno de RESONANCIA)

$\left\{ \; :\ddot{O}=C-\ddot{O}: \;\longleftrightarrow\; :\ddot{O}-C-\ddot{O}: \;\longleftrightarrow\; :\ddot{O}-C=\ddot{O} \; \right\}$

$\Rightarrow \left[O \cdots C \cdots O \right]^{2-}$ La estructura es definitiva pués la carga formal coincide con la carga neta del ión.

se trata de una molécula
AX_3 que presentará
geometría TRIANGULAR PLANA

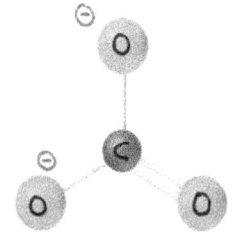

$\boxed{CS_2}$ LEWIS + RPECV

$C(z=6): 1s^2 2s^2 2p^2 \longrightarrow$ $\begin{array}{c} 2s \\ \boxed{\uparrow\downarrow} \end{array}$ $\begin{array}{c} 2p \\ \boxed{\uparrow\ \uparrow\ \ } \end{array}$ $4e^-$ de valencia

$S(z=16): 1s^2 2s^2 2p^6 3s^2 3p^4 \longrightarrow$ $\begin{array}{c} 3s \\ \boxed{\uparrow\downarrow} \end{array}$ $\begin{array}{c} 3p \\ \boxed{\uparrow\downarrow\ \uparrow\ \uparrow} \end{array}$ $6e^-$ de valencia

S   C   S $\Rightarrow$ S — C — S $\Rightarrow$ $:\ddot{S} - C - \ddot{S}:$ $\Rightarrow$ $\ddot{S} = C = \ddot{S}$

16 electrones   Quedan 12e⁻   Cargas formales   Definitiva !!

La estructura es definitiva al ser nula la carga formal sobre todos los átomos. Se trata de una molécula AX_2 que presentará geometría LINEAL.

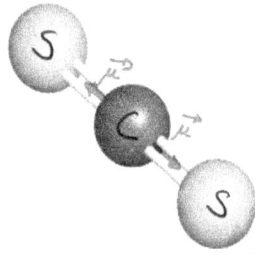

Como vemos, al ser $\vec{\mu}_{TOTAL} = \vec{0}$ se trata de una molécula APOLAR.

$\boxed{SiCl_4}$ LEWIS + RPECV

$Si(z=14): 1s^2 2s^2 2p^6 3s^2 3p^2 \longrightarrow$ $\begin{array}{c} 3s \\ \boxed{\uparrow\downarrow} \end{array}$ $\begin{array}{c} 3p \\ \boxed{\uparrow\ \uparrow\ \ } \end{array}$ $4e^-$ de valencia

$Cl(z=17): 1s^2 2s^2 2p^6 3s^2 3p^5 \longrightarrow$ $\begin{array}{c} 3s \\ \boxed{\uparrow\downarrow} \end{array}$ $\begin{array}{c} 3p \\ \boxed{\uparrow\downarrow\ \uparrow\downarrow\ \uparrow} \end{array}$ $7e^-$ de valencia

$$\begin{array}{ccc} & Cl & \\ Cl & Si & Cl \\ & Cl & \end{array} \Rightarrow \begin{array}{c} Cl \\ | \\ Cl - Si - Cl \\ | \\ Cl \end{array} \Rightarrow \begin{array}{c} :\ddot{Cl}: \\ | \\ :\ddot{Cl} - Si - \ddot{Cl}: \\ | \\ :\ddot{Cl}: \end{array}$$

32 electrones   Quedan 24e⁻   Definitiva!!

PÁGINA 8

©Juan Bertomeu Ferrer
www.bertoblog.com

La estructura es definitiva al ser nula la carga formal sobre todos los átomos. Como vemos, se trata de una molécula AX_4 que presenta geometría TETRAÉDRICA.

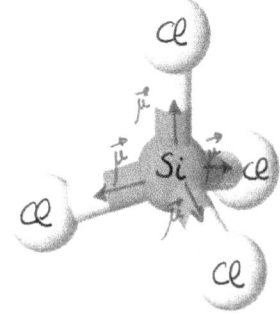

Como vemos, al ser $\vec{\mu}_{TOTAL} = \vec{0}$,

se trata de una molécula APOLAR

$\boxed{NCl_3}$ LEWIS + RPECV

$N (z=7): 1s^2 2s^2 2p^3 \longrightarrow$
    $2s$ $2p$
    $\boxed{1\downarrow}$ $\boxed{\uparrow | \uparrow | \uparrow}$ $5e^-$ de valencia

$Cl (z=17): 1s^2 2s^2 2p^6 3s^2 3p^5 \longrightarrow$
    $3s$ $3p$
    $\boxed{1\downarrow}$ $\boxed{1\downarrow | 1\downarrow | 1}$ $7e^-$ de valencia

         Cl Cl $:\ddot{Cl}:$

Cl N Cl $\Rightarrow$ $Cl - \overset{|}{N} - Cl$ $\Rightarrow$ $:\ddot{Cl} - N - \ddot{Cl}:$

26 electrones   Quedan 20é   Definitiva!!

La estructura es definitiva al ser nula la carga formal sobre todos los átomos. Tenemos una molécula AX_3E con geometría de PIRÁMIDE TRIGONAL.

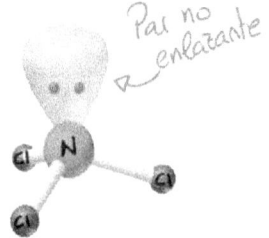

Par no enlazante

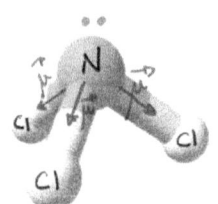

Al ser $\overrightarrow{\mu_{TOTAL}} \neq \overrightarrow{0}^0$

⇓

Molécula POLAR

{PROBLEMA 2}

$$\overset{+7}{K}MnO_{4(ac)} + \overset{+2}{Fe}SO_{4(ac)} + H_2SO_{4(ac)} \longrightarrow \overset{+2}{Mn}SO_{4(ac)} + \overset{+3}{Fe_2}(SO_4)_{3(ac)} + K_2SO_{4(ac)} + H_2O_{(e)}$$

Reducción: $\overset{+7}{Mn}O_{4(ac)}^- + 8H_{(ac)}^+ + 5e^- \longrightarrow \overset{+2}{Mn}_{(ac)} + 4H_2O_{(e)}$

Oxidación: $\left(\overset{+2}{Fe}_{(ac)} - 1e^- \longrightarrow \overset{+3}{Fe}_{(ac)}\right) \times 5$

Iónica: $\overset{+7}{Mn}O_{4(ac)}^- + 8H_{(ac)}^+ + 5\overset{+2}{Fe}_{(ac)} \longrightarrow \overset{+2}{Mn}_{(ac)} + 5\overset{+3}{Fe}_{(ac)} + 4H_2O_{(e)}$

Molecular ajustada:

$$KMnO_{4(ac)} + 5FeSO_{4(ac)} + 4H_2SO_{4(ac)} \longrightarrow MnSO_{4(ac)} + \frac{5}{2}Fe_2(SO_4)_{3(ac)} + \frac{1}{2}K_2SO_{4(ac)} + 4H_2O_{(e)}$$

b) $30\ mL\ FeSO_4 \times \dfrac{1\ L\ FeSO_4}{1000\ mL\ FeSO_4} \times \underbrace{\dfrac{0'05\ mol\ FeSO_4}{1\ L\ FeSO_4}}_{\text{Molaridad dsón}} \times \dfrac{1\ mol\ KMnO_4}{5\ mol\ FeSO_4} \times$

$\times \underbrace{\dfrac{1\ L\ KMnO_4}{0'02\ mol\ KMnO_4}}_{\text{Molaridad dsón}} = 0'015\ Litros\ dsón\ KMnO_4 = 15\ mL\ dsón\ KMnO_4$

PÁGINA 10

Para todas las reacciones razonaremos acerca de su espontaneidad evaluando los posibles valores de ΔG, siendo $\Delta G = \Delta H - T \cdot \Delta S$ y siendo una reacción espontánea cuando se tiene $\Delta G < 0$.

Por otro lado, evaluaremos el signo de ΔS teniendo en cuenta que cuando el número de moles gaseosos de los productos sea mayor al número de moles gaseosos de los reactivos, será $\Delta S > 0$. Así:

a) $2 NH_{3(g)} \longrightarrow N_{2(g)} + 3H_{2(g)}$ $\Delta H = +92'2 \ KJ$

$n_{gases \ productos} > n_{gases \ reactivos} \Rightarrow \Delta S > 0$; $\Delta G = \underbrace{\Delta H}_{+} - \underbrace{T \cdot \Delta S}_{+}$

Será espontánea si $T \cdot \Delta S > \Delta H \Rightarrow T > \dfrac{\Delta H}{\Delta S} \Rightarrow$ Su espontaneidad se verá favorecida por temperaturas altas.

b) $2 NH_4 NO_{3(s)} \longrightarrow 2 N_{2(g)} + 4 H_2O_{(g)} + O_{2(g)}$ $\Delta H = -225'5 \ KJ$

$n_{gases \ productos} > n_{gases \ reactivos} \Rightarrow \Delta S > 0$; $\Delta G = \underbrace{\Delta H}_{-} - \underbrace{T \cdot \Delta S}_{+}$

Como vemos, ΔG es $\Delta G < 0$ para cualquier temperatura, con lo que la reacción será espontánea a cualquier temperatura.

c) $N_{2(g)} + 3Cl_{2(g)} \longrightarrow 2\,NCl_{3(\ell)}$ $\Delta H = +230\ KJ$

$n_{gases \atop productos} < n_{gases \atop reactivos} \Rightarrow \Delta S < 0 \Rightarrow \Delta G = \underbrace{\Delta H}_{+} - \underbrace{T\cdot\Delta S}_{-}$

Al tenerse $\Delta G > 0$ para cualquier temperatura, esta reacción

nunca será espontánea

d) $2H_{2(g)} + O_{2(g)} \longrightarrow 2H_2O_{(\ell)}$ $\Delta H = -571'6\ KJ$

$n_{gases \atop productos} < n_{gases \atop reactivos} \Rightarrow \Delta S < 0 \ ; \ \Delta G = \underbrace{\Delta H} - \underbrace{T\cdot\Delta S}$

La reacción será espontánea cuando $|T\cdot\Delta S| < |\Delta H|$ y

por tanto, la espontaneidad estará favorecida por las

temperaturas bajas.

{ PROBLEMA 4 }

$$N_2O_{4(g)} \rightleftharpoons 2\,NO_{2(g)}$$

Inicial	0'375	—
Reaccionan	X	—
Forman	—	2x
Equilibrio	0'375 − x	2x

$n_{gases \atop equilibrio} = 0'375 - x + 2x =$
$= 0'375 + x$

$P\cdot V = n\,R\,T$

$3'33\cdot 5 = (0'375+x)\cdot 0'082\cdot 323$

$\Rightarrow x = 0'2536\ mol$

$$K_c = \frac{[NO_2]^2}{[N_2O_4]} = \frac{\left(\frac{2x}{V}\right)^2}{\frac{0'375-x}{V}} = \frac{4\cdot 0'2536^2}{5\cdot(0'375-0'2536)} = 0'4238$$

$$K_p = K_c \cdot (RT)^{\Delta n_{gases}} = 0'4238 \cdot (0'082 \cdot 323)^1 = 11'2248$$

b) $P \cdot V = n RT$

$$P_{NO_2} = \frac{2 \cdot 0'2536 \ 0'082 \cdot 323}{5} = 2'6867 \ atm$$

$$P_{N_2O_4} = \frac{(0'375 - 0'2536) \cdot 0'082 \cdot 323}{5} = 0'6431 \ atm$$

CUESTIÓN 5

a) $CH_3 - CH = CH_2 + Br_2 \longrightarrow CH_3 - CHBr - CH_2Br$

  Propeno   1,2 - dibromo propano

ADICIÓN AL DOBLE ENLACE

b) $CH_3 - CH_2 - CH_2Cl + KOH_{(ac)} \longrightarrow CH_3 - CH_2 - CH_2OH + KCl$

  1 - cloro propano   1 - propanol

SUSTITUCIÓN NUCLEÓFILA

c) $n \ CH_2 = CH_2 \xrightarrow[calor]{catalizador} -(CH_2 - CH_2)_n -$ POLIMERIZACIÓN

  etileno   polietileno

d) $CH_3 - CH_2I + NH_3 \longrightarrow CH_3 - CH_2 - NH_2 + HI$

  yodoetano   etilamina

SUSTITUCIÓN

e) $CH_3-CH_2OH \xrightarrow[H_2O]{MnO_4^-; H^+} CH_3-CHO \xrightarrow[H_2O]{MnO_4^-; H^+} CH_3-COOH$

     etanol   etanal   ácido etanoico

La OXIDACIÓN de un ALCOHOL PRIMARIO ($R-CH_2OH$) se hace a aldehídos y, en función del agente oxidante, el aldehído se oxida a un ácido carboxílico:

$$R-CH_2OH \longrightarrow R-C{\overset{O}{\underset{H}{\diagdown}}} \longrightarrow R-C{\overset{O}{\underset{OH}{\diagdown}}}$$

Alcohol   Aldehído   ácido Carboxílico.
primario

ETAPA 1 : Oxidación etanol/etanal $\boxed{CH_3-CH_2OH +[Oxi]\longrightarrow CH_3-C{\overset{O}{\underset{H}{\diagdown}}}}$

Reducción: $(\overset{+7}{Mn}O_4^- + 8H^+ + 5e^- \longrightarrow \overset{+2}{Mn} + 4H_2O) \times 2$

Oxidación: $(CH_3 - \overset{-1}{C}H_2OH - 2e^- \longrightarrow CH_3 - \overset{+1}{C}HO + 2H^+) \times 5$

$\quad\quad 5CH_3-CH_2OH + 2MnO_4^- + 6H^+ \longrightarrow 5CH_3-CHO + 2\overset{+2}{Mn} + 8H_2O$

El aldehído se hidrata : $CH_3-C{\overset{O}{\underset{H}{\diagdown}}} + H_2O \longrightarrow CH_3 - \overset{\overset{OH}{|}}{\underset{\underset{H}{|}}{C}} - OH$

ETAPA 2 : Oxidación etanal / ácido etanoico

Reducción : $(\overset{+7}{Mn}O_4^- + 8H^+ + 5e^- \longrightarrow \overset{+2}{Mn} + 4H_2O) \times 2$

Oxidación: $(CH_3 - \overset{+1}{C}HO + H_2O - 2e^- \longrightarrow CH_3 - \overset{+3}{C}OOH + 2H^+) \times 5$

$\quad\quad 5CH_3-CHO + 2MnO_4^- + 6H^+ \longrightarrow 5CH_3-COOH + 2\overset{+2}{Mn} + 3H_2O$

 **GENERALITAT VALENCIANA**
CONSELLERIA D'EDUCACIÓ, CULTURA I ESPORT

COMISSIÓ GESTORA DE LES PROVES D'ACCÉS A LA UNIVERSITAT
COMISIÓN GESTORA DE LAS PRUEBAS DE ACCESO A LA UNIVERSIDAD

 SISTEMA UNIVERSITARI VALENCIÀ
SISTEMA UNIVERSITARIO VALENCIANO

PROVES D'ACCÉS A LA UNIVERSITAT	PRUEBAS DE ACCESO A LA UNIVERSIDAD
CONVOCATÒRIA: JUNY 2014	CONVOCATORIA: JUNIO 2014
QUÍMICA	QUÍMICA

BAREMO DEL EXAMEN: El alumno deberá elegir una opción (A o B) y contestar a las 3 cuestiones y los 2 problemas de la opción elegida. En cada cuestión/problema la calificación máxima será de 2 puntos; en cada apartado se indica la calificación máxima que se puede obtener.

OPCIÓN A

CUESTION 1

Considere los elementos Na, P, S, Cl, y explique, justificando la respuesta, si son ciertas o falsas las siguientes afirmaciones:

a) El de mayor radio atómico es el cloro.

b) El de mayor electronegatividad es el fósforo.

c) El de mayor afinidad electrónica es el sodio.

d) El ión Na^+ tiene la misma configuración electrónica que el ión Cl^-.

DATOS.- Números atómicos: Na = 11 ; P = 15 ; S = 16 ; Cl = 17 . **(0,5 puntos cada apartado)**

PROBLEMA 2

El *p-cresol* es un compuesto de masa molecular relativa M_r = 108,1 que se utiliza como desinfectante y en la fabricación de herbicidas. El *p-cresol* sólo contiene C, H y O, y la combustión de una muestra de 0,3643 g de este compuesto produjo 1,0390 g de CO_2 y 0,2426 g de H_2O.

a) Calcule su composición centesimal en masa. **(1 punto)**

b) Determine sus fórmulas empírica y molecular. **(1 punto)**

DATOS.- Masas atómicas relativas: H = 1 ; C = 12 ; O = 16 .

CUESTION 3

Teniendo en cuenta los potenciales estándar que se dan al final del enunciado, indique, razonadamente, si son verdaderas o falsas cada una de las siguientes afirmaciones: **(0,5 puntos cada apartado)**

a) El cobre metálico se oxidará al añadirlo a una disolución 1M de HCl(ac).

b) Al añadir cinc metálico, Zn, a una disolución de Al^{3+}(ac) se produce la oxidación del Zn y la reducción del Al^{3+}.

c) En una pila galvánica formada por los electrodos Pb^{2+}(ac)/Pb(s) y Zn^{2+}(ac)/Zn(s), en condiciones estándar, el electrodo de plomo actúa de ánodo.

d) Una disolución 1M de Al^{3+}(ac) es estable en un recipiente de plomo.

DATOS.- Potenciales estándar en medio ácido en voltios, E^o(V): [H^+(ac) / H_2(g)] = 0,0 ; [Al^{3+}(ac) / Al(s)] = - 1,68 ; [Cu^{2+}(ac)/Cu(s)] = + 0,34 ; [Zn^{2+}(ac) / Zn(s)] = - 0,76 ; [Pb^{2+}(ac) / Pb(s)] = - 0,12 .

PROBLEMA 4

El ácido hipofosforoso, H_3PO_2, es un ácido monoprótico del tipo HA. Se preparan 200 mL de una disolución acuosa que contiene 0,66 g de dicho ácido y tiene un pH de 1,46. Calcule:

a) La constante de acidez del ácido hipofosforoso. **(1,2 puntos)**

b) El volumen en mililitros de agua destilada que hay que añadir a 50 mL de una disolución de ácido clorhídrico 0,05 M, para que el pH de la disolución resultante sea 1,46. **(0,8 puntos)**

DATOS.- Masas atómicas relativas: H = 1 ; O = 16 ; P = 31 .

CUESTION 5

a) Formule los siguientes compuestos:

i) sulfato de aluminio   ii) óxido de hierro (III)   iii) nitrato de bario   iv) 3-pentanona   v) propanoato de etilo

b) Nombre los siguientes compuestos.

i) $NaHCO_3$ ii) $KClO_4$ iii) CH_3-O-CH_2-CH_3 iv) CH_3-CHO   v) CH_3-CH(CH_3)-CHOH-CH_2-CH_3

(0,2 puntos cada compuesto)

OPCIÓN B

CUESTION 1

a) Escriba la estructura de Lewis de cada una de las siguientes moléculas y prediga, justificando la respuesta, su geometría molecular: PCl_3 , OF_2 , H_2CO, CH_3Cl. **(1,2 puntos)**

b) Explique razonadamente si las moléculas PCl_3 , OF_2 , H_2CO, CH_3Cl son polares o apolares. **(0,8 puntos)**

DATOS.- Números atómicos: H = 1; C = 6 ; O = 8 ; F = 9 ; P = 15 ; Cl = 17 .

PROBLEMA 2

El sulfuro de cinc reacciona con el oxígeno según: $2 ZnS (s) + 3 O_2 (g) \rightarrow 2 ZnO (s) + 2 SO_2 (g)$

a) Calcule la variación de entalpía estándar de la reacción anterior. **(1 punto)**

b) Calcule la cantidad de energía en forma de calor que se absorbe o se libera cuando 17 g de sulfuro de cinc reaccionan con la cantidad adecuada de oxígeno a presión constante de 1 atmósfera. **(1 punto)**

DATOS.- Masas atómicas relativas: O = 16 ; S = 32 ; Zn = 65,4 .

Entalpías de formación estándar, ΔH^o_f (kJ·mol^{-1}): ZnS = -184,1; ZnO = - 349,3 ; SO_2 = - 70,9 .

CUESTION 3

Razone la veracidad o falsedad de las siguientes afirmaciones justificando la respuesta: **(0,5 puntos cada apartado)**

a) Para dos disoluciones con igual concentración de ácido, la disolución del ácido más débil tiene menor pH.

b) A un ácido fuerte le corresponde una base conjugada débil.

c) El grado de disociación de un ácido débil aumenta al añadir OH$^-$(ac) a la disolución.

d) Al mezclar 50 mL de NH_3(ac) 0,1 M con 50 mL de HCl(ac) 0,1 M, el pH de la disolución resultante es básico.

DATOS.- K_b (NH_3) = 1,8x10^{-5} .

PROBLEMA 4

El hidrogenosulfuro de amonio, NH_4HS (s), utilizado en el revelado de fotografías, es inestable a temperatura ambiente y se descompone parcialmente según el equilibrio siguiente:

$$NH_4HS (s) \rightleftharpoons NH_3 (g) + H_2S (g) ;   K_p = 0,108 \text{ (a 25 ºC)}$$

a) Se introduce una muestra de NH_4HS (s) en un recipiente cerrado a 25 ºC, en el que previamente se ha hecho el vacío. ¿Cuál será la presión total en el interior del recipiente una vez alcanzado el equilibrio a 25 ºC?

b) En otro recipiente de 2 litros de volumen, pero a la misma temperatura de 25 ºC, se introducen 0,1 mol de NH_3 y 0,2 moles de H_2S . ¿Cuál será la presión total en el interior del recipiente una vez se alcance el equilibrio a 25 ºC?

DATOS.- R = 0,082 atm·L·mol^{-1}·K^{-1} . **(1 punto cada apartado)**

CUESTION 5

Para la reacción, NO (g) + O_3 (g) $\rightarrow$ NO_2 (g) + O_2 (g), la ley de velocidad es: v = $k \cdot$ [NO] [O_3]. Cuando las concentraciones iniciales de NO y O_3 son [NO]$_0$ = 1,0 $\cdot 10^{-6}$, [O_3]$_0$ = 3,0 $\cdot 10^{-6}$ (mol·L^{-1}), la velocidad inicial de reacción es 6,6 $\cdot 10^{-5}$ mol·L^{-1}·s^{-1}.

a) Determine las unidades de la constante de velocidad k . **(0,4 puntos)**

b) Calcule el valor de la constante de velocidad, k , de la reacción. **(0,8 puntos)**

c) Calcule la velocidad de la reacción si las concentraciones iniciales son [NO]$_0$= 3,0$\cdot 10^{-6}$ y [O_3]$_0$= 9,0$\cdot 10^{-6}$ (mol·L^{-1}). **(0,8 puntos)**

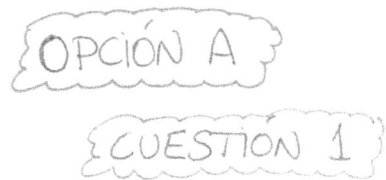

{CUESTIÓN 1}

Veamos las configuraciones electrónicas de los elementos dados:

Na $(z=11)$: $1s^2 2s^2 2p^6 3s^1$ Periodo 3 Grupo 1

P $(z=15)$: $1s^2 2s^2 2p^6 3s^2 3p^3$ Periodo 3 Grupo 15

S $(z=16)$: $1s^2 2s^2 2p^6 3s^2 3p^4$ Periodo 3 Grupo 16

Cl $(z=17)$: $1s^2 2s^2 2p^6 3s^2 3p^5$ Periodo 3 Grupo 17

Cuantas más capas electrónicas tiene un átomo, mayor será su tamaño y por tanto, los radios atómicos de un grupo de elementos aumentan al descender en el grupo. Del mismo modo es fácil deducir que a medida que nos movemos hacia la derecha en un mismo periodo, aumentamos el número de protones en el núcleo que, al atraer a los electrones con mayor intensidad, contraen el átomo disminuyendo su radio.

La afinidad electrónica se define como la energía liberada cuando un átomo gaseoso neutro en su estado fundamental captura un electrón y forma un ión

mononegativo:

$$X_{(g)} + e^- \longrightarrow X^-_{(g)} + \underbrace{E}_{} \qquad \text{AFINIDAD} \\ \text{ELECTRÓNICA}$$

Aunque es difícil establecer generalizaciones acerca

de como varía la afinidad electrónica, sabemos que

aumenta:

- Cuando el tamaño del átomo disminuye.

- Cuando el efecto pantalla no es potente.

- Cuando crece el número atómico.

La electronegatividad es una medida de la capacidad

de un átomo para atraer a los electrones cuando forma

un enlace químico en una molécula. La variación

periódica de todas estas propiedades viene dada por:

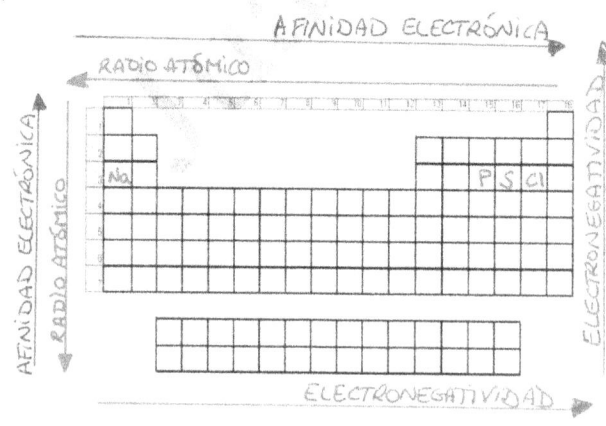

Ahora es fácil ver que

las afirmaciones :

a) FALSA. El mayor radio

atómico corresponde al Na.

b) FALSA. Es el cloro

c) FALSA. Es el cloro

d) $Cl^-: 1s^2 2s^2 2p^6 3s^2 3p^6 \quad (Cl + e^-)$
   $Na^+: 1s^2 2s^2 2p^6 \quad (Na - e^-)$
   } FALSA.

{ PROBLEMA 2 }

Planteamos la reacción de combustión.

$$C_x H_y O_z + O_2 \longrightarrow CO_2 + H_2O$$

0'3643 g   1'0390 g   0'2426 g

Como vemos, el carbono que haya en el p-cresol será el mismo que haya en el CO_2. Del mismo modo, el hidrógeno que tengamos en el p-cresol será el mismo que contenga el agua. Así:

$$1'0390 \text{ g } CO_2 \times \frac{1 \text{ mol } CO_2}{44 \text{ g } CO_2} \times \frac{1 \text{ mol } C}{1 \text{ mol } CO_2} \times \frac{12 \text{ g } C}{1 \text{ mol } C} = 0'2834 \text{ g de } C$$

$Pm_{CO_2} = 12 + 2 \cdot 16 = 44 \text{ g/mol}$

$$0'2426 \text{ g } H_2O \times \frac{1 \text{ mol } H_2O}{18 \text{ g } H_2O} \times \frac{2 \text{ mol } H}{1 \text{ mol } H_2O} \times \frac{1 \text{ g } H}{1 \text{ mol } H} = 0'0270 \text{ g de } H$$

$Pm_{H_2O} = 16 + 2 = 18 \text{ g/mol}$

Por tanto:

$C_x H_y O_z$ 0'3643 g
— 0'2834 gramos de C
— 0'0270 gramos de H
— $0'3643 - 0'2834 - 0'0270 = 0'0539$ gramos de O

Así, ya podemos obtener la composición centesimal:

$$\%_C = \frac{0'2834}{0'3643} \cdot 100 = 77'79\%$$

$$\%_H = \frac{0'0270}{0'3643} \cdot 100 = 7'41\%$$

$$\%_O = \frac{0'0539}{0'3643} \cdot 100 = 14'8\%$$

Para la fórmula empírica, calculamos los moles de cada elemento en el compuesto: $n = \frac{m(g)}{PM}$

$$n_C = \frac{0'2834}{12} = 0'0236 \text{ mol C} \; ; \; n_H = \frac{0'0270}{1} = 0'0270 \text{ mol H}$$

$$n_O = \frac{0'0539}{16} = 0'0034 \text{ mol O}$$

Dividiendo por el menor:

$$C: \frac{0'0236}{0'0034} \approx 7 \; ; \; H: \frac{0'0270}{0'0034} \approx 8 \; ; \; O: \frac{0'0034}{0'0034} = 1$$

$\Longrightarrow$ Fórmula empírica: $(C_7 H_8 O)_n$

Para la molecular:

$$PM_{empírico} = 7 \cdot 12 + 8 + 16 = 108 \text{ g/mol}$$

$$PM_{real} = n \cdot PM_{empírico} \Longrightarrow n = \frac{108'1}{108} \approx 1$$

$\Longrightarrow$ Fórmula molecular: $C_7 H_8 O$

CUESTIÓN 3

a) $HCl \xrightarrow{H_2O} H^+_{(ac)} + Cl^-_{(ac)}$

$\boxed{\text{Reacción} \quad Cu^0_{(s)} + H^+_{(ac)}}$

Para que el cobre se oxide, el H^+ tendrá que reducirse. Veamos si la reacción es posible.

Reducción: $2H^+_{(ac)} + 2e^- \longrightarrow H_2(g)$ $E^0_{red} = 0 V$

Oxidación: $\underline{Cu^0_{(s)} - 2e^- \longrightarrow Cu^{2+}_{(ac)}}$ $E^0_{oxi} = -0'34 V$

$Cu^0_{(s)} + 2H^+_{(ac)} \longrightarrow Cu^{2+}_{(ac)} + H_2(g)$ $E^0_{global} = -0'34 V$

$E^0_{reacción} < 0 \Rightarrow$ La reacción no se produce $\Rightarrow$ FALSA

b) $\boxed{\text{Reacción} \quad Zn^0_{(s)} + Al^{3+}_{(ac)}}$

Veamos si es posible la reacción en la que el Zn metálico se oxida reduciéndose el $Al^{3+}_{(ac)}$

Reducción: $\left(Al^{3+}_{(ac)} + 3e^- \longrightarrow Al^0_{(s)} \right) \times 2$ $E^0_{red} = -1'68 V$

Oxidación: $\underline{\left(Zn^0_{(s)} - 2e^- \longrightarrow Zn^{+2}_{(ac)} \right) \times 3}$ $E^0_{oxi} = +0'76 V$

$2Al^{3+}_{(ac)} + 3Zn^0_{(s)} \longrightarrow 2Al^0_{(s)} + 3Zn^{2+}_{(ac)}$ $E^0_{global} = -0'92 V$

$E^0_{reacción} < 0 \Rightarrow$ La reacción no se produce $\Rightarrow$ FALSA

c) Tenemos una pila galvánica formada por los pares $Pb^{2+}_{(ac)}|Pb_{(s)}$ y $Zn^{2+}_{(ac)}|Zn_{(s)}$ y queremos comprobar si el par $Pb^{2+}_{(ac)}|Pb_{(s)}$ actúa como ánodo. En la pila galvánica sabemos que:

Reducción : $Zn^{2+}_{(ac)} + 2e^- \longrightarrow Zn^{0}_{(s)}$ $E^{0}_{red} = -0'76\,V$
　　CÁTODO

Oxidación: $Pb^{0}_{(s)} - 2e^- \longrightarrow Pb^{2+}_{(ac)}$ $E^{0}_{oxi} = +0'12\,V$
　　ÁNODO
$$Pb^{0}_{(s)} + Zn^{2+}_{(ac)} \longrightarrow Pb^{2+}_{(ac)} + Zn^{0}_{(s)} \qquad E^{0}_{pila} = -0'64\,V$$

Al ser $E^{0}_{pila} < 0$ (no espontánea), es FALSO que el electrodo de plomo actúa de ánodo.

d) Veamos si se produce la reacción $Al^{3+}_{(ac)} + Pb_{(s)}$

Reducción : $\left(Al^{3+}_{(ac)} + 3e^- \longrightarrow Al^{0}_{(s)}\right) \times 2$ $E^{0}_{red} = -1'68\,V$

Oxidación: $\left(Pb_{(s)} - 2e^- \longrightarrow Pb^{2+}_{(ac)}\right) \times 3$ $E^{0}_{oxi} = +0'12\,V$
$$2\,Al^{3+}_{(ac)} + 3\,Pb^{0}_{(s)} \longrightarrow 2\,Al^{0}_{(s)} + 3\,Pb^{2+}_{(ac)} \quad E^{0}_{global} = -1'56\,V$$

Como vemos, al ser $E^{0}_{reacción} < 0$, los iones $Al^{3+}_{(ac)}$ no reaccionarán con el $Pb_{(s)}$ metálico de las paredes del recipiente, y por tanto la afirmación es VERDADERA.

PROBLEMA 4

a) $HA + H_2O \rightleftharpoons A^- + H_3O^+$

Inicial	C_0	...	—	—
Reacciona	x	...	—	—
Forma	—	—	x	x
Equilibrio	$C_0 - x$		x	x

$$pH = -\log [H_3O^+] \implies 1'46 = -\log x \implies x = 0'03467 \, mol/L$$

$$C_0 = \frac{n_{H_3PO_2}}{V_{dsón}} = \frac{\dfrac{m(g)}{PM}}{V_{dsón}} = \frac{\dfrac{0'66}{3+31+2\cdot16}}{0'2} = \frac{0'01}{0'2} = 0'05 \, mol/L$$

$$Ka = \frac{[A^-] \cdot [H_3O^+]}{[HA]} = \frac{x^2}{C_0 - x} = \frac{0'03467^2}{0'05 - 0'03467} = 0'07841$$

b) El HCl es un ácido fuerte que se disocia completamente

$$HCl + H_2O \longrightarrow Cl^- + H_3O^+$$

Inicial	0'05M	—	—	—
Final	—	—	...	0'05M

Para que ambas disoluciones tengan el mismo pH, la concentración de iones H_3O^+ tiene que ser la misma. Añadiremos agua a la disolución de HCl para que pase de ser 0'05M a ser 0'03467 M. Así:

$M = \dfrac{n_{soluto}}{V_{dsón}} \Rightarrow 0'05 = \dfrac{n_{HCl}}{0'05} \Rightarrow n_{HCl} = 2'5 \cdot 10^{-3} \text{ moles}$

Y ahora añadimos el agua:

$M = \dfrac{n_{soluto}}{V_{dsón}} \Rightarrow 0'03467 = \dfrac{2'5 \cdot 10^{-3}}{0'05 + V_{H_2O}} \Rightarrow V_{H_2O} = 0'0221 L = 22'1 mL$

CUESTIÓN 5

a) Sulfato de aluminio $Al_2(SO_4)_3$

b) Óxido de hierro (III) Fe_2O_3

c) Nitrato de Bario $Ba(NO_3)_2$

d) 3-pentanona $CH_3-CH_2-CO-CH_2-CH_3$

e) Propanoato de etilo $CH_3-CH_2-COO-CH_2-CH_3$

f) $NaHCO_3$ hidrogenocarbonato de sodio

g) $KClO_4$ perclorato potásico

h) $CH_3-O-CH_2-CH_3$ etil metil éter

i) CH_3-CHO etanal

j) $CH_3-\underset{\underset{CH_3}{|}}{CH}-\underset{\underset{OH}{|}}{CH}-CH_2-CH_3$ 2-metil-3-pentanol

OPCIÓN B

CUESTIÓN 1

$\boxed{PCl_3}$ LEWIS + RPECV

$P (z = 15): 1s^2 2s^2 2p^6 3s^2 3p^3 \longrightarrow$ [3s: ↑↓] [3p: ↑ ↑ ↑ ↑] $5e^-$ de valencia

$Cl (z = 17): 1s^2 2s^2 2p^6 3s^2 3p^5 \longrightarrow$ [3s: ↑↓] [3p: ↑↓ ↑↓ ↑] $7e^-$ de valencia

Cl   Cl   :Cl:

Cl P Cl $\Rightarrow$ Cl — P — Cl $\Rightarrow$:Cl — P — Cl:

26 electrones   Quedan 20e^- Definitiva!!

La estructura es definitiva al ser nula la carga formal sobre todos los átomos. Se trata de una molécula AX_3E que presentará geometría de PIRÁMIDE TRIGONAL

Par no enlazante

Como vemos, $\overrightarrow{\mu_{TOTAL}} \neq \overrightarrow{0} \Rightarrow$ Molécula POLAR

$\boxed{OF_2}$ LEWIS + RPECV

$O(z=8): 1s^2 2s^2 2p^4 \longrightarrow$ [2s: 1↓] [2p: 1↓ | ↑ | ↑] 6e⁻ de valencia

$F(z=9): 1s^2 2s^2 2p^5 \longrightarrow$ [2s: 1↓] [2p: 1↓ | 1↓ | ↑] 7e⁻ de valencia

F   O   F   ⟹   F - O - F   ⟹   :Ḟ: - Ö - :F̈:
20 electrones   Quedan 16 e⁻   Definitiva!!

La estructura es definitiva al ser nula la carga formal sobre todos los átomos. Como vemos, se trata de una molécula AX_2E_2 que presentará geometría ANGULAR.

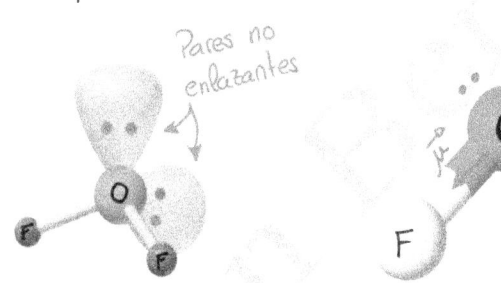

Pares no enlazantes

Como vemos, al ser $\vec{\mu}_{TOTAL} \neq \vec{0}$ la molécula es POLAR

$\boxed{H_2CO}$ LEWIS + RPECV

$C(z=6): 1s^2 2s^2 2p^2 \longrightarrow$ [2s: 1↓] [2p: ↑ | ↑ |] 4e⁻ de valencia

$O(z=8): 1s^2 2s^2 2p^4 \longrightarrow$ [2s: 1↓] [2p: 1↓ | 1 | 1] 6e⁻ de valencia

$H(z=1): 1s^1 \longrightarrow$ [1s: ↑] 1e⁻ de valencia

©Juan Bertomeu Ferrer
www.bertoblog.com

$$H \quad C \quad O \implies H-C-O \implies H-\overset{\cdot\cdot}{C}-\overset{\cdot\cdot}{O}: \implies H-\overset{H}{\underset{|}{C}}=\overset{\cdot\cdot}{\underset{\cdot\cdot}{O}}$$

12 electrones   Quedan 6e⁻   Cargas formales   Definitiva!!

La estructura es definitiva al ser nula la carga formal sobre todos los átomos. Se trata de una molécula AX_3 con geometría TRIANGULAR PLANA.

Al tenerse $\vec{\mu}_{TOTAL} \neq \vec{0}$, tenemos una molécula POLAR.

(El carbono es ligeramente más electronegativo que el hidrógeno. Los enlaces H-C son débilmente polares)

$\boxed{CH_3Cl}$ LEWIS + RPECV

$C(z=6): 1s^2 2s^2 2p^2 \longrightarrow 4e^-$ de valencia ; $Cl(z=17): 1s^2 2s^2 2p^6 3s^2 3p^5$
                                                                            7e⁻ de valencia

$H(z=1): 1s^1 \longrightarrow 1e^-$ de valencia

$$\begin{array}{ccc} Cl & Cl & :\overset{\cdot\cdot}{Cl}: \\ H \quad C \quad H \implies & H-\overset{|}{C}-H \implies & H-\overset{|}{C}-H \\ H & H & H \end{array}$$

14 electrones   Quedan 6e⁻   Definitiva!!

La estructura es definitiva al ser nula la carga formal de todos los átomos. Se trata pues de una molécula AX_4 que presenta una geometría TETRAÉDRICA.

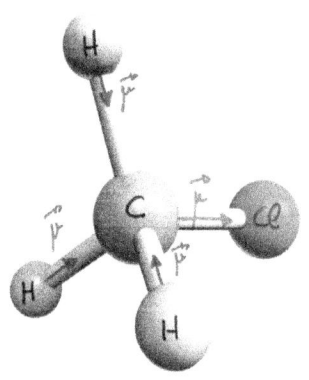

Como vemos, de nuevo se tiene que $\vec{\mu}_{TOTAL} \neq \vec{0}$, con lo que la molécula es POLAR.

PROBLEMA 2

$$2\,ZnS_{(s)} + 3O_{2\,(g)} \longrightarrow 2\,ZnO_{(s)} + 2SO_{2\,(g)}$$

$$\Delta H^{\circ}_{R} = 2 \cdot \Delta H^{\circ}_{f\,SO_2} + 2 \cdot \Delta H^{\circ}_{f\,ZnO} - 3 \cdot \Delta H^{\circ}_{f\,O_2} - 2 \cdot \Delta H^{\circ}_{f\,ZnS}$$

$$\Delta H^{\circ}_{R} = 2 \cdot (-70'9) + 2 \cdot (-349'3) - 2 \cdot (-184'1) = -472'2\,KJ$$

b) $17\,g\,ZnS \times \dfrac{1\,mol\,ZnS}{97'4\,g\,ZnS} \times \dfrac{-472'2\,KJ}{2\,mol\,ZnS} = -41'21\,KJ$

$P_{M_{ZnS}} = 65'4 + 32 = 97'4\,g/mol$

CUESTIÓN 3

a) Supongamos que tenemos dos disoluciones. Una de un ácido débil HA y otra de un ácido fuerte HB.

El ácido débil no se disocia completamente, de modo que:

$$HA + H_2O \rightleftarrows A^- + H_3O^+$$

Inicial	C_0	...	... ...
Equilibrio	$C_0 - x$	...	... x

$\Rightarrow [H_3O^+]_{eq} < C_0$

Sin embargo, un ácido fuerte sí se disocia por completo:

$$HB + H_2O \longrightarrow B^- + H_3O^+$$

Inicial	C_0	...	... ...
Equilibrio	...	...	... C_0

$\Rightarrow [H_3O^+]_{eq} = C_0$

Dado que partíamos de la misma C_0 para ambos ácidos es evidente que:

$$[H_3O^+]_{HB \atop fuerte} > [H_3O^+]_{HA \atop débil} \Rightarrow pH_{fuerte} < pH_{débil}$$

Y por tanto la afirmación es FALSA.

b) Cuando un ácido (o base) se llama FUERTE es porque en disolución acuosa están muy disociados, y por contra se llama débil cuando están poco disociados.

Tomemos un ácido HA en disolución acuosa:

$$HA + H_2O \rightleftharpoons A^- + H_3O^+$$

Ácido   Base
               Conjugada

$$K_a = \frac{[A^-]\cdot[H_3O^+]}{[HA]}$$

Cuanto más disociado se encuentre, mayor será la concentración de los productos $[A^-]$ y $[H_3O^+]$ y por tanto mayor será la constante de acidez K_a. Esto es que si el ácido es fuerte el valor de K_a es elevado.

En esta situación, su base conjugada A^- tendrá una constante de basicidad:

$$A^- + H_2O \rightleftharpoons HA + OH^-$$

K_w: Producto iónico del agua

$$K_b = \frac{[HA]\cdot[OH^-]}{[A^-]} = \frac{[HA]\cdot[OH^-]\cdot[H_3O^+]}{[A^-]\cdot[H_3O^+]} = \frac{K_w}{K_a}$$

$$\frac{1}{K_a}$$

y como vemos, K_b es inversamente proporcional a K_a

Esto nos permite asegurar que a mayor K_a de un ácido, menor K_b tendrá su base conjugada. O lo que es lo mismo, cuanto más fuerte es un ácido, más débil es su base conjugada. Por tanto, la afirmación es VERDADERA.

c) $HA + H_2O \rightleftharpoons A^- + H_3O^+$

Si a este equilibrio le añadimos iones OH^- se va a producir una neutralización con los H_3O^+ según:

$$H_3O^+ + OH^- \rightleftharpoons 2H_2O$$

Es decir, que se están consumiendo los iones H_3O^+ en la reacción de neutralización. El equilibrio deberá desplazarse hacia la derecha para restablecer los H_3O^+ consumidos.

Para ello, el ácido HA se disociará más, aumentando por tanto el grado de disociación. La afirmación es VERDADERA.

d) $n = M \cdot V$
$\qquad \begin{cases} n_{NH_3} = 0'1 \cdot 0'05 = 0'005 \text{ moles } NH_3 \\ n_{HCl} = 0'1 \cdot 0'05 = 0'005 \text{ moles } HCl \end{cases}$

Al tener los mismos moles, y al ser la estequiometría de la reacción 1:1, los reactivos se agotarán por completo:

©Juan Bertomeu Ferrer
www.bertoblog.com

$$NH_3 + HCl \longrightarrow NH_4^+ + Cl^-$$

	NH_3	HCl	NH_4^+	Cl^-
Inicial	0'005	0'005	—	—
Final	—	—	0'005	0'005

Sabemos que los iones Cl^- no hidrolizan, pues provienen de un ácido fuerte. Sin embargo, los iones NH_4^+ provienen de una base débil ($K_b = 1'8 \cdot 10^{-5}$) y por tanto sufren hidrólisis según:

$$NH_4^+ + H_2O \rightleftharpoons NH_3 + H_3O^+$$

Como vemos, el pH de la disolución será ácido por la presencia de los iones H_3O^+ y por tanto la afirmación es FALSA

{PROBLEMA 4}

$$NH_4HS_{(s)} \rightleftharpoons NH_3{(g)} + H_2S_{(g)}$$

	NH_4HS	NH_3	H_2S
Inicial	...	0	0
Equilibrio	...	C	C

$$K_p = K_c (RT)^{\delta n} \Rightarrow K_c = \frac{K_p}{(RT)^{\delta n}} = \frac{0'108}{(0'082 \cdot 298)^2} = 1'8087 \cdot 10^{-4}$$

$$K_c = [NH_3] \cdot [H_2S] \Rightarrow 1'8087 \cdot 10^{-4} = C^2 \Rightarrow C = 0'01345 \text{ mol/L}$$

$$P \cdot V = n \, RT \implies P = \frac{n}{V} \cdot RT = C \, RT = 2 \cdot 0'01345 \cdot 0'082 \cdot 298 =$$

$$= 0'6572 \, atm$$

b) $NH_4 HS_{(s)} \rightleftharpoons NH_{3(g)} + H_2 S_{(g)}$

Inicial   ...   0'1   0'2

Equilibrio   ...   0'1-x   0'2-x

$$K_c = [NH_3] \cdot [H_2 S] \implies 1'8087 \cdot 10^{-4} = \frac{(0'1-x)}{2} \cdot \frac{(0'2-x)}{2} \implies$$

$$\implies 7'2348 \cdot 10^{-4} = (0'1-x) \cdot (0'2-x) \implies 7'2348 \cdot 10^{-4} = 0'02 - 0'3x + x^2$$

$$\implies x^2 - 0'3x + 0'0193 = 0$$

$x = 0'21$ No sirve, pues debe ser $x \leq 0'1$

$x = 0'0934 \, mol$

$$\implies n_{\substack{totales \\ equilibrio}} = (0'1-x) + (0'2-x) = 0'1132 \text{ moles gases}$$

$$\implies P \cdot V = n \, RT \implies P = \frac{0'1132 \cdot 0'082 \cdot 298}{2} = 1'3831 \, atm$$

CUESTION 5

a) $V = K \cdot [NO][O_3] \implies \dfrac{mol}{L \cdot s} = [K] \cdot \dfrac{mol}{L} \cdot \dfrac{mol}{L} \implies [K] = \dfrac{L}{mol \cdot s}$

b) $V = K \cdot [NO][O_3] \implies K = \dfrac{6'6 \cdot 10^{-5}}{1 \cdot 10^{-6} \cdot 3 \cdot 10^{-6}} = 2'2 \cdot 10^{7} \dfrac{L}{mol \cdot s}$

c) $V = K \cdot [NO][O_3] = 2'2 \cdot 10^{7} \cdot 3 \cdot 10^{-6} \cdot 9 \cdot 10^{-6} = 5'94 \cdot 10^{-4} \dfrac{mol}{L \cdot s}$

PÁGINA 7

GENERALITAT VALENCIANA
CONSELLERIA D'EDUCACIÓ,
CULTURA I ESPORT

COMISSIÓ GESTORA DE LES PROVES D'ACCÉS A LA UNIVERSITAT
COMISIÓN GESTORA DE LAS PRUEBAS DE ACCESO A LA UNIVERSIDAD

SISTEMA UNIVERSITARI VALENCIÀ
SISTEMA UNIVERSITARIO VALENCIANO

PROVES D'ACCÉS A LA UNIVERSITAT	PRUEBAS DE ACCESO A LA UNIVERSIDAD
CONVOCATÒRIA: JULIOL 2014	CONVOCATORIA: JULIO 2014
QUÍMICA	QUÍMICA

BAREMO DEL EXAMEN: El alumno deberá elegir una opción (A o B) y contestar a las 3 cuestiones y los 2 problemas de la opción elegida. En cada cuestión/problema la calificación máxima será de 2 puntos; en cada apartado se indica la calificación máxima que se puede obtener.

OPCION A

CUESTION 1

Considere las especies químicas CO_2, CO_3^{2-}, H_2Se, y responda a las siguientes cuestiones:

a) Represente la estructura de Lewis de cada una de las especies químicas anteriores. **(0,6 puntos)**

b) Explique razonadamente la geometría de cada una de estas especies químicas. **(0,9 puntos)**

c) Explique, justificando la respuesta, si las moléculas CO_2 y H_2Se son polares o apolares. **(0,5 puntos)**

DATOS.- Números atómicos: H = 1 ; C = 6 ; O = 8 ; Se = 34.

PROBLEMA 2

La obtención de ácido fosfórico puro se realiza mediante un proceso que consta de dos etapas; en la 1ª etapa tiene lugar la combustión del fósforo blanco con el oxígeno del aire, y en la 2ª se hace reaccionar el óxido obtenido con agua. Las correspondientes reacciones ajustadas son:

Etapa 1ª $\quad P_4 \text{ (s)} + 5 O_2 \text{ (g)} \rightarrow P_4O_{10} \text{ (s)}$

Etapa 2ª $\quad P_4O_{10} \text{ (s)} + 6 H_2O \text{ (l)} \rightarrow 4 H_3PO_4 \text{ (l)}$

a) Calcule el volumen (en litros) de oxígeno, medido a 25 ºC y 1 atmósfera de presión, que han reaccionado con 2 kg de fósforo blanco (P_4). **(0,8 puntos)**

b) Si se hace reaccionar 1 kg de P_4O_{10} con la cantidad adecuada de agua y el rendimiento de la 2ª etapa es del 80%, **calcule** el volumen (en litros) que se obtendría de una disolución acuosa de ácido fosfórico de densidad 1,34 $g \cdot mL^{-1}$ y riqueza 50% (en peso). **(1,2 puntos)**

DATOS.- Masas atómicas relativas: H = 1 ; O = 16 ; P = 31 . $\quad$ R = 0,082 atm·L·mol^{-1}·K^{-1}.

CUESTION 3

Se preparan, en sendos tubos de ensayo, disoluciones acuosas acidificadas de sales de los siguientes iones metálicos: 1) Au^{3+}, 2) Ag^+, 3) Cu^{2+}, 4) Fe^{3+}. Explique, escribiendo las ecuaciones químicas ajustadas, las reacciones que se producirán al realizar las siguientes adiciones:

a) A cada uno de los tubos que contienen las disoluciones 1), 2) y 3) se les adiciona Fe^{2+}(ac). **(1,5 puntos)**

b) Al tubo nº 4, que contiene Fe^{3+}(ac), se le adiciona Sn^{2+}(ac). **(0,5 puntos)**

Nota: todas las disoluciones se han preparado en condiciones estándar.

DATOS.- Potenciales estándar en medio ácido en voltios, E°(V): [Fe^{3+}(ac)/Fe^{2+}(ac)] = +0,77 ; [Cu^{2+}(ac)/Cu(s)] = +0,34 ; [Au^{3+}(ac)/Au(s)] = + 1,50 ; [Ag^+(ac)/Ag(s)] = + 0,80 ; [Sn^{4+}(ac)/ Sn^{2+}(ac)] = + 0,15 .

PROBLEMA 4

El ácido ascórbico se encuentra en los cítricos y tiene propiedades antioxidantes. En el análisis de 100 mL de una disolución de éste ácido se encontró que contenía 0,212 g, siendo el pH de dicha disolución de 3,05. Considerando al ácido ascórbico como un ácido monoprótico, HA, calcule: **(1 punto cada apartado)**

a) La constante de acidez del ácido, K_a.

b) Si 20 mL de la disolución anterior se añaden a 80 mL de agua ¿cuál será el pH de la disolución resultante?

DATOS.- Masa molar del ácido ascórbico: 176 g·mol^{-1}

CUESTION 5 (*Continúa al dorso*)

La reacción $A + 2 B \rightarrow 2 C + 3 D$, tiene una velocidad de 1,75·10^{-4} mol·L^{-1}·s^{-1} en el momento en que [A] = 0,258 M. Experimentalmente se ha observado que la reacción es de segundo orden respecto de A y de orden cero respecto de B.

(0,5 puntos cada apartado)

CUESTION 5 (*continuación*)

a) ¿Cuál es la velocidad de formación de D?

b) ¿Cuál es la velocidad de desaparición de B?

c) Escriba la ecuación de velocidad completa.

d) Calcule la constante de velocidad.

OPCION B

CUESTION 1

Cuatro elementos A, B, C y D tienen números atómicos 2, 11, 17 y 25 respectivamente. Responda a las siguientes cuestiones:

a) Escriba la configuración electrónica de cada uno de ellos. **(0,8 puntos)**

b) Explique cuál o cuáles, de los elementos indicados, son metales. **(0,6 puntos)**

c) Defina *afinidad electrónica* y razone cuál es el elemento, de los indicados, que tiene mayor afinidad electrónica. **(0,6 puntos)**

PROBLEMA 2

La variación de entalpía, en condiciones estándar, para la reacción de combustión de 1 mol de eteno, C_2H_4 (g), es ΔH^o = -1411 kJ, y para la combustión de 1 mol de etanol, C_2H_5OH (l), es ΔH^o = -764 kJ, formándose en ambos casos agua líquida, H_2O (l). **(1 punto cada apartado)**

a) Teniendo en cuenta la ley de Hess, **calcule** la entalpía en condiciones estándar de la siguiente reacción, e **indique** si la reacción es exotérmica o endotérmica.

$$C_2H_4 \text{ (g)} + H_2O \text{ (l)} \rightarrow C_2H_5OH \text{ (l)}$$

b) Calcule la cantidad de energía, en forma de calor, que es absorbida o cedida al sintetizar 75 g de etanol según la reacción anterior, a partir de las cantidades adecuadas de eteno y agua.

DATOS.- Masas atómicas relativas: H = 1 ; C = 12 ; O = 16

CUESTION 3

El hidrógeno, H_2 (g), se está convirtiendo en una fuente de energía alternativa a los combustibles fósiles cuya combustión es responsable del efecto invernadero. Considere el siguiente equilibrio: **(0,5 puntos cada apartado)**

$$CO \text{ (g)} + H_2O \text{ (g)} \rightleftharpoons CO_2 \text{ (g)} + H_2 \text{ (g)} ; \qquad \Delta H = + 28 \text{ kJ}$$

Explique, razonadamente, el efecto que cada uno de los cambios que se indican tendría sobre la mezcla gaseosa en equilibrio:

a) Aumentar la temperatura del reactor manteniendo constante la presión.

b) Disminuir el volumen del reactor manteniendo constante la temperatura.

c) Adicionar CO_2 a la mezcla en equilibrio.

d) Añadir a la mezcla en equilibrio un catalizador.

PROBLEMA 4

A 337 °C el CO_2 reacciona con el H_2S, según el siguiente equilibrio:

$$CO_2 \text{ (g)} + H_2S \text{ (g)} \rightleftharpoons COS \text{ (g)} + H_2O \text{ (g)}$$

En una experiencia se colocaron 4,4 g de CO_2 en un recipiente de 2,5 litros y una cantidad adecuada de H_2S para que una vez alcanzado el equilibrio, a la temperatura citada, la presión total en el interior del recipiente sea de 10 atmósferas. Se determinó que en el estado de equilibrio habían 0,01 moles de agua. Determine:

a) El número de moles de cada uno de los gases presentes en el equilibrio a 337 °C. **(1 punto)**

b) El valor de K_c y el valor de K_p. **(1 punto)**

DATOS.- Masas atómicas relativas: H = 1; C = 12 ; O = 16 ; S = 32 .   R = 0,082 atm·L·mol^{-1}·K^{-1}.

CUESTION 5

a) Formule o nombre, según corresponda, los siguientes compuestos. **(1,2 puntos)**

i) dihidrogenofosfato de aluminio   ii) cloruro de estaño(IV)   iii) propanona

iv) $Cu(BrO_3)_2$ v) SbH_3 vi) $CH_3\text{-}O\text{-}CH_3$

b) Nombre los siguientes compuestos e identifique los grupos funcionales presentes en cada uno de ellos. **(0,8 puntos)**

i) $CH_3\text{-}COO\text{-}CH_2\text{-}CH_3$ ii) $CH_3\text{-}NH_2$ iii) $CH_3\text{-}CH_2\text{-}CHOH\text{-}CH_3$ iv) $CH_3\text{-}CH_2\text{-}COOH$

OPCIÓN A

CUESTIÓN 1:

CO_2 LEWIS + RPECV

$C(z=6): 1s^2 2s^2 2p^2 \longrightarrow$ 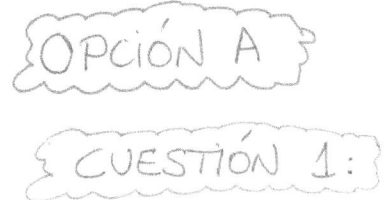 $4e^-$ de valencia

$O(z=8): 1s^2 2s^2 2p^4 \longrightarrow$ $6e^-$ de valencia

O C O $\Longrightarrow$ O–C–O $\Longrightarrow$:Ö–C–Ö: $\Longrightarrow$:Ö=C=Ö:

16 electrones   Quedan $12e^-$ cargas formales   Definitiva!!

La estructura es definitiva al ser nula la carga formal sobre todos los átomos. Tenemos una molécula tipo AX_2 con geometría LINEAL.

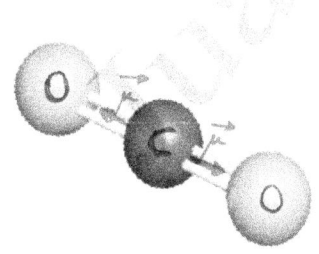

Además, es fácil ver que

$$\overrightarrow{\mu_{TOTAL}} = \overrightarrow{0}$$

y se trata de una molécula APOLAR

PÁGINA 1

$\boxed{CO_3^{2-}}$ LEWIS + RPECV

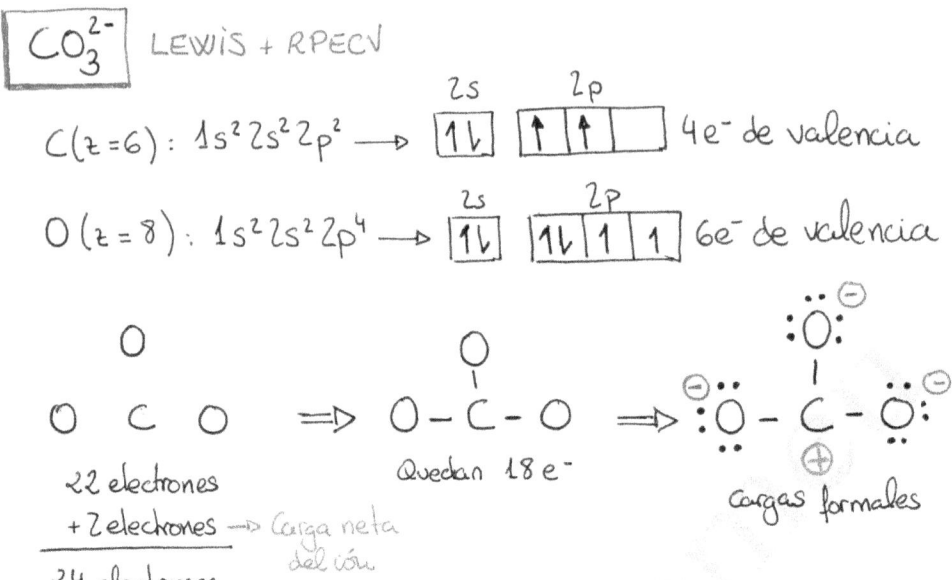

$C(z=6):\ 1s^2\,2s^2\,2p^2 \longrightarrow$ [↑↓] [↑|↑|]   2s   2p $4e^-$ de valencia

$O(z=8):\ 1s^2\,2s^2\,2p^4 \longrightarrow$ [↑↓] [↑↓|↑|↑]   2s   2p $6e^-$ de valencia

O

O C O $\Longrightarrow$ O – C – O $\Longrightarrow$:Ö⁻ – C – Ö:⁻

22 electrones
+ 2 electrones → Carga neta del ión
─────────────
24 electrones

Quedan 18 e⁻

cargas formales

Y ahora vemos que hay tres estructuras posibles (fenómeno

de RESONANCIA)

$\left\{ \ddot{O}=\overset{:\ddot{O}:^{\ominus}}{\underset{}{C}}-\ddot{O}:^{\ominus} \longleftrightarrow\ ^{\ominus}:\ddot{O}-\overset{\cdot\ddot{O}\cdot}{\underset{}{C}}-\ddot{O}:^{\ominus} \longleftrightarrow\ ^{\ominus}:\ddot{O}-\overset{:\ddot{O}:^{\ominus}}{\underset{}{C}}=\ddot{O}: \right\}$

$\Longrightarrow \left[O \cdots \overset{\overset{\ddot{O}}{\|}}{C} \cdots O \right]^{2-}$ La estructura es definitiva pues la carga formal coincide con la carga neta del ión.

Se trata de una molécula
AX₃ que presentará
geometría TRIANGULAR
    PLANA

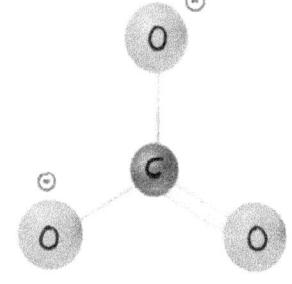

PÁGINA 2

$\boxed{H_2Se}$ LEWIS + RPECV

$Se\,(z=34):\ 1s^2 2s^2 2p^6 3s^2 3p^6 3d^{10} 4s^2 4p^4 \longrightarrow$ 6e⁻ valencia

4s: $\boxed{1\downarrow}$ 4p: $\boxed{1\downarrow \mid \uparrow \mid \uparrow}$

$(1s^2 2s^2 2p^6 3s^2 3p^6 4s^2 3d^{10} 4p^4)$

$H\,(z=1):\ 1s^1 \longrightarrow$ 1e⁻ de valencia

↳ La notación en la que se agrupan todas las subcapas del mismo nivel cuántico justifica la valencia de los iones que forman dichos elementos y es igualmente válida.

H Se H $\Longrightarrow$ H – Se – H $\Longrightarrow$ H – S̈e – H
8 electrones   Quedan 4e⁻   Definitiva !!

La estructura es definitiva al tener todos los átomos carga formal nula. Se trata de una molécula AX_2E_2 que presenta geometría ANGULAR.

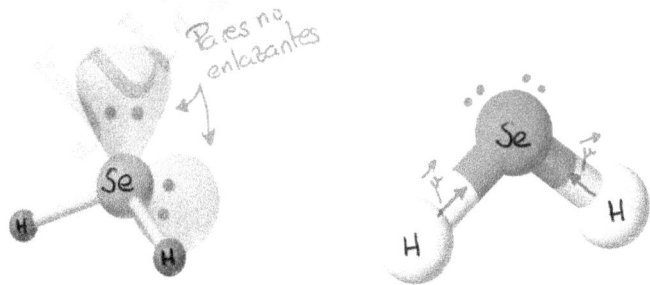

E es no enlazantes

Como vemos $\vec{\mu}_{TOTAL} \neq \vec{0}$ $\Rightarrow$ Molécula POLAR

PÁGINA 3

PROBLEMA 2:

Etapa 1: $P_{4(s)} + 5 O_{2(g)} \longrightarrow P_4 O_{10(s)}$

Etapa 2: $P_4 O_{10(s)} + 6 H_2 O_{(\ell)} \longrightarrow 4 H_3 P O_{4(\ell)}$

$2 \, Kg \, P_4 \times \dfrac{1000 g \, P_4}{1 \, Kg \, P_4} \times \dfrac{1 \, mol \, P_4}{124 \, g \, P_4} \times \dfrac{5 \, mol \, O_2}{1 \, mol \, P_4} = 80'65 \, moles \, O_{2(g)}$

$P_{M_{P_4}} = 4 \cdot 31 = 124 \, g/mol$

$P \cdot V = n \cdot R \cdot T \Rightarrow V = \dfrac{80'65 \cdot 0'082 \cdot 298}{1} = 1970'76 \, Litros \, de \, O_{2(g)}$

b) $1 \, Kg \, P_4 O_{10} \times \dfrac{1000 g \, P_4 O_{10}}{1 \, Kg \, P_4 O_{10}} \times \dfrac{1 \, mol \, P_4 O_{10}}{284 g \, P_4 O_{10}} \times \dfrac{4 \, mol \, H_3 PO_4}{1 \, mol \, P_4 O_{10}} \times$

$P_{M_{H_3 PO_4}} = 3 + 31 + 4 \cdot 16 = 98 \, g/mol$ $P_{M_{P_4 O_{10}}} = 4 \cdot 31 + 10 \cdot 16 = 284 \, g/mol$

$\times \dfrac{98 \, g \, de \, H_3 PO_4}{1 \, mol \, H_3 PO_4} \times \dfrac{80 \, g \, H_3 PO_4 \, real}{100 g \, H_3 PO_4 \, teórico} \times \dfrac{100 g \, de \, dsón \, H_3 PO_4}{50 \, g \, de \, H_3 PO_4} \times$

Rendimiento   Riqueza

$\times \dfrac{1 \, mL \, dsón \, H_3 PO_4}{1'34 g \, dsón \, H_3 PO_4} \times \dfrac{1 \, L \, dsón}{1000 \, mL \, dsón} = 1'648 \, L \, de \, dsón \, H_3 PO_4$

Densidad

PÁGINA 4

CUESTIÓN 3

$$\boxed{\text{Tubo 1} \longrightarrow Au^{3+}_{(ac)} + Fe^{2+}_{(ac)}}$$

El $Au^{3+}_{(ac)}$ solo puede reducirse. Para ello el $Fe^{2+}_{(ac)}$ tendrá por tanto que oxidarse. Veamos si se produce dicha reacción:

Reducción: $Au^{3+}_{(ac)} + 3e^- \longrightarrow Au^{0}_{(s)}$ $E^{0}_{red} = 1'50\ V$

Oxidación: $\left(Fe^{2+}_{(ac)} - 1e^- \longrightarrow Fe^{3+}_{(ac)} \right) \times 3$ $E^{0}_{oxi} = -0'77\ V$

$$\overline{Au^{3+}_{(ac)} + 3\,Fe^{2+}_{(ac)} \longrightarrow Au^{0}_{(s)} + 3\,Fe^{3+}_{(ac)}} \quad E^{0}_{reacción} = 0'73\ V$$

Como $E^{0}_{reacción} > 0 \Rightarrow$ Se produce la reacción.

El $Au^{3+}_{(ac)}$ se reduce a $Au_{(s)}$ y el $Fe^{2+}_{(ac)}$ se oxida a $Fe^{3+}_{(ac)}$

$$\boxed{\text{Tubo 2} \longrightarrow Ag^{+}_{(ac)} + Fe^{2+}_{(ac)}}$$

La $Ag^{+}_{(ac)}$ solo puede reducirse. Para ello, el $Fe^{2+}_{(ac)}$ tendrá que oxidarse. Veamos si es posible:

Reducción: $Ag^{+}_{(ac)} + 1e^- \longrightarrow Ag^{0}_{(s)}$ $E^{0}_{red} = 0'80\ V$

Oxidación: $Fe^{2+}_{(ac)} - 1e^- \longrightarrow Fe^{3+}_{(ac)}$ $E^{0}_{oxi} = -0'77\ V$

$$\overline{Ag^{+}_{(ac)} + Fe^{2+}_{(ac)} \longrightarrow Ag^{0}_{(s)} + Fe^{3+}_{(ac)}} \quad E^{0}_{reacción} = 0'03\ V$$

Como $E^{0}_{reacción} > 0 \Rightarrow$ Se produce la reacción.

La plata $Ag^{+}_{(ac)}$ se reduce a $Ag_{(s)}$ y el $Fe^{2+}_{(ac)}$ se oxida a $Fe^{3+}_{(ac)}$

PÁGINA 5

Tubo 3 $\longrightarrow Cu^{2+}_{(ac)} + Fe^{2+}_{(ac)}$

El $Cu^{2+}_{(ac)}$ solo puede reducirse. Para ello, el $Fe^{2+}_{(ac)}$ tendrá que oxidarse. Veamos si es posible.

Reducción: $Cu^{2+}_{(ac)} + 2e^- \longrightarrow Cu^0_{(s)}$ $E^0_{red} = 0'34 V$

Oxidación: $\underline{(Fe^{2+}_{(ac)} - 1e^- \longrightarrow Fe^{3+}_{(ac)}) \times 2}$ $E^0_{oxi} = -0'77 V$

$Cu^{2+}_{(ac)} + 2 Fe^{2+}_{(ac)} \longrightarrow Cu^0_{(s)} + 2 Fe^{3+}_{(ac)}$ $E^0_{reacción} = -0'43 V$

Como $E^0_{reacción} < 0 \Rightarrow$ No se produce ninguna reacción.

Tubo 4 $\longrightarrow Fe^{3+}_{(ac)} + Sn^{2+}_{(ac)}$

El $Fe^{3+}_{(ac)}$ solo puede reducirse. Para ello, el $Sn^{2+}_{(ac)}$ tendrá que oxidarse. Veamos si es posible.

Reducción: $(Fe^{3+}_{(ac)} + 1e^- \longrightarrow Fe^{2+}_{(ac)}) \times 2$ $E^0_{red} = 0'77 V$

Oxidación: $\underline{Sn^{2+}_{(ac)} - 2e^- \longrightarrow Sn^{4+}_{(ac)}}$ $E^0_{oxi} = -0'15 V$

$2 Fe^{3+}_{(ac)} + Sn^{2+}_{(ac)} \longrightarrow 2 Fe^{2+}_{(ac)} + Sn^{4+}_{(ac)}$ $E^0_{reacción} = 0'62 V$

Como $E^0_{reacción} > 0 \Rightarrow$ Se produce la reacción.

El $Fe^{3+}_{(ac)}$ se reduce a $Fe^{2+}_{(ac)}$ y el $Sn^{2+}_{(ac)}$ se oxidará a $Sn^{4+}_{(ac)}$.

PROBLEMA 4

a) $$HA + H_2O \rightleftharpoons A^- + H_3O^+$$

Inicial	C_0	...	—	—
Reacciona	X	...	—	—
Forma	—	—	X	X
Equilibrio	$C_0 - X$	...	X	X

$$K_a = \frac{[A^-] \cdot [H_3O^+]}{[HA]} = \frac{x^2}{C_0 - x}$$

$$C_0 = \frac{n_{soluto}}{V_{dsón}} = \frac{\frac{m}{PM}}{V_{dsón}} = \frac{\frac{0'212}{176}}{0'1} = 0'01205 \ mol/L$$

$$pH = -\log[H_3O^+] \Rightarrow 3'05 = -\log x \Rightarrow x = 8'9125 \cdot 10^{-4} \ mol/L$$

$$\Rightarrow K_a = \frac{x^2}{C_0 - x} = \frac{(8'9125 \cdot 10^{-4})^2}{0'01205 - 8'9125 \cdot 10^{-4}} = 7'118 \cdot 10^{-5}$$

b) $n_{soluto} = 0'01205 \ mol/L \times 0'02 L = 2'41 \cdot 10^{-4} \ moles \ HA$

Añadimos $80 mL$ de agua a los $20 mL$ de dsón HA.

La nueva concentración C_0 será:

$$C_0 = \frac{2'41 \cdot 10^{-4}}{0'02 + 0'08} = 2'41 \cdot 10^{-3} \ mol/L$$

$$K_a = \frac{x^2}{C_0 - x} \Rightarrow 7'118 \cdot 10^{-5} = \frac{x^2}{2'41 \cdot 10^{-3} - x} \Rightarrow$$

$$\Rightarrow x^2 + 7'118 \cdot 10^{-5} x - 1'715438 \cdot 10^{-7} = 0 \Big\langle \begin{array}{l} \nearrow \; x = 3'80 \cdot 10^{-4} \; mol/L \\ \searrow \; x = \text{Negativo} \end{array}$$

$$\Rightarrow pH = -\log [H_3O^+] = -\log (3'80 \cdot 10^{-4}) = 3'42$$

CUESTIÓN 5

$$A + 2B \longrightarrow 2C + 3D$$

$$V_{reacción} = -\frac{d[A]}{dt} = -\frac{1}{2} \cdot \frac{d[B]}{dt} = \frac{1}{2} \frac{d[C]}{dt} = \frac{1}{3} \frac{d[D]}{dt}$$

a) $V_{formación\,D} = \dfrac{d[D]}{dt}$

$$V_{reacción} = \frac{1}{3} \frac{d[D]}{dt} \Rightarrow V_r = \frac{1}{3} V_D \Rightarrow V_D = 3 \cdot V_r = 5'25 \cdot 10^{-4} \frac{mol}{L \cdot s}$$

b) $V_{desaparición} = \dfrac{d[B]}{dt}$

$$V_{reacción} = -\frac{1}{2} \cdot \frac{d[B]}{dt} \Rightarrow V_r = -\frac{1}{2} \cdot V_B \Rightarrow V_B = -2 \cdot V_r = -3'5 \cdot 10^{-4} \frac{mol}{L \cdot s}$$

c) $V_{reacción} = K \cdot [A]^x [B]^y \Rightarrow V_r = K \cdot [A]^2 [B]^0 = K \cdot [A]^2$

d) $V_{reacción} = K \cdot [A]^2 \Rightarrow 1'75 \cdot 10^{-4} = K \cdot 0'258^2 \Rightarrow K = 2'63 \cdot 10^{-3} \dfrac{L}{mol \cdot s}$

$$\frac{mol}{L \cdot s} = [K] \cdot \frac{mol^2}{L^2} \Rightarrow [K] = \frac{L}{mol \cdot s}$$

OPCIÓN B

CUESTIÓN 1

a) $A(z=2): 1s^2$; $B(z=11): 1s^2 2s^2 2p^6 3s^1$

$C(z=17): 1s^2 2s^2 2p^6 3s^2 3p^5$; $D(z=25): 1s^2 2s^2 2p^6 3s^2 3p^6 4s^2 3d^5$

$1s^2 2s^2 2p^6 3s^2 3p^6 3d^5 4s^2$

b) Viendo la configuración de la capa de valencia, es fácil ver que:

A : $1s^2$ ⟶ Gas Noble (no metal) Grupo 18 Periodo 1

B : $3s^1$ ⟶ Metal Alcalino Grupo 1 Periodo 3

C : $3s^2 3p^5$ ⟶ Halógeno (no metal) Grupo 17 Periodo 3

D : $3d^5 4s^2$ ⟶ Metal de transición Grupo 7 Periodo 4

c) La afinidad electrónica se define como la energía liberada cuando un átomo gaseoso neutro en su estado fundamental captura un electrón y forma un ión mononegativo:

$$X_{(g)} + e^- \longrightarrow X^-_{(g)} + \underset{}{E} \quad \text{AFINIDAD ELECTRÓNICA}$$

Aunque es difícil establecer generalizaciones acerca de como varía la afinidad electrónica, sabemos que aumenta:

PÁGINA 9

- Cuando el tamaño del átomo disminuye.

- Cuando el efecto pantalla no es potente.

- Cuando crece el número atómico.

Esto permite establecer una variación periódica que, EN GENERAL, establece que:

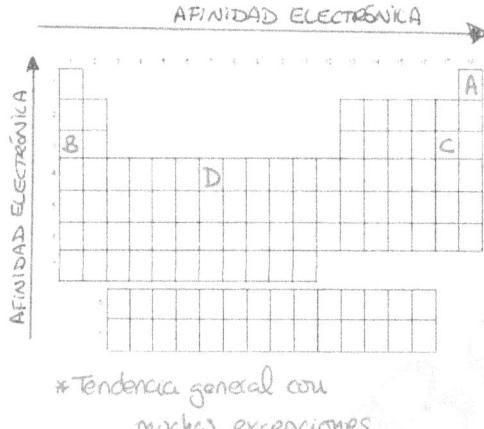

* Tendencia general con muchas excepciones

con lo que el elemento con mayor afinidad electrónica es el C (en valor absoluto)

{PROBLEMA 2}

Reacción 1: $C_2H_4\,(g) + 3\,O_2\,(g) \longrightarrow 2\,CO_2\,(g) + 2\,H_2O\,(e)$ $\Delta H_1^\circ = -1411\,kJ$

Reacción 2: $C_2H_5OH\,(e) + 3\,O_2\,(g) \longrightarrow 2\,CO_2\,(g) + 3\,H_2O\,(e)$ $\Delta H_2^\circ = -764\,kJ$

Reacción 3: $C_2H_4\,(g) + H_2O\,(e) \longrightarrow C_2H_5OH\,(e)$ ¿ΔH_3°?

$R_1: C_2H_4{}_{(g)} + 3O_2{}_{(g)} \longrightarrow 2CO_2{}_{(g)} + 2H_2O_{(e)}$

$-1 \cdot R_2: 2CO_2{}_{(g)} + 3H_2O_{(e)} \overset{1H_2O}{\longrightarrow} C_2H_5OH_{(e)} + 3O_2{}_{(g)}$

$C_2H_4{}_{(g)} + H_2O_{(e)} \longrightarrow C_2H_5OH_{(e)}$

$\Longrightarrow \Delta H^0_3 = \Delta H^0_1 - \Delta H^0_2 = -1411 + 764 = -647\ KJ$

que se trata por tanto de una reacción exotérmica

b) $75g\ C_2H_5OH \times \dfrac{1\ mol\ C_2H_5OH}{46\ g\ C_2H_5OH} \times \dfrac{-647\ KJ}{1\ mol\ C_2H_5OH} = -1054'89\ KJ$

$P_M = 2 \cdot 12 + 16 + 6 = 46\ g/mol$

⦛CUESTIÓN 3⦜

$CO_{(g)} + H_2O_{(g)} \rightleftharpoons CO_2{}_{(g)} + H_2{}_{(g)} \quad \Delta H = +28\ KJ$

a) Fijémonos que en este equilibrio se tiene:

Reacción Directa $\Delta H = 28\ KJ$ (Endotérmica)

$CO_{(g)} + H_2O_{(g)} \xrightarrow{\hspace{4cm}} CO_2{}_{(g)} + H_2{}_{(g)}$

Reacción Inversa $\Delta H = -28\ KJ$ (Exotérmica)

Para que suceda la reacción directa, hemos de aportar calor (endotérmica). Aumentar la temperatura es justamente aportar calor, y será la ruta endotérmica la que se favorezca. El equilibrio por tanto se desplaza hacia la derecha

b) Al disminuir el volumen manteniendo constante la temperatura estamos aumentando la presión total. El equilibrio se desplazará para formar sustancias que contribuyan a disminuir la presión para así restablecer el equilibrio. Es decir, se desplazará hacia donde haya menos moles gaseosos. En este caso particular tenemos la misma cantidad de moles gaseosos en productos y en reactivos, con lo que el equilibrio no se desplazará.

c) Si añadimos $CO_2 (g)$ al equilibrio, estamos aumentando la concentración de los productos. El equilibrio por tanto se desplazará hacia la izquierda para consumir ese exceso de $CO_2 (g)$ que hemos añadido.

d) La adición de un catalizador afecta a la velocidad de la reacción, pero no afecta ni a la termodinámica ni a la constante de equilibrio. En consecuencia el equilibrio no se desplaza.

PROBLEMA 4

$$4'4 \text{ g } CO_2 \times \frac{1 \text{ mol } CO_2}{44 \text{ g } CO_2} = 0'1 \text{ moles de } CO_2 (g)$$

$$CO_2 (g) + H_2 S_{(g)} \rightleftharpoons COS_{(g)} + H_2 O_{(g)}$$

Inicial	0'1	n_0	—	—
Reacciona	x	x	—	—
Forma	—	—	x	x
Equilibrio	0'1−x	n_0−x	x	(x) =0'01 moles

$$n_{totales \atop gas} = 0'1-x+n_0-x+x+x = 0'1+n_0$$

$$P \cdot V = n \cdot R \cdot T \Rightarrow 10 \cdot 2'5 = (0'1+n_0) \cdot 0'082 \cdot 610 \Rightarrow n_0 = 0'3998 \text{ mol}$$

$$n_{eq_{CO_2}} = 0'1-x = 0'1-0'01 = 0'09 \text{ moles } CO_2 (g)$$

$$n_{eq_{H_2S}} = n_0-x = 0'3998-0'01 = 0'3898 \text{ moles } H_2S_{(g)}$$

$$n_{eq_{COS(g)}} = n_{eq_{H_2O(g)}} = x = 0'01 \text{ moles}$$

$$K_c = \frac{[COS] \cdot [H_2O]}{[CO_2] \cdot [H_2S]} = \frac{\dfrac{0'01}{V} \cdot \dfrac{0'01}{V}}{\dfrac{0'09}{V} \cdot \dfrac{0'3898}{V}} = 2'85 \cdot 10^{-3}$$

$$K_p = K_c \cdot (RT)^{\Delta n_{gas}} \Rightarrow K_p = K_c = 2'85 \cdot 10^{-3}$$

$$\Delta n_{gas} = 0$$

©Juan Bertomeu Ferrer
www.bertoblog.com

CUESTIÓN 5

a) dihidrogenofosfato de aluminio $Al(H_2PO_4)_3$

b) cloruro de estaño (IV) $SnCl_4$

c) Propanona $CH_3-CO-CH_3$

d) $Cu(BrO_3)_2$ bromato de cobre (II)

e) SbH_3 trihidruro de antimonio / Estibano

f) CH_3-O-CH_3 dimetil éter

g) $CH_3-COO-CH_2-CH_3$ etanoato de etilo (ÉSTER)

h) CH_3-NH_2 metilamina (AMINA)

i) $CH_3-CH_2-CHOH-CH_3$ 2-butanol (ALCOHOL)

j) CH_3-CH_2-COOH ácido propanoico (ÁCIDO CARBOXÍLICO)

PROVES D'ACCÉS A LA UNIVERSITAT	PRUEBAS DE ACCESO A LA UNIVERSIDAD
CONVOCATÒRIA: JUNY 2015	CONVOCATORIA: JUNIO 2015
QUÍMICA	QUÍMICA

BAREMO DEL EXAMEN: El alumno deberá elegir una opción (A o B) y contestar a las 3 cuestiones y los 2 problemas de la opción elegida. La calificación máxima de cada cuestión/problema será de 2 puntos y la de cada subapartado se indica en el enunciado.
Según Acuerdo de la Comisión Gestora de los Procesos de Acceso y Preinscripción, únicamente se permite el uso de calculadoras que no sean gráficas o programables y que no puedan realizar cálculo simbólico ni almacenar texto o fórmulas en memoria.

OPCION A

CUESTION 1

Considere las moléculas: BBr_3, H_2S, HCN y CBr_4, y responda a las siguientes cuestiones:

a) Represente la estructura electrónica de Lewis de cada molécula. **(0,8 puntos)**

b) Indique, razonadamente, la geometría de cada una de las especies. **(0,8 puntos)**

c) Explique, en cada caso, si la molécula tendrá momento dipolar o no. **(0,4 puntos)**

Datos.- Número atómico, Z: H (1); B (5); C (6); N (7); S (16); Br (35).

PROBLEMA 2

En enero de 2015 se produjo un grave accidente al estrellarse un caza F-16 contra otras aeronaves. Estos aviones de combate utilizan hidrazina, N_2H_4, como combustible para una turbina auxiliar de emergencia que reacciona con dioxígeno según la reacción:

$$N_2H_4(l) \ + \ O_2(g) \ \longrightarrow \ N_2(g) \ + \ 2\ H_2O(g)$$

a) Calcule el volumen total de los gases producidos, medido a 650 ºC y 700 mmHg, cuando se queman completamente 640 g de hidracina. **(1 punto)**

b) Calcule la energía liberada en el proceso de combustión de los 640 g de hidracina. **(1 punto)**

Datos.- Masas atómicas relativas: H (1); N (14); O (16). R = 0,082 atm·L·K^{-1}·mol^{-1}. 1 atm = 760 mm Hg.

Entalpias de formación estándar, ΔH_f^o (kJ·mol^{-1}): H_2O (g): - 241,8; N_2H_4 (l): 95,4.

CUESTION 3

Responda, justificando brevemente la respuesta, a las siguientes cuestiones: **(0,5 puntos cada apartado)**

a) Para una reacción espontánea con ΔS positivo, el valor de ΔH ¿será necesariamente negativo?

b) ¿Qué debe cumplirse para que una reacción endotérmica sea espontánea?

c) ¿Qué efecto tiene sobre ΔH de una reacción la adición de un catalizador?

d) ¿Qué efecto tiene sobre la espontaneidad de una reacción química con valores de ΔH > 0 y ΔS > 0 un aumento de la temperatura?

PROBLEMA 4

El ácido fórmico, HCOOH, es un ácido monoprótico débil, HA.

a) Teniendo en cuenta que cuando se prepara una disolución acuosa de HCOOH de concentración inicial 0,01 M el ácido se disocia en un 12,5 %, calcule la constante de disociación ácida, K_a, del ácido fórmico. **(1 punto)**

b) Calcule el pH de una disolución acuosa de concentración 0,025 M de este ácido. **(1 punto)**

CUESTION 5

i) Formule los siguientes compuestos químicos **(0,2 puntos cada subapartado):**

  a) sulfato de plata   b) nitrato de calcio   c) óxido de plomo (IV)   d) etil metil éter   e) tripropilamina

ii) Nombre los siguientes compuestos químicos **(0,2 puntos cada subapartado):**

  a) $HClO_4$ b) $Fe(OH)_3$ c) K_2O d) CH_2Cl-CH=CHCl   e) CH_3-CH_2-CHO

CUESTION 1

Considere los elementos con número atómico A = 9, B = 10, C = 20 y D = 35. Responda razonadamente las siguientes cuestiones: **(0,5 puntos cada apartado)**

a) Justifique si los elementos A, B y C forman algún ión estable e indique la carga de dichos iones.

b) Ordene por orden creciente de su primera energía de ionización los elementos A, B y D.

c) Identifique el elemento cuyos átomos tienen mayor radio atómico.

d) Proponga un compuesto iónico formado por la combinación de dos de los elementos mencionados.

PROBLEMA 2

Una muestra de 15 g de calcita (mineral de $CaCO_3$), que contiene un 98 % en peso de carbonato de calcio puro ($CaCO_3$), se hace reaccionar con ácido sulfúrico (H_2SO_4) del 96 % en peso y densidad 1,84 $g \cdot cm^{-3}$, formándose sulfato de calcio ($CaSO_4$) y desprendiéndose dióxido de carbono (CO_2) y agua (H_2O):

$$CaCO_3(s) + H_2SO_4(ac) \longrightarrow CaSO_4(s) + CO_2(g) + H_2O(l)$$

Calcule: **(1 punto cada apartado)**

a) ¿Qué volumen de ácido sulfúrico será necesario para que reaccione totalmente la muestra de calcita?

b) ¿Cuántos gramos de sulfato de calcio se obtendrán en esta reacción?

Datos.- Masas atómicas relativas: H (1); C (12); O (16); S (32); Ca (40). R = 0,082 $atm \cdot L \cdot K^{-1} \cdot mol^{-1}$.

CUESTION 3

Se dispone en el laboratorio de cinco disoluciones acuosas de idéntica concentración, conteniendo cada una HCl, NaOH, NaCl, CH_3COOH y NH_3. Justifique si el pH resultante de cada una de las siguientes mezclas será ácido, básico o neutro:

a) 100 mL de la disolución de HCl y 100 mL de la disolución de NaOH. **(0,5 puntos)**

b) 100 mL de la disolución de CH_3COOH y 100 mL de la disolución de NaOH. **(0,5 puntos)**

c) 100 mL de la disolución de NaCl y 100 mL de la disolución de NaOH. **(0,5 puntos)**

d) 100 mL de la disolución de HCl y 100 mL de la disolución de NH_3. **(0,5 puntos)**

Datos.- $K_a(CH_3COOH) = 1,8 \cdot 10^{-5}$; $K_b(NH_3) = 1,8 \cdot 10^{-5}$.

PROBLEMA 4

En un recipiente de 1 L, mantenido a la temperatura de 2000 K, se introducen 0,012 moles de CO_2 y una cierta cantidad de H_2, estableciéndose el equilibrio:

$$H_2(g) + CO_2(g) \rightleftharpoons H_2O(g) + CO(g) \qquad K_c = 4,4$$

Si, tras alcanzarse el equilibrio en estas condiciones, la presión total dentro del recipiente es de 4,25 atm, calcule:

a) El número de moles de H_2 inicialmente presentes en el recipiente. **(1 punto)**

b) El número de moles de cada una de especies químicas que contiene el recipiente en el equilibrio. **(1 punto)**

Datos.- R = 0,082 $atm \cdot L \cdot K^{-1} \cdot mol^{-1}$.

CUESTION 5

Indique, justificando brevemente la respuesta, si es verdadera o falsa cada una de las siguientes afirmaciones:

a) Para la reacción A + 2 B → C, todos los reactivos desaparecen a la misma velocidad. **(0,5 puntos)**

b) Unas posibles unidades de la velocidad de reacción son $mol \cdot L^{-1} \cdot s^{-1}$. **(0,5 puntos)**

c) El orden de reacción respecto de cada reactivo coincide con su coeficiente estequiométrico. **(0,5 puntos)**

d) Al dividir por dos las concentraciones de reactivos, se divide por dos el valor de la constante de velocidad. **(0,5 puntos)**

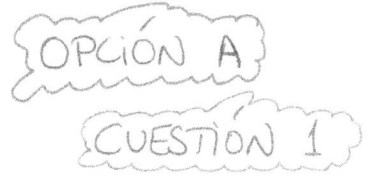

CUESTIÓN 1

BBr₃ LEWIS + RPECV

$B (z=5): 1s^2 2s^2 2p^1 \longrightarrow$ [2s: ↑↓] [2p: ↑ | |] $3e^-$ de valencia

$Br (z=35): 1s^2 2s^2 2p^6 3s^2 3p^6 3d^{10} 4s^2 4p^5 \longrightarrow$ [4s: ↑↓] [4p: ↑↓ ↑↓ ↑]

$(1s^2 2s^2 2p^6 3s^2 3p^6 4s^2 3d^{10} 4p^5)$

↳ La notación en la que se agrupan todas las subcapas del mismo nivel cuántico justifica la valencia de los iones que forman dichos elementos y es igualmente válida.

$$\begin{array}{c} Br \quad B \quad Br \\ Br \end{array} \Rightarrow \begin{array}{c} Br-B-Br \\ | \\ Br \end{array} \Rightarrow \begin{array}{c} :\ddot{B}r - B - \ddot{B}r: \\ | \\ :\ddot{B}r: \end{array}$$

24 electrones   Quedan 18 e⁻   Definitiva!!

La estructura es definitiva al tener todos los átomos carga formal nula. Se trata de una molécula tipo AX_3 que presentará geometría TRIANGULAR PLANA.

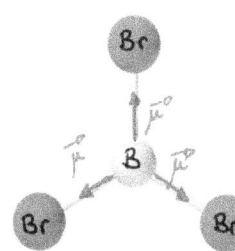

Como vemos, se tiene

$$\vec{\mu}_{TOTAL} = \vec{0}$$

y por tanto, la molécula será APOLAR.

PÁGINA 1

$\boxed{H_2S}$ LEWIS + RPECV

$S(z=16): 1s^2 2s^2 2p^6 3s^2 3p^4 \longrightarrow$ 3s $\boxed{\uparrow\downarrow}$ 3p $\boxed{\uparrow\downarrow | \uparrow\downarrow | \uparrow}$ 6e⁻ de valencia

$H(z=1): 1s^1 \longrightarrow$ 1s $\boxed{\uparrow}$ 1e⁻ de valencia

H S H $\Rightarrow$ H - S - H $\Rightarrow$ H - $\overset{..}{S}$ - H

8 electrones   Quedan 4e⁻   Definitiva!!

La estructura es definitiva al tener todos los átomos

carga formal nula. Se trata de una molécula AX_2E_2

con geometría ANGULAR.

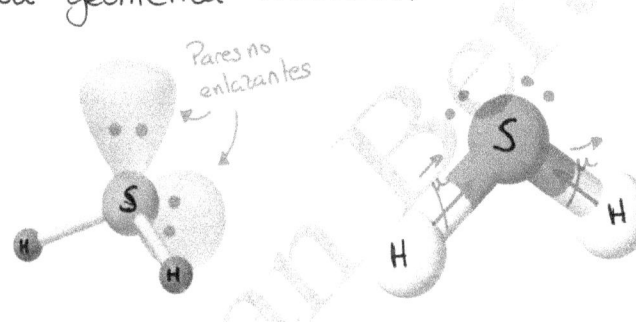

Pares no enlazantes

Como vemos

$\vec{\mu_T} \neq \vec{0}$

y la molécula por tanto es POLAR

$\boxed{H C N}$ LEWIS + RPECV

$C(z=6): 1s^2 2s^2 2p^2 \longrightarrow$ 2s $\boxed{\uparrow\downarrow}$ 2p $\boxed{\uparrow | \uparrow | }$ 4e⁻ de valencia.

$N(z=7): 1s^2 2s^2 2p^3 \longrightarrow$ 2s $\boxed{\uparrow\downarrow}$ 2p $\boxed{\uparrow | \uparrow | \uparrow}$ 5e⁻ de valencia

$H(z=1): 1s^1 \longrightarrow$ 1s $\boxed{\uparrow}$ 1e⁻ de valencia.

PÁGINA 2

H C N $\Rightarrow$ H – C – N $\Rightarrow$ H – C – N̈: $\Rightarrow$

10 electrones   Quedan 6e⁻

Cargas formales

$\Rightarrow$ H – C $\equiv$ N: | La estructura es definitiva al tener todos

Definitiva!! | los átomos carga formal nula. Se trata de

una molécula AX_2 con geometría LINEAL

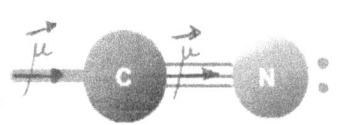

Como vemos, $\vec{\mu}_{TOTAL} \neq \vec{0}$ y la

molécula será POLAR.

$\boxed{C\,Br_4}$ LEWIS + RPECV

$C\,(z=6) \rightarrow 4e^-$ de valencia $Br\,(z=35) \rightarrow 7e^-$ de valencia

Br
Br C Br $\Rightarrow$ Br – C – Br $\Rightarrow$:B̈r – C̈ – B̈r:
Br

32 electrones   Quedan 24e⁻   Definitiva!!

La estructura es definitiva al presentar todos los átomos carga formal nula. Molécula AX_4 con geometría TETRAÉDRICA

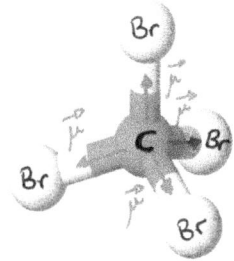

Por último, es fácil ver que como $\vec{\mu}_{TOTAL} = \vec{0}$ se trata de una molécula APOLAR

PROBLEMA 2

$$N_2H_{4(\ell)} + O_{2(g)} \longrightarrow N_{2(g)} + 2H_2O_{(g)}$$

$$640g \ N_2H_4 \times \frac{1 \ mol \ N_2H_4}{32g \ N_2H_4}$$

$$\times \frac{1 \ mol \ N_2}{1 \ mol \ N_2H_4} = 20 \ moles \ N_{2(g)}$$

$$\times \frac{2 \ mol \ H_2O}{1 \ mol \ N_2H_4} = 40 \ moles \ H_2O_{(g)}$$

$$P_{M_{N_2H_4}} = 2\cdot 14 + 4 = 32 \ g/mol$$

$n_{totales \atop producidos} = 20 + 40 = 60 \ moles \ de \ gases$

$$P\cdot V = n\cdot R\cdot T \Rightarrow \frac{700}{760}\cdot V = 60\cdot 0'082\cdot 923 \Rightarrow V = 4930'40 \ Litros$$

b) Si la reacción tuviera lugar en condiciones estándar y tomando los datos del enunciado, se tendría:

$$\Delta H^{\circ}_{reacción} = \Sigma n\cdot \Delta H^{\circ}_{productos} - \Sigma n\cdot \Delta H^{\circ}_{reactivos}$$

$$\Delta H^{\circ}_R = \Delta H^{\circ}_{f \ N_{2(g)}} + 2\cdot \Delta H^{\circ}_{f \ H_2O_{(g)}} - \Delta H^{\circ}_{f \ N_2H_{4(\ell)}} - \Delta H^{\circ}_{f \ O_{2(g)}}$$

$$\Delta H^{\circ}_R = 2\cdot(-241'8) - 95'4 = -579 \ KJ \ \text{por mol de } N_2H_{4(\ell)}$$

Por tanto, como tenemos $n_{N_2H_4} = 20 \ moles$

$$Q = n\cdot \Delta H^{\circ}_R = 20 \ (-579) = -11580 \ KJ$$

©Juan Bertomeu Ferrer
www.bertoblog.com

¡Nota!! → Este apartado en realidad no se puede resolver con los datos ya que, los datos que nos dan corresponden con entalpías de formación en condiciones estándar ($T = 298K$) y la reacción está sucediendo a 650°C ($T = 923K$) (y esto obviando la presión que tampoco es la estándar pero está bastante cerca).

La temperatura tiene influencia sobre el calor de la reacción (ecuación de Kirchhoff) y en la resolución del ejercicio estamos obligados (por los datos) a considerar que $\Delta H_R^{\circ} = \Delta H_R^{T=923K}$, lo cual obviamente es incorrecto. Podéis verlo en la ampliación.

{CUESTIÓN 3}

a) La espontaneidad de una reacción viene marcada porque ΔG sea $\Delta G < 0$, siendo $\Delta G = \Delta H - T \cdot \Delta S$

Sabemos que
$$\begin{cases} \Delta S > 0 \Rightarrow -T \cdot \Delta S < 0 \\ \Delta G < 0 \ (\text{reacción espontánea}) \end{cases}$$

Razonando con los signos es fácil ver que ΔH podrá ser tanto positivo como negativo mientras se verifique que $|\Delta H| < |T \cdot \Delta S|$

PÁGINA 5

b) Una reacción endotérmica es aquella en la que $\Delta H > 0$.

Si queremos que sea espontánea ($\Delta G < 0$) tendrá que

cumplirse:

$$\Delta G = \Delta H - T \cdot \Delta S$$

$$\Delta G < 0 \Rightarrow \underset{>0}{\Delta H} - T \cdot \Delta S < 0 \Rightarrow |T \cdot \Delta S| > \Delta H \Rightarrow$$

$$\Rightarrow T > \frac{\Delta H}{|\Delta S|}$$

c) Un catalizador tiene efectos sobre la velocidad de

la reacción, pero no afecta a los parámetros termodinámicos

de ésta. Su efecto sobre ΔH será pues ninguno.

d) Al igual que en los apartados anteriores, razonemos:

$$\left.\begin{array}{l} \Delta H > 0 \\ \Delta S > 0 \Rightarrow -T \cdot \Delta S < 0 \end{array}\right\} \quad \Delta G = \underset{>0}{\Delta H} - \underset{<0}{T \cdot \Delta S}$$

Es fácil ver que las temperaturas altas favorecerán

la espontaneidad. En concreto, todas aquellas que:

$$T \cdot \Delta S > \Delta H \Rightarrow T > \frac{\Delta H}{\Delta S}$$

PROBLEMA 4

$$HCOOH + H_2O \rightleftharpoons HCOO^- + H_3O^+ \qquad \alpha = 0'125$$

Inicial	C_0	...	-	-
Reacciona	αC_0	...	-	-
Forman	-	-	αC_0	αC_0
Equilibrio	$C_0(1-\alpha)$	...	αC_0	αC_0

$$K_a = \frac{[HCOO^-] \cdot [H_3O^+]}{[HCOOH]} = \frac{\alpha C_0 \cdot \alpha C_0}{C_0(1-\alpha)} = \frac{\alpha^2 \cdot C_0}{1-\alpha} = \frac{0'125^2 \cdot 0'01}{0'875} = 1'7857 \cdot 10^{-4}$$

b) ¡Ojo!! → El grado de disociación α depende de la concentración del ácido. Así, al variar ésta ya no será $\alpha = 0'125$. Por tanto:

$$K_a = \frac{\alpha^2 \cdot C_0}{1-\alpha} \Rightarrow 1'7857 \cdot 10^{-4} = \frac{0'025 \alpha^2}{1-\alpha} \Rightarrow$$

$$\Rightarrow 0'025 \alpha^2 + 1'7857 \cdot 10^{-4} \alpha - 1'7857 \cdot 10^{-4} = 0 \left\langle \begin{array}{l} \alpha = 0'081 \\ \alpha = Negativo \end{array} \right.$$

$$[H_3O^+] = \alpha C_0 = 0'081 \cdot 0'025 = 2'025 \cdot 10^{-3} \ mol/L$$

$$pH = -\log [H_3O^+] = -\log(2'025 \cdot 10^{-3}) = 2'6936$$

CUESTIÓN 5

a) Sulfato de plata Ag_2SO_4

b) Nitrato de calcio $Ca(NO_3)_2$

c) óxido de plomo (IV) PbO_2

d) etil metil éter $CH_3-O-CH_2-CH_3$

e) tripropilamina $N(CH_2-CH_2-CH_3)_3$

f) $HClO_4$ ácido perclórico

g) $Fe(OH)_3$ hidróxido de hierro (III)

h) K_2O óxido de potasio

i) $CH_2Cl-CH=CHCl$ 1,3-dicloropropeno

j) CH_3-CH_2-CHO propanal

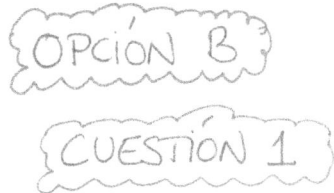

OPCIÓN B

CUESTIÓN 1

a) Veamos las configuraciones electrónicas:

$A(z=9): 1s^2 2s^2 2p^5 \longrightarrow$

2s [↑↓]   2p [↑↓|↑↓|↑]   Periodo 2 Grupo 17

↳ Formará un ión estable capturando un electrón:

$A^-: 1s^2 2s^2 2p^6 \longrightarrow$ 2s [↑↓] 2p [↑↓|↑↓|↑↓]

$B(z=10): 1s^2 2s^2 2p^6 \longrightarrow$ 2s [↑↓] 2p [↑↓|↑↓|↑↓]   Periodo 2 Grupo 18

↳ No formará iones estables (es un gas noble!!)

$C(z=20): 1s^2 2s^2 2p^6 3s^2 3p^6 4s^2 \longrightarrow$ 4s [↑↓]   Periodo 4 Grupo 2

↳ Formará ión estable perdiendo esos 2e⁻ del último nivel:

$C^{2+}: 1s^2 2s^2 2p^6 3s^2 3p^6 \longrightarrow$ 3s [↑↓] 3p [↑↓|↑↓|↑↓]

$D(z=35): 1s^2 2s^2 2p^6 3s^2 3p^6 3d^{10} 4s^2 4p^5 \longrightarrow$ 4s [↑↓] 4p [↑↓|↑↓|↑]

Periodo 4 Grupo 17

b y c) Cuantas más capas electrónicas tiene un átomo mayor será su tamaño y por tanto, los radios atómicos de un grupo de elementos aumentan al descender en el grupo. Del mismo modo, es fácil deducir que

PÁGINA 9

a medida que nos movemos hacia la derecha en un mismo periodo, aumentamos el número de protones en el núcleo que, al atraer a los electrones con mayor intensidad, contraen el átomo disminuyendo su radio.

La energía de ionización es la energía que se requiere para arrancar un electrón de un átomo gaseoso en su estado fundamental.

$$X_{(g)} + E.I \longrightarrow X^+_{(g)} + e^-$$

En general, la regla es que la EI aumenta a medida que nos movemos hacia la derecha en un mismo periodo (ya que al disminuir el radio atómico hay mayor atracción) y disminuye al descender en un grupo (al estar aumentando el radio atómico). Así:

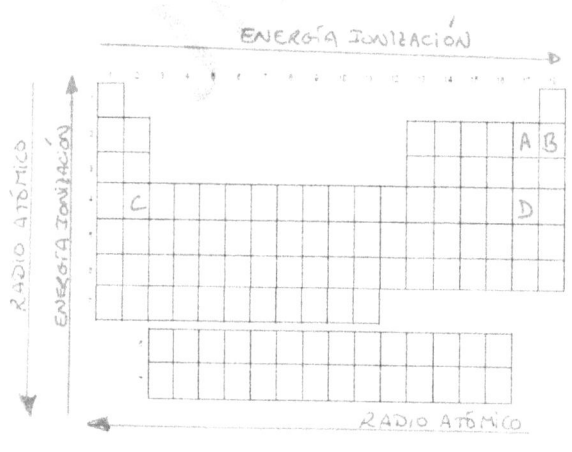

Con lo que es fácil ver que:

$EI(D) < EI(A) < EI(B)$

Y que el mayor radio atómico corresponde al elemento C

©Juan Bertomeu Ferrer
www.bertoblog.com

d) Se produce enlace iónico cuando elementos metálicos (especialmente los situados más a la izquierda en la tabla periódica con baja energía de ionización) se encuentran con átomos no metálicos (especialmente los de los grupos 16 y 17 con alta afinidad electrónica)

Serán compuestos iónicos por tanto:

$\left. \begin{array}{l} \text{Catión: } C^{2+} \\ \text{Anión: } A^- \end{array} \right\} C A_2$ o bien $\left. \begin{array}{l} \text{Catión: } C^{2+} \\ \text{Anión: } D^- \end{array} \right\} C D_2$

PROBLEMA 2

$$CaCO_{3(s)} + H_2SO_{4(ac)} \longrightarrow CaSO_{4(s)} + CO_{2(g)} + H_2O_{(\ell)}$$

$PM_{H_2SO_4} = 2+32+4\cdot16 = 98\,g/mol$

$15\,g\ calcita \times \dfrac{98\,g\ CaCO_3}{100\,g\ calcita} \times \dfrac{1\,mol\ CaCO_3}{100\,g\ CaCO_3} \times \dfrac{1\,mol\ H_2SO_4}{1\,mol\ CaCO_3} \times \dfrac{98\,g\ H_2SO_4}{1\,mol\ H_2SO_4} \times$

Pureza $PM_{CaCO_3} = 40+12+3\cdot16 = 100\,g/mol$

$\times \dfrac{100\,g\ dsón\ H_2SO_4}{96\,g\ H_2SO_4} \times \dfrac{1\,cm^3\ dsón\ H_2SO_4}{1'84\,g\ dsón\ H_2SO_4} \times \dfrac{1\,L}{1000\,cm^3} = 8'156\ 10^{-3}\ L\ dsón\ H_2SO_4$

% en peso   Densidad $PM = 40+32+4\cdot16 = 136\,g/mol$

$15\,g\ calcita \times \dfrac{98\,g\ CaCO_3}{100\,g\ calcita} \times \dfrac{1\,mol\ CaCO_3}{100\,g\ CaCO_3} \times \dfrac{1\,mol\ CaSO_4}{1\,mol\ CaCO_3} \times \dfrac{136\,g\ CaSO_4}{1\,mol\ CaSO_4} =$

$= 19'99\ g\ de\ CaSO_4$

CUESTIÓN 3

El enunciado nos dice que todas las disoluciones tienen la misma concentración. Además, vemos que todos los volúmenes de dichas disoluciones son iguales. Por tanto, los moles de soluto también serán iguales.

Teniendo en cuenta esto, es fácil razonar que:

a) $HCl + NaOH \longrightarrow NaCl + H_2O$

$NaCl \xrightarrow{H_2O} Na^+_{(ac)} + Cl^-_{(ac)}$

Los iones Cl^- y Na^+ provienen de un ácido fuerte y de una base fuerte respectivamente. Por tanto no hidrolizan y tendremos una disolución neutra.

b) $CH_3-COOH + NaOH \longrightarrow CH_3-COONa + H_2O$

$CH_3-COONa \xrightarrow{H_2O} CH_3-COO^-_{(ac)} + Na^+_{(ac)}$

↓ NO HIDROLIZA

HIDRÓLISIS

$\hookrightarrow CH_3-COO^- + H_2O \rightleftharpoons CH_3-COOH + OH^-$

Se trata de una disolución básica por la presencia de los iones hidroxilo.

PÁGINA 12

c) $NaCl + NaOH \longrightarrow 2Na^+ + Cl^- + OH^-$

Se trata de una disolución básica por la presencia de los iones hidroxilo.

d) $NH_3 + HCl \longrightarrow NH_4^+ + Cl^-$

↓ NO HIDROLIZA

HIDRÓLISIS

$\longrightarrow NH_4^+ + H_2O \rightleftharpoons NH_3 + H_3O^+$

Se trata de una disolución ácida por la presencia de los iones hidronio.

PROBLEMA 4

$$H_{2(g)} + CO_{2(g)} \rightleftharpoons H_2O_{(g)} + CO_{(g)} \qquad K_c = 4'4$$

Inicial	n_0	$0'012$	—	—
Reaccionan	X	X	—	—
Forman	—	—	X	X
Equilibrio	$n_0 - X$	$0'012 - X$	X	X

$n_{totales\ gaseosos} = n_0 - X + 0'012 - X + X + X = n_0 + 0'012$ moles

$$P \cdot V = n R T \implies 4'25 \cdot 1 = (n_0 + 0'012) \cdot 0'082 \cdot 2000 \implies$$

$$\implies n_0 = 0'014 \text{ moles } H_2 (g)$$

$$K_c = \frac{[H_2O] \cdot [CO]}{[H_2] \cdot [CO_2]} \implies 4'4 = \frac{x^2}{(0'014 - x) \cdot (0'012 - x)} \implies$$

$$\implies 3'4 x^2 - 0'1144 x + 7'392 \cdot 10^{-4} = 0$$

↗ $x = 0'025$ moles
No sirve pues $0 < x \leq 0'012$!!

↘ $x = 0'0087$ moles

$$n_{eq_{H_2}} = n_0 - x = 0'014 - 0'0087 = 5'3 \cdot 10^{-3} \text{ moles } H_2 (g)$$

$$n_{eq_{CO_2}} = 0'012 - x = 0'012 - 0'0087 = 3'3 \cdot 10^{-3} \text{ moles } CO_2 (g)$$

$$n_{eq_{H_2O}} = n_{eq_{CO}} = x = 0'0087 \text{ moles.}$$

CUESTIÓN 5

$$A + 2B \longrightarrow C$$

a) Se trata de una afirmación FALSA

$$V_{reacción} = -\frac{d[A]}{dt} = -\frac{1}{2} \cdot \frac{d[B]}{dt} \implies V_A = \frac{1}{2} V_B$$

b) Es una afirmación VERDADERA

$$V_{reacción} = \frac{d[C]}{dt} \implies [V_{reacción}] = \frac{[C]}{[t]} = \frac{mol/L}{s} = mol \cdot L^{-1} \cdot s^{-1}$$

PÁGINA 14

c) Se trata de una afirmación FALSA. La ley de velocidad establece que la velocidad es directamente proporcional a las concentraciones de los reactivos elevadas respectivamente al orden de la reacción respecto cada uno de ellos.

$$V = K \cdot [A]^x \cdot [B]^y \longrightarrow$$ Estos órdenes x e y se determinan experimentalmente y no guardan relación con los coeficientes estequiométricos (salvo en los procesos elementales)

d) En la ley de velocidad $V = K \cdot [A]^x \cdot [B]^y$, la constante K es característica de cada reacción, dependiente de la temperatura, e independiente de la concentración de los reactivos. Por tanto se trata de una afirmación FALSA.

ECUACIÓN KIRCHHOFF

La capacidad calorífica molar a presión constante es la cantidad de calor necesario para aumentar en 1 grado la temperatura de un mol de sustancia.

Es función de la temperatura, y se define como

$$C_p = \frac{dQ_p}{dT} = \frac{dH}{dT} \implies dH = C_p \cdot dT$$

Para "n" moles tendremos por tanto:

$$\Delta H = \int_{T_1}^{T_2} n \cdot C_p \cdot dT$$

Supongamos que tenemos una reacción que a una temperatura T_1 tiene un ΔH_1 conocido:

$$a A + b B \xrightarrow[\Delta H_1]{} c C + d D \quad T_1$$

Entonces, ¿podemos calcular a una temperatura T_2 el ΔH_2 de la misma reacción?

$$a A + b B \xrightarrow[\Delta H_2 \,??]{} c C + d D \quad T_2$$

Dado que sabemos que ΔH es una función de estado, podemos plantear que la reacción 1 tiene lugar en las siguientes etapas:

$$aA + bB \xrightarrow{\Delta H_1} cC + dD \quad T_1$$

$$\downarrow \Delta H_R \qquad\qquad\qquad \uparrow \Delta H_P$$

$$aA + bB \xrightarrow{\Delta H_2 ?} cC + dD \quad T_2$$

De modo que :

$$\Delta H_1 = \Delta H_R + \Delta H_2 + \Delta H_P \quad \Rightarrow \quad \Delta H_2 = \Delta H_1 - \Delta H_R - \Delta H_P$$

Siendo:

$$\Delta H_R = \int_{T_1}^{T_2} n \cdot C_{P_{react}} \, dT = \int_{T_1}^{T_2} \underbrace{(a \cdot C_{P(A)} + b \cdot C_{P(B)})}_{C_{P_R}} \cdot dT = \int_{T_1}^{T_2} C_{P_R} \cdot dT$$

$$\Delta H_P = \int_{T_2}^{T_1} n \cdot C_{P_{produc}} \, dT = \int_{T_2}^{T_1} \underbrace{(c \cdot C_{P(C)} + d \cdot C_{P(D)})}_{C_{P_P}} \cdot dT = -\int_{T_1}^{T_2} C_{P_P} \cdot dT$$

Por tanto:

$$\Delta H_2 = \Delta H_1 - \Delta H_R - \Delta H_P = \Delta H_1 - \int_{T_1}^{T_2} C_{P_R} \cdot dT + \int_{T_1}^{T_2} C_{P_P} \cdot dT$$

$$\Rightarrow \boxed{\Delta H_2 = \Delta H_1 + \int_{T_1}^{T_2} (C_{P_P} - C_{P_R}) \cdot dT} \longrightarrow \quad \text{ECUACIÓN DE KIRCHHOFF}$$

GENERALITAT VALENCIANA
CONSELLERIA D'EDUCACIÓ, CULTURA I ESPORT

COMISSIÓ GESTORA DE LES PROVES D'ACCÉS A LA UNIVERSITAT

COMISIÓN GESTORA DE LAS PRUEBAS DE ACCESO A LA UNIVERSIDAD

SISTEMA UNIVERSITARI VALENCIÀ
SISTEMA UNIVERSITARIO VALENCIANO

PROVES D'ACCÉS A LA UNIVERSITAT	PRUEBAS DE ACCESO A LA UNIVERSIDAD
CONVOCATÒRIA: JULIOL 2015	CONVOCATORIA: JULIO 2015
QUÍMICA	QUÍMICA

BAREMO DEL EXAMEN: El alumno deberá elegir una opción (A o B) y contestar a las 3 cuestiones y los 2 problemas de la opción elegida. La calificación máxima de cada cuestión/problema será de 2 puntos y la de cada subapartado se indica en el enunciado.
Según Acuerdo de la Comisión Gestora de los Procesos de Acceso y Preinscripción, únicamente se permite el uso de calculadoras que no sean gráficas o programables y que no puedan realizar cálculo simbólico ni almacenar texto o fórmulas en memoria.

OPCION A

CUESTION 1

Considere los elementos A, B y C cuyos números atómicos son 17, 18 y 20, respectivamente. Responda razonadamente las siguientes cuestiones:

a) Ordene los tres elementos indicados por orden creciente de la energía de ionización de sus átomos. **(0,6 puntos)**

b) Razone si cada uno de estos elementos forma algún ión estable e indique la carga de dichos iones. **(0,6 puntos)**

c) Deduzca la fórmula molecular del compuesto formado por A y C. ¿Será este compuesto soluble en agua? **(0,8 puntos)**

PROBLEMA 2

La siguiente reacción (no ajustada) puede utilizarse en el laboratorio para preparar cantidades pequeñas de cloro.

$$K_2Cr_2O_7(ac) + HCl(ac) \longrightarrow CrCl_3(ac) + Cl_2(g) + KCl(ac) + H_2O(l)$$

a) Escriba la semirreacción de oxidación y la de reducción, así como la ecuación química global ajustada en forma molecular. **(1 punto)**

b) Si se hace reaccionar 125 mL de HCl de densidad 1,15 g·mL⁻¹ y 30,1 % de riqueza en peso con un exceso de $K_2Cr_2O_7$, ¿cuántos litros de Cl_2 se obtendrían medidos a 1 atm de presión y 20 ºC? **(1 punto)**

Datos.- Masas atómicas relativas: H (1) ; Cl (35,5). R = 0,082 atm·L·K⁻¹·mol⁻¹.

CUESTION 3

Considere la reacción de descomposición del cloruro amónico, NH_4Cl, en cloruro de hidrógeno, HCl, y amoníaco, NH_3:

$$NH_4Cl(s) \longrightarrow HCl(g) + NH_3(g) \qquad \Delta H^\circ = +176,0 \text{ kJ·mol}^{-1}$$

Discuta razonadamente si las siguientes afirmaciones son verdaderas o falsas: **(0,5 puntos cada apartado)**

a) Como ΔH° es positivo, la reacción de descomposición del NH_4Cl será espontánea a cualquier temperatura.

b) La síntesis de NH_4Cl a partir de HCl y NH_3 libera energía en forma de calor.

c) La reacción de descomposición del NH_4Cl tiene un cambio de entropía, ΔS°, negativo.

d) Es previsible que la descomposición del NH_4Cl sea espontánea a temperaturas elevadas.

PROBLEMA 4

El ácido butanoico es un ácido orgánico monoprótico débil, HA, responsable, en parte, del aroma de la mantequilla rancia y de algunos quesos. Se sabe que una disolución acuosa de concentración 0,15 M de ácido butanoico tiene un pH = 2,83.

a) Calcule la constante de disociación ácida, K_a, del ácido butanoico. **(1 punto)**

b) Calcule el volumen (en mL) de una disolución acuosa de NaOH 0,3 M que se requiere para reaccionar completamente con el ácido butanoico contenido en 250 mL de dicha disolución. **(1 punto)**

CUESTION 5

La constante de velocidad para la reacción de segundo orden $2 NOBr(g) \longrightarrow 2 NO(g) + Br_2(g)$ es 0,80 mol⁻¹·L·s⁻¹ a 10 ºC.

a) Escriba la velocidad en función de la desaparición de reactivos y aparición de productos. **(0,5 puntos)**

b) Escriba la ecuación de velocidad en función de la concentración de reactivo. **(0,5 puntos)**

c) ¿Cómo se modificaría la velocidad de reacción si se triplicase la concentración de [NOBr]? **(0,5 puntos)**

d) Calcule la velocidad de reacción a esta temperatura si [NOBr] = 0,25 mol·L⁻¹. **(0,5 puntos)**

CUESTION 1

Considere las siguientes moléculas: BF_3, CF_4, NF_3 y OF_2. Responda razonadamente a las siguientes cuestiones:

a) Dibuje la estructura de Lewis de cada una de las moléculas propuestas y deduzca su geometría. **(0,8 puntos)**

b) Indique si cada una de las moléculas propuestas tiene o no momento dipolar. **(0,8 puntos)**

c) Ordene las moléculas BF_3, CF_4, NF_3 por orden creciente de su ángulo de enlace. **(0,4 puntos)**

Datos.- Números atómicos: B (5); C (6); N (7); O (8); F (9).

PROBLEMA 2

Tanto el metanol (CH_3OH) como el etanol (C_2H_5OH) han sido propuestos como una alternativa a otros combustibles de origen fósil. A partir de las entalpías de formación estándar que se dan al final del enunciado, calcule:

a) Las entalpías molares estándar de combustión del metanol y del etanol. **(1 punto)**

b) La cantidad de CO_2 (en gramos) que produciría la combustión de cada alcohol para generar $1 \cdot 10^6$ kJ de energía en forma de calor. **(1 punto)**

Datos.- Masas atómicas relativas: H (1); C (12); O (16).

ΔH_f^o (kJ·mol^{-1}): CH_3OH (l): -238,7; C_2H_5OH (l): -277,7; CO_2 (g): -393,5; H_2O (l): -285,5.

CUESTION 3

A partir de los valores de los potenciales estándar de reducción proporcionados, razone si cada una de las siguientes afirmaciones es verdadera o falsa: **(0,5 puntos cada apartado)**

a) Cuando se introduce una barra de cobre en una disolución de nitrato de plata, se recubre de plata.

b) Los iones Zn^{2+}(ac) reaccionan espontáneamente con los cationes Pb^{2+}(ac).

c) Podemos guardar una disolución de Cu^{2+}(ac) en un recipiente de Pb, puesto que no se produce ninguna reacción química.

d) Entre los pares propuestos, la pila que producirá la mayor fuerza electromotriz es la construida con los sistemas (Zn^{2+}/Zn) y (Ag^+/Ag).

Datos.- E^o (Zn^{2+}/Zn) = - 0,76 V; E^o (Pb^{2+}/Pb) = - 0,14 V; E^o (Cu^{2+}/Cu) = 0,34 V; E^o (Ag^+/Ag) = 0,80 V.

Considere que todas las disoluciones mencionadas tienen una concentración 1 M.

PROBLEMA 4

El equilibrio siguiente es importante en la producción de ácido sulfúrico:

$$2\,SO_3(g) \;\rightleftharpoons\; 2\,SO_2(g) + O_2(g)$$

Cuando se introduce una muestra de 0,02 moles de SO_3 en un recipiente de 1,5 litros mantenido a 900 K en el que previamente se ha hecho el vacío, se obtiene una presión total en el equilibrio de 1,1 atm.

a) Calcule la presión parcial de cada componente de la mezcla gaseosa en el equilibrio. **(0,8 puntos)**

b) Calcule K_c y K_P. **(1,2 puntos)**

Datos.- R = 0,082 atm·L·K^{-1}·mol^{-1}.

CUESTION 5

Nombre los compuestos químicos siguientes: **(0,2 puntos cada apartado)**

a) CH_3-$CH(CH_3)$-$CH=CH_2$ b) CH_3CH_2CHO c) CH_2Cl_2 d) CH_3-O-CH_2-CH_3 e) CH_2OH-$CHOH$-CH_2OH

f) NH_4ClO_4 g) $Al_2(SO_4)_3$ h) Cr_2O_3 i) NaH_2PO_4 j) PH_3

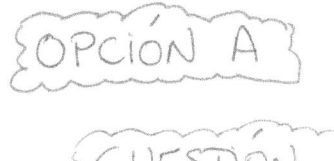

OPCIÓN A

CUESTIÓN 1

a) Veamos las configuraciones electrónicas:

A $(z=17)$: $1s^2 2s^2 2p^6 3s^2 3p^5$ Grupo 17 (Halógenos) Período 3

B $(z=18)$: $1s^2 2s^2 2p^6 3s^2 3p^6$ Grupo 18 (Gases Nobles) Período 3

C $(z=20)$: $1s^2 2s^2 2p^6 3s^2 3p^6 4s^2$ Grupo 2 (Alcalinotérreos) Período 4

La energía de ionización es la energía que se requiere para arrancar un electrón de un átomo gaseoso en su estado fundamental:

$$X_{(g)} + EI \longrightarrow X^+_{(g)} + e^-$$

En general, la regla es que la EI aumenta a medida que nos movemos hacia la derecha en un mismo período y disminuye al descender en un grupo. Así:

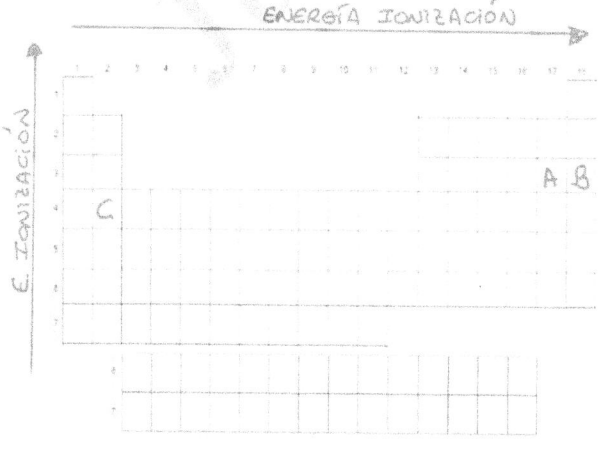

Por tanto, es fácil ver que:

$$EI(C) < EI(A) < EI(B)$$

PÁGINA 1

b) Dado que el elemento B es un gas noble, éste no formará ningún ión estable. Respecto a los otros elementos es fácil razonar utilizando su configuración electrónica.

A : $1s^2 2s^2 2p^6 3s^2 3p^5$

3s   3p
[↑↓] [↑↓|↑↓|↑]

$\Big\}$ Ión estable $\Rightarrow$ A⁻ :

3s   3p
[↑↓] [↑↓|↑↓|↑↓]

C: $1s^2 2s^2 2p^6 3s^2 3p^6 4s^2$

3s   3p   4s
[↑↓] [↑↓|↑↓|↑↓] [↑↓]

$\Big\}$ Ión estable $\Rightarrow$ C²⁺ :

3s   3p
[↑↓] [↑↓|↑↓|↑↓]

c) Sabemos que se produce un ENLACE IÓNICO cuando elementos metálicos (especialmente los situados más a la izquierda en la tabla periódica con baja energía de ionización) se combinan con átomos no metálicos (especialmente los de los grupos 16 y 17 con alta afinidad electrónica). Esta es justamente la situación que tenemos aquí en la que :

Catión   C²⁺
Anión   A⁻
$\Big\}$ $\Rightarrow$ Compuesto Iónico CA₂

©Juan Bertomeu Ferrer
www.bertoblog.com

La mayoría de los compuestos iónicos son solubles en agua, siendo sus disoluciones electrolitos fuertes. Por tanto, es muy probable que este compuesto sea soluble en agua.

PROBLEMA 2

$$\overset{+1}{K_2}\overset{+6}{Cr_2}\overset{-2}{O_{7\,(ac)}} + \overset{+1}{H}\overset{-1}{Cl_{(ac)}} \longrightarrow \overset{+3}{Cr}\overset{-1}{Cl_{3(ac)}} + \overset{0}{Cl_{2\,(g)}} + \overset{+1}{K}\overset{-1}{Cl_{(ac)}} + \overset{+1}{H_2}\overset{-2}{O_{(\ell)}}$$

Reducción: $\quad \overset{+6}{Cr_2}O_7^{2-} + 14H^+ + 6e^- \longrightarrow 2\overset{+3}{Cr} + 7H_2O$

Oxidación: $\quad \left(2\overset{-1}{Cl} - 2e^- \longrightarrow \overset{0}{Cl_2} \right) \times 3$

Ec. Iónica: $\quad Cr_2O_7^{2-} + 14H^+ + 6Cl^- \longrightarrow 2Cr^{+3} + 3Cl_2 + 7H_2O$

Molecular: $\quad K_2Cr_2O_7 + 14HCl \longrightarrow 2CrCl_3 + 3Cl_2 + 2KCl + 7H_2O$

$$125 \text{ mL dsón } HCl \times \frac{1'15 \text{ g dsón}}{1 \text{ mL dsón}} \times \frac{30'1 \text{ g } HCl}{100 \text{ g dsón}} \times \frac{1 \text{ mol } HCl}{36'5 \text{ g } HCl} \times$$

$$\underset{\text{densidad}}{\qquad} \quad \underset{\text{riqueza}}{\qquad} \quad P_{M_{HCl}} = 35'5 + 1 = 36'5 \text{ g/mol}$$

$$\times \frac{3 \text{ mol } Cl_2}{14 \text{ mol } HCl} = 0'254 \text{ mol } Cl_{2(g)}$$

$$P \cdot V = nRT \implies V = 0'254 \cdot 0'082 \cdot 293 \implies V = 6'103 \text{ L de } Cl_2$$

PÁGINA 3

CUESTIÓN 3

$$NH_4Cl_{(s)} \longrightarrow HCl_{(g)} + NH_{3(g)} \qquad \Delta H° = 176 \, KJ/mol$$

a) Una reacción es espontánea cuando $\Delta G < 0$, siendo

$\Delta G = \Delta H - T \cdot \Delta S$. En nuestro caso:

$\Delta H° > 0$ (Dato del ejercicio)

$\Delta S° > 0$, ya que el número de moles gaseosos de los

productos aumenta con respecto al de los reactivos.

$$\Delta G < 0 \Rightarrow \underset{>0}{\Delta H} - \underset{>0}{T \cdot \Delta S} < 0 \Rightarrow -T \cdot \Delta S < -\Delta H \Rightarrow$$

$\Rightarrow T \cdot \Delta S > \Delta H \Rightarrow T > \dfrac{\Delta H}{\Delta S}$. Como vemos, las altas

temperaturas favorecen la espontaneidad y la reacción

NO es espontánea a cualquier temperatura. La afirmación

es por tanto FALSA.

b) Es una afirmación VERDADERA, pues si la reacción de

descomposición era endotérmica, la reacción de síntesis

(reacción inversa) será exotérmica.

$$NH_4Cl \xrightarrow{\;\uparrow \Delta H° = 176\,KJ/mol\;} HCl + NH_3 \qquad \bigg| \qquad NH_3 + HCl \xrightarrow{\;\Delta H° = -176\,KJ/mol\;} NH_4Cl$$

c) Es una afirmación FALSA como ya se ha justificado

en el apartado a) (al aumentar el número de microestados

o "desorden" de las moléculas gaseosas frente al sólido)

d) Es una afirmación VERDADERA y ya se ha justificado

en el apartado a) de este ejercicio.

PROBLEMA 4

a) $HA + H_2O \rightleftharpoons A^- + H_3O^+$

Inicial C_0 ...   —   —

Reaccionan x ...   —   —

Forman   —   — x x

Equilibrio $C_0 - x$ ... x x

$$pH = -\log[H_3O^+] \Rightarrow 2'83 = -\log x \Rightarrow x = 1'479 \cdot 10^{-3} \, mol/L$$

$$K_a = \frac{[A^-] \cdot [H_3O^+]}{[HA]} = \frac{x^2}{0'15 - x} = \frac{(1'479 \cdot 10^{-3})^2}{0'15 - 1'479 \cdot 10^{-3}} = 1'473 \cdot 10^{-5}$$

b) $HA + NaOH \longrightarrow ANa + H_2O$

La reacción será completa cuando $n_{ácido} = n_{base} \Rightarrow$

$\Rightarrow V_{ácido} \cdot M_{ácido} = V_{base} \cdot M_{base} \Rightarrow 0'25 \cdot 0'15 = V_{base} \cdot 0'3$

$\Rightarrow V_{base} = 0'125 \, L = 125 \, mL$ de dsón de $NaOH$

PÁGINA 5

CUESTIÓN 5

$$2 NOBr_{(g)} \longrightarrow 2 NO_{(g)} + Br_2{(g)}$$

Reacción de segundo orden con constante de velocidad

$$K = 0'80 \ \frac{L}{mol \cdot s}$$

a) $V = -\dfrac{1}{2} \dfrac{d[NOBr]}{dt} = \dfrac{1}{2} \dfrac{d[NO]}{dt} = \dfrac{d[Br_2]}{dt}$

b) $V = K \cdot [NOBr]^{(2)} \longrightarrow$ reacción de segundo orden!!

c) $V_1 = K \cdot ([NOBr]_1)^2$

$V_2 = K \cdot ([NOBr]_2)^2 = K \cdot (3 \cdot [NOBr]_1)^2 = 9 \cdot K \cdot [NOBr]_1^2 = 9 V_1$

la velocidad de reacción se multiplicará por nueve.

d) $V = K \cdot [NOBr]^2 = 0'80 \cdot 0'25^2 = 0'05 \ \dfrac{mol}{L \cdot s}$

OPCIÓN B

CUESTIÓN 1

 LEWIS + RPECV

$B (z=5): 1s^2 2s^2 2p^1$ 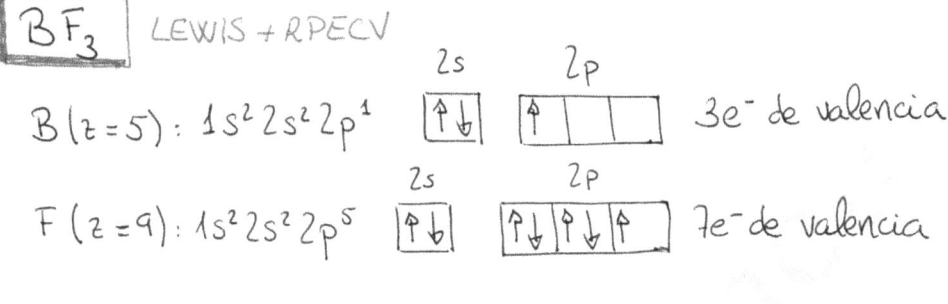   3e⁻ de valencia

$F (z=9): 1s^2 2s^2 2p^5$ 7e⁻ de valencia

F
   B   F   ⟹
F

24 electrones

F ⟍
    B — F   ⟹
F ⟋

Quedan 18e⁻

:F̈:
    B — F̈:
:F̈:

Definitiva!!

La estructura es definitiva al ser nula la carga formal sobre todos los átomos. Se trata de una molécula tipo AX_3 que presentará geometría TRIANGULAR PLANA con ángulos de enlace de 120°.

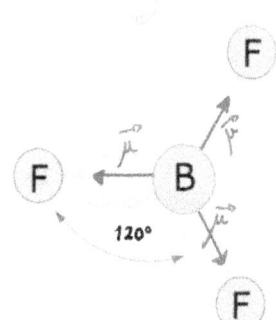

Además, como vemos se tiene que $\vec{\mu}_{TOTAL} = \vec{0}$

⟱

Molécula APOLAR

$\boxed{C F_4}$ LEWIS + RPECV

$C(z=6): 1s^2 2s^2 2p^2 \longrightarrow$ | 2s | 2p | 4e⁻ de valencia

$F(z=9): 1s^2 2s^2 2p^5 \longrightarrow$ | 2s | 2p | 7e⁻ de valencia

$$
\begin{array}{ccc}
\text{F} & & \text{F} \\
\text{F} \quad \text{C} \quad \text{F} & \Rightarrow & \text{F} - \text{C} - \text{F} \\
\text{F} & & \text{F}
\end{array}
\Rightarrow
\begin{array}{c}
:\ddot{F}: \\
| \\
:\ddot{F} - C - \ddot{F}: \\
| \\
:\ddot{F}:
\end{array}
$$

32 electrones   Quedan 24e⁻   Definitiva!!

La estructura es definitiva al ser nula la carga formal sobre todos los átomos. Se trata de una molécula tipo AX_4 que presentará geometría TETRAÉDRICA con ángulos de enlace de 109'5°

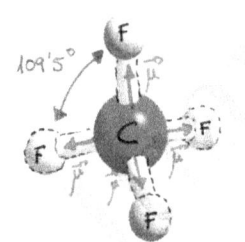

109'5°

De nuevo, vemos que se tiene

$$\vec{\mu}_{TOTAL} = \vec{0} \Rightarrow \text{Molécula APOLAR}$$

$\boxed{N F_3}$ LEWIS + RPECV

$N(z=7): 1s^2 2s^2 2p^3 \longrightarrow$ | 2s | 2p | 5e⁻ de valencia

$F(z=9): 1s^2 2s^2 2p^5 \longrightarrow$ | 2s | 2p | 7e⁻ de valencia

PÁGINA 8

F   N   F   ⟹   F – N – F   ⟹   :F̈ – N̈ – F̈:
                     | |

  F   F   :F̈:

26 electrones   Quedan 20e⁻   ¡Definitiva!!

La estructura es definitiva al ser nula la carga formal sobre todos los átomos. Se trata de una molécula AX_3E que presentará geometría de PIRÁMIDE TRIGONAL. Aunque la disposición de los pares de electrones en torno al átomo central es tetraédrica, el ángulo de enlace será menor al ángulo que correspondería a dicha geometría (109'5°). Esto se debe a la repulsión mayor del par no enlazante que "empuja" a los átomos de flúor haciendo que éstos "se cierren".

Par no enlazante

Ángulo menor que 109'5°
(ángulo de 102'5°)

Como vemos

$\vec{\mu}_{TOTAL} \neq \vec{0}$

⇩

Molécula POLAR

$\boxed{OF_2}$ LEWIS + RPECV

$O(z=8): 1s^2 2s^2 2p^4 \longrightarrow$ [↑↓] 2s [↑↓|↑|↑] 2p 6e⁻ de valencia

$F(z=9): 1s^2 2s^2 2p^5 \longrightarrow$ [↑↓] 2s [↑↓|↑↓|↑] 2p 7e⁻ de valencia

F   O   F $\Rightarrow$ F – O – F $\Rightarrow$ $:\ddot{F} - \ddot{O} - \ddot{F}:$

20 electrones   Quedan 16e⁻   Definitiva!!

La estructura es definitiva al ser nula la carga formal sobre todos los átomos. Se trata de una molécula AX_2E_2 que presentará geometría ANGULAR. Al igual que la molécula anterior y por exactamente el mismo motivo, tendremos ángulos de enlace menores al ángulo teórico (109'5°)

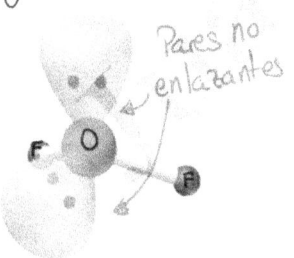

Pares no enlazantes

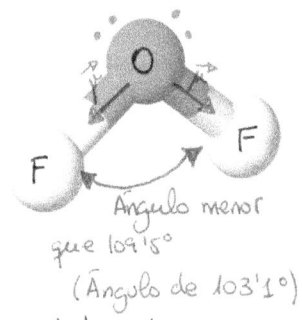

Ángulo menor que 109'5°
(Ángulo de 103'1°)

Como vemos

$\vec{\mu}_{TOTAL} \neq \vec{0}$

⇓

Molécula POLAR

c) Tal y como ya hemos justificado

$Ángulo_{NF_3} < Ángulo_{CF_4} < Ángulo_{BF_3}$

PROBLEMA 2

$$CH_3OH_{(\ell)} + \frac{3}{2} O_{2 (g)} \longrightarrow CO_{2 (g)} + 2 H_2O_{(\ell)} \quad \Delta H_R^0 \, ?$$

$$\Delta H_R^0 = \Sigma_i n \cdot \Delta H_{f \, productos}^0 - \Sigma_i n \cdot \Delta H_{f \, reactivos}^0$$

$$\Delta H_R^0 = \Delta H_{f_{CO_2}}^0 + 2 \cdot \Delta H_{f \, H_2O}^0 - \frac{3}{2} \cdot \Delta H_{f_{O_2}}^0 - \Delta H_{f_{CH_3OH}}^0$$

$$\Delta H_R^0 = -393'5 + 2 \cdot (-285'5) + 238'7 = -725'8 \, KJ$$

$$\implies \Delta H_{comb}^0 = -725'8 \, KJ/mol$$
$$_{CH_3OH}$$

$$C_2H_5OH_{(\ell)} + 3 O_{2 (g)} \longrightarrow 2 CO_{2 (g)} + 3 H_2O_{(\ell)} \quad \Delta H_R^0 \, ?$$

$$\Delta H_R^0 = 2 \cdot (-393'5) + 3 \cdot (-285'5) + 277'7 = -1365'8 \, KJ$$

$$\implies \Delta H_{comb.}^0 = -1365'8 \, KJ/mol$$
$$_{C_2H_5OH}$$

$$PM_{CO_2} = 12 + 2 \cdot 16 = 44 g/mol$$

Para el CH_3OH:

$$1 \cdot 10^6 \, KJ \times \frac{1 \, mol \, CH_3OH}{725'8 \, KJ} \times \frac{1 \, mol \, CO_2}{1 \, mol \, CH_3OH} \times \frac{44 \, g \, CO_2}{1 \, mol \, CO_2} = 60622'76 \, g \, CO_2$$

Para el C_2H_5OH:

$$1 \cdot 10^6 \, KJ \times \frac{1 \, mol \, C_2H_5OH}{1365'8 \, KJ} \times \frac{2 \, mol \, CO_2}{1 \, mol \, C_2H_5OH} \times \frac{44 \, g \, CO_2}{1 \, mol \, CO_2} = 64431'10 \, g \, CO_2$$

©Juan Bertomeu Ferrer
www.bertoblog.com

CUESTIÓN 3

a) Para que esto suceda tal y como dice el enunciado, los iones Ag^+ en disolución tendrán que captar electrones (REDUCIRSE) para transformarse en plata metálica Ag^0 y depositarse sobre la barra de cobre. Dichos electrones procederán de la OXIDACIÓN del cobre metálico Cu^0. Así:

Reducción: $\left(Ag^+_{(ac)} + 1e^- \longrightarrow Ag^0_{(s)}\right) \times 2$ $E^0_{red}(Ag^+/Ag^0) = 0'80 V$

Oxidación: $\underline{\quad Cu^0_{(s)} - 2e^- \longrightarrow Cu^{2+}_{(ac)} \qquad E^0_{oxi}(Cu^0/Cu^{2+}) = -0'34 V \quad}$

$Cu_{(s)} + 2Ag^+_{(ac)} \longrightarrow Cu^{2+}_{(ac)} + 2Ag_{(s)}$ $E^0_{global} = 0'46 V$

Como $E^0_{global} > 0 \Rightarrow$ Espontánea $\Rightarrow$ la afirmación es VERDADERA

b) Al tener los iones Zn^{2+} el mayor estado de oxidación posible, no puede oxidarse. El Zn^{2+} por tanto solo puede reducirse según:

$$Zn^{2+} + 2e^- \longrightarrow Zn^0$$

Para que el Zn^{2+} pueda reducirse, el Pb^{2+} debería oxidarse a Pb^{4+} según:

$$Pb^{2+} - 2e^- \longrightarrow Pb^{4+}$$

Sin embargo, y viendo los datos del enunciado que tenemos, hemos de asumir que los iones de Pb^{2+} solo pueden reducirse a Pb° (porque tenemos el potencial estándar de reducción de Pb^{2+}/Pb pero no tenemos el de Pb^{4+}/Pb^{2+}). Por tanto, los iones de Zn^{2+} no reaccionan con los iones de Pb^{2+} de los que disponemos y la afirmación es FALSA.

c) Veamos cuál es el potencial de la reacción entre los iones Cu^{2+} y el plomo metálico Pb

Reducción: $Cu^{2+} + 2e^- \longrightarrow Cu$ $E^{\circ}_{red}(Cu^{2+}/Cu) = 0'34\,V$

Oxidación: $Pb - 2e^- \longrightarrow Pb^{2+}$ $E^{\circ}_{oxi}(Pb/Pb^{2+}) = +0'14\,V$

$$Pb + Cu^{2+} \longrightarrow Pb^{2+} + Cu \qquad E^{\circ}_{global} = 0'48\,V$$

Como $E^{\circ}_{global} > 0 \Rightarrow$ Hay reacción $\Rightarrow$ La afirmación es FALSA.

d) Para obtener la mayor E°_{pila} tendremos que, dado que se obtiene según $E^{\circ}_{pila} = E^{\circ}_{reducción} + E^{\circ}_{oxidación}$, coger los pares que tengan mayor $E^{\circ}_{oxidación}$ y $E^{\circ}_{reducción}$ respectivamente. Así:

$$E^\circ_{\text{oxidación}} \begin{cases} \boxed{Zn/Zn^{2+} = 0'76 \, V} \\ Pb/Pb^{2+} = 0'14 \, V \\ Cu/Cu^{2+} = -0'34 \, V \\ Ag/Ag^+ = -0'80 \, V \end{cases} \qquad E^\circ_{\text{reducción}} \begin{cases} Zn^{2+}/Zn = -0'76 \, V \\ Pb^{2+}/Pb = -0'14 \, V \\ Cu^{2+}/Cu = 0'34 \, V \\ \boxed{Ag^+/Ag = 0'80 \, V} \end{cases}$$

Por tanto, la afirmación es VERDADERA, siendo:

$$E^\circ_{\text{pila}} = E^\circ_{\text{red}} + E^\circ_{\text{oxi}} = 0'76 + 0'80 = 1'56 \, V$$

PROBLEMA 4

$$2 \, SO_{3 \, (g)} \rightleftharpoons 2 \, SO_{2 \, (g)} + O_{2 \, (g)}$$

	$2 \, SO_3$	$2 \, SO_2$	O_2
Inicial	0'02	—	—
Reacciona	2x	—	—
Forma	—	2x	x
Equilibrio	0'02-2x	2x	x

$$n_{\text{totales gaseosos}} = (0'02-2x) + 2x + x = 0'02 + x$$

$$P \cdot V = n \, R \, T \Rightarrow 1'1 \cdot 1'5 = (0'02+x) \cdot 0'082 \cdot 900 \Rightarrow$$

$$\Rightarrow x = 2'358 \cdot 10^{-3} \, \text{moles}.$$

$$n_{SO_3} = 0'02-2x = 0'01528 \, \text{moles } SO_3 \text{ en equilibrio}$$

$$n_{SO_2} = 2x = 4'716 \cdot 10^{-3} \, \text{moles } SO_2 \text{ en equilibrio}$$

PÁGINA 14

$n_{O_2} = x = 2'358 \cdot 10^{-3}$ mol O_2 en equilibrio.

$$P \cdot V = nRT \implies P = \frac{nRT}{V}$$

$$P_{SO_3} = \frac{0'01528 \cdot 0'082 \cdot 900}{1'5} = 0'7518 \text{ atm}$$

$$P_{SO_2} = \frac{4'716 \cdot 10^{-3} \cdot 0'082 \cdot 900}{1'5} = 0'2321 \text{ atm}$$

$$P_{O_2} = \frac{2'358 \cdot 10^{-3} \cdot 0'082 \cdot 900}{1'5} = 0'1161 \text{ atm}$$

b) $k_c = \dfrac{[SO_2]^2 \cdot [O_2]}{[SO_3]^2} = \dfrac{\left(\frac{4'716 \cdot 10^{-3}}{1'5}\right)^2 \cdot \frac{2'358 \cdot 10^{-3}}{1'5}}{\left(\frac{0'01528}{1'5}\right)^2} = 1'4974 \cdot 10^{-4}$

$$K_p = \frac{P_{SO_2}^2 \cdot P_{O_2}}{P_{SO_3}^2} = \frac{0'2321^2 \cdot 0'1161}{0'7518^2} = 0'0111$$

CUESTIÓN 5

a) $CH_3 - \underset{\underset{CH_3}{|}}{C}H - CH = CH_2$ 3-metil-1-buteno

b) $CH_3 - CH_2 - CHO$ propanal

c) CH_2Cl_2 diclorometano

d) $CH_3-O-CH_2-CH_3$ etil metil éter / metoxietano
            (Prefendo IUPAC)

e) $CH_2 - CH - CH_2$ 1,2,3-propanotriol / Glicerol
  $\;\;|\qquad\;\;|\qquad\;\;|$ (Prefendo IUPAC)
  $OH\quad\;OH\quad\;\,OH$

f) NH_4ClO_4 perclorato de amonio

g) $Al_2(SO_4)_3$ sulfato de aluminio

h) Cr_2O_3 óxido de Cromo (III)

i) NaH_2PO_4 dihidrógeno fosfato de sodio

j) PH_3 trihidruro de fósforo / fosfano
            (Prefendo Iupac)

©Juan Bertomeu Ferrer
www.bertoblog.com

GENERALITAT VALENCIANA
CONSELLERIA D'EDUCACIÓ,
INVESTIGACIÓ, CULTURA I ESPORT

COMISSIÓ GESTORA DE LES PROVES D'ACCÉS A LA UNIVERSITAT

COMISIÓN GESTORA DE LAS PRUEBAS DE ACCESO A LA UNIVERSIDAD

SISTEMA UNIVERSITARI VALENCIÀ
SISTEMA UNIVERSITARIO VALENCIANO

PROVES D'ACCÉS A LA UNIVERSITAT	PRUEBAS DE ACCESO A LA UNIVERSIDAD
CONVOCATÒRIA: JUNY 2016	CONVOCATORIA: JUNIO 2016
Assignatura: QUÍMICA	Asignatura: QUÍMICA

BAREMO DEL EXAMEN: El alumno deberá elegir una opción (A o B) y contestar a las 3 cuestiones y los 2 problemas de la opción elegida. La calificación máxima de cada cuestión/problema será de 2 puntos y la de cada apartado se indica en el enunciado.
Según Acuerdo de la Comisión Gestora de los Procesos de Acceso y Preinscripción, únicamente se permite el uso de calculadoras que no sean gráficas o programables y que no puedan realizar cálculo simbólico ni almacenar texto o fórmulas en memoria.

OPCION A

CUESTION 1

Teniendo en cuenta las siguientes especies: HCN, PCl_3, NH_4^+, Cl_2O.
a) Represente la estructura de Lewis de cada una de las especies químicas propuestas. **(0,8 puntos)**
b) Prediga la geometría de las moléculas de cada una de las especies. **(0,8 puntos)**
c) Indique razonadamente si las moléculas PCl_3 y Cl_2O son polares o apolares. **(0,4 puntos)**

PROBLEMA 2

El gasohol es una mezcla de gasolina (octano, C_8H_{18}) y etanol (C_2H_6O) que se utiliza como combustible para reducir las emisiones globales de CO_2. Calcule: **(1 punto cada apartado)**
a) Las entalpías molares de combustión del octano y del etanol.
b) La cantidad de energía en forma de calor que se liberará al quemar 1 L de una mezcla de gasohol que contiene el 12,5 % (en peso) de etanol (siendo el 87,5 % restante octano) si la densidad de la mezcla es 0,757 $g \cdot cm^{-3}$.
Datos.- Masas atómicas relativas: H: 1; C: 12; O: 16.

Entalpías molares de formación, ΔH^o ($kJ \cdot mol^{-1}$): C_8H_{18}(l): −249,9; C_2H_6O(l): −277,7; CO_2(g): −393,5; H_2O(l): −285,8.

CUESTION 3

Teniendo en cuenta los potenciales estándar de reducción, E^o, dados al final del enunciado, responda razonadamente:
c) ¿Qué sucede cuando se introduce una lámina de estaño en cuatro disoluciones ácidas cada una de ellas conteniendo uno de los iones siguientes en concentración 1 M: Cu^{2+}, Fe^{2+}, Ag^+ y Cd^{2+}? **(1 punto)**
d) Si se construye una pila galvánica formada por los pares Pb^{2+}(ac)/Pb(s) y Ag^+(ac)/Ag(s):
    b.1) ¿Cuál será su potencial estándar, E^o? **(0,5 puntos)**
    b.2) Escriba las semireacciones que ocurren en el ánodo y el cátodo en la pila. **(0,5 puntos)**

Datos.- E^o (en V): Fe^{2+}/Fe: −0,44; Cd^{2+}/Cd: −0,40; Pb^{2+}/Pb: −0,13; Sn^{2+}/Sn: −0,14; Cu^{2+}/Cu: +0,34; Ag^+/Ag: +0,80.

PROBLEMA 4

El ácido láctico ($C_3H_5O_3H$) es un ácido monoprótico, HA, que se acumula en la sangre y los músculos al realizar actividad física. Una disolución acuosa 0,0284 M de este ácido está ionizada en un 6,7%.

$$C_3H_5O_3H(ac) \rightleftarrows C_3H_5O_3^-(ac) + H^+(ac)$$

a) Calcule el valor de K_a para el ácido láctico. **(1 punto)**
b) Calcule la cantidad (en gramos) de HCl disuelto en 0,5 L de disolución para que su pH sea el mismo que el de la disolución de ácido láctico del apartado anterior. **(1 punto)**
Datos.- Masas atómicas relativas: H: 1 ; Cl: 35,5.

CUESTION 5

Considere la reacción $2A + B \longrightarrow C$ que resulta ser de orden uno respecto de cada uno de los reactivos. Responda razonadamente las siguientes cuestiones: **(0,5 puntos cada apartado)**
a) Si la constante de velocidad tiene un valor de 0,021 $M^{-1} \cdot s^{-1}$ y las concentraciones iniciales de A y B son 0,1 y 0,2 M respectivamente, ¿cuál es la velocidad inicial de la reacción?
b) Calcule las velocidades de desaparición de A y B en estas condiciones.
c) Si, en un experimento distinto, la concentración de A se duplica respecto de las condiciones del apartado a), ¿cuál debe ser la concentración de B para que la velocidad inicial de la reacción sea la misma que en dicho apartado?
d) ¿Cómo variará la velocidad de la reacción a medida que avance el tiempo?

CUESTION 1

Conteste, razonadamente, si las siguientes afirmaciones son verdaderas o falsas: **(0,5 puntos cada apartado)**

a) El ion K^+ presenta un tamaño mayor que el átomo de K.

b) Los átomos neutros $^{12}_6C$ y $^{14}_6C$ tienen el mismo número de electrones.

c) Un átomo cuya configuración electrónica es $1s^2\ 2s^2\ 2p^6\ 3s^2\ 3p^6$ pertenece al grupo de los halógenos (grupo 17).

d) Un conjunto posible de números cuánticos para un electrón alojado en un orbital 3d es $(3, 2, 3, -1/2)$.

PROBLEMA 2

Los organismos aerobios tienen esta denominación porque necesitan oxígeno para su desarrollo. La reacción principal de la cadena transportadora de electrones donde se necesita el oxígeno es la siguiente (no ajustada):

$$O_2(g)\ +\ Fe^{2+}(ac)\ +\ H^+(ac)\ \longrightarrow\ H_2O(l)\ +\ Fe^{3+}(ac)$$

a) Escriba las semireacciones de oxidación y reducción y la reacción global ajustada. **(0,6 puntos)**

b) Indique la especie que actúa como oxidante y la que lo hace como reductora. **(0,4 puntos)**

c) ¿Qué volumen de aire (que contiene un 21 % de oxígeno en volumen) será necesario para transportar 0,2 moles de electrones si la presión parcial del O_2 es de 90 mmHg y a la temperatura corporal de 37 ºC? **(1 punto)**

Datos.- $R = 0,082$ atm·L·mol^{-1}·K^{-1}.   1 atm = 760 mmHg.

CUESTION 3

Uno de los métodos más eficientes de los utilizados en la actualidad para obtener dihidrógeno, $H_2(g)$, es el reformado con vapor de agua, $H_2O(g)$, del metano, $CH_4(g)$, componente principal del gas natural:

$$CH_4(g)\ +\ H_2O(g)\ \longrightarrow\ CO(g)\ +\ 3\,H_2(g)\qquad \Delta H = +191,7\ kJ$$

Discuta razonadamente si las siguientes afirmaciones son verdaderas o falsas: **(0,5 puntos cada apartado)**

a) La formación de CH_4 y H_2O a partir de CO y H_2 absorbe energía en forma de calor.

b) La energía que contienen los enlaces covalentes de los reactivos (CH_4 y H_2O) es mayor que la correspondiente a los enlaces covalentes de los productos (CO y H_2).

c) La formación de CO y H_2 a partir de CH_4 y H_2O implica un aumento de entropía del sistema.

d) La reacción aumenta su espontaneidad con la temperatura.

PROBLEMA 4

En un recipiente de 25 litros de volumen, en el que se ha hecho previamente el vacío, se depositan 10 moles de CO y 5 moles de H_2O a la temperatura de 900 ºC, estableciéndose el siguiente equilibrio:

$$CO(g)\ +\ H_2O(g)\ \rightleftharpoons\ CO_2(g)\ +\ H_2(g)\qquad K_c = 8,25\ a\ 900\ ^\circ C$$

Calcule, una vez se alcance el equilibrio:

a) Las concentraciones de todos los compuestos (en mol·L^{-1}). **(1 punto)**

b) La presión total de la mezcla. **(1 punto)**

Datos.- $R = 0,082$ atm·L·mol^{-1}·K^{-1}.

CUESTION 5

Complete las siguientes reacciones y nombre los compuestos orgánicos que intervienen en ellas.   **(0,4 puntos cada una)**

a) $CH_2 = CH_2\ +\ HCl\ \longrightarrow$

b) $CH_3 - CH_2OH\ \xrightarrow{\text{oxidante, } H^+}$

c) $CH_3 - CH_2OH\ +\ HCOOH\ \longrightarrow$

d) $CH_3 - CH = CH_2\ +\ Cl_2\ \longrightarrow$

e) $CH_3 - CH_2 - CH_2Br\ +\ OH^-\ \longrightarrow$

OPCIÓN A

CUESTIÓN 1

HCN LEWIS + RPECV

$N(z=7): 1s^2 2s^2 2p^3 \longrightarrow$ $\boxed{\uparrow\downarrow}$ 2s $\boxed{\uparrow|\uparrow|\uparrow}$ 2p 5e⁻ de valencia

$C(z=6): 1s^2 2s^2 2p^2 \longrightarrow$ $\boxed{\uparrow\downarrow}$ 2s $\boxed{\uparrow|\uparrow|\;}$ 2p 4e⁻ de valencia

$H(z=1): 1s^1 \longrightarrow$ $\boxed{\uparrow}$ 1s 1 e⁻ de valencia

H C N   ⇒ H – C – N   ⇒ H – C – N̈: ⇒
10 electrones   Quedan 6e⁻   (+2) (-2)
                              Cargas formales

⇒ H – C ≡ N: La estructura es definitiva al ser nula la
Definitiva!!   carga formal sobre todos los átomos. Se trata
                  de una molécula tipo AX₂ que presentará
                  geometría LINEAL

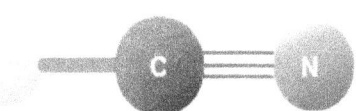

PCl₃ LEWIS + RPECV

$P(z=15): 1s^2 2s^2 2p^6 3s^2 3p^3 \rightarrow$ $\boxed{\uparrow\downarrow}$ 3s $\boxed{\uparrow|\uparrow|\uparrow}$ 3p 5e⁻ de valencia

$Cl(z=17): 1s^2 2s^2 2p^6 3s^2 3p^5 \longrightarrow$ $\boxed{\uparrow\downarrow}$ 3s $\boxed{\uparrow\downarrow|\uparrow\downarrow|\uparrow}$ 3p 7e⁻ de valencia

PÁGINA 1

Cl   P   Cl   Cl – P – Cl $:\ddot{C}l$ – $\ddot{P}$ – $\ddot{C}l:$
Cl   ⟹ | ⟹ |
                              Cl $:\ddot{C}l:$

26 electrones   Quedan 20e-   Definitiva!!

La estructura es definitiva al ser nula la carga

formal sobre todos los átomos. Tenemos una molécula tipo

AX_3E que presentará geometría de PIRÁMIDE TRIGONAL

Par no
enlazante

El cloro es más electronegativo que el fósforo. Los enlaces

P–Cl son significativamente polares y como vemos se tiene

$\vec{\mu}_{TOTAL} \neq \vec{0}$ ⟹ Molécula POLAR

$\boxed{NH_4^+}$ LEWIS + RPECV

$N(z=7)$ ⟶ 5e- de valencia ; $H(z=1)$ ⟶ 1e- de valencia

H   H   H   ⊕
                     | |⊕   ⎡   H   ⎤
H   N   H   ⟹   H – N – H   ⟹   H – N – H   ⟹   ⎢ H – N – H ⎥
                     | | ⎣ | ⎦
H   H   H   H

9 electrones   Quedan 0e-   Carga formal   Definitiva!!
– 1e- (carga ión)
8 electrones

PÁGINA 2

La estructura es definitiva pues la carga formal coincide con la carga neta del ión.

Tenemos una molécula tipo AX_4 que presentará una geometría TETRAÉDRICA

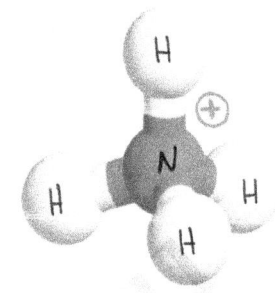

$\boxed{OCl_2}$ LEWIS + RPECV

$O(z=8): 1s^2\,2s^2\,2p^4 \longrightarrow 6e^-$ de valencia ; $Cl(z=17) \longrightarrow 7e^-$ de valencia

$Cl\ O\ Cl \quad\Longrightarrow\quad Cl-O-Cl \quad\Longrightarrow\quad :\overset{..}{\underset{..}{Cl}}-\overset{..}{\underset{..}{O}}-\overset{..}{\underset{..}{Cl}}:$

20 electrones   Quedan 16 e^- Definitiva!!

La estructura es definitiva al ser nula la carga formal sobre todos los átomos. Se trata de una molécula AX_2E_2 que presentará geometría ANGULAR.

Pares no enlazantes

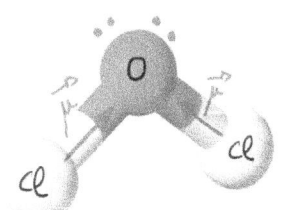

El oxígeno es ligeramente más electronegativo que el cloro. Los enlaces $Cl-O$ son débilmente polares pero se tiene un $\vec{\mu}_{TOTAL} \neq \vec{0}$ $\Rightarrow$ Molécula POLAR.

PÁGINA 3

PROBLEMA 2

$$C_8 H_{18\,(l)} + \frac{25}{2} O_{2\,(g)} \longrightarrow 8\,CO_{2\,(g)} + 9\,H_2 O_{(l)}$$

$$\Delta H_R^o = 9 \cdot \Delta H_f^o{}_{H_2O(l)} + 8 \cdot \Delta H_f^o{}_{CO_2(g)} - \frac{25}{2} \cdot \Delta H_f^o{}_{O_2(g)} - 1 \cdot \Delta H_f^o{}_{C_8H_{18}(l)}$$

$$\Delta H_R^o = 9 \cdot (-285'8) + 8 \cdot (-393'5) - 1 \cdot (-249'9) = -5470'3 \ KJ$$

$$\Longrightarrow \Delta H^o_{comb \atop C_8H_{18}(l)} = -5470'3 \ KJ/mol$$

$$C_2 H_6 O_{(l)} + 3\,O_{2\,(g)} \longrightarrow 2\,CO_{2\,(g)} + 3\,H_2 O_{(l)}$$

$$\Delta H_R^o = 3\,\Delta H_f^o{}_{H_2O(l)} + 2 \cdot \Delta H_f^o{}_{CO_2(g)} - 3 \cdot \Delta H_f^o{}_{O_2(g)} - 1 \cdot \Delta H_f^o{}_{C_2H_6O(l)}$$

$$\Delta H_R^o = 3\,(-285'8) + 2 \cdot (-393'5) - 1 \cdot (-277'7) = -1366'7 \ KJ$$

$$\Longrightarrow \Delta H^o_{comb \atop C_2H_6O} = -1366'7 \ KJ/mol$$

b) $1 \ Litro \ gasohol \times \dfrac{1000\,cm^3}{1\,L} \times \dfrac{0'757\,g}{1\,cm^3} = 757 \ gramos \ gasohol$

densidad !!

$757\,g \ gasohol \times$

$\dfrac{12'5\,g \ etanol}{100\,g \ gasohol} = 94'625 \ g \ C_2H_6O$

$\dfrac{87'5\,g \ octano}{100\,g \ gasohol} = 662'375 \ g \ C_8H_{18}$

$$94'625 \text{ g } C_2H_6O \times \frac{1 \text{ mol } C_2H_6O}{46 \text{ g } C_2H_6O} \times \frac{-1366'7 \text{ KJ}}{1 \text{ mol } C_2H_6O} = -2811'39 \text{ KJ}$$

$$PM_{etanol} = 2 \cdot 12 + 6 + 16 = 46 \text{ g/mol}$$

$$662'375 \text{ g } C_8H_{18} \times \frac{1 \text{ mol } C_8H_{18}}{114 \text{ g } C_8H_{18}} \times \frac{-5470'3 \text{ KJ}}{1 \text{ mol } C_8H_{18}} = -31784'12 \text{ KJ}$$

$$PM_{octano} = 8 \cdot 12 + 18 = 114 \text{ g/mol}$$

En total por tanto se estará liberando una energía en forma de calor dada por:

$$Q = -2811'39 - 31784'12 = -34595'51 \text{ KJ}$$

donde el signo negativo indica que es un calor desprendido.

CUESTIÓN 3

a) Una lámina de estaño es estaño metálico Sn(s). El estaño metálico Sn(s) solo puede oxidarse. Para que ello suceda los iones de las disoluciones ácidas tendrán que reducirse. De lo que se trata es de ver cuáles de las reacciones propuestas tendrá lugar por ser espontánea.

Una reacción es espontánea cuando $\Delta G < 0$.

Siendo $\Delta G° = -n \cdot F \cdot E°$, será $\Delta G° < 0$ cuando sea $E° > 0$.

Así:

$$E^o_{reducción}\left(Sn^{+2}_{(ac)}/Sn^o_{(s)}\right) = -0'14V \Rightarrow E^o_{oxidación}\left(Sn_{(s)}/Sn^{+2}_{(ac)}\right) = +0'14V$$

$\boxed{Sn(s) + Cu^{2+}_{(ac)}}$

$$E^o_{reacción} = E^o_{oxidación} + E^o_{reducción} = 0'14 + 0'34 = 0'48V$$

Como $E^o > 0 \Rightarrow$ Se produce la reacción.

$\boxed{Sn(s) + Fe^{2+}_{(ac)}}$

$$E^o_{reacción} = E^o_{oxidación} + E^o_{reducción} = 0'14 - 0'44 = -0'3V$$

Como $E^o < 0 \Rightarrow$ No se produce la reacción.

$\boxed{Sn(s) + Ag^+_{(ac)}}$

$$E^o_{reacción} = E^o_{oxidación} + E^o_{reducción} = 0'14 + 0'80 = 0'94V$$

Como $E^o > 0 \Rightarrow$ Se produce la reacción.

$\boxed{Sn(s) + Cd^{2+}_{(ac)}}$

$$E^o_{reacción} = E^o_{oxidación} + E^o_{reducción} = 0'14 - 0'40 = -0'26V$$

Como $E^o < 0 \Rightarrow$ No se produce la reacción.

b) Como vemos en los potenciales estándar de reducción dados, la plata $Ag^+_{(ac)}$ tiene mayor tendencia a reducirse. Por tanto la plata Ag^+ se reducirá y el plomo sólido $Pb_{(s)}$ se oxidará según:

Reducción: $\left(Ag^+_{(ac)} + 1e^- \longrightarrow Ag^0_{(s)} \right) \times 2$ $E^0_{red}(Ag^+/Ag) = 0'80V$
CÁTODO

Oxidación: $\underline{Pb_{(s)} - 2e^- \longrightarrow Pb^{2+}_{(ac)}}$ $E^0_{oxi}(Pb/Pb^{2+}) = +0'13V$
ÁNODO

$2 Ag^+_{(ac)} + Pb_{(s)} \longrightarrow 2 Ag_{(s)} + Pb^{2+}_{(ac)}$ $E^0_{pila} = 0'93V$

PROBLEMA 4

$$C_3H_5O_3H_{(ac)} \rightleftharpoons C_3H_5O_3^-{}_{(ac)} + H^+_{(ac)}$$

	$C_3H_5O_3H$	$C_3H_5O_3^-$	H^+
Inicial	0'0284	—	—
Reacciona	$\frac{6'7}{100} \cdot 0'0284 = 1'9028 \cdot 10^{-3}$	—	—
Forma	—	$1'9028 \cdot 10^{-3}$	$1'9028 \cdot 10^{-3}$
Equilibrio	0'0264972	$1'9028 \cdot 10^{-3}$	$1'9028 \cdot 10^{-3}$

$$Ka = \frac{[C_3H_5O_3^-] \cdot [H^+]}{[C_3H_5O_3H]} = \frac{(1'9028 \cdot 10^{-3})^2}{0'0264972} = 1'3664 \cdot 10^{-4}$$

El HCl es un ácido fuerte que se disocia completamente

$$HCl_{(ac)} \longrightarrow Cl^-_{(ac)} + H^+_{(ac)}$$

	HCl	Cl^-	H^+
Inicial	C_0	—	—
Final	...	...	C_0

Si el pH tiene que ser el mismo $\Rightarrow [H^+]_{HCl} = [H^+]_{C_3H_5O_3H}$

$$\Rightarrow C_{0_{HCl}} = 1'9028 \cdot 10^{-3} \, mol/L \Rightarrow \frac{n_{HCl}}{V_{dsón}} = 1'9028 \cdot 10^{-3} \Rightarrow$$

$$\Rightarrow n_{HCl} = 1'9028 \cdot 10^{-3} \cdot 0'5 = 9'514 \cdot 10^{-4} \, mol \; HCl$$

$$9'514 \cdot 10^{-4} \, mol \; HCl \times \frac{36'5 g \; HCl}{1 mol \; HCl} = 0'03473 \, g \; HCl$$

CUESTIÓN 5

$$2A + B \longrightarrow C \; ; \; V = K \cdot [A]^x \cdot [B]^y \Rightarrow V = K \cdot [A] \cdot [B]$$

a) $V = 0'021 \cdot 0'1 \cdot 0'2 = 4'2 \cdot 10^{-4} \; \dfrac{mol}{L \cdot s}$

b) $V_R = -\dfrac{1}{2} \dfrac{d[A]}{dt} = -1 \cdot \dfrac{d[B]}{dt} \Rightarrow$

$\qquad\qquad\quad \downarrow \qquad\qquad \downarrow$
$\qquad\qquad V_A \qquad\qquad V_B$

$$\begin{cases} V_A = -2 V_R = -8'4 \cdot 10^{-4} \; \dfrac{mol}{L \cdot s} \\[3mm] V_B = -V_R = -4'2 \cdot 10^{-4} \; \dfrac{mol}{L \cdot s} \end{cases}$$

c) $V_1 = V_2 \Rightarrow K \cdot [A]_1 [B]_1 = K \cdot [A]_2 [B]_2 \Rightarrow [A]_1 [B]_1 = 2 \cdot [A]_1 \cdot [B]_2$

$$\Rightarrow [B]_2 = \frac{[B]_1}{2} = \frac{0'2}{2} = 0'1 M$$

d) La velocidad de reacción depende de la concentración de los reactivos. A medida que transcurre el tiempo los reactivos se van consumiendo, disminuyendo su concentración y por tanto disminuyendo también la velocidad de reacción.

CUESTIÓN 1

a) Cuando un átomo pierde uno o más electrones formándose un ión positivo, la fuerza de atracción sobre los electrones que queden aumentará, habiendo por tanto una reducción de tamaño.

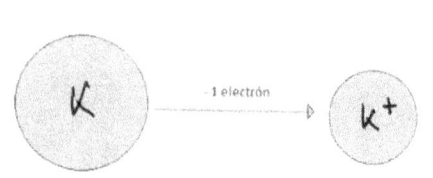

Por tanto $r_K > r_{K^+}$, siendo así FALSA la afirmación.

b) Dado un átomo NEUTRO $^A_Z X$, el número atómico z representa el número de protones y el número de electrones del mismo. En ambos casos, $z = 6 \Rightarrow$ VERDADERA

c) FALSO. Un átomo con esa configuración electrónica pertene al grupo de los gases nobles (grupo 18)

d) $(3, 2, 3, -\frac{1}{2}) \longrightarrow (n, \ell, m, s)$

El número cuántico principal "n" corresponde al número del nivel energético. Se tendrá siempre $n \geqslant 1$, con lo que $n = 3$ es un valor posible.

PÁGINA 9

El número cuántico azimutal "l" determina la forma de los orbitales (excentricidad de las órbitas) y el subnivel energético. Toma valores desde 0 hasta $n-1$.

Para $n=3$, los posibles valores de l son $\{0, 1, 2\}$

$$n=3 \begin{cases} l=0 \Rightarrow 3s \\ l=1 \Rightarrow 3p \\ l=2 \Rightarrow 3d \rightarrow \text{El valor } l=2 \text{ es correcto.} \end{cases}$$

El número cuántico magnético "m" indica la orientación espacial de la órbita y toma valores $-l \leq m \leq l$

$$l=2 \begin{cases} m=-2 \\ m=-1 \\ m=0 \\ m=1 \\ m=2 \end{cases}$$ El valor $m=3$ por tanto no es posible, y la afirmación es FALSA.

PROBLEMA 2.

$$O_2^0{}_{(g)} + Fe^{2+}{}_{(ac)} + H^+{}_{(ac)} \longrightarrow H_2O^{-2}{}_{(l)} + Fe^{3+}{}_{(ac)}$$

Reducción: $O_2^0{}_{(g)} + 4H^+{}_{(ac)} + 4e^- \longrightarrow 2 H_2O^{-2}{}_{(l)}$

Oxidación: $\left(Fe^{2+}{}_{(ac)} - 1e^- \longrightarrow Fe^{3+}{}_{(ac)} \right) \times 4$

Global: $O_2{}_{(g)} + 4 Fe^{2+}{}_{(ac)} + 4H^+{}_{(ac)} \longrightarrow 2 H_2O_{(l)} + 4 Fe^{3+}{}_{(ac)}$

donde la especie oxidante es el $O_2{}_{(g)}$ y la especie reductora es el $Fe^{2+}{}_{(ac)}$

PÁGINA 10

$0'2$ mol de e^- $\times$ $\dfrac{1 \, mol \, de \, O_{2(g)}}{4 \, mol \, de \, e^-}$ $=$ $0'05$ mol de $O_{2(g)}$

$P \cdot V = n \, R \, T \Rightarrow V = \dfrac{n \, R \, T}{P} = \dfrac{0'05 \cdot 0'082 \cdot 310}{90/760} = 10'733 \, L \, de \, O_2$

$10'733 \, L$ de $O_2 \times \dfrac{100 \, L \, Aire}{21 \, L \, de \, O_2} = 51'109 \, L$ de aire

CUESTIÓN 3

$$CH_{4(g)} + H_2O_{(g)} \longrightarrow CO_{(g)} + 3H_{2(g)} \qquad \Delta H = +191'7 \, KJ$$

a) Como vemos, la reacción es endotérmica, al ser $\Delta H > 0$. Esto significa que la reacción inversa en la que se forma $CH_{4(g)}$ y $H_2O_{(g)}$ a partir de $CO_{(g)}$ y $H_{2(g)}$ será exotérmica:

$$CO_{(g)} + 3H_{2(g)} \longrightarrow CH_{4(g)} + H_2O_{(g)} \qquad \Delta H = -191'7 \, KJ$$

La afirmación por tanto es FALSA.

b) En una reacción química, los enlaces químicos de los reactivos se rompen y luego se reordenan para constituir los nuevos enlaces de los productos. En esta operación se requiere cierta cantidad de energía que será liberada si el enlace roto vuelve a formarse. Los enlaces más fuertes son aquellos que precisan mayor esfuerzo energético para romperse. Así, si en los productos se forman enlaces más fuertes que los que se rompen en los reactivos la reacción será exotérmica y, en caso contrario, será endotérmica. Por todo ello la afirmación es VERDADERA.

c) En la reacción $CH_{4(g)} + H_2O_{(g)} \longrightarrow CO_{(g)} + 3H_{2(g)}$ hay cierto aumento del "desorden" molecular al ser mayor el número de moles gaseosos de los productos que de los reactivos. Por tanto, tendremos $\Delta S > 0$ y la afirmación es VERDADERA

d) Una reacción es espontánea cuando $\Delta G < 0$, siendo $\Delta G = \Delta H - T \cdot \Delta S$. En nuestro caso:

$$\left.\begin{array}{l} \Delta H > 0 \\ \Delta S > 0 \end{array}\right\} \Rightarrow \underset{>0}{\Delta H} - \underset{>0}{T \cdot \Delta S} < 0 \Rightarrow -T \cdot \Delta S < -\Delta H \Rightarrow$$

$$\Rightarrow T \cdot \Delta S > \Delta H \Rightarrow T > \frac{\Delta H}{\Delta S}.$$ Como vemos, las altas temperaturas favorecen la espontaneidad y la afirmación es VERDADERA.

PÁGINA 12

PROBLEMA 4

$$CO_{(g)} + H_2O_{(g)} \rightleftharpoons CO_{2(g)} + H_{2(g)} \qquad K_C = 8'25$$

Inicial	10	5	—	—
Reaccionan	x	x	—	—
Forman	—	—	x	x
Equilibrio	10-x	5-x	x	x

$$K_C = \frac{[CO_2]\cdot[H_2]}{[CO]\cdot[H_2O]} \Rightarrow 8'25 = \frac{\frac{x}{25}\cdot\frac{x}{25}}{\frac{10-x}{25}\cdot\frac{5-x}{25}} = \frac{x^2}{(10-x)(5-x)}$$

$$\Rightarrow 8'25 = \frac{x^2}{50-15x+x^2} \Rightarrow 7'25x^2 - 123'75x + 412'5 = 0$$

$x = 12'527$ ~~$0<x\leq 5$~~ !!
$x = 4'5419$ mol

$$[CO_{2(g)}] = \frac{4'5419}{25} = 0'18168 \text{ mol/L} = [H_{2(g)}]$$

$$[CO_{(g)}] = \frac{10-4'5419}{25} = 0'21832 \text{ mol/L}$$

$$[H_2O_{(g)}] = \frac{5-4'5419}{25} = 0'01832 \text{ mol/L}$$

b) $n_{\text{totales gaseosos}} = (10-x)+(5-x)+x+x = 15$ moles de gas

$$P\cdot V = nRT \Rightarrow P = \frac{15\cdot0'082\cdot1173}{25} = 57'71 \text{ atm}$$

CUESTIÓN 5

a) $CH_2 = CH_2 + HCl \longrightarrow CH_2Cl - CH_3$

eteno   cloroetano

Se trata de una reacción de adición al doble enlace.

b) $CH_3 - CH_2OH \xrightarrow{\text{oxidante, } H^+} CH_3 - CHO$

etanol   etanal

Se trata de la oxidación de un alcohol primario sobre la que puedes ampliar en el examen de JULIO 2013

c) $CH_3 - CH_2OH + HCOOH \longrightarrow HCOO - CH_2 - CH_3 + H_2O$

etanol   ácido   metanoato de
          metanoico   etilo

Tenemos una reacción de esterificación que se da entre un ácido carboxílico y un alcohol primario.

d) $CH_3 - CH = CH_2 + Cl_2 \longrightarrow CH_3 - CHCl - CH_2Cl$

    propeno   1,2 - dicloropropano

De nuevo, tenemos una reacción de adición al doble enlace:

e) $CH_3 - CH_2 - CH_2Br + OH^- \longrightarrow CH_3 - CH_2 - CH_2OH + Br^-$

    1 - bromopropano   1-propanol

Se trata de una reacción de sostitución nucleófila:

$(CH_3 - CH_2 - CH_2)^+ \, \overset{-}{Br} \; + OH^-$

COMISSIÓ GESTORA DE LES PROVES D'ACCÉS A LA UNIVERSITAT

COMISIÓN GESTORA DE LAS PRUEBAS DE ACCESO A LA UNIVERSIDAD

SISTEMA UNIVERSITARI VALENCIÀ
SISTEMA UNIVERSITARIO VALENCIANO

PROVES D'ACCÉS A LA UNIVERSITAT	PRUEBAS DE ACCESO A LA UNIVERSIDAD
CONVOCATÒRIA: JULIOL 2016	CONVOCATORIA: JULIO 2016
Assignatura: QUÍMICA	Asignatura: QUÍMICA

BAREMO DEL EXAMEN: El alumno deberá elegir una opción (A o B) y contestar a las 3 cuestiones y los 2 problemas de la opción elegida. La calificación máxima de cada cuestión/problema será de 2 puntos y la de cada subapartado se indica en el enunciado.
Según Acuerdo de la Comisión Gestora de los Procesos de Acceso y Preinscripción, únicamente se permite el uso de calculadoras que no sean gráficas o programables y que no puedan realizar cálculo simbólico ni almacenar texto o fórmulas en memoria.

OPCION A

CUESTION 1

Considere los elementos A, B y C cuyos números atómicos son 7, 8 y 17, respectivamente, y responda las cuestiones:

a) Aplicando la regla del octeto deduzca razonadamente la fórmula molecular del compuesto formado por:

a₁) **A y C**   a₂) **B y C**   **(1 punto)**

b) A partir de las estructuras de Lewis de los dos compuestos deducidos en el apartado a), explique la geometría de cada una de las dos moléculas y justifique si son polares o apolares. **(1 punto)**

PROBLEMA 2

El metal cinc reacciona con nitrato potásico en presencia del ácido sulfúrico, dando sulfato de amonio, sulfato de potasio, sulfato de cinc y agua, según la reacción no ajustada: **(1 punto cada apartado)**

$$Zn(s) + KNO_3(ac) + H_2SO_4(ac) \longrightarrow (NH_4)_2SO_4(ac) + K_2SO_4(ac) + ZnSO_4(ac) + H_2O(l)$$

a) Escriba la reacción redox debidamente ajustada e indique qué especie actúa como oxidante y cuál como reductora.

b) Calcule los gramos de cinc que reaccionarán con 45,5 gramos de nitrato potásico.

Datos.- Masas atómicas relativas: N (14) ; O (16) ; K (39,1) ; Zn (65,4).

CUESTION 3

A cierta temperatura el hidrogenocarbonato de sodio, $NaHCO_3$, se descompone parcialmente según el equilibrio:

$$2\,NaHCO_3(s) \rightleftharpoons Na_2CO_3(s) + CO_2(g) + H_2O(g) \qquad \Delta H° = +135\ kJ$$

Explique, razonadamente, el efecto que, sobre los moles de Na_2CO_3 formado, tendrá: **(0,5 puntos cada apartado)**

a) Reducir el volumen del recipiente manteniendo constante la temperatura.

b) Extraer del recipiente una parte de los gases producidos (CO_2+H_2O).

c) Elevar la temperatura de la mezcla en equilibrio manteniendo constante la presión.

d) Adicionar más $NaHCO_3$ a la mezcla en equilibrio.

PROBLEMA 4

La aspirina es un analgésico utilizado en el tratamiento del dolor y la fiebre. Su principio activo, el ácido acetilsalicílico, $C_9H_8O_4$, es un ácido monoprótico, HA, con una constante de acidez $K_a = 3,24 \cdot 10^{-4}$. Calcule:

a) El volumen de la disolución que contiene disuelto un comprimido de 0,5 g de ácido acetilsalicílico si su pH resulta ser 3,0. **(1 punto)**

b) ¿Cuál será el pH de la disolución obtenida al disolver otro comprimido de 500 mg en agua si se obtuvieron 200 mL de disolución? **(1 punto)**

Datos.- Masas atómicas relativas: H (1) ; C (12) ; O (16).

CUESTION 5

Considere la reacción entre los reactivos A y B para dar lugar a los productos: $A + B \longrightarrow$ productos. La reacción es de primer orden respecto de A y de segundo orden respecto de B. Cuando las concentraciones de A y B son 0,1 M y 0,2 M, respectivamente, la velocidad de la reacción resulta ser 0,00125 $mol \cdot L^{-1} \cdot s^{-1}$. **(1 punto cada apartado)**

a) Escriba la ley de velocidad y explique cómo variará la velocidad de la reacción a medida que avance la reacción.

b) Calcule la constante de velocidad de la reacción.

CUESTION 1

a) Escriba la configuración electrónica de cada una de las siguientes especies químicas: Ca^{2+}, Cl, Se^{2-}. **(0,9 puntos)**

b) Explique, justificando la respuesta, si son ciertas o falsas las siguientes afirmaciones:

b_1) La primera energía de ionización del átomo de selenio es mayor que la del átomo de cloro. **(0,6 puntos)**

b_2) El radio del átomo de calcio es menor que el del átomo de cloro. **(0,5 puntos)**

Datos- Números atómicos: Cl (17) ; Ca (20) ; Se (34).

PROBLEMA 2

El ácido fluorhídrico, HF (ac), es capaz de disolver al vidrio, formado mayoritariamente por dióxido de silicio, SiO_2 (s), de acuerdo con la reacción (no ajustada):

$$SiO_2(s) \ + \ HF(ac) \ \longrightarrow \ SiF_4(g) \ + \ H_2O(l)$$

A 150 mL de una disolución 0,125 M de HF (ac) se le añaden 1,05 g de SiO_2 (s) puro.

a) Ajuste la reacción anterior y calcule los gramos de cada uno de los dos reactivos que quedan sin reaccionar. **(1 punto)**

b) ¿Cuántos gramos de SiF_4 se habrán obtenido? **(1 punto)**

Datos.- Masas atómicas relativas: H (1) ; O (16) ; F (19) ; Si (28,1).

CUESTION 3

Se dispone de disoluciones 0,05 M de los siguientes compuestos: KCN, $NaNO_2$, NH_4Cl y KOH. Responda a las siguientes cuestiones:

a) Explique, razonadamente, si cada una de las anteriores disoluciones será ácida, básica o neutra. **(0,8 puntos)**

b) Explique, justificando la respuesta, si la disolución resultante de mezclar 50 mL de la disolución de NH_4Cl y 50 mL de la disolución de KOH, será ácida, básica o neutra. **(0,7 puntos)**

c) ¿Qué efecto producirá en el pH de una disolución de NH_4Cl la adición de una pequeña cantidad de amoníaco? **(0,5 puntos)**

Datos.- K_a (HCN) = $4,8 \cdot 10^{-10}$; K_a (HNO_2) = $5,1 \cdot 10^{-4}$; K_b (NH_3) = $1,8 \cdot 10^{-5}$.

PROBLEMA 4

A 415 ºC el yodo reacciona con el hidrógeno según el siguiente equilibrio:

$$I_2(g) \ + \ H_2(g) \ \rightleftharpoons \ 2\,HI(g) \qquad K_p = 54,7 \ \left(a\ 415\ ^\circ C\right)$$

En un recipiente cerrado, en el que previamente se ha hecho el vacío, se introducen 0,5 moles de yodo y 0,5 moles de hidrógeno. Una vez alcanzado el equilibrio, la presión total en el interior del recipiente es de 1,5 atmósferas. Calcule:

a) La presión parcial de cada uno de los gases presentes en el equilibrio a 415 ºC. **(1,2 puntos)**

b) El porcentaje en peso de yodo que ha reaccionado. **(0,8 puntos)**

Datos- Masa atómica relativa: I (126,9). R = 0,082 atm·L·mol^{-1}·K^{-1}.

CUESTION 5

Complete las siguientes reacciones y nombre los compuestos orgánicos que intervienen en ellas. **(0,4 puntos cada una)**

a) $CH_2=CH_2 \ + \ H_2 \ \xrightarrow{\text{catalizador, calor}}$

b) $CH_2=CH_2 \ + \ HCl \ \xrightarrow{\text{catalizador, calor}}$

c) $CH_2=CH_2 \ + \ H_2O \ \xrightarrow{\text{H}^+,\text{ calor}}$

d) $CH_2=CH_2 \ + \ Cl_2 \ \xrightarrow{\text{catalizador, calor}}$

e) $n\ CH_2=CH_2 \ \xrightarrow{\text{catalizador, calor}}$

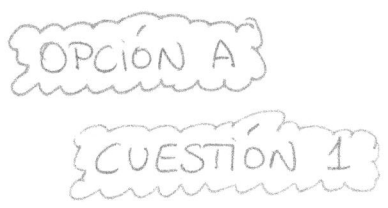

{OPCIÓN A}

{CUESTIÓN 1}

$A(z=7): 1s^2 2s^2 2p^3 \longrightarrow$ [2s ↑↓] [2p ↑ | ↑ | ↑] $5e^-$ de valencia

$B(z=8): 1s^2 2s^2 2p^4 \longrightarrow$ [2s ↑↓] [2p ↑↓ | ↑ | ↑] $6e^-$ de valencia

$C(z=17): 1s^2 2s^2 2p^6 3s^2 3p^5 \longrightarrow$ [3s ↑↓] [↑↓ | ↑↓ | ↑] $7e^-$ de valencia

a_1) | A y C |

$\cdot \ddot{A} \cdot \quad \cdot \ddot{C} : \implies :\ddot{C} \cdot \ddot{A} \cdot \ddot{C}: \implies AC_3$

$\ddot{C}$

Lewis:

$:\ddot{C} - \ddot{A} - \ddot{C}:$
$\quad\quad |$
$\quad :\ddot{C}:$

La estructura es definitiva al ser nula la carga formal sobre todos los átomos. Tendremos una molécula tipo AX_3E que presentará geometría de PIRÁMIDE TRIGONAL.

Par no enlazante

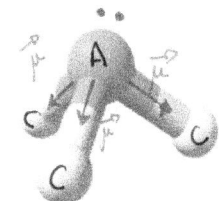

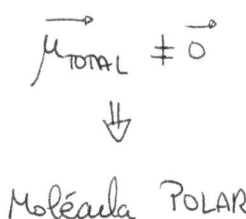

$\vec{\mu}_{TOTAL} \neq \vec{0}$

$\Downarrow$

Molécula POLAR

Los átomos $C(z=17)$ son ligeramente más electronegativos que $A(z=7)$. Los enlaces $A-C$ presentan una polaridad relativamente baja, aunque en global $\vec{\mu}_{TOTAL} \neq \vec{0}$ siendo por tanto una molécula POLAR.

$a_2)$ ┃ B y C ┃

$\cdot \ddot{B} \cdot \quad \cdot \ddot{C} \vdots \Rightarrow \left(C \cdot \cdot B \cdot \cdot C \right) \Rightarrow BC_2$

Lewis:

$\vdots \ddot{C} - \ddot{B} - \ddot{C} \vdots$

La estructura es definitiva al ser nula la carga formal sobre todos los átomos. Tenemos una molécula tipo AX_2E_2 que presentará geometría ANGULAR.

Pares no enlazantes

Como vemos, $\vec{\mu}_{TOTAL} \neq \vec{0} \Rightarrow$ Molécula POLAR.

PÁGINA 2

PROBLEMA 2

a) $Zn_{(s)} + KNO_{3\,(ac)} + H_2SO_{4\,(ac)} \longrightarrow (NH_4)_2SO_{4\,(ac)} + K_2SO_{4\,(ac)} + ZnSO_{4\,(ac)} + H_2O_{(e)}$

Ecuación Iónica:

$Zn^0 + K^+ + \overset{+5}{N}O_3^- + 2H^+ + SO_4^{2-} \longrightarrow 2\overset{-3}{N}H_4^+ + 2K^+ + \overset{+2}{Zn} + 3SO_4^{2-} + H_2O$

Reducción: $2\overset{+5}{N}O_3^- + 16e^- + 20H^+ \longrightarrow 2\overset{-3}{N}H_4^+ + 6H_2O$

Oxidación: $\left(Zn^0 - 2e^- \longrightarrow Zn^{+2} \right) \times 8$

Ecuación Iónica Ajustada: $2NO_3^-{}_{(ac)} + 20H^+{}_{(ac)} + 8Zn_{(s)} \longrightarrow 2NH_4^+{}_{(ac)} + 8Zn^{+2}{}_{(ac)} + 6H_2O_{(e)}$

Y por tanto la ecuación molecular ajustada es:

$8Zn_{(s)} + 2KNO_{3(ac)} + 10H_2SO_{4(ac)} \longrightarrow (NH_4)_2SO_{4\,(ac)} + K_2SO_{4(ac)} + 8ZnSO_{4(ac)} + 6H_2O_{(e)}$

$45'5\ g\ KNO_3 \times \dfrac{1\ mol\ KNO_3}{101'1\ g\ KNO_3} \times \dfrac{8\ mol\ Zn_{(s)}}{2\ mol\ KNO_3} \times \dfrac{65'4\ g\ Zn}{1\ mol\ Zn_{(s)}} =$

$PM_{KNO_3} = 39'1 + 14 + 3 \cdot 16 = 101'1\ g/mol$

$= 117'73\ g\ de\ Zn_{(s)}$

Donde el agente oxidante es el NO_3^- y el reductor es el $Zn_{(s)}$.

¿CUESTIÓN 3?

$$2 NaHCO_{3(s)} \rightleftharpoons Na_2CO_{3(s)} + CO_{2(g)} + H_2O_{(g)} \qquad \Delta H° = +135 \, KJ$$

a) Al reducir el volumen del recipiente se producirá un aumento de presión. Para restablecer ese aumento de presión, la presión disminuirá cuando la reacción se desplace hacia donde haya menos moles gaseosos. En nuestro caso, el equilibrio se desplazará a la izquierda disminuyendo por tanto los moles de Na_2CO_3

b) Si quitamos una parte de los gases (productos) el equilibrio consumirá reactivos para que se formen nuevos productos y que se restituya el equilibrio. Es decir, la reacción se desplaza hacia la derecha aumentando así los moles de Na_2CO_3.

c) Fijémonos en que en este equilibrio se tiene:

$$2 NaHCO_{3(s)} \xrightleftharpoons{\substack{\text{Reacción Directa } \Delta H° = +135 \, KJ \, (\text{Endotérmica}) \\ \text{Reacción Inversa } \Delta H° = -135 \, KJ \, (\text{Exotérmica})}} Na_2CO_{3(s)} + CO_{2(g)} + H_2O_{(g)}$$

Para que suceda la reacción directa, hemos de aportar calor (endotérmica). Aumentar la temperatura es justamente aportar calor y por tanto será la ruta endotérmica la que se favorezca. Así, el equilibrio se desplaza hacia la derecha, aumentando por tanto los moles de Na_2CO_3.

d) El $NaHCO_3$ es un sólido, y adicionar moles de esta sustancia no tendrá ningún efecto sobre el equilibrio, permaneciendo constantes por tanto los moles de Na_2CO_3

PROBLEMA 4

$$C_9H_8O_4 + H_2O \rightleftharpoons C_9H_7O_4^- + H_3O^+$$

Inicial	C_0	...	—	—
Reacciona	x	...	—	—
Forma	—	—	x	x
Equilibrio	C_0-x	...	x	x

$$K_a = 3'24 \cdot 10^{-4} = \frac{x^2}{C_0-x} \qquad pH = -\log[H_3O^+] = -\log x$$

a) $pH = 3$; $\Rightarrow -\log x = 3 \Rightarrow x = 10^{-3} = 0'001 \; mol/L$

$$3'24 \cdot 10^{-4} = \frac{(0'001)^2}{C_0 - 0'001} \Rightarrow C_0 = 4'08642 \cdot 10^{-3} \; mol/L$$

$$0'5g \; C_9H_8O_4 \times \frac{1 \; mol \; C_9H_8O_4}{180g \; C_9H_8O_4} \times \frac{1 \; Litro \; dsón}{4'08642 \cdot 10^{-3} mol} = 0'680 \; Litros$$

$$PM_{C_9H_8O_4} = 9 \cdot 12 + 8 + 4 \cdot 16 = 180 \; g/mol$$

b) La nueva concentración inicial será:

$$C_0 = \frac{n_{soluto}}{V_{dsón}} = \frac{\frac{m}{PM}}{V_{dsón}} = \frac{\frac{0'5}{180}}{0'2} = 0'01389 \; mol/L$$

$$3'24 \cdot 10^{-4} = \frac{x^2}{0'01389 - x} \Rightarrow x^2 + 3'24 \cdot 10^{-4} x - 4'5 \cdot 10^{-6} = 0$$

$$x = \cancel{Negativo}$$

$$x = 1'9655 \cdot 10^{-3} \; mol/L$$

$$pH = -\log x = -\log(1'9655 \cdot 10^{-3}) = 2'706$$

CUESTIÓN 5

$V = K \cdot [A]^x \cdot [B]^y$, siendo x e y los órdenes parciales de reacción.

$V = K \cdot [A] \cdot [B]^2$

$\quad \hookrightarrow 0'00125 = K \cdot 0'1 \cdot 0'2^2 \Rightarrow K = 0'3125 \dfrac{L^2}{mol^2 \cdot s}$

$\qquad \dfrac{mol}{L \cdot s} = [K] \cdot \dfrac{mol}{L} \cdot \dfrac{mol^2}{L^2}$

$\qquad \Rightarrow V = 0'3125 \cdot [A] \cdot [B]^2$

La velocidad de la reacción depende de las concentraciones [A] y [B]. Conforme avance la reacción y estos reactivos desaparezcan, disminuirá su concentración y, por tanto, también la velocidad de reacción.

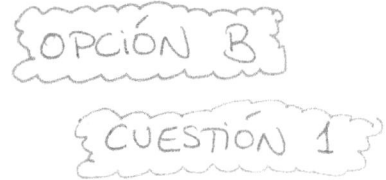

CUESTIÓN 1

$Ca (z = 20): 1s^2 2s^2 2p^6 3s^2 3p^6 4s^2$ Grupo 2 Periodo 4

$\quad \hookrightarrow Ca^{2+}: 1s^2 2s^2 2p^6 3s^2 3p^6$ $(Ca - 2e^-)$

$Cl (z = 17): 1s^2 2s^2 2p^6 3s^2 3p^5$ Grupo 17 Periodo 3

$Se (z = 34): 1s^2 2s^2 2p^6 3s^2 3p^6 4s^2 3d^{10} 4p^4$ Grupo 16 Periodo 4

$\quad 1s^2 2s^2 2p^6 3s^2 3p^6 3d^{10} 4s^2 4p^4$

$\quad \hookrightarrow Se^{2-}: 1s^2 2s^2 2p^6 3s^2 3p^6 3d^{10} 4s^2 4p^6$ $(Se + 2e^-)$

Cuantas más capas electrónicas tiene un átomo, mayor
será su tamaño y por tanto, los radios atómicos de
un grupo de elementos aumentan al descender en el grupo.

Del mismo modo es fácil deducir que a medida que
nos movemos hacia la derecha en un mismo periodo
aumentamos el número de protones en el núcleo que
al atraer a los electrones con mayor intensidad
contraen el átomo disminuyendo el radio atómico.

La energía de ionización es la energía que se requiere para arrancar un electrón de un átomo gaseoso en su estado fundamental.

$$X_{(g)} + EI \longrightarrow X^{+}_{(g)} + e^{-}$$

En general, la regla es que la EI aumenta a medida que nos movemos hacia la derecha en un mismo periodo (ya que al disminuir el radio atómico hay mayor atracción) y disminuye al descender en un grupo (al estar aumentando el radio atómico). Así:

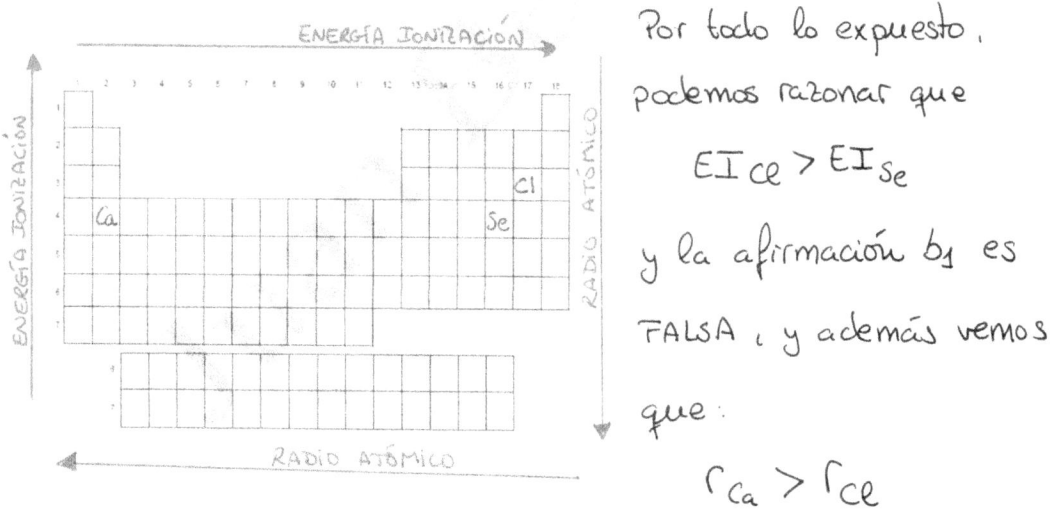

Por todo lo expuesto, podemos razonar que

$$EI_{Cl} > EI_{Se}$$

y la afirmación b_1 es FALSA, y además vemos que:

$$r_{Ca} > r_{Cl}$$

y por tanto la afirmación b_2 también es FALSA.

©Juan Bertomeu Ferrer
www.bertoblog.com

PROBLEMA 2

$$SiO_{2\,(s)} + 4\,HF_{(ac)} \longrightarrow SiF_{4\,(g)} + 2\,H_2O_{(\ell)}$$

1'05 g   150 mL
                0'125 M

Veamos cuál es el reactivo limitante:

150 mL dsón HF $\times \dfrac{1\,L}{1000\,mL} \times \dfrac{0'125\,mol\,HF}{1\,L\,dsón\,HF} \times \dfrac{1\,mol\,SiO_2}{4\,mol\,HF} \times$

$PM_{SiO_2} = 28'1 + 2\cdot16 = 60'1\,g/mol$ dsón 0'125 M

$\times \dfrac{60'1\,g\,SiO_2}{1\,mol\,SiO_2} = 0'28172$ gramos SiO_2

Como vemos, para que reaccione todo el HF necesitamos 0'28172 gramos de SiO_2 (y tenemos mas !!). Es decir, que el HF se agotará completamente y solo reaccionarán 0'28172 g de SiO_2, quedando por tanto 0'76828 g de SiO_2 sin reaccionar.

150 mL dsón HF $\times \dfrac{1\,L}{1000\,mL} \times \dfrac{0'125\,mol\,HF}{1\,L\,dsón\,HF} \times \dfrac{1\,mol\,SiF_4}{4\,mol\,HF} \times$

$PM_{SiF_4} = 28'1 + 4\cdot19 = 104'1\,g/mol$

$\times \dfrac{104'1\,g\,SiF_4}{1\,mol\,SiF_4} = 0'488$ gramos de $SiF_{4\,(g)}$

CUESTIÓN 3

a_1) $KCN \xrightarrow{H_2O} K^+_{(ac)} + CN^-$

El ión K^+ no sufre hidrólisis por provenir de una base muy fuerte (KOH). Sin embargo el ión CN^- es la base conjugada de un ácido muy débil (HCN). Por tanto se hidrolizará según:

$$CN^- + H_2O \rightleftharpoons HCN + OH^-$$

Se trata de una DISOLUCIÓN BÁSICA por la presencia de iones hidroxilo OH^-

a_2) $NaNO_2 \xrightarrow{H_2O} Na^+_{(ac)} + NO_2^-{}_{(ac)}$

El ión Na^+ no sufre hidrólisis por provenir de una base muy fuerte (NaOH). Sin embargo, el ión NO_2^- es la base conjugada de un ácido débil. Hidrolizará según:

$$NO_2^- + H_2O \rightleftharpoons HNO_2 + OH^-$$

Y de nuevo se trata de una DISOLUCIÓN BÁSICA.

a_3) $NH_4Cl \xrightarrow{H_2O} NH_4^+_{(ac)} + Cl^-_{(ac)}$

El ión Cl^- es la base conjugada de un ácido muy fuerte (HCl) y no hidrolizará. El ión NH_4^+ es el ácido conjugado de una base débil (NH_3). Por tanto hidrolizará según:

$$NH_4^+_{(ac)} + H_2O \rightleftharpoons NH_3 + H_3O^+$$

Dando lugar como vemos a una disolución ÁCIDA por la presencia de los iones hidronio H_3O^+

a_4) $KOH \xrightarrow{H_2O} K^+_{(ac)} + OH^-_{(ac)}$

Que evidentemente tendrá un elevado carácter BÁSICO.

b) $NH_4Cl \xrightarrow{H_2O} NH_4^+_{(ac)} + Cl^-_{(ac)}$

$KOH \xrightarrow{H_2O} K^+_{(ac)} + OH^-_{(ac)}$

$K^+_{(ac)} + Cl^-_{(ac)} \longrightarrow KCl_{(ac)}$

$NH_4^+_{(ac)} + OH^-_{(ac)} \rightleftharpoons NH_3 + H_2O$

$NH_4Cl + KOH \longrightarrow KCl + NH_3 + H_2O$

Se trata por tanto de una DISOLUCIÓN BÁSICA

c) $NH_4Cl \xrightarrow{H_2O} NH_4^+{}_{(ac)} + Cl^-{}_{(ac)}$

HIDRÓLISIS   NO HIDROLIZA

$\longrightarrow NH_4^+ + H_2O \rightleftarrows NH_3 + H_3O^+$

Si añadimos una pequeña cantidad de NH_3, el equilibrio de hidrólisis anterior tenderá a consumir ese exceso de amoniaco desplazándose a la izquierda y disminuyendo así la concentración de H_3O^+. Por tanto el pH aumentará ligeramente.

{PROBLEMA 4}

$$I_2{}_{(g)} + H_2{}_{(g)} \rightleftarrows 2HI_{(g)} \quad K_p = 54'7 \text{ a } 415°C$$

	$I_2{}_{(g)}$	$H_2{}_{(g)}$	$2HI_{(g)}$
Inicial	0'5	0'5	—
Reacciona	x	x	—
Forma	—	—	2x
Equilibrio	0'5−x	0'5−x	2x

$$K_p = K_c \cdot (RT)^{\Delta n_{gases}} = K_c \cdot (R \cdot T)^0 = K_c$$

$$K_c = \frac{[HI]^2}{[I_2][H_2]} \Rightarrow 54'7 = \frac{\left(\frac{2x}{V}\right)^2}{\left(\frac{0'5-x}{V}\right)\cdot\left(\frac{0'5-x}{V}\right)} = \frac{(2x)^2}{(0'5-x)^2}$$

$$\Rightarrow 54'7 = \left(\frac{2x}{0'5-x}\right)^2 \Rightarrow \sqrt{54'7} = \frac{2x}{0'5-x} \Rightarrow 7'396 = \frac{2x}{0'5-x} \Rightarrow$$

$$\Rightarrow 3'698 - 7'396x = 2x \Rightarrow x = 0'3936 \; moles$$

$$n_{\substack{TOTALES \\ gaseosos}} = 0'5-x + 0'5-x + 2x = 1 \; mol \; gases$$

$$P_{I_2} = \chi_{I_2} \cdot P_T = \frac{n_{I_2}}{n_{TOTALES}} \cdot P_T = \frac{0'5 - 0'3936}{1} \cdot 1'5 = 0'1596 \; atm$$

$$P_{H_2} = P_{I_2} = 0'1596 \; atm$$

$$P_{HI} = \chi_{HI} \cdot P_T = \frac{2 \cdot 0'3936}{1} \cdot 1'5 = 1'1808 \; atm$$

b) $m_{inicial} = 0'5 \; moles \; I_2 \times \dfrac{253'8 \; g \; I_2}{1 \; mol \; I_2} = 126'9 \; gramos \; I_2$

$m_{reacciona} = 0'3936 \; moles \; I_2 \times \dfrac{253'8 \; g \; I_2}{1 \; mol \; I_2} = 99'8957 \; gramos \; I_2$

$\%_{reacción} = \dfrac{99'8957}{126'9} \cdot 100 = 78'72\% \; de \; I_2 \; ha \; reaccionado.$

PÁGINA 14

CUESTIÓN 5

a) $CH_2 = CH_2 + H_2 \xrightarrow{\text{cat. calor}} CH_3-CH_3$

   eteno   etano

Tenemos una reacción de adición al doble enlace. Se trata de la hidrogenación de un alqueno que nos da un alcano

b) $CH_2 = CH_2 + HCl \xrightarrow{\text{cat. calor}} CH_2Cl-CH_3$

   eteno   cloroetano

Tenemos una reacción de adición al doble enlace. Se trata de la hidroalogenación de un alqueno que formará un alcano monohalogenado.

c) $CH_2 = CH_2 + H_2O$ $\xrightarrow{H^+, calor}$ $CH_3 - CH_2OH$

      eteno   etanol

Se trata de una reacción de hidratación de un alqueno que podéis ampliar en el examen de JUNIO 2012

d) $CH_2 = CH_2 + Cl_2$ $\xrightarrow{cat. calor}$ $CH_2Cl - CH_2Cl$

      eteno   1,2 - dicloroetano

De nuevo tenemos una reacción de adición al doble enlace :

e) $n\ CH_2 = CH_2$ $\xrightarrow{cat. calor}$ $-(CH_2 - CH_2)_n -$

      etileno   polietileno

Se trata de una reacción de polimerización de monómeros iguales en la que el desdoblamiento del doble enlace $C = C$ permite unir dos moléculas.

©Juan Bertomeu Ferrer
www.bertoblog.com

 GENERALITAT VALENCIANA
CONSELLERIA D'EDUCACIÓ,
INVESTIGACIÓ, CULTURA I ESPORT

COMISSIÓ GESTORA DE LES PROVES D'ACCÉS A LA UNIVERSITAT
COMISIÓN GESTORA DE LAS PRUEBAS DE ACCESO A LA UNIVERSIDAD

SISTEMA UNIVERSITARI VALENCIA
SISTEMA UNIVERSITARIO VALENCIANO

PROVES D'ACCÉS A LA UNIVERSITAT	PRUEBAS DE ACCESO A LA UNIVERSIDAD
CONVOCATÒRIA: JUNY 2017	CONVOCATORIA: JUNIO 2017
Assignatura: QUÍMICA	Asignatura: QUÍMICA

BAREMO DEL EXAMEN: El alumno deberá elegir una opción (A o B) y contestar a las 3 cuestiones y los 2 problemas de la opción elegida. La calificación máxima de cada cuestión/problema será de 2 puntos y la de cada subapartado se indica en el enunciado.
Según Acuerdo de la Comisión Gestora de los Procesos de Acceso y Preinscripción, únicamente se permite el uso de calculadoras que no sean gráficas o programables y que no puedan realizar cálculo simbólico ni almacenar texto o fórmulas en memoria.

OPCIÓN A

CUESTIÓN 1

Considere las especies químicas: BF_3, BF_4^-, F_2O y F_2CO y responda a las cuestiones siguientes: **(0.5 puntos cada apartado)**

a) Represente las estructuras de Lewis de cada una de las especies químicas anteriores.

b) Explique razonadamente la geometría de cada una de estas especies químicas.

c) Considerando las moléculas BF_3 y F_2O, explique en qué caso el enlace del flúor con el átomo central es más polar.

d) Explique razonadamente la polaridad de las moléculas BF_3, F_2O y F_2CO.

Datos.- Números atómicos: B =5; C = 6; O = 8; F = 9.

PROBLEMA 2

El carburo de silicio, SiC, es un material empleado en diversas aplicaciones industriales como, por ejemplo, para la construcción de componentes que vayan a estar expuestos a temperaturas extremas. El SiC se sintetiza de acuerdo con la reacción:

$$SiO_2(s) + 3C(s) \longrightarrow SiC(s) + 2CO(g)$$

a) ¿Qué cantidad de SiC (en g) se obtendrá a partir de 4,5 g de SiO_2 cuya pureza es del 97%? **(1 punto)**

b) ¿Cuántos g de SiC se obtendrían poniendo en contacto 10 g de SiO_2 puro con 15 g de carbono y qué masa sobraría de cada uno de los reactivos? **(1 punto)**

Datos.- Masas atómicas relativas: C = 12; O = 16; Si = 28.

CUESTIÓN 3

Teniendo en cuenta los potenciales estándar de reducción que se dan al final del enunciado, responda razonadamente:

a) ¿Cuál es la especie oxidante más fuerte? Y ¿cuál es la especie reductora más fuerte? **(0,8 puntos)**

b) ¿Qué especies podrían ser reducidas por el Pb(s)? Para cada caso, escriba la semirreacción de oxidación y la de reducción, así como la ecuación química global ajustada. **(1,2 puntos)**

Datos.- Potenciales estándar de reducción: $E°(S/S^{2-}) = -0,48$ V; $E°(Cl_2/Cl^-) = +1,36$ V; $E°(I_2/I^-) = +0,535$ V; $E°(Pb^{2+}/Pb) = -0,126$ V; $E°(V^{2+}/V) = -1,18$ V

PROBLEMA 4

En un laboratorio se tienen dos matraces: uno que contiene 20 mL de una disolución de ácido nítrico, HNO_3, 0,02 M y otro conteniendo 20 mL de ácido fórmico, HCOOH, de concentración inicial 0,05 M.

a) Calcule el pH de cada una de estas dos disoluciones. **(1 punto)**

b) ¿Qué volumen de agua habría que añadir para que el pH de las dos disoluciones fuera el mismo? **(1 punto)**

Datos.- $K_a(HCOOH) = 1,8 \cdot 10^{-4}$

CUESTIÓN 5

Complete las siguientes reacciones, formule los reactivos, nombre los compuestos orgánicos que se obtienen e indique el tipo de reacción de que se trata en cada caso. **(0,4 puntos cada una)**

a) propeno + H_2 $\xrightarrow{\text{catalizador}}$

b) 2-propanol + H_2SO_4 $\xrightarrow{\text{calor}}$

c) etanol + ácido acético $\xrightarrow{H^+}$

d) benceno + Br_2 $\xrightarrow{\text{catalizador}}$

e) propano + O_2 $\xrightarrow{\text{calor}}$

CUESTIÓN 1

a) Escriba la configuración electrónica de cada una de las siguientes especies en estado fundamental: S^{2-}, Cl, Ca^{2+} y Fe. **(1,2 puntos)**

b) Explique, justificando la respuesta, si son ciertas o falsas las afirmaciones siguientes:

  b.1) La primera energía de ionización del átomo de azufre es mayor que la del átomo de cloro.   **(0,4 puntos)**

  b.2) El radio atómico del cloro es mayor que el radio atómico del calcio.   **(0,4 puntos)**

  Datos.- Números atómicos: S = 16, Cl = 17; Ca = 20; Fe = 26.

PROBLEMA 2

El cobre se disuelve en ácido nítrico concentrado formándose nitrato de cobre (II), dióxido de nitrógeno y agua de acuerdo con la siguiente reacción **no ajustada**:

$$Cu(s) + HNO_3(ac) \longrightarrow Cu(NO_3)_2(ac) + NO_2(g) + H_2O(l)$$

  a) Escriba la semirreacción de oxidación y la de reducción, así como la ecuación química global ajustada tanto en su forma iónica como molecular.   **(0,8 puntos)**

  b) Calcule la cantidad de cobre, en gramos, que reaccionará con 50 mL de ácido nítrico concentrado de densidad 1,41 $g \cdot mL^{-1}$ y riqueza 69 % (en peso). **(1,2 puntos)**

  Datos.- Masas atómicas relativas: H = 1; N = 14; O = 16; Cu = 63,5.

CUESTIÓN 3

Considere el siguiente equilibrio: $H_2(g) + CO_2(g) \rightleftharpoons H_2O(g) + CO(g)$ $\Delta H^{\circ} = +41$ kJ

Indique razonadamente cómo afectará cada uno de los siguientes cambios a la concentración de $H_2(g)$ presente en la mezcla en equilibrio **(0,5 puntos cada apartado)**

  a) Adición de CO_2.

  b) Aumento de la temperatura a presión constante.

  c) Disminución del volumen a temperatura constante.

  d) Duplicar las concentraciones de CO_2 y H_2O inicialmente presentes en el equilibrio manteniendo la temperatura constante.

PROBLEMA 4

A 1200 $^{\circ}$C el I_2 (g), se disocia parcialmente según el siguiente equilibrio:

$$I_2(g) \rightleftharpoons 2I(g)$$

En un recipiente cerrado de 10 L de capacidad, en el que previamente se ha hecho el vacío, se introduce 1 mol de yodo. Una vez alcanzado el equilibrio a 1200 $^{\circ}$C, el 15% de las moléculas de yodo se han disociado en átomos de yodo. Calcule:

  a) El valor de K_c y el valor de K_p.   **(1 punto)**

  b) La presión parcial de cada uno de los gases presentes en el equilibrio a 1200 $^{\circ}$C.   **(1 punto)**

  Datos.- R = 0,082 atm$\cdot$L$\cdot$mol$^{-1}\cdot$K^{-1}.

CUESTIÓN 5

Considere la reacción: A + B $\rightarrow$ C. Se ha observado que cuando se duplica la concentración de A la velocidad de la reacción se cuadruplica. Por su parte, al disminuir la concentración de B a la mitad, la velocidad de la reacción permanece inalterada.

Responda razonadamente las siguientes cuestiones: **(0,5 puntos cada apartado)**

  a) Deduzca el orden de reacción respecto de cada reactivo y escriba la ley de velocidad de la reacción.

  b) Cuando las concentraciones iniciales de A y B son 0,2 y 0,1 M respectivamente, la velocidad inicial de la reacción alcanza el valor de $3,6 \cdot 10^{-3}$ M$\cdot$s^{-1}. Obtenga el valor de la constante de velocidad.

  c) ¿Cómo variará la velocidad de la reacción a medida que avance el tiempo?

  d) ¿Qué efecto tendrá sobre la velocidad de la reacción un aumento de la temperatura a la cual se lleva a cabo?

OPCIÓN A

CUESTIÓN 1

 $\boxed{BF_3}$ → LEWIS + RPECV

$B(z=5): 1s^2\, 2s^2\, 2p^1$ →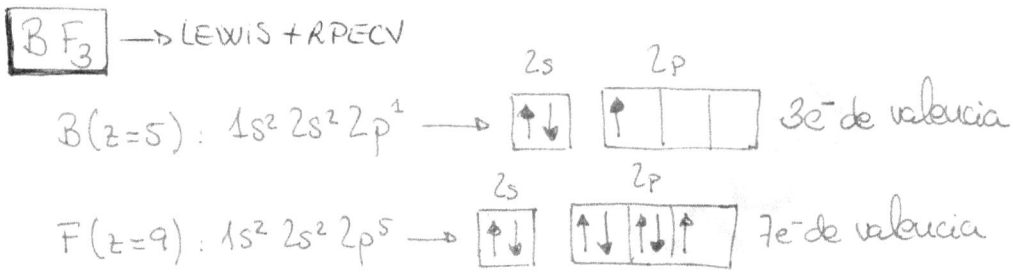

2s   2p

3e⁻ de valencia

$F(z=9): 1s^2\, 2s^2\, 2p^5$ →

2s   2p

7e⁻ de valencia

$$F \quad B \quad F$$
$$F$$
24 electrones

$\Rightarrow$

$$F - B - F$$
$$\overset{|}{F}$$
Quedan 18e⁻

$\Rightarrow$

$$:\overset{..}{\underset{..}{F}} - B - \overset{..}{\underset{..}{F}}:$$
$$\overset{|}{\underset{..}{:\overset{..}{F}:}}$$

La estructura es definitiva al ser nula la carga formal sobre todos los átomos. Se trata de una molécula A X₃ que presenta geometría TRIANGULAR PLANA

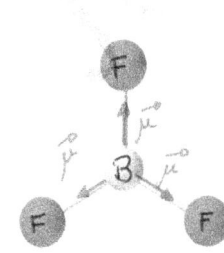

Como vemos además, se tiene que $\vec{\mu}_{TOTAL} = \vec{0}$

⇓

MOLÉCULA APOLAR

PÁGINA 1

$\boxed{BF_4^-}$ —▷ LEWIS + RPECV

$B(z=5)$ —▷ $3e^-$ de valencia $F(z=9)$ —▷ $7\,e^-$ de valencia

$$F \quad B \quad F$$
$$\quad F$$
$$\quad F$$

⟹

$$F-B-F$$
con F arriba y abajo

⟹

$$:\ddot{F}-\overset{\ominus}{B}-\ddot{F}:$$
con $:\ddot{F}:$ arriba y abajo

31 electrones
+$1e^-$ (carga neta ión)

Quedan $24e^-$

carga formal

⟹

$$\left[:\ddot{F}-B-\ddot{F}: \right]^{\ominus}$$
con $:\ddot{F}:$ arriba y abajo

⟹

La estructura es definitiva (la carga formal sobre el átomo central coincide con la carga neta del ión) Se trata pues de una molécula AX_4 que presentará una geometría TETRAÉDRICA.

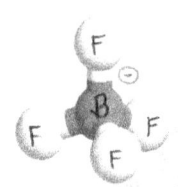

$\boxed{OF_2}$ —▷ LEWIS + RPECV

$O(z=8): 1s^2 2s^2 2p^4$ —→ $\underset{2s}{\boxed{\uparrow\downarrow}}$ $\underset{2p}{\boxed{\uparrow\downarrow|\uparrow|\uparrow}}$ $6e^-$ de valencia

$F(z=9): 1s^2 2s^2 2p^5$ —→ $\underset{2s}{\boxed{\uparrow\downarrow}}$ $\underset{2p}{\boxed{\uparrow\downarrow|\uparrow\downarrow|\uparrow}}$ $7e^-$ de valencia

F   O   F $\Rightarrow$ F — O — F $\Rightarrow$ $:\!\ddot{F}$ — $\ddot{O}$ — $\ddot{F}\!:$

20 electrones   Quedan 16e⁻

La estructura es definitiva al ser nula la carga

formal sobre todos los átomos. Tenemos dos pares

no enlazantes, tratándose por tanto de una molécula

AX_2E_2 que presentará geometría ANGULAR

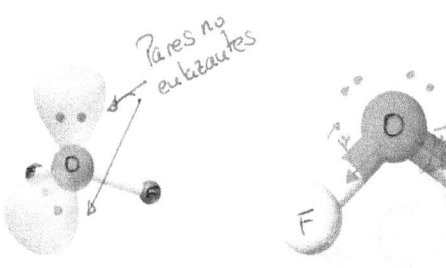

Pares no enlazantes

Como vemos, se tiene

$\mu_{TOTAL} \neq \vec{0}$

$\Downarrow$

MOLÉCULA POLAR

$\boxed{F_2CO}$ ⟶ LEWIS + RPECV

F (z=9) ⟶ 7e⁻ de valencia   O (z=8) ⟶ 6e⁻ de valencia

C (z=6): $1s^2\,2s^2\,2p^2$ ⟶ [↑↓] [↑ | ↑ |] 4e⁻ de valencia
                                    2s   2p

F   C   F $\Rightarrow$ F — C — F $\Rightarrow$ $:\!\ddot{F}$ — C — $\ddot{F}\!:$
        O   ‖ O   ‖ $:\!\ddot{O}\!:$⁻
                                                                 ⊕

24 electrones   Quedan 18e⁻   Cargas formales

$\Rightarrow$ $:\!\ddot{F}$ — C — $\ddot{F}\!:$
                     ‖ $:\!\ddot{O}\!:$

Definitiva!!

La estructura es definitiva al ser nula
la carga formal sobre todos los átomos.
Se trata de una molécula AX_3 que
presenta geometría TRIANGULAR PLANA

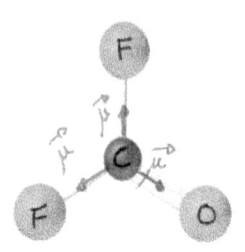

Como $\vec{\mu}_{TOTAL} \neq \vec{0}^P$ ⟹ MOLÉCULA POLAR

* Aunque la molécula sea simétrica los momentos dipolares no se anulan porque los enlaces F-C tienen una polaridad mayor que los enlaces C-O (por ser mayor la electronegatividad del F que la del O)

c) De los enlaces que forma el flúor en las moléculas de BF_3 y OF_2:

$\left.\begin{array}{c} B - F \\ O - F \end{array}\right\}$ Presenta mayor polaridad el enlace B-F porque B es el átomo menos electronegativo y por tanto la diferencia de electronegatividades (es decir, la polaridad!!) es mayor

PROBLEMA 2

a) $SiO_{2\,(s)} + 3C_{(s)} \longrightarrow SiC_{(s)} + 2CO_{(g)}$

Pureza 97%

$$4'5 \text{ g } SiO_2 \text{ impuro} \times \left(\frac{97 \text{ g } SiO_2 \text{ puro}}{100 \text{ g } SiO_2 \text{ imp.}}\right) \times \frac{1 \text{ mol } SiO_2}{60 \text{ g } SiO_2} \times \frac{1 \text{ mol } SiC}{1 \text{ mol } SiO_2} \times$$

$PM_{SiC} = 28 + 12 = 40 \text{ g/mol}$

$PM_{SiO_2} = 28 + 2 \cdot 16 = 60 \frac{g}{mol}$

$$\times \frac{40 \text{ g } SiC}{1 \text{ mol } SiC} = 2'91 \text{ g de } SiC_{(s)}$$

PÁGINA 4

b) $SiO_{2 (s)} + 3 C_{(s)} \longrightarrow SiC_{(s)} + 2 CO_{(g)}$

   10g   15g

Veamos cuál es el reactivo limitante:

$$10 g \, SiO_2 \, puro \times \frac{1 \, mol \, SiO_2}{60 g \, SiO_2} \times \frac{3 \, mol \, C}{1 \, mol \, SiO_2} \times \frac{12 \, g \, de \, C}{1 \, mol \, C} = 6 \, g \, de \, C$$

Como vemos, para que reaccionen los 10 g de SiO_2 puro

necesitaríamos tener 6 g de C, y tenemos más!!.

Es decir, tenemos carbono en exceso. Por tanto,

los 10 g de SiO_2 puro reaccionarán completamente

y nos quedarán 9 gramos de $C_{(s)}$ sin reaccionar.

$$10 g \, SiO_2 \, puro \times \frac{1 \, mol \, SiO_2}{60 g \, SiO_2} \times \frac{1 \, mol \, SiC}{1 \, mol \, SiO_2} \times \frac{40 \, g \, SiC}{1 \, mol \, SiC} = 6'67 g \, de \, SiC$$

CUESTIÓN 3

a) Vistos los potenciales estándar de reducción,

podemos asegurar que el oxidante más fuerte es

el $Cl_{2 (g)}$ por ser el que mayor tendencia tiene

a reducirse.

PÁGINA 5

De la misma manera, y teniendo en cuenta que $E^{\circ}_{oxidación} = -E^{\circ}_{reducción}$, vemos que el reductor más fuerte es el $V(s)$ (por ser el que mayor tendencia tiene a oxidarse).

b) Para que una reacción redox tenga lugar, tiene que tener $\Delta G^{\circ} < 0$, y dado que $\Delta G^{\circ} = -n \cdot F \cdot E^{\circ}_{reacción}$ será $\Delta G^{\circ} < 0$ cuando sea $E^{\circ}_{reacción} > 0$. Dada una reacción redox, $E^{\circ}_{reacción} = E^{\circ}_{reducción} + E^{\circ}_{oxidación}$. Como queremos que el $Pb(s)$ reduzca a otras especies, el $Pb(s)$ debe oxidarse. $\left(E^{\circ}_{oxi}(Pb/Pb^{2+}) = +0'126\,V \right)$ Así:

$$E^{\circ}_{reacción} > 0 \implies E^{\circ}_{reducción} + 0'126 > 0 \implies E^{\circ}_{red} > -0'126\,V$$

Como vemos en los potenciales estándar de reducción dados, las especies que cumplen que $E^{\circ}_{red} > -0'126\,V$ son el $Cl_2(g)$, el $I_2(g)$. Así, las reacciones pedidas serán:

Reducción: $Cl_2 (g) + 2e^- \longrightarrow 2Cl^-_{(ac)}$ $E^0_{reducción} = 1'36 V$

Oxidación: $Pb_{(s)} - 2e^- \longrightarrow Pb^{+2}_{(ac)}$ $E^0_{oxidación} = 0'126 V$

$Cl_2 (g) + Pb_{(s)} \longrightarrow 2Cl^-_{(ac)} + Pb^{+2}_{(ac)}$ $E^0_{reacción} = 1'486 V$

Reducción: $I_2 (g) + 2e^- \longrightarrow 2I^-_{(ac)}$ $E^0_{reducción} = 0'535 V$

Oxidación: $Pb_{(s)} - 2e^- \longrightarrow Pb^{2+}_{(ac)}$ $E^0_{oxidación} = 0'126 V$

$I_2 (g) + Pb_{(s)} \longrightarrow 2I^-_{(ac)} + Pb^{2+}_{(ac)}$ $E^0_{reacción} = 0'661 V$

PROBLEMA 4

$$HNO_3 + H_2O \rightleftharpoons NO_3^- + H_3O^+$$

Inicial 0'02	...	—	—
Final —	...	...	0'02

El ácido nítrico es un ácido FUERTE que se disocia por completo.

$$PH = -\log [H_3O^+] = -\log 0'02 = 1'699$$

$$HCOOH + H_2O \rightleftharpoons HCOO^- + H_3O^+$$

Inicial 0'05	...	—	—
Reacciona X	...	—	—
Forma —	—	X	X
Equilibrio 0'05-x	...	X	X

PÁGINA 7

$$K_a = \frac{[HCOO^-]\cdot[H_3O^+]}{[HCOOH]} \Rightarrow 1'8\cdot10^{-4} = \frac{x^2}{0'05-x}$$

$$\Rightarrow x^2 + 1'8\cdot10^{-4}x - 9\cdot10^{-6} = 0 \begin{cases} x = 2'91135\cdot10^{-3} \ mol/L \\ x = \text{Negativo} \end{cases}$$

$$pH = -\log[H_3O^+] = -\log(2'91135\cdot10^{-3}) = 2'536$$

b) Para que ambas disoluciones tengan el mismo pH tendremos que diluir en agua la disolución de HNO_3 para que pase de ser $0'02\,M$ a ser $2'91135\cdot10^{-3}\,M$.

$$M = \frac{n_{soluto}}{V_{dsón}} \Rightarrow 0'02 = \frac{n_{HNO_3}}{0'02} \Rightarrow n_{HNO_3} = 4\cdot10^{-4}\,moles$$

Y ahora añadimos agua:

$$M = \frac{n_{soluto}}{V_{dsón}} \Rightarrow 2'91135\cdot10^{-3} = \frac{4\cdot10^{-4}}{0'02 + V_{H_2O}} \Rightarrow$$

$$\Rightarrow V_{H_2O} = \frac{4\cdot10^{-4}}{2'91135\cdot10^{-3}} - 0'02 = 0'1174 \ litros \ H_2O$$

CUESTIÓN 5

a) Propeno $\longrightarrow$ $H_2C = CH - CH_3$

$$CH_2 = CH - CH_3 + H_2 \xrightarrow{cat.} CH_3 - CH_2 - CH_3$$

propeno   propano

Se trata de una reacción de adición electrófila al doble enlace (hidrogenación de alquenos)

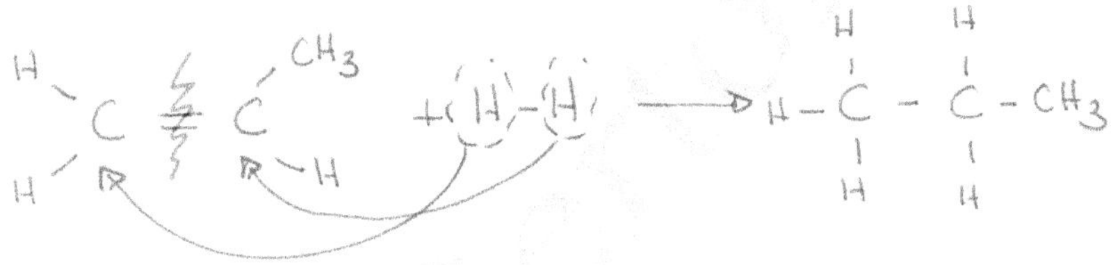

b) 2-propanol $\longrightarrow$ $H_3C - CH - CH_3$
                                                $\underset{OH}{|}$

$$CH_3 - \underset{\underset{\text{2-propanol}}{}}{\overset{\overset{OH}{|}}{CH}} - CH_3 \xrightarrow[\text{calor}]{H_2SO_4} CH_3 - CH = CH_2 + H_2O$$

propeno

Se trata de la reacción de deshidratación de un alcohol (eliminación electrófila). El H_2SO_4 es un catalizador y no interviene

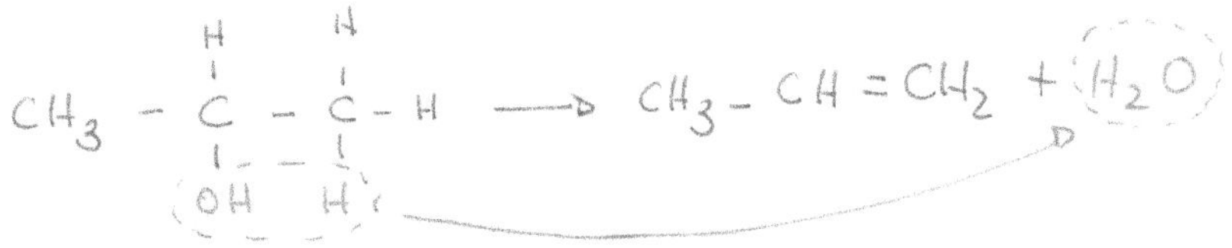

c) Etanol ⟶ $CH_3 - CH_2OH$

   Ácido acético ⟶ $CH_3 - COOH$

   $CH_3 - COOH + CH_3 - CH_2OH \longrightarrow CH_3 - COO - CH_2 - CH_3 + H_2O$
   ácido acético   etanol   acetato de etilo

   Se trata de una reacción de esterificación

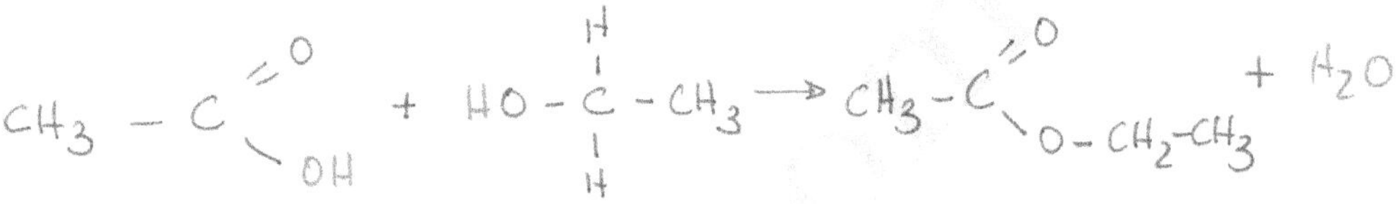

   $$CH_3 - C{\overset{=O}{\underset{OH}{}}} + HO - \overset{H}{\underset{H}{C}} - CH_3 \rightarrow CH_3 - C{\overset{=O}{\underset{O-CH_2-CH_3}{}}} + H_2O$$

d) Benceno 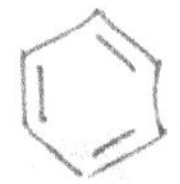 ⟶ ⬡ ⟶ C_6H_6

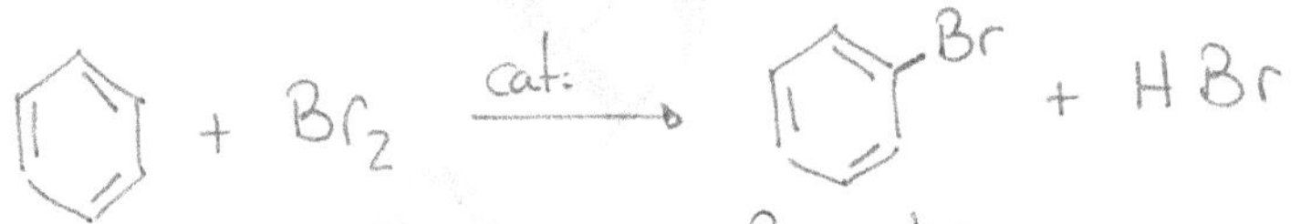

   ⬡ $+ Br_2 \xrightarrow{\text{cat.}}$ ⬡–Br $+ HBr$
   benceno   Bromobenceno

   Se trata de una reacción de halogenación
   del benceno (que es una reacción de sustitución
   electrófila aromática).

e) Propano ⟶ $CH_3 - CH_2 - CH_3$

   $C_3H_8 + 5O_2 \longrightarrow 3CO_2 + 4H_2O$

   Que es una reacción de combustión.

PÁGINA 10

{ OPCIÓN B }

{ CUESTIÓN 1 }

$S (z=16)$: $1s^2 2s^2 2p^6 3s^2 3p^4$ ⟶ Grupo 16 Periodo 3

$\quad$ ↳ S^{2-}: $1s^2 2s^2 2p^6 3s^2 3p^6$　$(S+2e^-)$

$Cl (z=17)$: $1s^2 2s^2 2p^6 3s^2 3p^5$ ⟶ Grupo 17 Periodo 3

$Ca (z=20)$: $1s^2 2s^2 2p^6 3s^2 3p^6 4s^2$ ⟶ Grupo 2 Periodo 4

$\quad$ ↳ Ca^{2+}: $1s^2 2s^2 2p^6 3s^2 3p^6$　$(Ca-2e^-)$

$Fe (z=26)$: $1s^2 2s^2 2p^6 3s^2 3p^6 4s^2 3d^6$ ⟶ Grupo 8 Periodo 4
$\quad\quad\quad\quad$ $1s^2 2s^2 2p^6 3s^2 3p^6 3d^6 4s^2$

Cuantas más capas electrónicas tiene un átomo mayor será su tamaño y por tanto, los radios atómicos de un grupo de elementos aumentan al descender en el grupo. Del mismo modo es fácil deducir que a medida que nos movemos hacia la derecha en un mismo periodo, aumentamos el número de protones en el núcleo que, al atraer a los electrones con mayor intensidad, contraen el átomo disminuyendo su radio.

PÁGINA 11

La energía de ionización es la energía que se requiere para arrancar un electrón de un átomo gaseoso en su estado fundamental.

$$X_{(g)} + EI \longrightarrow X^+_{(g)} + e^-$$

En general, la regla es que la EI aumenta a medida que nos movemos hacia la derecha en un mismo periodo (ya que al disminuir el radio atómico hay mayor atracción) y disminuye al descender en un grupo (al estar aumentando el radio atómico). Así:

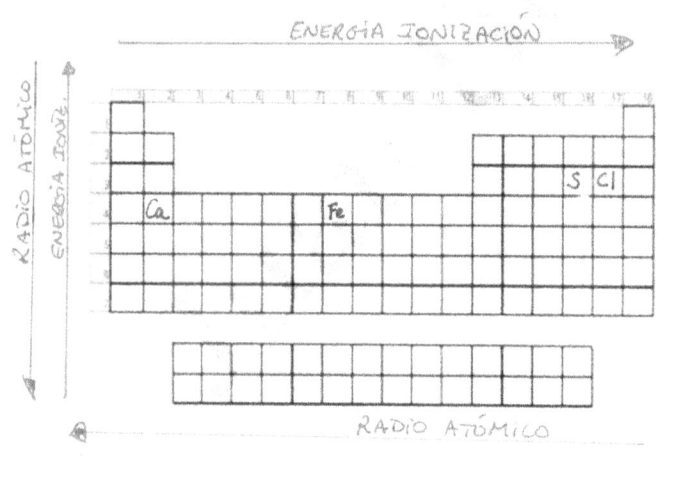

Por todo lo expuesto vemos que

$$EI_{Cl} > EI_S$$

y la afirmación b_1 es FALSA, y además vemos que

$$r_{Ca} > r_{Cl}$$

y por tanto la afirmación b_2 también es FALSA.

PROBLEMA 2

$$Cu(s) + HNO_{3(ac)} \longrightarrow Cu(NO_3)_{2(ac)} + NO_{2(g)} + H_2O_{(l)}$$

$$\overset{0}{Cu}_{(s)} + H^+_{(ac)} + \overset{5}{N}O^-_{3(ac)} \longrightarrow \overset{2}{Cu}^{+2}_{(ac)} + 2NO^-_3 + \overset{4}{N}O_{2(g)} + H_2O_{(l)}$$

Reducción: $\left(\overset{5}{N}O^-_{3(ac)} + 2H^+ + 1e^- \longrightarrow \overset{4}{N}O_{2(g)} + H_2O \right) \times 2$

Oxidación: $\underline{\overset{0}{Cu}_{(s)} - 2e^- \longrightarrow \overset{2+}{Cu}_{(ac)}}$

Iónica: $Cu^0_{(s)} + 2NO^-_{3(ac)} + 4H^+_{(ac)} \longrightarrow Cu^{2+}_{(ac)} + 2NO_{2(g)} + 2H_2O$

Molecular: $Cu(s) + 4HNO_{3(ac)} \longrightarrow Cu(NO_3)_{2(ac)} + 2NO_{2(g)} + 2H_2O_{(l)}$

$$50\,mL\ dsón\ HNO_3 \times \frac{1'41\,g\ dsón\ HNO_3}{1\ mL\ dsón\ HNO_3} \times \frac{69\,g\ HNO_3}{100\,g\ dsón\ HNO_3} \times$$

Densidad $1'41\,g/mL$ Riqueza 69%

$$\times \frac{1\ mol\ HNO_3}{63\,g\ HNO_3} \times \frac{1\ mol\ Cu(s)}{4\ mol\ HNO_3} \times \frac{63'5\,g\ Cu(s)}{1\ mol\ Cu(s)} = 12'26\,g\ Cu$$

$$P_{M_{HNO_3}} = 1 + 14 + 3 \cdot 16 = 63\,g/mol$$

PÁGINA 13

CUESTIÓN 3

$$H_{2(g)} + CO_{2(g)} \rightleftharpoons H_2O_{(g)} + CO_{(g)} \qquad \Delta H^\circ = 41\,KJ$$

a) Si añadimos $CO_{2(g)}$, estamos añadiendo reactivos. Para restituir el equilibrio, la reacción consumirá ese exceso añadido de $CO_{2(g)}$ disminuyendo por tanto la concentración de $H_{2(g)}$ en el equilibrio

b) Fijémonos en que en este equilibrio se tiene:

Reacción Directa $\Delta H^\circ = +41\,KJ$ (Endotérmica)

$$H_{2(g)} + CO_{2(g)} \rightleftharpoons H_2O_{(g)} + CO_{(g)}$$

Reacción Inversa $\Delta H^\circ = -41\,KJ$ (Exotérmica)

Para que suceda la reacción directa, hemos de aportar calor (endotérmica). Aumentar la temperatura es justamente aportar calor y por tanto será la ruta endotérmica la que se favorezca con dicho aumento. Así, el equilibrio se desplaza hacia la derecha disminuyendo por tanto la concentración de $H_{2(g)}$ en el equilibrio.

PÁGINA 14

c) Al reducir el volumen del recipiente se producirá un aumento de presión. El equilibrio debería desplazarse hacia el lado donde hubiese menos moles de gases pero en este caso tenemos los mismos moles gaseosos en reactivos y productos. Por tanto, en este caso, el equilibrio no se ve afectado por la reducción de volumen. Sin embargo, el ejercicio no pregunta como se ve afectado el equilibrio, sino como se ve afectada la concentración de $H_2(g)$. Así, reduciendo el volumen y no produciéndose evolución de la reacción en ningún sentido, tendremos la misma cantidad de $H_2(g)$ (la reacción no se desplaza) pero en un volumen menor. Es decir, la concentración de $H_2(g)$ aumenta.

d) En el equilibrio se tiene que:

$$K_c = \frac{[H_2O] \cdot [CO]}{[H_2] \cdot [CO_2]}$$

si duplicamos las concentraciones que nos dicen, el COCIENTE DE REACCIÓN SERÁ:

$$Q_c = \frac{2 \cdot [H_2O] \cdot [CO]}{[H_2] \cdot 2[CO_2]} = \frac{[H_2O] \cdot [CO]}{[H_2] \cdot [CO_2]} = K_c$$

Es decir, que al duplicar dichas concentraciones, al ser $Q_c = K_c$ seguimos en equilibrio y por tanto la concentración de $H_2(g)$ no variará.

PÁGINA 15

PROBLEMA 4

$$I_2 \, (g) \rightleftharpoons 2I \, (g)$$

	$I_2 (g)$	$2I (g)$
Inicial	C_0	—
Reacciona	$\alpha \cdot C_0$	
Forma	—	$2\alpha C_0$
Equilibrio	$C_0 - \alpha C_0$	$2\alpha C_0$

Sabemos $\begin{cases} C_0 = \dfrac{n}{V} = \dfrac{1}{10} = 0'1 \text{ mol/L} \\ \\ \alpha = 0'15 \; (\text{Se disocia el 15\% del } I_2 (g)) \end{cases}$

Por tanto:

$$K_c = \frac{[I (g)]^2}{[I_2 (g)]} = \frac{(2\alpha C_0)^2}{C_0 (1-\alpha)} = \frac{4\alpha^2 C_0^2}{C_0 (1-\alpha)} = \frac{4\alpha^2 C_0}{1-\alpha}$$

$$K_c = \frac{4 \cdot 0'15^2 \cdot 0'1}{0'85} = 0'01059$$

$$K_p = K_c \cdot (RT)^{\Delta n} = 0'01059 \cdot (0'082 \cdot 1473)^1 = 1'27912$$

b) $n_{\text{totales gaseosos}} = (C_0 - \alpha C_0 + 2\alpha C_0) \cdot 10 = (C_0 + \alpha C_0) \cdot 10 =$

$$= 1'15 \cdot 0'1 \cdot 10 = 1'15 \text{ moles gases}$$

$$P \cdot V = n \cdot R \cdot T \Rightarrow P_T \, 10 = 1'15 \cdot 0'082 \cdot 1473 \Rightarrow$$

$$\Rightarrow P_T = 13'89 \, atm$$

$$P_{I_2} = \chi_{I_2} \cdot P_T = \frac{n_{I_2}}{n_{tot}} \cdot P_T = \frac{0'85}{1'15} \cdot 13'89 = 10'27 \, atm$$

$$P_I = 13'89 - 10'27 = 3'62 \, atm$$

CUESTIÓN 5

$$A + B \longrightarrow C \qquad V = K \cdot [A]^X \cdot [B]^Y$$

a) $V_1 = K \cdot [A]_1^X \cdot [B]_1^Y$

$V_2 = K \cdot [A]_2^X \cdot [B]_2^Y = K \cdot (2[A]_1)^X \cdot [B]_1^Y = 2^X \cdot K \cdot [A]_1^X \cdot [B]_1^Y$

Como se cuadruplica:

$$V_2 = 4 \cdot V_1$$

$$2^X \cdot K \cdot [A]_1^X \cdot [B]_1^Y = 4 \cdot K \cdot [A]_1^X \cdot [B]_1^Y \Rightarrow 2^X = 4 \Rightarrow X = 2$$

Por otro lado:

$V_2 = K \cdot [A]_2^X \cdot [B]_2^Y = K \cdot [A]_1^X \cdot \left(\frac{1}{2}[B]_1\right)^Y = \left(\frac{1}{2}\right)^Y \cdot K [A]_1^X [B]_1^Y$

Como permanece inalterada:

$$V_2 = V_1$$

$$\left(\frac{1}{2}\right)^Y \cdot K \cdot [A]_1^X [B]_1^Y = K \cdot [A]_1^X [B]_1^Y \Rightarrow \left(\frac{1}{2}\right)^Y = 1 \Rightarrow Y = 0$$

La reacción por tanto es de segundo orden respecto a A y de orden 0 respecto a B, siendo la ley de velocidad pedida la dada por:

$$V = k \cdot [A]^2$$

b) $V = k \cdot [A]^2 \Rightarrow 3'6 \cdot 10^{-3} = k \cdot (0'2)^2 \Rightarrow$

$$\frac{mol/L}{s} = [k] \cdot \frac{mol^2/L^2}{}$$

$$\Rightarrow k = 0'09 \frac{L}{mol \cdot s}$$

c) Como hemos visto, la velocidad de reacción depende de la concentración [A]. Conforme transcurra el tiempo y avance la reacción, los reactivos van consumiéndose y disminuyendo su concentración. Por tanto con el tiempo también disminuirá la velocidad de reacción.

d) Según la teoría de Arrehnius, la constante de velocidad viene dada por:

$$k = A \cdot e^{-Ea/RT}$$

"A" es el llamado factor de frecuencia o factor pre-exponencial y nos indica la frecuencia de las colisiones entre las moléculas de reactivo.

$e^{-\frac{Ea}{RT}}$ es el factor exponencial y representa la fracción de colisiones moleculares que tienen una energía mayor o igual que la energía de activación Ea.

Aunque experimentalmente se comprueba que el factor "A" depende de la temperatura, suele considerarse constante ya que variaciones moderadas de temperatura (± 50K) producen cambios despreciables en A pero significativos en $e^{-\frac{Ea}{RT}}$

Es fácil razonar que la función $f(T) = e^{-\frac{Ea}{RT}}$ con T>0 es creciente con la temperatura con lo que al aumentar la temperatura aumentará la velocidad de reacción.

GENERALITAT VALENCIANA
CONSELLERIA D'EDUCACIÓ,
INVESTIGACIÓ, CULTURA I ESPORT

COMISSIÓ GESTORA DE LES PROVES D'ACCÉS A LA UNIVERSITAT

COMISIÓN GESTORA DE LAS PRUEBAS DE ACCESO A LA UNIVERSIDAD

SISTEMA UNIVERSITARI VALENCIÀ
SISTEMA UNIVERSITARIO VALENCIANO

PROVES D'ACCÉS A LA UNIVERSITAT	PRUEBAS DE ACCESO A LA UNIVERSIDAD
CONVOCATÒRIA: **JULIOL 2017**	CONVOCATORIA: JULIO 2017
Assignatura: **QUÍMICA**	Asignatura: QUÍMICA

BAREMO DEL EXAMEN: El alumno deberá elegir una opción (A o B) y contestar a las 3 cuestiones y los 2 problemas de la opción elegida. La calificación máxima de cada cuestión/problema será de 2 puntos y la de cada subapartado se indica en el enunciado.
Según Acuerdo de la Comisión Gestora de los Procesos de Acceso y Preinscripción, únicamente se permite el uso de calculadoras que no sean gráficas o programables y que no puedan realizar cálculo simbólico ni almacenar texto o fórmulas en memoria.

OPCIÓN A

CUESTIÓN 1

Considere los elementos A, B, C y D cuyos números atómicos son 12, 16, 19 y 36. A partir de las configuraciones electrónicas de cada uno de ellos, responda razonadamente las siguientes cuestiones:

a) Identifique y escriba la configuración electrónica del ión estable en una red cristalina para cada uno de los átomos de los elementos propuestos. **(0,8 puntos)**

b) Identifique el grupo al que pertenece cada uno de ellos. **(0,6 puntos)**

c) Ordene los elementos A, B y C por orden creciente de su electronegatividad. **(0,6 puntos)**

PROBLEMA 2

En presencia de ácido sulfúrico, H_2SO_4, el sulfato de hierro (II), $FeSO_4$, reacciona con peróxido de hidrógeno, H_2O_2, de acuerdo con la siguiente reacción <u>no ajustada</u>:

$$FeSO_4(ac) + H_2O_2(ac) + H_2SO_4(ac) \longrightarrow Fe_2(SO_4)_3(ac) + H_2O(l)$$

a) Escriba la semirreacción de oxidación y la de reducción, así como la ecuación química global ajustada tanto en su forma iónica como molecular. **(1 punto)**

b) Si mezclamos 250 mL de una disolución 0,025 M de $FeSO_4$ con 125 mL de una disolución de 0,075 M de H_2O_2 con un exceso de H_2SO_4, calcule la cantidad (en gramos) de sulfato de hierro (III) que se obtendrán. **(1 punto)**

Datos.- Masas atómicas relativas: O = 16; S = 32; Fe = 55,85.

CUESTIÓN 3

En la 2ª etapa del proceso Ostwald, para la síntesis de ácido nítrico, tiene lugar la reacción de NO con O_2 para formar NO_2 según el siguiente equilibrio: **(0,5 puntos cada apartado)**

$$2\,NO(g) + O_2(g) \rightleftharpoons 2\,NO_2(g) \qquad \Delta H^\circ = -113,6\ kJ$$

Explique razonadamente el efecto que cada uno de los siguientes cambios tendría sobre la concentración de NO_2 en el equilibrio:

a) Adicionar O_2 a la mezcla gaseosa en equilibrio, manteniendo constante el volumen.

b) Aumentar la temperatura del recipiente, manteniendo constante la presión.

c) Disminuir el volumen del recipiente, manteniendo constante la temperatura.

d) Adicionar un catalizador a la mezcla en equilibrio.

PROBLEMA 4

Se dispone en el laboratorio de una disolución de ácido fórmico, HCOOH, (disolución A) de concentración desconocida. Cuando 10 mL de esta disolución se añadieron a 90 mL de agua, el pH de la disolución resultante (disolución B) fue 2,85. Calcule:

a) La concentración de ácido fórmico en la disolución inicial (disolución A). **(1,2 puntos)**

b) El grado de disociación del ácido fórmico en la disolución diluida (disolución B). **(0,8 puntos)**

Datos.- K_a (HCOOH)=1,8·10⁻⁴

CUESTIÓN 5

Formule o nombre, según corresponda, los siguientes compuestos. **(0,2 puntos cada uno)**

a) 3,3,4-trimetilhexano   b) 1,4-diclorobenceno   c) ácido 2-metilbutanoico   d) hidróxido de bario   e) bromato de sodio

f) K_2O_2 g) $AlPO_4$ h) $HClO_2$ i) $CH_3-CH(CH_3)-CO-CH_2-CH_3$ j) $CH_3-CH_2-O-CH_2-CH_3$

CUESTIÓN 1

Considere las especies químicas CS_2, $SiCl_4$, ICl_2^+ y NF_3. Responda razonadamente:

a) Represente la estructura de Lewis de cada una de las especies químicas propuestas. (0,8 puntos)

b) Deduzca la geometría de cada una de las cuatro especies químicas propuestas. (0,6 puntos)

c) Discuta la polaridad de cada una de las moléculas CS_2, $SiCl_4$, y NF_3. (0,6 puntos)

PROBLEMA 2

La dureza de la cáscara de los huevos se puede determinar por la cantidad de carbonato de calcio, $CaCO_3$, que contiene. El carbonato de calcio reacciona con el ácido clorhídrico de acuerdo con la siguiente reacción:

$$CaCO_3(s) + 2\,HCl(ac) \longrightarrow CaCl_2(ac) + CO_2(g) + H_2O(l)$$

Se hace reaccionar 0,412 g de cáscara de huevo limpia y seca con un exceso de ácido clorhídrico obteniéndose 87 mL de CO_2 medidos a 20 ºC y 750 mmHg.

a) Determine el tanto por ciento en $CaCO_3$ en la cáscara de huevo. (1 punto)

b) Calcule el volumen de ácido clorhídrico 0,5 M sobrante si se añadieron 20 mL. (1 punto)

Datos.- Masas atómicas relativas: H = 1; C =12; O =16; Cl = 35,5; Ca = 40. R = 0,082 atm·L·K^{-1}·mol^{-1}. 1 atm = 760 mm Hg

CUESTIÓN 3

Justifique si las siguientes afirmaciones son verdaderas o falsas: (0,5 puntos cada apartado)

a) La mezcla de 10 mL de HCl 0,1 M con 20 mL de NaOH 0,1 M será una disolución neutra.

b) Una disolución acuosa de NH_4Cl tiene un pH mayor que 7.

c) El pH de una disolución acuosa de ácido nítrico es menor que el de una disolución acuosa de la misma concentración de ácido clorhídrico.

d) El pH de una disolución acuosa de acetato de sodio, CH_3COONa, es mayor que 7.

Datos.- $K_b(NH_3) = 1,8\cdot10^{-5}$; $K_a(CH_3COOH) = 1,8\cdot10^{-5}$

PROBLEMA 4

El azufre es muy importante a nivel industrial. En el proceso Claus se obtiene según la reacción:

$$2\,H_2S(g) + SO_2(g) \rightleftarrows 3\,S(s) + 2\,H_2O(g)$$

En un reactor de 5 litros de capacidad, que se encuentra a 107 ºC, se introducen 5 moles de H_2S y 3 moles de SO_2. Si, tras alcanzarse el equilibrio, el reactor contiene 4,8 moles de H_2O, calcule:

a) El valor de K_c y K_p para esta reacción a esta temperatura. (1,2 puntos)

b) Las presiones parciales de todas las especies en el equilibrio. (0,8 puntos)

Datos.- R = 0,082 atm·L·mol^{-1}·K^{-1}.

CUESTIÓN 5

Para la reacción:

$$4\,NH_3(g) + 3\,O_2(g) \longrightarrow 2\,N_2(g) + 6\,H_2O(g)$$

experimentalmente se determinó que, en un momento dado, la velocidad de formación del N_2 era de 0,27 mol·L^{-1}·s^{-1}. Responda a las siguientes cuestiones: (0,5 puntos cada apartado)

a) ¿Cuál era la velocidad de la reacción en ese momento?

b) ¿Cuál era la velocidad de formación del agua en ese momento?

c) ¿A qué velocidad se estaba consumiendo el NH_3 en ese momento?

d) Si la ley de velocidad para esta reacción fuera v = k·$[NH_3]^2$·$[O_2]$. ¿Cuáles serían las unidades de la constante de velocidad?

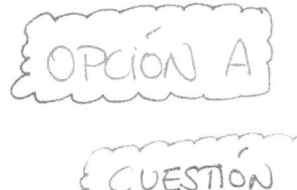

{ CUESTIÓN 1 }

$A (z = 12) : 1s^2 2s^2 2p^6 3s^2 \longrightarrow$ Grupo 2 Periodo 3

El ión más estable será el A^{2+} en el que se pierden los dos electrones de valencia:

$A^{2+} : 1s^2 2s^2 2p^6 \quad (A - 2e^-)$

$B (z = 16) : 1s^2 2s^2 2p^6 3s^2 3p^4 \longrightarrow$ Grupo 16 Periodo 3

El ión más estable será el B^{2-} en el que se capturan dos electrones.

$B^{2-} : 1s^2 2s^2 2p^6 3s^2 3p^6 \quad (B + 2e^-)$

$C (z = 19) : 1s^2 2s^2 2p^6 3s^2 3p^6 4s^1 \longrightarrow$ Grupo 1 Periodo 4

El ión más estable será el C^+ en el que se pierde el electrón de valencia.

$C^+ : 1s^2 2s^2 2p^6 3s^2 3p^6 \quad (C - 1e^-)$

PÁGINA 1

$D (z = 36) : 1s^2 2s^2 2p^6 3s^2 3p^6 3d^{10} 4s^2 4p^6 \longrightarrow$ Grupo 18
Periodo 4

Al tratarse de un gas noble no formará iones estables.

La electronegatividad es una medida de la capacidad de un átomo para atraer a los electrones cuando forma un enlace químico en una molécula. Su variación periódica en general viene dada por:

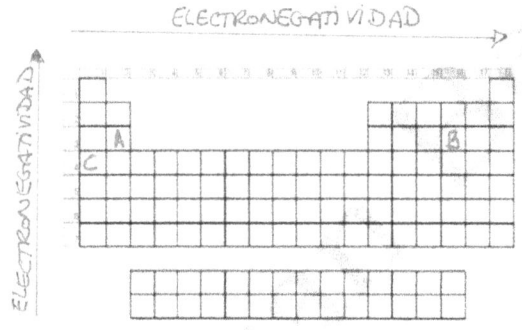

ELECTRONEGATIVIDAD

Por lo tanto:

$EN(c) < EN(A) < EN(B)$

PROBLEMA 2

$$Fe SO_{4 (ac)} + H_2 O_{2 (ac)} + H_2 SO_{4 (ac)} \longrightarrow Fe_2 (SO_4)_{3 (ac)} + H_2 O_{(\ell)}$$

Ecuación Iónica:
$$Fe^{+2}_{(ac)} + 2H^{+}_{(ac)} + 2 SO_4^{-2}{}_{(ac)} + H_2 O_2^{-1}{}_{(ac)} \longrightarrow 2 Fe^{+3}_{(ac)} + 3 SO_4^{-2}{}_{(ac)} + H_2 O^{-2}$$

Reducción: $H_2 \overset{-1}{O}_{2\,(ac)} + 2H^+_{(ac)} + 2e^- \longrightarrow 2\,H_2 \overset{-2}{O}_{(\ell)}$

Oxidación: $\left(\overset{+2}{Fe}_{(ac)} - 1e^- \longrightarrow \overset{+3}{Fe}_{(ac)} \right) \times 2$

$2\,\overset{+2}{Fe}_{(ac)} + H_2O_{2\,(ac)} + 2H^+_{(ac)} \longrightarrow 2\,\overset{+3}{Fe}_{(ac)} + 2H_2O_{(\ell)}$

Ec. Molecular Ajustada:

$2\,FeSO_{4\,(ac)} + H_2O_{2\,(ac)} + H_2SO_{4\,(ac)} \longrightarrow Fe_2(SO_4)_{3\,(ac)} + 2H_2O_{(\ell)}$

b) $M = \dfrac{n_{soluto}}{V_{dsón}}$

$n_{FeSO_4} = 0'025 \cdot 0'25 = 6'25 \cdot 10^{-3}$ moles $FeSO_4$

$n_{H_2O_2} = 0'075 \cdot 0'125 = 9'375 \cdot 10^{-3}$ moles H_2O_2

Veamos cual es el reactivo limitante:

$6'25 \cdot 10^{-3}$ moles $FeSO_4 \times \dfrac{1\ mol\ H_2O_2}{2\ mol\ FeSO_4} = 3'125 \cdot 10^{-3}$ moles H_2O_2

Como vemos, para que reaccionen los $6'25 \cdot 10^{-3}$ moles de $FeSO_4$ que tenemos necesitaríamos tener $3'125 \cdot 10^{-3}$ moles de H_2O_2 (y tenemos más!!). Por tanto, el $FeSO_4$ se agotará por completo y tendremos un exceso de H_2O_2.

PÁGINA 3

$$PM_{Fe_2(SO_4)_3} = (32 + 4 \cdot 16) \cdot 3 + 2 \cdot 55'85 = 399'7 \text{ g/mol}$$

$$6'25 \cdot 10^{-3} \text{ mol } FeSO_4 \times \frac{1 \text{ mol } Fe_2(SO_4)_3}{2 \text{ mol } FeSO_4} \times \frac{399'7 \text{ g } Fe_2(SO_4)_3}{1 \text{ mol } Fe_2(SO_4)_3} =$$

$$= 1'249 \text{ gramos de } Fe_2(SO_4)_3$$

CUESTIÓN 3

$$2 NO_{(g)} + O_{2(g)} \rightleftarrows 2 NO_{2(g)} \qquad \Delta H^0 = -113'6 \text{ KJ}$$

a) Al aumentar la concentración de $O_{2(g)}$, el equilibrio consumirá dicho exceso desplazándose hacia la derecha y formando nuevos productos, aumentando por tanto la concentración de $NO_{2(g)}$ en el equilibrio.

b) Como vemos, se tiene que:

$$2 NO_{(g)} + O_{2(g)} \xrightarrow{\substack{\text{Reacción} \\ \text{Directa}}} 2 NO_{2(g)} \quad \Delta H^0 = -113'6 \text{ KJ (Exotérmica)}$$

Reacción Inversa $\Delta H^0 = +113'6$ KJ (Endotérmica)

Para que suceda la reacción inversa hemos de aportar calor (endotérmica). Aumentar la temperatura es justamente aportar calor y por tanto será la ruta la ruta endotérmica la que se favorezca, desplazándose el equilibrio a la izquierda y disminuyendo por tanto la concentración de $NO_2(g)$ en el equilibrio.

c) Al disminuir el volumen manteniendo constante la temperatura estamos aumentando la presión total. El equilibrio se desplazará para formar sustancias que contribuyan a disminuir la presión para así reestablecer el equilibrio. Es decir, se desplazará hacia donde haya menos moles gaseosos. En nuestro caso, se desplazará a la derecha, aumentando por tanto la concentración de $NO_2(g)$ en el equilibrio.

d) La presencia de un catalizador no afecta al estado de equilibrio y la concentración de $NO_2(g)$ permanecerá constante.

PROBLEMA 4

Disolución A $\longrightarrow C_A = \dfrac{n_{HCOOH}}{Vdsón_A} \Rightarrow n_{HCOOH} = C_A \cdot 0'01$

Disolución B $\longrightarrow$ Suponemos volúmenes aditivos

$$C_B = \dfrac{n_{HCOOH}}{Vdsón_B} = \dfrac{0'01\,C_A}{0'01 + 0'09} = \dfrac{0'01\,C_A}{0'1} = 0'1\,C_A$$

$$HCOOH + H_2O \longrightarrow HCOO^- + H_3O^+$$

Inicial	$0'1\,C_A$		—	—
Reacciona	X	...	—	—
			X	X
Forma	—	—		
			X	X
Equilibrio	$0'1\,C_A - X$			

$$pH = -\log[H_3O^+] \Rightarrow 2'85 = -\log X \Rightarrow X = 1'4125 \cdot 10^{-3}\ mol/L$$

$$K_a = \dfrac{[HCOO^-][H_3O^+]}{[HCOOH]} \Rightarrow 1'8 \cdot 10^{-4} = \dfrac{X^2}{0'1\,C_A - X} \Rightarrow$$

$$\Rightarrow 1'8 \cdot 10^{-4} = \dfrac{(1'4125 \cdot 10^{-3})^2}{0'1\,C_A - 1'4125 \cdot 10^{-3}} \Rightarrow C_A = 0'125\ mol/L$$

$$X = \alpha \cdot (0'1\,C_A) \Rightarrow \alpha = \dfrac{X}{0'1\,C_A} = 0'113$$

¿CUESTION 5:

a) 3,3,4 - trimetilhexano

$$CH_3-CH_2-\underset{\underset{CH_3}{|}}{\overset{\overset{CH_3}{|}}{C}}-\underset{\underset{CH_3}{|}}{CH}-CH_2-CH_3$$

b) 1,4 - diclorobenceno

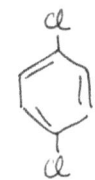

c) Ácido 2-metilbutanoico

$$CH_3-CH_2-\underset{\underset{CH_3}{|}}{CH}-COOH$$

d) Hidróxido de Bario $Ba(OH)_2$

e) Bromato de Sodio $NaBrO_3$

f) K_2O_2 Peróxido de potasio.

g) $AlPO_4$ Fosfato de aluminio.

h) $HClO_2$ Ácido dioxoclórico (III) (Ácido cloroso)

i) $CH_3-CH(CH_3)-CO-CH_2-CH_3$ 2-metil-3-pentanona

j) $CH_3-CH_2-O-CH_2-CH_3$ Etoxietano   (Dietiléter)

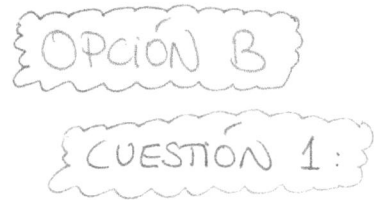

OPCIÓN B

CUESTIÓN 1:

$\boxed{CS_2}$ LEWIS + RPECV

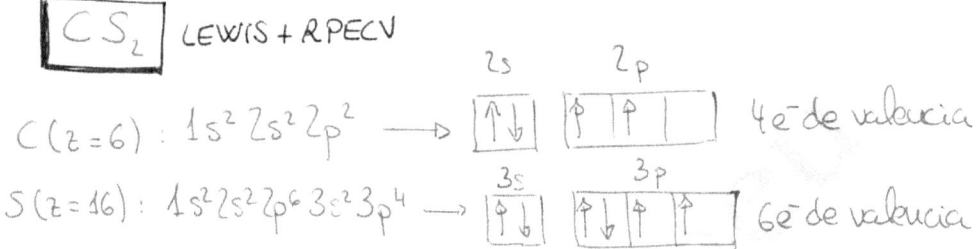

$C\,(z=6): 1s^2\,2s^2\,2p^2 \longrightarrow$ [2s] [2p] $4e^-$ de valencia

$S\,(z=16): 1s^2\,2s^2\,2p^6\,3s^2\,3p^4 \longrightarrow$ [3s] [3p] $6e^-$ de valencia

$$S \quad C \quad S \;\Rightarrow\; S-C-S \;\Rightarrow\; :\ddot{S}-C-\ddot{S}: \;\Rightarrow\; \ddot{S}=C=\ddot{S}$$

16 electrones   Quedan 12 e⁻   ⊖ → ⊕² ⊖   Definitiva!!
                                            cargas formales

La estructura es definitiva al ser nula la carga formal sobre todos los átomos. Tenemos una molécula AX_2 que presentará geometría LINEAL

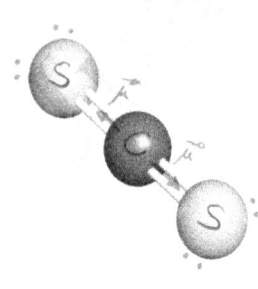

La molécula tiene $\vec{\mu}_{TOTAL} = \vec{0}$ y por tanto es APOLAR

Ojo! → las electronegatividades del C y del S son prácticamente idénticas por lo que la polaridad de los enlaces C–S es prácticamente ninguna.

SiCl₄   LEWIS + RPECV

$Si (z=14): 1s^2 2s^2 2p^6 3s^2 3p^2 \longrightarrow$ 3s [↑↓] 3p [↑][↑][ ] 4e⁻ de valencia

$Cl (z=17): 1s^2 2s^2 2p^6 3s^2 3p^5 \longrightarrow$ 3s [↑↓] 3p [↑↓][↑↓][↑] 7e⁻ de valencia

Cl
Cl Si Cl $\Rightarrow$ Cl — Si — Cl $\Rightarrow$:Cl̈ — Si — C̈l:
Cl

Cl   Cl   :C̈l:

32 electrones   Quedan 24 e⁻

La estructura es definitiva al ser nula la carga
formal sobre todos los átomos. Se trata de una molécula
tipo AX₄ que presentará geometría TETRAÉDRICA

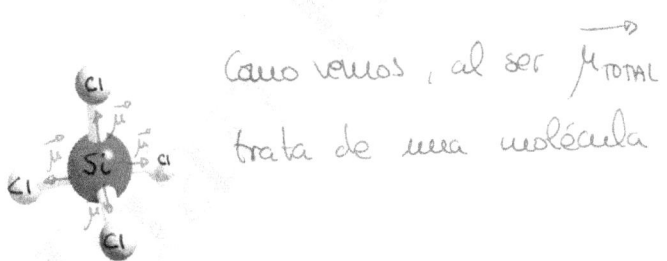

Como vemos, al ser $\vec{\mu}_{TOTAL} = \vec{0}$ se

trata de una molécula APOLAR

ICl₂⁺   LEWIS + RPECV

$I (z=53): 1s^2 2s^2 2p^6 3s^2 3p^6 3d^{10} 4s^2 4p^6 4d^{10} 5s^2 5p^5 \longrightarrow 7e⁻$ de valencia

$Cl (z=17): 1s^2 2s^2 2p^6 3s^2 3p^5 \longrightarrow 7e⁻$ de valencia.

Cl   I   Cl $\Rightarrow$ Cl – I – Cl $\Rightarrow$:Cl – I – Cl: $\Rightarrow$

21 electrones

– 1 electrón
_____
20 electrones

Quedan 16 e⁻

Carga formal.

La estructura es definitiva pues la carga formal sobre el átomo central coincide con la carga neta del ión.

$\Rightarrow$ [:Cl – I – Cl:]⁺

Se trata de una molécula tipo AX_2E_2 que presentará geometría ANGULAR.

Pares no enlazantes

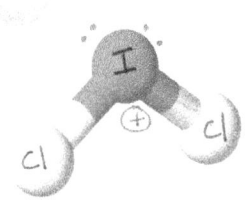

NF₃   LEWIS + RPECV

$N(z=7): 1s^2 2s^2 2p^3 \rightarrow$ [↑↓] [↑|↑|↑]   5e⁻ de valencia

2s   2p

$F(z=9): 1s^2 2s^2 2p^5 \rightarrow$ [↑↓] [↑↓|↑↓|↑]   7 e⁻ de valencia

2s   2p

F   N   F $\Rightarrow$ F – N – F $\Rightarrow$:F – N – F:
    F | |
                         F   :F:
26 electrones   Quedan 20 e⁻

PÁGINA 10

La estructura es definitiva al ser nula la carga formal sobre todos los átomos. Se trata de una molécula AX_3E que presentará geometría de PIRÁMIDE TRIGONAL

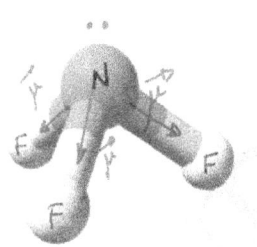

Par no enlazante

Al ser $\vec{\mu}_{TOTAL} \neq \vec{0}^{0}$ $\Longrightarrow$ Molécula POLAR.

PROBLEMA 2

$$CaCO_{3(s)} + 2HCl_{(ac)} \longrightarrow CaCl_{2(ac)} + CO_{2(g)} + H_2O_{(e)}$$

$$P \cdot V = n \cdot R \cdot T \Longrightarrow \frac{750}{760} \cdot 0'087 = n_{CO_2} \cdot 0'082 \cdot (273 + 20) \Longrightarrow$$

$$\Longrightarrow n_{CO_2} = 3'5734 \cdot 10^{-3} \text{ moles de } CO_2(g)$$

$PM_{CaCO_3} = 40 + 12 + 3 \cdot 16 = 100 g/mol$

$$3'5734 \cdot 10^{-3} \text{ mol } CO_2 \times \frac{1 \text{ mol } CaCO_3}{1 \text{ mol } CO_2} \times \frac{100 g \; CaCO_3}{1 \text{ mol } CaCO_3} = 0'35734 \; g \; CaCO_3$$

$$\% CaCO_3 = \frac{m_{CaCO_3}}{m_{cáscara \; huevo}} \cdot 100 = \frac{0'35734}{0'412} \cdot 100 = 86'73\%$$

©Juan Bertomeu Ferrer
www.bertoblog.com

b) $M = \dfrac{n_{soluto}}{V_{dsón}} \Rightarrow 0'5 = \dfrac{n_{HCl}}{0'02} \Rightarrow n_{HCl} = 0'01$ moles

$3'5734 \cdot 10^{-3}$ mol $CaCO_3 \times \dfrac{2 \, mol \, HCl}{1 \, mol \, CaCO_3} = 7'1468 \cdot 10^{-3}$ mol HCl

De los 0'01 moles de HCl que tenemos van a reaccionar

$7'1468 \cdot 10^{-3}$ moles. Quedarían por tanto sin reaccionar

$2'8532 \cdot 10^{-3}$ moles de HCl, lo que significa que en el

momento en que añadimos HCl 0'5M para que reaccionase

con el $CaCO_3$ pusimos más HCl del necesario. En concreto

$M = \dfrac{n_{soluto}}{V_{dsón}} \Rightarrow V = \dfrac{2'8532 \cdot 10^{-3}}{0'5} = 5'7 \cdot 10^{-3}$ Litros de HCl 0'5M

Pero Ojo!! $\rightarrow$ Esto no significa que la disolución de HCl

que queda sin reaccionar siga siendo 0'5M y ocupe ese

volumen de 5'7 mL. La nueva concentración del HCl

que sobra será: $M = \dfrac{n_{soluto}}{V_{dsón}} = \dfrac{2'8532 \cdot 10^{-3}}{0'02} = 0'143$ M

pues el volumen de la disolución no disminuye con la

reacción. Reaccionan unos cuantos moles de HCl, por lo

que el HCl que quede en exceso tras la reacción está

menos concentrado, porque sigue habiendo 20mL de dsón.

PÁGINA 12

CUESTIÓN 3

a) $HCl + NaOH \longrightarrow NaCl + H_2O$

La estequiometría de la reacción es 1:1

$$M = \frac{n_{soluto}}{V_{dsón}}$$

$n_{HCl} = 0'1 \cdot 0'01 = 1 \cdot 10^{-3} \text{ moles } HCl$

$n_{NaOH} = 0'1 \cdot 0'02 = 2 \cdot 10^{-3} \text{ moles } NaOH$

Tenemos un exceso de NaOH, que por tanto:

$$NaOH \xrightarrow{H_2O} Na^+ + OH^- \longrightarrow \text{Disolución Básica!!}$$

La afirmación es FALSA.

b) $NH_4Cl \xrightarrow{H_2O} Cl^- + NH_4^+$

HIDRÓLISIS

$$NH_4^+ + H_2O \rightleftharpoons NH_3 + H_3O^+ \longrightarrow \text{Disolución Ácida!!}$$

La disolución ácida tendrá pH<7, con lo que la afirmación es FALSA.

c) Tanto el HNO_3 como el HCl son ácidos fuertes. Partiendo de concentraciones iguales, tendrán el mismo pH. La afirmación es FALSA.

PÁGINA 13

d) $CH_3COONa \xrightarrow{H_2O} CH_3COO^- + Na^+$

HIDRÓLISIS

$CH_3COO^- + H_2O \rightleftharpoons CH_3COOH + OH^- \rightarrow$ Disolución Básica!!

La disolución básica tendrá pH > 7, con lo que la afirmación es VERDADERA.

PROBLEMA 4

$$2H_2S_{(g)} + SO_2_{(g)} \rightleftharpoons 3S_{(s)} + 2H_2O_{(g)}$$

Inicial	5	3		0
Reacciona	2x	x	—	—
Forma	—	—	...	2x
Equilibrio	5-2x	3-x	...	2x

Como nos dicen que $(n_{H_2O})_{eq} = 4'8 \Rightarrow 2x = 4'8 \Rightarrow x = 2'4$ moles

$$K_C = \frac{[H_2O]^2}{[H_2S]^2 \cdot [SO_2]} = \frac{\left(\frac{2x}{V}\right)^2}{\left(\frac{5-2x}{V}\right)^2 \cdot \left(\frac{3-x}{V}\right)} = \frac{V \cdot 4x^2}{(5-2x)^2 \cdot (3-x)} =$$

$$= \frac{5 \cdot 4 \cdot 2'4^2}{0'2^2 \cdot 0'6} = 4800$$

$$K_p = K_c \cdot (RT)^{\Delta n_{gas}} = 4800 \cdot (0'082 \cdot 380)^{-1} = 154'044$$

b) $n_{totales \atop gaseosos} = (5-2x) + (3-x) + 2x = 8-x = 5'6 \text{ moles}$

$$P \cdot V = n \cdot R \cdot T \Rightarrow P_{total} = \frac{5'6 \cdot 0'082 \cdot 380}{5} = 34'899 \text{ atm}$$

$$P_{H_2S} = \chi_{H_2S} \cdot P_T = \frac{n_{H_2S}}{n_{tot}} \cdot P_T = \frac{0'2}{5'6} \cdot 34'899 = 1'246 \text{ atm}$$

$$P_{SO_2} = \chi_{SO_2} \cdot P_T = \frac{0'6}{5'6} \cdot 34'899 = 3'739 \text{ atm}$$

$$P_{H_2O} = \chi_{H_2O} \cdot P_T = \frac{4'8}{5'6} \cdot 34'899 = 29'914 \text{ atm}$$

CUESTIÓN 5

$$4\,NH_3\,(g) + 3\,O_2\,(g) \longrightarrow 2\,N_2\,(g) + 6\,H_2O\,(g)$$

$$V_{reacción} = -\frac{1}{4}\frac{d}{dt}[NH_3] = -\frac{1}{3}\frac{d}{dt}[O_2] = \frac{1}{2}\frac{d}{dt}[N_2] = \frac{1}{6}\frac{d}{dt}[H_2O]$$

siendo
$$\begin{cases} \dfrac{d}{dt}[NH_3] = V_{desaparición\ NH_3} \\[2mm] \dfrac{d}{dt}[O_2] = V_{desaparición\ O_2} \\[2mm] \dfrac{d}{dt}[N_2] = V_{formación\ N_2} \\[2mm] \dfrac{d}{dt}[H_2O] = V_{formación\ H_2O} \end{cases}$$

PÁGINA 15

Así:

a) $V_{reacción} = \frac{1}{2} V_{formación_{N_2}} = \frac{1}{2} \cdot 0'27 = 0'135 \frac{mol/L}{seg}$

b) $\frac{1}{2} V_{formación_{N_2}} = \frac{1}{6} V_{formación_{H_2O}}$

$\frac{1}{2} \cdot 0'27 = \frac{1}{6} \cdot V_{formación_{H_2O}} \Rightarrow V_{formación_{H_2O}} = 0'81 \frac{mol/L}{seg}$

c) $-\frac{1}{4} \cdot V_{desap_{NH_3}} = \frac{1}{2} V_{form._{N_2}}$

$-\frac{1}{4} \cdot V_{desap_{NH_3}} = \frac{1}{2} \cdot 0'27 \Rightarrow V_{desap_{NH_3}} = -0'54 \frac{mol/L}{seg}$

d) $V = K \cdot [NH_3]^2 \cdot [O_2]$

$\frac{mol}{L \cdot s} = K \cdot \frac{mol^2}{L^2} \cdot \frac{mol}{t} \Rightarrow [K] = \frac{L^2}{mol^2 \cdot s}$

GENERALITAT VALENCIANA
Conselleria d'Educació,
Investigació, Cultura i Esport

COMISSIÓ GESTORA DE LES PROVES D'ACCÉS A LA UNIVERSITAT

COMISIÓN GESTORA DE LAS PRUEBAS DE ACCESO A LA UNIVERSIDAD

SISTEMA UNIVERSITARI VALENCIÀ
SISTEMA UNIVERSITARIO VALENCIANO

PROVES D'ACCÉS A LA UNIVERSITAT	PRUEBAS DE ACCESO A LA UNIVERSIDAD
CONVOCATÒRIA: **JUNY 2018**	CONVOCATORIA: JUNIO 2018
Assignatura: QUÍMICA	Asignatura: QUÍMICA

BAREMO DEL EXAMEN: El alumno deberá elegir una opción (A o B) y contestar a las 3 cuestiones y los 2 problemas de la opción elegida. La calificación máxima de cada cuestión/problema será de 2 puntos y la de cada subapartado se indica en el enunciado.

Según Acuerdo de la Comisión Gestora de los Procesos de Acceso y Preinscripción, únicamente se permite el uso de calculadoras que no sean gráficas o programables y que no puedan realizar cálculo simbólico ni almacenar texto o fórmulas en memoria.

OPCIÓN A

CUESTIÓN 1

Considere las especies químicas: Br_2CO, $HSiCl_3$, CO_2, NO_2^- y responda a las cuestiones siguientes:

a) Represente la estructura de Lewis de cada una de las especies químicas anteriores. **(0,8 puntos)**

b) Explique, <u>razonadamente</u>, la geometría de cada una de estas especies químicas. **(0,8 puntos)**

c) Discuta, <u>razonadamente</u>, si las moléculas Br_2CO, $HSiCl_3$ y CO_2 son polares o apolares. **(0,4 puntos)**

Datos.- Números atómicos: H = 1; C = 6; N = 7; O = 8; Si = 14; Cl = 17; Br = 35.

PROBLEMA 2

En el proceso de elaboración del vino, la glucosa fermenta para producir etanol según la siguiente reacción (<u>no ajustada</u>):

$$C_6H_{12}O_6(ac) \longrightarrow C_2H_5OH(ac) + CO_2(g)$$

a) Si, en un proceso de fabricación, partimos de 71 g de glucosa y se obtuvo el equivalente a 30,4 mL de etanol, ¿cuál fue el rendimiento de esta reacción? **(1,2 puntos)**

b) ¿Cuál será el volumen de CO_2 obtenido en el apartado a), medido a 20 °C y 1,3 atm? **(0,8 puntos)**

Datos.- Masas atómicas relativas: H (1); C (12); O (16); densidad del etanol a 20 °C: 0,789 g·mL^{-1}.

CUESTIÓN 3

<u>Razone</u> si son verdaderas o falsas las siguientes afirmaciones: **(0,5 puntos cada apartado)**

a) Si la constante de acidez, K_a, de cierto ácido tiene un valor de $1 \cdot 10^{-6}$, podemos afirmar que se trata de un ácido fuerte.

b) Una disolución acuosa de NH_4Cl tiene carácter ácido.

c) En el equilibrio $HSO_4^-(ac) + H_2O(l) \rightleftharpoons SO_4^{2-}(ac) + H_3O^+(ac)$, la especie HSO_4^- actúa como una base.

d) Si a una disolución de NH_3 se le añade NH_4Cl, aumenta el pH de la disolución.

Datos.- $K_b(NH_3) = 1,8 \cdot 10^{-5}$.

PROBLEMA 4

A 400 °C, el óxido de mercurio (II) se disocia parcialmente de acuerdo con el equilibrio siguiente:

$$2 HgO(s) \rightleftharpoons 2 Hg(g) + O_2(g) \qquad K_p = 0,186 \quad (en\ atmósferas\ a\ 400°C)$$

Si se introduce una muestra de 10 g de HgO en un recipiente cerrado de 2 L, en el que previamente se ha hecho el vacío, y se calienta hasta alcanzar los 400 °C, calcule: **(1 punto cada apartado)**

a) La presión total en el interior del recipiente cuando se alcance el equilibrio.

b) El valor de la constante K_c a esta temperatura y los gramos de HgO que se habrán quedado sin disociar.

Datos.- Masas atómicas relativas: O (16); Hg (200,6). R = 0,082 atm·L·mol^{-1}·K^{-1}.

CUESTIÓN 5

Considere la reacción siguiente $CO(g) + NO_2(g) \longrightarrow CO_2(g) + NO(g)$, cuya ley de velocidad es $v = k \cdot [NO_2]^2$. <u>Razone</u> si las siguientes afirmaciones son verdaderas o falsas: **(0,5 puntos cada apartado)**

a) La velocidad de desaparición del CO es igual que la del NO_2.

b) La constante de velocidad no depende de la temperatura porque la reacción se produce en fase gaseosa.

c) El orden total de la reacción es cuatro.

d) Las unidades de la constante de velocidad serán L·mol^{-1}·s^{-1}.

CUESTIÓN 1

Dados los elementos A (Z = 5), B (Z = 9), C (Z = 11) y D (Z = 19), conteste razonadamente las siguientes cuestiones: **(0,5 puntos cada apartado)**

a) Indique el grupo y período al que pertenece cada uno de los elementos.

b) Ordene los elementos propuestos por orden creciente de electronegatividad.

c) Ordene los elementos propuestos por orden creciente de su primera energía de ionización.

d) Escriba los valores posibles que pueden tomar los cuatro números cuánticos del electrón más externo del elemento D.

PROBLEMA 2

Una forma sencilla de obtener dicloro, $Cl_2(g)$, en el laboratorio es hacer reaccionar, en medio ácido, permanganato de potasio, $KMnO_4$, con cloruro de potasio, KCl, de acuerdo con la siguiente reacción (no ajustada):

$$KMnO_4(ac) + KCl(ac) + H_2SO_4(ac) \longrightarrow MnSO_4(ac) + Cl_2(g) + K_2SO_4(ac) + H_2O(l)$$

a) Escriba la semirreacción de oxidación y la de reducción, así como la reacción global ajustada tanto en su forma iónica como molecular. **(1 punto)**

b) Calcule el volumen de $Cl_2(g)$ producido, medido a 20 °C y 723 mmHg, al mezclar 50 mL de una disolución 0,250 M de $KMnO_4$ y 200 mL de otra disolución de KCl 0,20 M en medio ácido. **(1 punto)**

Datos: $R = 0,082$ atm·L·K^{-1}·mol^{-1}. 1 atm = 760 mmHg

CUESTIÓN 3

La solubilidad del hidróxido de calcio, $Ca(OH)_2(s)$, es fuertemente dependiente del pH de la disolución. El equilibrio de solubilidad correspondiente puede expresarse de la siguiente forma:

$$Ca(OH)_2(s) \rightleftarrows Ca^{2+}(ac) + 2\,OH^-(ac) \qquad \Delta H = -17,6 \text{ kJ}$$

Discuta razonadamente cómo afectará a la formación de hidróxido de calcio, $Ca(OH)_2(s)$, cada una de las siguientes acciones realizadas sobre una disolución saturada del hidróxido. **(0,5 puntos cada apartado)**

a) Añadir KOH(ac) a la disolución saturada.

b) Aumentar la temperatura de la disolución saturada.

c) Añadir HCl(ac) a la disolución saturada.

d) Añadir más $Ca(OH)_2(s)$ a la disolución saturada de hidróxido de calcio.

PROBLEMA 4

El ácido láctico, HA, es un compuesto orgánico de masa molecular 90,1 g·mol^{-1}, que desempeña importantes funciones en diversos procesos biológicos. En el laboratorio se han preparado 100 mL de una disolución acuosa conteniendo 0,61 g de ácido láctico (disolución A). Sabiendo que el pH de la disolución A es el mismo que el de otra disolución B que se ha preparado añadiendo 20 mL de una disolución de HCl de concentración 0,015 M a 80 mL de agua, calcule: **(1 punto cada apartado)**

a) La constante de acidez, K_a, del ácido láctico.

b) El pH de una disolución de ácido láctico de concentración 0,1 M.

CUESTIÓN 5

Complete las siguientes reacciones y nombre los compuestos orgánicos en ellas involucrados: **(0,4 puntos cada apartado)**

a) $CH_3 - CH = CH - CH_3 + H_2O \xrightarrow{\quad H^+ \quad}$

b) $CH_3 - CH(OH) - CH_3 \xrightarrow{\quad Cr_2O_7^{2-},\ H^+ \quad}$

c) $CH_3 - CH_2 - CH_2OH + CH_3 - COOH \longrightarrow$

d) $CH_3 - CH = CH - CH_3 + Cl_2 \longrightarrow$

e) $CH_3 - CH(Br) - CH_3 + OH^- \longrightarrow$

OPCIÓN A

CUESTIÓN 1

Br_2CO LEWIS + RPECV

$Br(z=35): 1s^2 2s^2 2p^6 3s^2 3p^6 4s^2 3d^{10} 4p^5 \rightarrow 7e^-$ de valencia

$C(z=6): 1s^2 2s^2 2p^2 \rightarrow 4e^-$ de valencia

$O(z=8): 1s^2 2s^2 2p^4 \rightarrow 6e^-$ de valencia

$$\underset{\text{24 electrones}}{Br \quad \overset{O}{C} \quad Br} \Rightarrow \underset{\text{Quedan }18e^-}{Br - \overset{\overset{O}{|}}{C} - Br} \Rightarrow \underset{\text{Cargas formales}}{:\overset{..}{Br} - \overset{\oplus}{C} - \overset{..}{Br}: \ \ \overset{\ominus}{\overset{..}{\underset{..}{O}}}}$$

$$\Rightarrow \underset{\text{Definitiva!!}}{:\overset{..}{Br} - \overset{\overset{..}{\overset{O}{\|}}}{C} - \overset{..}{Br}:}$$

La estructura es definitiva al ser nula la carga formal sobre todos los átomos. Se trata de una molécula tipo AX_3 TRIANGULAR PLANA

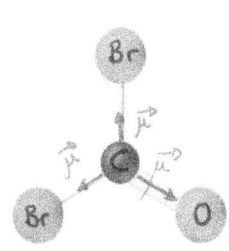

Además, tal y como vemos

$$\overrightarrow{\mu_{TOTAL}} \neq \overline{0}^D \quad y \text{ por tanto se}$$

trata de una molécula POLAR

$\boxed{H\,Si\,Cl_3}$ LEWIS + RPECV

$H\,(z=1)$: $1s^1 \longrightarrow 1e^-$ de valencia

$Si\,(z=14)$: $1s^2\,2s^2\,2p^6\,3s^2\,3p^2 \longrightarrow 4e^-$ de valencia

$Cl\,(z=17)$: $1s^2\,2s^2\,2p^6\,3s^2\,3p^5 \longrightarrow 7e^-$ de valencia

$$\begin{array}{ccc}
& H & \\
Cl & Si & Cl \\
& Cl &
\end{array} \Longrightarrow
\begin{array}{c}
H \\ | \\ Cl - Si - Cl \\ | \\ Cl
\end{array} \Longrightarrow
\begin{array}{c}
H \\ | \\ :\ddot{Cl} - Si - \ddot{Cl}: \\ | \\ :\ddot{Cl}:
\end{array}$$

26 electrones   Quedan 18 e⁻   Definitiva!!

La estructura es definitiva al ser nula la carga formal sobre todos los átomos. Tenemos una molécula AX_4 que presentará geometría TETRAÉDRICA.

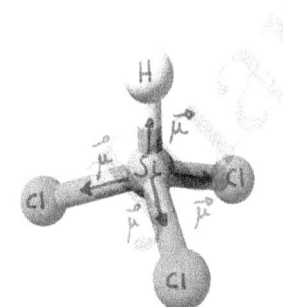

Tal y como vemos se tiene que $\overrightarrow{\mu_{TOTAL}} \neq \vec{0}$, tratándose por tanto de una molécula POLAR

* Los enlaces $Si-Cl$ tienen una polaridad grande (el cloro es mucho más electronegativo que el silicio) mientras que los enlaces $Si-H$ son poco polares (al tener Si e H electronegatividades similares)

PÁGINA 2

$\boxed{CO_2}$ LEWIS + RPECV

$C\,(z=6): 1s^2\,2s^2\,2p^2 \longrightarrow 4e^-$ de valencia

$O\,(z=8): 1s^2\,2s^2\,2p^4 \longrightarrow 6e^-$ de valencia

O C O $\Longrightarrow$ O–C–O $\Longrightarrow$ $:\overset{\ominus}{\ddot{O}} - C - \overset{\oplus 2}{\ddot{O}}:$

16 electrones   Quedan 12e⁻   Cargas formales

$\Longrightarrow$ $:\ddot{O} = C = \ddot{O}:$ La estructura es definitiva al ser nula
                    la carga formal sobre todos los átomos.
  Definitiva!!   se trata de una molécula AX_2 LINEAL

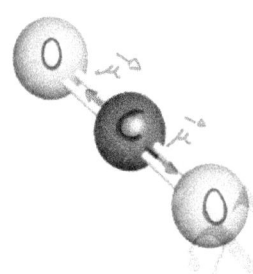

Tal y como vemos, se tiene que

$\vec{\mu}_{TOTAL} = \vec{0}$, tratándose por tanto de

una molécula APOLAR

$\boxed{NO_2^-}$ LEWIS + RPECV

$N\,(z=7): 1s^2\,2s^2\,2p^3 \longrightarrow 5e^-$ de valencia

$O\,(z=8): 1s^2\,2s^2\,2p^4 \longrightarrow 6e^-$ de valencia

O N O $\Longrightarrow$ O–N–O $\Longrightarrow$ $:\overset{\ominus}{\ddot{O}} - \overset{\oplus}{\ddot{N}} - \overset{\ominus}{\ddot{O}}:$

17 electrones   Quedan 14e⁻   Cargas formales
+1e⁻ carga ión
———————
18 electrones!!

PÁGINA 3

Tenemos dos opciones posibles (RESONANCIA)

$$\left\{ \ddot{O} = \ddot{N} - \ddot{O}{:}^{\ominus} \longleftrightarrow {:}^{\ominus}\ddot{O} - \ddot{N} = \ddot{O} \right\}$$

$$\Rightarrow \left[O \mathrel{\ddot{\text{=}}} \ddot{N} \mathrel{\ddot{\text{=}}} O \right]^{\ominus}$$

Definitiva!!

La estructura es definitiva pues la carga formal coincide con la carga del ión.

Se trata pues de una molécula tipo AX_2E que presentará geometría ANGULAR

Par no enlazante

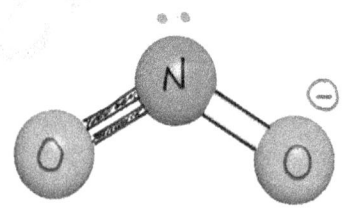

PROBLEMA 2

$$C_6H_{12}O_{6\,(ac)} \longrightarrow 2C_2H_5OH_{(ac)} + 2CO_{2(g)}$$

$$71\ g\ C_6H_{12}O_6 \times \frac{1\ mol\ C_6H_{12}O_6}{180\ g\ C_6H_{12}O_6} \times \frac{2\ mol\ C_2H_5OH}{1\ mol\ C_6H_{12}O_6} \times$$

$P_M = 6 \cdot 12 + 12 + 6 \cdot 16 = 180\ g/mol$ $P_M = 2 \cdot 12 + 6 + 16 = 46\ g/mol$

$$\times \frac{46\ g\ C_2H_5OH}{1\ mol\ C_2H_5OH} \times \frac{1\ mL\ C_2H_5OH}{0'789\ g\ C_2H_5OH} = 45'99\ mL\ C_2H_5OH$$

densidad

PÁGINA 4

Como vemos, deberíamos obtener 45'99 mL de etanol

y nos dicen que obtenemos 30'4 mL. Por tanto:

$$\eta = \frac{\text{cantidad real}}{\text{cantidad teórica}} \cdot 100 = \frac{30'4}{45'99} \cdot 100 = 66'1 \%$$

b) $71 \text{ g } C_6H_{12}O_6 \times \frac{1 \text{ mol } C_6H_{12}O_6}{180 \text{ g } C_6H_{12}O_6} \times \frac{2 \text{ mol } CO_2}{1 \text{ mol } C_6H_{12}O_6} \times 0'661 =$

↑
Rendimiento!!

$= 0'52 \text{ moles } CO_2(g)$

$$P \cdot V = nRT \Rightarrow V = \frac{nRT}{P} = \frac{0'52 \cdot 0'082 \cdot 293}{1'3} = 9'61 \text{ L } CO_2$$

CUESTIÓN 3

a) FALSO. La "fortaleza" de un ácido es mayor cuanto

más disociado se encuentra éste en disolución acuosa.

Tomemos un ácido genérico en disolución acuosa:

$$AH + H_2O \rightleftharpoons A^- + H_3O^+$$

La constante de acidez viene dada por:

$$K_a = \frac{[A^-] \cdot [H_3O^+]}{[AH]}$$

Un valor de $K_a = 1 \cdot 10^{-6}$ nos indica que el denominador

PÁGINA 5

de Ka (es decir, la concentración de ácido SIN DISOCIAR)
es mucho mayor que el numerador (es decir, que
la concentración de los iones producto de la
disociación)

Por tanto, el ácido está poco disociado y por tanto
es un ácido débil.

b) $NH_4Cl_{(ac)} \longrightarrow NH_4^+{}_{(ac)} + Cl^-{}_{(ac)}$

HIDRÓLISIS   NO HIDROLIZA

$\longrightarrow NH_4^+ + H_2O \rightleftharpoons NH_3 + H_3O^+$

La disolución tendrá carácter ácido por la presencia
de los iones H_3O^+ y la afirmación es VERDADERA

c) FALSO. Brönsted - Lowry definen a los ácidos
como sustancias dadoras de protones y a las bases
como sustancias aceptoras de dichos protones. En
el equilibrio dado:

$$HSO_4^-{}_{(ac)} + H_2O_{(e)} \rightleftharpoons SO_4^{2-}{}_{(ac)} + H_3O^+{}_{(ac)}$$

vemos como el ión hidrógenosulfato da un protón al
agua. Por tanto HSO_4^- actúa como ácido.

PÁGINA 6

©Juan Bertomeu Ferrer
www.bertoblog.com

d) FALSO. La disolución de NH_3:

$$NH_3 + H_2O \rightleftharpoons NH_4^+ + OH^-$$

tiene un pH básico. Si añadimos NH_4Cl:

$$NH_4Cl_{(ac)} \longrightarrow NH_4^+ + Cl^-$$

aumentará la concentración de NH_4^+. Por el principio

de Le Chatelier, el equilibrio se desplazará hacia

la izquierda para consumir ese exceso de NH_4^+

añadido y consumiendo a su vez OH^-. Al disminuir

la concentración de OH^-, la disolución se vuelve

más ácida, <u>DISMINUYENDO</u> por tanto el pH.

{PROBLEMA 4}

$$2\ HgO_{(s)} \rightleftharpoons 2Hg_{(g)} + O_{2(g)}$$

	$2\ HgO_{(s)}$	$2Hg_{(g)}$	$O_{2(g)}$	
Inicial	n_0	—	—	
Reacciona	$2x$	—	—	$K_p = 0'186$
Forma	—	$2x$	x	$T = 400°C$
Equilibrio	$n_0 - 2x$	$2x$	x	

b) $n_0 = \dfrac{m}{P_M} = \dfrac{10}{200'6 + 16} = 0'0462$ moles $HgO_{(s)}$

$K_P = K_C (R \cdot T)^{\Delta n_{gas}} \Rightarrow 0'186 = K_C \cdot (0'082 \cdot 673)^3 \Rightarrow$

$\Rightarrow K_C = \dfrac{0'186}{(0'082 \cdot 673)^3} = 1'107 \cdot 10^{-6}$

$K_C = [Hg]^2 \cdot [O_2] \Rightarrow 1'107 \cdot 10^{-6} = \left(\dfrac{2x}{2}\right)^2 \cdot \dfrac{x}{2} = \dfrac{x^3}{2}$

$\Rightarrow x = \sqrt[3]{2 \cdot 1'107 \cdot 10^{-6}} = 0'013$ moles

$n_{reaccionan \atop HgO} = 2x = 0'026$ moles

$n_{equilibrio \atop HgO} = n_0 - 2x = 0'0202 \text{ mol}_{HgO} \times \dfrac{216'6 \text{ g } HgO}{1 \text{ mol } HgO} =$

$= 4'37 g$ de HgO quedan sin disociar

a) $n_{totales \atop gaseosos} = 3x = 0'039$ moles

$P \cdot V = n RT \Rightarrow P = \dfrac{0'039 \cdot 0'082 \cdot 673}{2} = 1'076$ atm

CUESTIÓN 5

$$CO_{(g)} + NO_{2}{(g)} \longrightarrow CO_{2}{(g)} + NO_{(g)} \qquad V = K \cdot [NO_{2}]^{2}$$

a) VERDADERA.

$$V_{R} = -1 \cdot \frac{d}{dt}[CO] = -1 \cdot \frac{d}{dt}[NO_{2}] \Longrightarrow$$

$$\Longrightarrow \frac{d}{dt}[CO] = \frac{d}{dt}[NO_{2}] \Longrightarrow V_{\text{desaparición } CO} = V_{\text{desaparición } NO_{2}}$$

b) FALSO. La constante de velocidad depende de la temperatura sea cual sea el estado de agregación de los reactivos según la ecuación de Arrhenius

$$K = A \cdot e^{\frac{-Ea}{RT}}$$

c) FALSO. Dada la ecuación cinética de una reacción $V = K \cdot [A]^{\alpha} \cdot [B]^{\beta}$ el orden total es $\alpha + \beta$. En nuestro caso, el orden total es 2.

d) $V = K \cdot [NO_{2}]^{2}$

$$\Longrightarrow \frac{mol}{L \cdot s} = [K] \cdot \frac{mol^{2}}{L^{2}} \Longrightarrow [K] = \frac{L}{mol \cdot s} = L \cdot mol^{-1} \cdot s^{-1}$$

$$\Longrightarrow \text{La afirmación es VERDADERA}$$

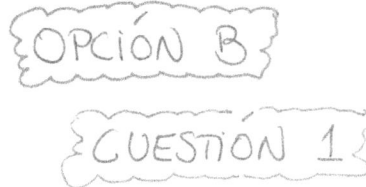

OPCIÓN B

CUESTIÓN 1

$A(z=5): 1s^2 2s^2 2p^1 \longrightarrow$ Periodo 2 Grupo 13

$B(z=9): 1s^2 2s^2 2p^5 \longrightarrow$ Periodo 2 Grupo 17

$C(z=11): 1s^2 2s^2 2p^6 3s^1 \longrightarrow$ Periodo 3 Grupo 1

$D(z=19): 1s^2 2s^2 2p^6 3s^2 3p^6 4s^1 \longrightarrow$ Periodo 4 Grupo 1

La ELECTRONEGATIVIDAD es una medida de la capacidad de un átomo para atraer a los electrones cuando forma un enlace químico en una molécula

La ENERGIA DE IONIZACIÓN es la energía que se requiere para arrancar un electrón de un átomo gaseoso en su estado fundamental. La variación periódica de estas propiedades atómicas sigue la regla general:

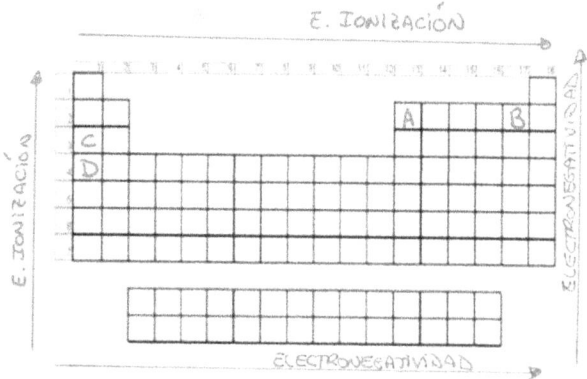

Por tanto

$EN(D) < EN(C) < EN(A) < EN(B)$

$EI(D) < EI(C) < EI(A) < EI(B)$

d) El electrón más externo del elemento D está situado en el orbital 4s. Por tanto

Periodo 4 $\longrightarrow$ n = 4

Orbital "s" $\longrightarrow$ $\ell = 0$

$m = \{-\ell, \dots 0, \dots +\ell\} \Longrightarrow m = 0$

$$\left. \begin{array}{c} \\ \\ \\ \end{array} \right\} \quad \begin{array}{c} \left(4, 0, 0, \frac{1}{2}\right) \\ \\ \left(4, 0, 0, -\frac{1}{2}\right) \end{array}$$

PROBLEMA 2

$$\overset{+1}{K}\overset{+3}{Mn}\overset{-2}{O_4} + \overset{+1}{K}\overset{-1}{Cl} + \overset{+1}{H_2}\overset{+6}{S}\overset{-2}{O_4} \longrightarrow \overset{+2}{Mn}\overset{+6}{S}\overset{-2}{O_4} + \overset{0}{Cl_2} + \overset{+1}{K_2}\overset{+6}{S}\overset{-2}{O_4} + \overset{+1}{H_2}\overset{-2}{O}$$

Reducción: $\overset{+7}{Mn}O_4^- + 8H^+ + 5e^- \longrightarrow \overset{+2}{Mn} + 4H_2O$

Oxidación: $\left(2\overset{-1}{Cl} \quad -2e^- \longrightarrow \overset{0}{Cl_2}\right) \times \frac{5}{2}$

Iónica: $MnO_4^- + 8H^+ + 5Cl^- \longrightarrow Mn^{2+} + \frac{5}{2}Cl_2 + 4H_2O$

Molecular: $KMnO_4 + 5KCl + 4H_2SO_4 \longrightarrow MnSO_4 + \frac{5}{2}Cl_2 + 3K_2SO_4 + 4H_2O$

b) Tenemos que ver cuál es el reactivo limitante:

$$50\,mL\ dsón\ KMnO_4 \times \frac{1\ L}{1000\ mL} \times \frac{0'25\ mol\ KMnO_4}{1\ L\ dsón\ KMnO_4} \times$$

$$\times \frac{5\ mol\ KCl}{1\ mol\ KMnO_4} \times \frac{1\ L\ dsón\ KCl}{0'2\ mol\ KCl} \times \frac{1000\ mL}{1\ L} = 312'5\ mL$$
$$\text{de dsón } KCl$$

©Juan Bertomeu Ferrer
www.bertoblog.com

Como vemos, para que reaccionasen los 50 mL de dsón de $KMnO_4$ necesitaríamos tener 312'5 mL de dsón de KCl y ¡¡no hay suficiente!! Por tanto, el KCl será el reactivo limitante. Así:

$$200 \text{ mL dsón KCl} \times \frac{1 L}{1000 \text{ mL}} \times \frac{0'2 \text{ mol KCl}}{1 L \text{ dsón KCl}} \times \frac{5/2 \text{ mol } Cl_2}{5 \text{ mol KCl}} =$$

$$= 0'02 \text{ mol de } Cl_2(g)$$

$$P \cdot V = nRT \Rightarrow V = \frac{0'02 \cdot 0'082 \cdot 293}{723/760} = 0'505 \text{ Litros } Cl_2(g)$$

CUESTIÓN 3

$$Ca(OH)_2 (s) \rightleftharpoons Ca^{2+}_{(ac)} + 2 OH^-_{(ac)} \qquad \Delta H = -17'6 \text{ KJ}$$

a) Al añadir KOH en disolución estamos aumentando la concentración de OH^-. El equilibrio deberá consumir ese exceso de OH^- y para ello evolucionará hacia la izquierda favoreciendo por tanto la formación de $Ca(OH)_2 (s)$.

b) Como vemos, se tiene que:

$$Ca(OH)_{2\,(s)} \quad \xrightarrow{\Delta H = -17'6\,KJ\ \text{Exotérmica}} \quad Ca^{2+}_{(ac)} + 2(OH)^{-}_{(ac)}$$
$$\xleftarrow{\Delta H = +17'6\,KJ\ \text{Endotérmica}}$$

Para que suceda la reacción inversa hemos de aportar calor (endotérmica). Aumentar la temperatura es justamente aportar calor y por tanto será la ruta endotérmica la que se favorezca, desplazándose el equilibrio a la izquierda. De nuevo, la formación de $Ca(OH)_{2\,(s)}$ se verá favorecida.

c) Al añadir $HCl_{(ac)}$ y disociarse éste, los protones H^+ reaccionan con los OH^- neutralizándose según:

$$H^+ + OH^- \longrightarrow H_2O$$

Esto hará que disminuya la concentración de OH^-. El equilibrio tendrá que desplazarse a la derecha para restituir los OH^- perdidos y por tanto precipitará menos $Ca(OH)_2$

d) Añadir $Ca(OH)_{2\,(s)}$ no afecta al equilibrio

PROBLEMA 4

Disolución A:

$$HA + H_2O \rightleftharpoons A^- + H_3O^+$$

Inicial C_{0_A}	...	...	...
Reacciona X	...	...	...
Forma ...	...	X	X
Equilibrio $C_{0_A} - X$		X	X

Disolución B:

$$HCl + H_2O \longrightarrow Cl^- + H_3O^+ \qquad \text{Ácido fuerte!!}$$

Inicial C_{0_B}	...	...	...
Final ...	...	C_{0_B}	C_{0_B}

Ahora veamos los datos

$$n_{HCl} = M \cdot V = 0'015 \cdot 0'02 = 3 \cdot 10^{-4} \text{ mol } HCl$$

Añadimos ahora 80 mL de agua, y por tanto:

$$C_{0_B} = \frac{n_{HCl}}{V_{dsón}} = \frac{3 \cdot 10^{-4}}{0'02 + 0'08} = 3 \cdot 10^{-3} \text{ mol/L}$$

Si el pH de ambas disoluciones es el mismo, la concentración de H_3O^+ debe ser la misma

$$\Rightarrow X = 3 \cdot 10^{-3} \text{ mol/L}$$

PÁGINA 14

La concentración inicial en la disolución A:

$$C_{0_A} = \frac{n_{soluto}}{V_{dsón}} = \frac{\frac{m(g)}{PM}}{V_{dsón}} = \frac{\frac{0'61}{90'1}}{0'1} = 0'068 \, mol/L$$

Por tanto:

$$K_a = \frac{[A^-]\cdot[H_3O^+]}{[HA]} = \frac{x^2}{C_{0_A}-x} = \frac{(3\cdot10^{-3})^2}{0'068-3\cdot10^{-3}} = 1'385\cdot10^{-4}$$

b) $K_a = \frac{x^2}{C_0-x}$ $\Rightarrow$ $1'385\cdot10^{-4} = \frac{x^2}{0'1-x}$ $\Rightarrow$

$$\Rightarrow x^2 + 1'385\cdot10^{-4}x - 1'385\cdot10^{-5} = 0 \underset{\searrow x = Negativo}{\overset{\nearrow x = 3'653\cdot10^{-3} \, mol/L}{}}$$

$$\Rightarrow pH = -\log[H_3O^+] = -\log x = -\log(3'653\cdot10^{-3}) = 2'44$$

CUESTIÓN 5

a) $CH_3-CH=CH-CH_3 + H_2O \longrightarrow CH_3-CH_2-\underset{\underset{OH}{|}}{CH}-CH_3$

  2-buteno   2-butanol

b) $CH_3-CH(OH)-CH_3 \xrightarrow{oxid.} CH_3-\overset{\overset{O}{\|}}{C}-CH_3$

  2-propanol   propanona

c) $CH_3-CH_2-CH_2OH + CH_3-COOH \longrightarrow CH_3-COO-CH_2-CH_2-CH_3 + H_2O$

     1-propanol   ácido   etanoato de propilo

                   etanoico

d) $CH_3-CH=CH-CH_3 + Cl_2 \longrightarrow CH_3-CHCl-CHCl-CH_3$

        2-buteno   2,3-dicloro butano

e) $CH_3-\underset{\underset{Br}{|}}{CH}-CH_3 + OH^- \longrightarrow CH_3-\underset{\underset{OH}{|}}{CH}-CH_3 + Br^-$

     2-bromopropano   2-propanol

 GENERALITAT VALENCIANA
Conselleria d'Educació, Investigació, Cultura i Esport

COMISSIÓ GESTORA DE LES PROVES D'ACCÉS A LA UNIVERSITAT

COMISIÓN GESTORA DE LAS PRUEBAS DE ACCESO A LA UNIVERSIDAD

SISTEMA UNIVERSITARI VALENCIÀ
SISTEMA UNIVERSITARIO VALENCIANO

PROVES D'ACCÉS A LA UNIVERSITAT		PRUEBAS DE ACCESO A LA UNIVERSIDAD	
CONVOCATÒRIA:	JULIOL 2018	CONVOCATORIA:	JULIO 2018
Assignatura: QUÍMICA		Asignatura: QUÍMICA	

BAREMO DEL EXAMEN: El alumno deberá elegir una opción (A o B) y contestar a las 3 cuestiones y los 2 problemas de la opción elegida. La calificación máxima de cada cuestión/problema será de 2 puntos y la de cada subapartado se indica en el enunciado.
Según Acuerdo de la Comisión Gestora de los Procesos de Acceso y Preinscripción, únicamente se permite el uso de calculadoras que no sean gráficas o programables y que no puedan realizar cálculo simbólico ni almacenar texto o fórmulas en memoria.

OPCIÓN A

CUESTIÓN 1

Considere los elementos siguientes: Al, S, Cl y Ca cuyos números atómicos son 13, 16, 17 y 20, respectivamente. Responda las siguientes cuestiones: **(0,5 puntos cada apartado)**

a) Ordene <u>razonadamente</u> los cuatro elementos por orden creciente de su primera energía de ionización.

b) Aplicando la regla del octeto, deduzca la formula molecular del compuesto formado por S y Cl y discuta la naturaleza del enlace (iónico o covalente) entre ambos átomos.

c) Escriba la configuración electrónica de los iones siguientes: Al^{3+}, S^{2-}, Cl^- y Ca^{2+}.

d) Considerando los iones Cl^- y Ca^{2+}, razone cuál de los dos tendrá un radio iónico mayor.

PROBLEMA 2

El ácido sulfúrico concentrado caliente disuelve el metal cinc formándose sulfato de cinc, dióxido de azufre y agua, de acuerdo con la siguiente reacción (<u>no ajustada</u>):

$$Zn(s) + H_2SO_4(conc) \xrightarrow{calor} ZnSO_4(ac) + SO_2(g) + H_2O(l)$$

a) Escriba la semirreacción de oxidación y la de reducción, así como la reacción global ajustada tanto en su forma iónica como molecular. **(0,8 puntos)**

b) Calcule el volumen, en mL, de ácido sulfúrico concentrado de densidad 1,98 $g \cdot mL^{-1}$ y 95% de riqueza (en peso) necesario para oxidar 20 gramos de cinc de pureza 98%. **(1,2 puntos)**

Datos.- Masas atómicas relativas. H (1); O (16); S (32); Zn (65,4).

CUESTIÓN 3

El trióxido de azufre, SO_3, se obtiene al reaccionar el dióxido de azufre, SO_2, con dioxígeno, O_2, de acuerdo al equilibrio:

$$SO_2(g) + \tfrac{1}{2}O_2(g) \rightleftharpoons SO_3(g) \qquad \Delta H = -98,1 \ kJ \cdot mol^{-1}$$

Una vez la mezcla gaseosa alcance el equilibrio, justifique el efecto que tendrá: **(0,5 puntos cada apartado)**

a) El aumento de la temperatura a presión constante sobre la cantidad de $SO_3(g)$ presente tras restablecerse el equilibrio.

b) La adición de $SO_2(g)$ sobre la cantidad de $O_2(g)$ presente tras alcanzarse nuevamente el equilibrio.

c) La disminución del volumen del reactor (manteniendo constante su temperatura) sobre la cantidad de $SO_2(g)$ presente tras alcanzarse nuevamente el equilibrio.

d) La adición de pentóxido de vanadio (V_2O_5) como catalizador de la reacción sobre la concentración de reactivos.

PROBLEMA 4

En una disolución acuosa de ácido acético 0,01 M, el ácido está disociado en un 4,2 %. Calcule: **(1 punto cada apartado)**

a) La constante de acidez, K_a, del ácido acético.

b) ¿Qué volumen de agua destilada es necesario añadir a 10 mL de una disolución 0,01 M de ácido clorhídrico para que la disolución resultante tenga el mismo pH que la disolución de ácido acético del enunciado?

CUESTIÓN 5

Formule o nombre, según corresponda, los siguientes compuestos. **(0,2 puntos cada uno)**

a) CH_3-CH_2-O-CH_3 b) CH_3-CO-CH_2-CH_3 c) CH_3-COO-CH_2-CH_3 d) $Cr_2(SO_4)_3$ e) $Ba(ClO_2)_2$

f) 2,4-dimetilhexano   g) 2,3-dimetilbutanal   h) ácido propenoico   i) ácido yódico   j) hidrogenocarbonato de sodio

CUESTIÓN 1

Considere las especies químicas H_2S, $MgCl_2$, C_2H_2 y CCl_4. Responda razonadamente las siguientes cuestiones:

a) Discuta el tipo de enlace que se presenta en cada una de las cuatro especies químicas. (0,5 puntos)

b) Deduzca la estructura de Lewis de las moléculas cuyos átomos están unidos mediante enlace covalente. (0,5 puntos)

c) Justifique la geometría de las moléculas del apartado b). (0,5 puntos)

d) Explique cuál de los compuestos, $MgCl_2$ o CCl_4, será más soluble en agua. (0,5 puntos)

Datos.- Números atómicos: H = 1; C = 6; Mg = 12; S = 16; Cl = 17.

PROBLEMA 2

El mercurio se puede obtener calentando a unos 600 °C, en presencia de aire, el cinabrio (mineral de sulfuro de mercurio(II), HgS, impuro). La reacción que tiene lugar es la siguiente:

$$HgS(s) + O_2(g) \longrightarrow Hg(g) + SO_2(g)$$

Teniendo en cuenta que el cinabrio utilizado contiene un 85 % en peso de HgS y que el rendimiento del proceso es del 80%, calcule:

a) Los kilogramos de mercurio que se obtendrán a partir del tratamiento de 100 kg de cinabrio. (1,2 puntos)

b) El volumen (en litros) de SO_2 obtenido en la reacción anterior, medido a 600 °C y 1 atmósfera. (0,8 puntos)

Datos.- Masas atómicas relativas. O (16); S (32); Hg (200,6). R = 0,082 atm·L·mol^{-1}·K^{-1}.

CUESTIÓN 3

Se prepara una pila voltaica formada por electrodos $Ag^+(ac)/Ag(s)$ y $Cu^{2+}(ac)/Cu(s)$ en condiciones estándar.

a) Escriba la semirreacción que ocurre en cada electrodo así como la reacción global ajustada. (1 punto)

b) Explique qué electrodo actúa de ánodo y cuál de cátodo y calcule la diferencia de potencial que proporcionará la pila. (1 punto)

Datos.- Potenciales estándar de reducción. E° (en V): Ag^+/Ag: +0,80; Cu^{2+}/Cu: + 0,34.

PROBLEMA 4

El metanol, CH_3OH, se obtiene por reacción del CO(g) con H_2(g) según el siguiente equilibrio:

$$CO(g) + 2H_2(g) \rightleftharpoons CH_3OH(g)$$

En un recipiente cerrado de 2 L de capacidad, en el que previamente se ha hecho el vacío, se introducen 1 mol de CO(g) y 2 moles de H_2(g). Cuando se alcanza el equilibrio a 210 °C la presión en el interior del recipiente resulta ser de 33,82 atmósferas. Calcule:

a) La presión parcial de cada uno de los gases presentes en el equilibrio a 210 °C. (1 punto)

b) El valor de cada una de las constantes de equilibrio K_p y K_c. (1 punto)

Datos.- R = 0,082 atm·L·K^{-1}·mol^{-1}.

CUESTIÓN 5

Considere la reacción: $2A + 3B \longrightarrow 2C$. Se ha observado que al aumentar al doble la concentración de A, la velocidad de la reacción se duplica mientras que al triplicar la concentración de B la velocidad de la reacción aumenta en un factor de 9. Responda razonadamente las siguientes cuestiones: (0,5 puntos cada apartado)

a) Determine los órdenes de reacción respecto de A y B y escriba la ley de velocidad de la reacción.

b) Si en un determinado momento la velocidad de formación de C es 6,12·10^{-4} M·s^{-1}, calcule la velocidad de la reacción.

c) En las mismas condiciones del apartado b), calcule la velocidad de desaparición de B.

d) Se ha determinado que cuando las concentraciones iniciales de A y B son 0,1 y 0,2 M respectivamente, la velocidad de la reacción es 2,32·10^{-3} M·s^{-1}. Calcule la constante de velocidad de la reacción.

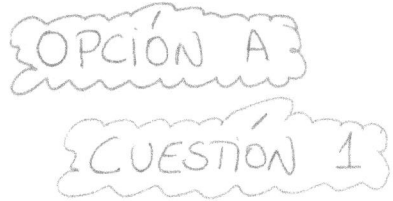

CUESTIÓN 1

$Al\ (z=13):\ 1s^2 2s^2 2p^6 3s^2 3p^1$ Grupo 13 Periodo 3

$\quad\quad \rightarrow Al^{3+}:\ 1s^2 2s^2 2p^6$ $(Al - 3e^-)$

$S\ (z=16):\ 1s^2 2s^2 2p^6 3s^2 3p^4$ Grupo 16 Periodo 3

$\quad\quad \rightarrow S^{2-}:\ 1s^2 2s^2 2p^6 3s^2 3p^6$ $(S + 2e^-)$

$Cl\ (z=17):\ 1s^2 2s^2 2p^6 3s^2 3p^5$ Grupo 17 Periodo 3

$\quad\quad \rightarrow Cl^-:\ 1s^2 2s^2 2p^6 3s^2 3p^6$ $(Cl + 1e^-)$

$Ca\ (z=20):\ 1s^2 2s^2 2p^6 3s^2 3p^6 4s^2$ Grupo 2 Periodo 4

$\quad\quad \rightarrow Ca^{2+}:\ 1s^2 2s^2 2p^6 3s^2 3p^6$ $(Ca - 2e^-)$

La energía de ionización es la energía que se requiere para arrancar un electrón de un átomo gaseoso en su estado fundamental:

$$X_{(g)} + EI \longrightarrow X^+_{(g)} + e^-$$

PÁGINA 1

En general, la regla es que la EI aumenta a medida que nos movemos hacia la derecha en un mismo periodo y disminuye al descender en un grupo. Así:

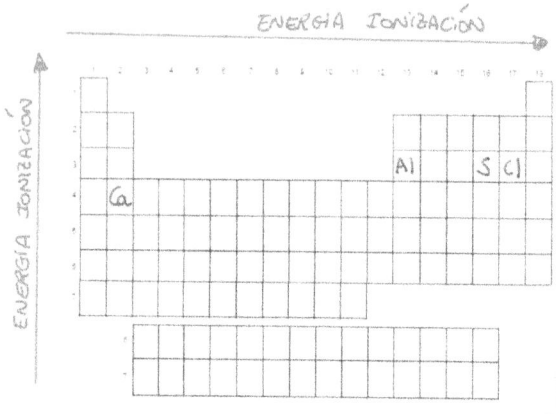

No obstante, esta regla general tiene algunas excepciones. Una de ellas se da cuando dentro de un mismo periodo pasamos del grupo 2 al grupo 13.

Aunque la regla general nos dice que la energía de ionización debería aumentar, resulta que en este caso disminuye. Sucede porque:

Grupo 2: ns^2 ⟦↑↓⟧

Grupo 13: $ns^2 np^1$ ⟦↑↓⟧ ⟦↑| | | ⟧

Energéticamente, resulta más "fácil" arrancar el electrón suelto del orbital "p" que el apareado de "s"

En este ejercicio nos toca decidir entre el Calcio y el Aluminio ya que, por un lado, el Calcio lo situamos en el grupo 2 y el Aluminio en el 13, dándose la situación excepcional que acabamos de

PÁGINA 2

describir. Pero por otro lado, el calcio está en el periodo 4 y el aluminio en el 3 y la regla nos dice que la energía de ionización aumenta al disminuir el periodo. Entonces, ¿cómo decidimos?

Veamos el siguiente gráfico:

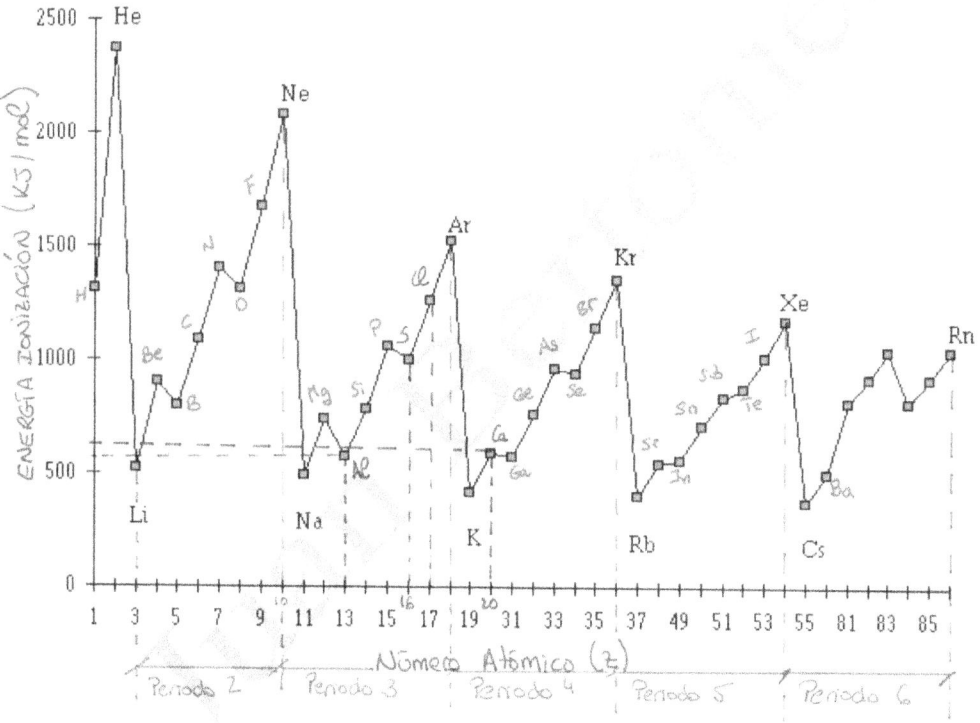

Como vemos, el hecho de aumentar el periodo en un mismo grupo (Li, Na, K, Rb, Cs,...) efectivamente hace disminuir la energía de ionización, pero muy ligeramente, de modo que todos ellos tienen valores

PÁGINA 3

similares. Sin embargo, cuando dentro de un mismo periodo aumentamos el grupo, las energías de ionización aumentan significativamente.

También vemos como la disminución en la energía de ionización al pasar del grupo 2 al grupo 13 es mucho más significativa entre Mg y Al (periodo 3) que entre Ca y Ga (periodo 4), y ya no se da en periodos superiores. Esto sucede porque el apantallamiento que sufre el electrón solitario en el subnivel externo p es cada vez menos significativo conforme aumentamos el grupo, al tener átomos cada vez mayores.

Por todo ello, podemos concluir que

$$EI(Al) < EI(Ca)$$

Y por tanto, el orden que nos pedían era:

$$EI(Al) < EI(Ca) < EI(S) < EI(Cl)$$

577'5 KJ/mol   589'8 KJ/mol   999'6 KJ/mol   1251'2 KJ/mol

Prácticamente Idénticas!!

b) $S(z=16)$: $1s^2 2s^2 2p^6 3s^2 3p^4$ =>

3s $\boxed{\uparrow\downarrow}$ 3p $\boxed{\uparrow\downarrow \mid \uparrow \mid \uparrow}$ $:\overset{..}{\underset{.}{S}}\cdot$

$Cl(z=17)$: $1s^2 2s^2 2p^6 3s^2 3p^5$ =>

3s $\boxed{\uparrow\downarrow}$ 3p $\boxed{\uparrow\downarrow \mid \uparrow\downarrow \mid \uparrow}$ $:\overset{..}{\underset{..}{Cl}}\cdot$

Para que se verifique la regla del octeto:

$:\overset{..}{S}\cdots\overset{..}{\underset{..}{Cl}}:$
$:\overset{..}{\underset{..}{Cl}}:$

$\Rightarrow :\overset{..}{\underset{..}{Cl}} - \overset{..}{\underset{..}{S}} - \overset{..}{\underset{..}{Cl}}: \Rightarrow SCl_2$

El enlace S-Cl es un ENLACE COVALENTE. Este tipo de enlace se da entre átomos no metálicos que se unen entre si compartiendo electrones para alcanzar configuración electrónica estable ($8e^-$ en la capa de valencia => OCTETO!!). Sucede porque la diferencia de las electronegatividades de los átomos que enlazan no es lo suficientemente grande para que un átomo pierda un electrón y lo gane el otro (enlace iónico). Dado que ambos átomos son significativamente electronegativos lo que hacen es compartir electrones, hecho que los mantiene unidos.

PÁGINA 5

©Juan Bertomeu Ferrer
www.bertoblog.com

c) Ya hemos respondido a este apartado en la página 1.

d) Como vemos en las configuraciones electrónicas, los iones Cl^- y Ca^{2+} son especies isoelectrónicas. A igual número de electrones, el que tenga más protones en el núcleo tendrá un radio iónico menor, ya que la carga nuclear efectiva será mayor. Por tanto:

$$r_{Cl^-} > r_{Ca^{2+}}$$

PROBLEMA 2

$$\overset{0}{Zn}_{(s)} + \overset{+1\ +6\ -2}{H_2SO_4}{}_{(ac)} \longrightarrow \overset{+2\ +6\ -2}{ZnSO_4}{}_{(ac)} + \overset{+4\ -2}{SO_2}{}_{(g)} + \overset{+1\ -2}{H_2O}{}_{(e)}$$

Reducción: $\overset{+6}{S}O_4^{2-} + 4H^+ + 2e^- \longrightarrow \overset{+4}{S}O_2 + 2H_2O$

Oxidación: $\overset{0}{Zn}_{(s)} - 2e^- \longrightarrow \overset{+2}{Zn}_{(ac)}$

Ec. Iónica $\quad Zn_{(s)} + SO_4^{2-}{}_{(ac)} + 4H^+{}_{(ac)} \longrightarrow Zn^{2+}{}_{(ac)} + SO_2{}_{(g)} + 2H_2O_{(e)}$

Molecular: $\quad Zn_{(s)} + 2H_2SO_4{}_{(ac)} \longrightarrow ZnSO_4{}_{(ac)} + SO_2{}_{(g)} + 2H_2O_{(e)}$

PÁGINA 6

b) $20\,g\ Zn_{impurezas} \times \dfrac{98\,g\ Zn}{100\,g\ Zn_{imp}} \times \dfrac{1\,mol\ Zn}{65'4\,g\ Zn} \times \dfrac{2\,mol\ H_2SO_4}{1\,mol\ Zn} \times$

$PM_{H_2SO_4} = 2+32+4\cdot16 = 98\,g/mol$ — Pureza

$\times \dfrac{98\,g\ H_2SO_4}{1\,mol\ H_2SO_4} \times \dfrac{100\,g\ dsón\ H_2SO_4}{95\,g\ H_2SO_4} \times \dfrac{1\,mL\ dsón\ H_2SO_4}{1'98\,g\ dsón\ H_2SO_4} =$

Riqueza — Densidad

$= 31'23\ mL\ de\ H_2SO_{4(ac)}$

CUESTIÓN 3

$$SO_2(g) + \tfrac{1}{2}O_2(g) \rightleftharpoons SO_3(g) \qquad \Delta H = -98'1\ KJ$$

a) Como vemos, se tiene que:

Reacción Directa $\Delta H = -98'1\ KJ$ (Exotérmica)

$SO_2(g) + \tfrac{1}{2}O_2(g) \rightleftharpoons SO_3(g)$

Reacción Inversa $\Delta H = +98'1\ KJ$ (Endotérmica)

Para que suceda la reacción inversa hemos de aportar calor (endotérmica). Aumentar la temperatura es justamente aportar calor y por tanto será la ruta endotérmica la que se favorezca, desplazándose el equilibrio a la izquierda, disminuyendo así la cantidad de $SO_3(g)$ en el equilibrio.

b) Al añadir $SO_2(g)$, el equilibrio consumirá dicho exceso desplazándose hacia la derecha, formando nuevos productos y consumiendo reactivos. Por tanto disminuirá la cantidad de $O_2(g)$ en el equilibrio.

c) Al disminuir el volumen manteniendo constante la temperatura estamos aumentando la presión total. El equilibrio se desplazará para formar sustancias que contribuyan a disminuir la presión para así restablecer el equilibrio. Es decir, se desplazará hacia donde haya menos moles gaseosos. En nuestro caso, se desplazará a la derecha, disminuyendo así la cantidad de $SO_2(g)$ en el equilibrio.

d) La adición de un catalizador no afecta al estado de equilibrio y por tanto las concentraciones de los reactivos permanecerán constantes.

PROBLEMA 4

$$CH_3-COOH + H_2O \rightleftharpoons CH_3-COO^- + H_3O^+$$

Inicial $0'01$ ...   —   —

Reacciona $\frac{4'2}{100} \cdot 0'01 = 4'2 \cdot 10^{-4}$ ...   —   —

Forma   —   — $4'2 \cdot 10^{-4}$ $4'2 \cdot 10^{-4}$

Equilibrio $9'58 \cdot 10^{-3}$ ... $4'2 \cdot 10^{-4}$ $4'2 \cdot 10^{-4}$

$$K_a = \frac{[CH_3-COO^-] \cdot [H_3O^+]}{[CH_3-COOH]} = \frac{(4'2 \cdot 10^{-4})^2}{9'58 \cdot 10^{-3}} = 1'84 \cdot 10^{-5}$$

b) El HCl es un ácido fuerte que se disocia por completo

$$HCl + H_2O \longrightarrow Cl^- + H_3O^+$$

Inicial $0'01$ ...   —   —

Final   ...   ... $0'01$ $0'01$

Para que ambas disoluciones tengan el mismo pH, la concentración de iones H_3O^+ tiene que ser la misma. Añadiremos agua a la disolución de HCl para que pase de ser $0'01 M$ a $4'2 \cdot 10^{-4} M$. Así:

$$M = \frac{n_{soluto}}{V_{disol.}} \Rightarrow 0'01 = \frac{n_{HCl}}{0'01} \Rightarrow n_{HCl} = 1 \cdot 10^{-4} \, mol$$

Y ahora añadimos el agua:

$$M = \frac{n_{soluto}}{V_{dsón}} \Rightarrow 4'2 \cdot 10^{-4} = \frac{1 \cdot 10^{-4}}{0'01 + V_{H_2O}} \longrightarrow$$ Suponemos $\Rightarrow$ volúmenes aditivos

$$\Rightarrow V_{H_2O} = \frac{1 \cdot 10^{-4}}{4'2 \cdot 10^{-4}} - 0'01 = 0'2281 \text{ Litros } H_2O.$$

CUESTIÓN 5

a) $CH_3 - CH_2 - O - CH_3$ etil metil eter / metoxietano

b) $CH_3 - CO - CH_2 - CH_3$ butanona

c) $CH_3 - COO - CH_2 - CH_3$ etanoato de etilo

d) $Cr_2(SO_4)_3$ sulfato de cromo (III)

e) $Ba(ClO_2)_2$ clorito de bario

f) 2,4-dimetilhexano $CH_3 - \underset{\underset{CH_3}{|}}{CH} - CH_2 - \underset{\underset{CH_3}{|}}{CH} - CH_2 - CH_3$

g) 2,3-dimetilbutanal $CH_3 - \underset{\underset{CH_3}{|}}{CH} - \underset{\underset{CH_3}{|}}{CH} - CHO$

h) ácido propenoico $CH_2 = CH - COOH$

i) ácido yódico HIO_3

j) hidrogenocarbonato de sodio $NaHCO_3$

OPCIÓN B

CUESTIÓN 1

El enlace iónico se produce cuando átomos de elementos metálicos (especialmente los situados más a la izquierda en la tabla periódica con baja energía de ionización) se encuentran con átomos no metálicos (especialmente los de los grupos 16 y 17 con alta afinidad electrónica). La diferencia entre las electronega-tividades es lo suficientemente grande como para que los átomos del metal cedan electrones a los átomos del no metal, transformándose en iones positivos y negativos respectivamente.

El enlace covalente se da entre átomos no metálicos que se unen entre sí compartiendo electrones para alcanzar configuración electrónica de gas noble. Dado que ambos átomos no metálicos son significativamente electronegativos, no se ceden electrones. Uno no pierde electrones en favor del otro, si no que lo que hacen es compartirlos, hecho que los mantiene unidos.

PÁGINA 11

Por todo lo expuesto, es fácil ver que:

Enlace Iónico: $MgCl_2$

Enlace Covalente: H_2S , C_2H_2 , CCl_4

b y c) $\boxed{H_2S}$ LEWIS + RPECV

$H(z=1): 1s^1 \longrightarrow \boxed{\uparrow}$ $\overset{1s}{}$ 1 e$^-$ de valencia

$S(z=16): 1s^2 2s^2 2p^6 3s^2 3p^4 \longrightarrow \boxed{\uparrow\downarrow}$ $\overset{3s}{}$ $\boxed{\uparrow\downarrow\ |\ \uparrow\ |\ \uparrow}$ $\overset{3p}{}$ 6 e$^-$ de valencia

H S H $\Rightarrow$ H $-$ S $-$ H $\Rightarrow$ H $-$ $\overset{..}{\underset{..}{S}}$ $-$ H

8 electrones   Quedan 4e$^-$ Definitiva !!

La estructura es definitiva al ser nula la carga formal sobre todos los átomos. Se trata de una molécula AX_2E_2 que presentará geometría ANGULAR

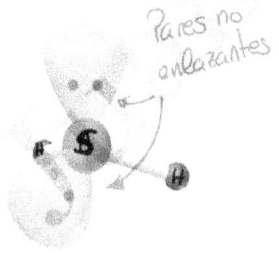

Pares no enlazantes

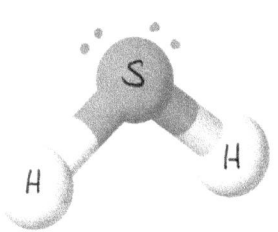

$\boxed{C_2H_2}$ LEWIS + RPECV

$H(z=1): 1s^1 \longrightarrow \boxed{\uparrow}$ $\overset{1s}{}$ 1 e$^-$ de valencia

$C(z=6): 1s^2 2s^2 2p^2 \longrightarrow \boxed{\uparrow\downarrow}$ $\overset{2s}{}$ $\boxed{\uparrow\ |\ \uparrow\ |\ }$ $\overset{2p}{}$ 4 e$^-$ de valencia

PÁGINA 12

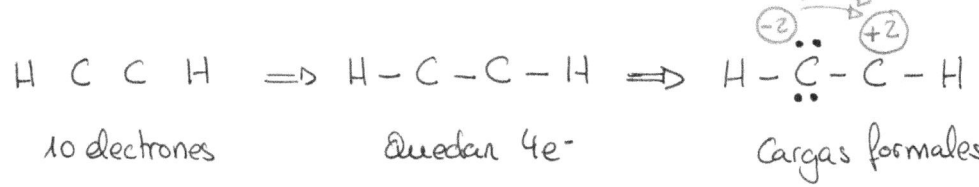

H C C H ⟹ H—C—C—H ⟹ H—C̈—C—H

10 electrones   Quedan 4e⁻   Cargas formales

⟹ H—C≡C—H   La estructura es definitiva al ser

Definitiva!!   nula la carga formal sobre todos los

                    átomos.

Para justificar la geometría del etino, debemos

recurrir a los orbitales híbridos.

C: [↑↓] [↑][↑][ ] ⟹ C*: [↑] [↑][↑][↑] ⟹

       2s   2p   promoción   2s   2p

⟹ [↑][↑] [↑] [↑]

hibridación   2sp   2Pᵧ 2P𝓏

Dado que los orbitales híbridos sp forman entre sí

un ángulo de 180°, la molécula de etino será LINEAL:

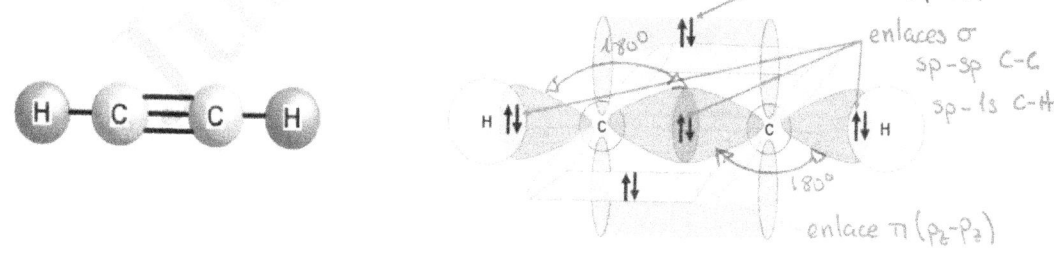

enlace π (Pᵧ–Pᵧ)

enlaces σ
sp–sp C–C
sp–1s C–H

enlace π (P𝓏–P𝓏)

$\boxed{C\,Cl_4}$ LEWIS + RPECV

$C\,(z=6):\ 1s^2\,2s^2\,2p^2 \longrightarrow$ $\begin{array}{c} 2s \\ \boxed{\uparrow\downarrow} \end{array}$ $\begin{array}{c} 2p \\ \boxed{\uparrow\ \uparrow\ \ } \end{array}$ 4e$^-$ de valencia

$Cl\,(z=17):\ 1s^2\,2s^2\,2p^6\,3s^2\,3p^5 \longrightarrow$ $\begin{array}{c} 3s \\ \boxed{\uparrow\downarrow} \end{array}$ $\begin{array}{c} 3p \\ \boxed{\uparrow\downarrow\,\uparrow\downarrow\,\uparrow} \end{array}$ 7e$^-$ de valencia

$$
\begin{array}{c}
Cl \\
Cl \quad C \quad Cl \\
Cl
\end{array}
\Rightarrow
\begin{array}{c}
Cl \\
Cl - \overset{|}{\underset{|}{C}} - Cl \\
Cl
\end{array}
\Rightarrow
\begin{array}{c}
:\overset{\cdot\cdot}{Cl}: \\
:\overset{\cdot\cdot}{Cl} - \overset{|}{\underset{|}{C}} - \overset{\cdot\cdot}{Cl}: \\
:\overset{\cdot\cdot}{Cl}:
\end{array}
$$

32 electrones   Quedan 24e-   Definitiva!!

La estructura es definitiva al ser nula la carga

formal sobre todos los

átomos. Se trata de una

molécula AX₄ que presenta

geometría TETRAÉDRICA.

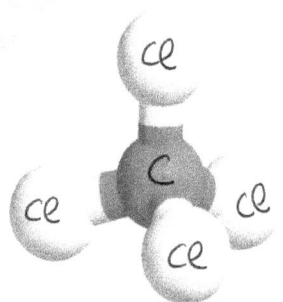

d) La mayoría de los compuestos covalentes son

insolubles en agua, mientras que sucede lo contrario

con los compuestos iónicos. Por ello, podemos

asegurar que $MgCl_2$ tiene una solubilidad en

agua mucho mayor que CCl_4.

{PROBLEMA 2}

$$HgS_{(s)} + O_{2(g)} \longrightarrow Hg_{(g)} + SO_{2(g)}$$

a) $100 \text{ Kg cinabrio} \times \dfrac{1000 \text{ g cinabrio}}{1 \text{ kg cinabrio}} \times \dfrac{85 \text{ g HgS}}{100 \text{ g cinabrio}} \times \dfrac{1 \text{ mol HgS}}{232'6 \text{ g HgS}} \times$

Pureza

$PM_{HgS} = 200'6 + 32 = 232'6 \text{ g/mol}$

$\times \dfrac{1 \text{ mol Hg (teórico)}}{1 \text{ mol HgS}} \times \dfrac{0'8 \text{ mol Hg (real)}}{1 \text{ mol Hg (teórico)}} \times \dfrac{200'6 \text{ g Hg}}{1 \text{ mol Hg}} \times$

Rendimiento

$\times \dfrac{1 \text{ Kg Hg}}{1000 \text{ g Hg}} = 58'645 \text{ Kg Hg}$

b) $100 \text{ kg cinabrio} \times \dfrac{1000 \text{ g cinabrio}}{1 \text{ kg cinabrio}} \times \dfrac{85 \text{ g HgS}}{100 \text{ g cinabrio}} \times \dfrac{1 \text{ mol HgS}}{232'6 \text{ g HgS}} \times$

$\times \dfrac{1 \text{ mol SO}_2 \text{ (teórico)}}{1 \text{ mol HgS}} \times \dfrac{0'8 \text{ mol SO}_2 \text{ (real)}}{1 \text{ mol SO}_2 \text{ (teórico)}} = 292'35 \text{ mol SO}_{2(g)}$

$P \cdot V = n R T \Rightarrow V = \dfrac{292'35 \cdot 0'082 \cdot 873}{1} = 20928'17 \text{ L SO}_{2(g)}$

PÁGINA 15

CUESTIÓN 3

Como vemos en los potenciales estandar de reducción dados en el enunciado, la plata $Ag^+_{(ac)}$ tiene mayor tendencia a reducirse. Por tanto, la plata Ag^+ se reducirá y el $Cu_{(s)}$ se oxidará según:

Reducción: $(Ag^+_{(ac)} + 1e^- \longrightarrow Ag^o_{(s)}) \times 2$ $E^o_{red}(Ag^+/Ag) = 0'8$
CÁTODO

Oxidación: $\underline{Cu^o_{(s)} - 2e^- \longrightarrow Cu^{2+}_{(ac)}}$ $E^o_{oxi}(Cu/Cu^{2+}) = -0'34$
ÁNODO

$2Ag^+_{(ac)} + Cu_{(s)} \longrightarrow Cu^{2+}_{(ac)} + 2Ag_{(s)}$ $E_{pila} = 0'46\ V$

PROBLEMA 4

$$CO_{(g)} + 2H_2{(g)} \rightleftharpoons CH_3OH_{(g)}$$

	CO(g)	2H₂(g)	CH₃OH(g)
Inicial	1	2	—
Reacciona	x	2x	
Forma	—	—	x
Equilibrio	1−x	2−2x	x

$n_{totales}$ gas equilibrio $= 1-x + 2-2x + x = 3-2x$

$P \cdot V = nRT \Longrightarrow 33'82 \cdot 2 = (3-2x) \cdot 0'082 \cdot 483 \Longrightarrow$

$\Longrightarrow 3-2x = 1'708 \Longrightarrow x = 0'646\ mol$

$n_{CO_{eq}} = 1 - x = 1 - 0'646 = 0'354 \text{ mol } CO_{(g)}$

$n_{H_{2}eq} = 2 - 2x = 2 - 1'292 = 0'708 \text{ mol } H_{2(g)}$

$n_{CH_3OH_{eq}} = x = 0'646 \text{ mol } CH_3OH_{(g)}$

$P \cdot V = n \cdot R T$

$P_{CO} = \dfrac{0'354 \cdot 0'082 \cdot 483}{2} = 7'01 \text{ atm}$

$P_{H_2} = \dfrac{0'708 \cdot 0'082 \cdot 483}{2} = 14'02 \text{ atm}$

$P_{CH_3OH} = \dfrac{0'646 \cdot 0'082 \cdot 483}{2} = 12'79 \text{ atm}$

b) $K_p = \dfrac{P_{CH_3OH}}{P_{CO} \cdot P_{H_2}^{2}} = \dfrac{12'79}{7'01 \cdot 14'02^{2}} = 9'28 \cdot 10^{-3}$

$K_c = \dfrac{[CH_3OH]}{[CO] \cdot [H_2]^{2}} = \dfrac{\dfrac{0'646}{2}}{\dfrac{0'354}{2} \cdot \left(\dfrac{0'708}{2}\right)^{2}} = 14'56$

$$2A + 3B \longrightarrow 2C \qquad V_R = K \cdot [A]^x \cdot [B]^y$$

a) $$\left.\begin{array}{l} V_1 = K \cdot [A]_1^x \cdot [B]_1^y \\[2mm] V_2 = K \cdot [A]_2^x \cdot [B]_2^y \end{array}\right\} \quad \left.\begin{array}{l} [A]_2 = 2 \cdot [A]_1 \\[2mm] [B]_2 = [B]_1 \end{array}\right\} \Rightarrow V_2 = 2 \cdot V_1$$

$$\Rightarrow K \cdot \left(2 \cdot [A]_1\right)^x \cdot [B]_1^y = 2 \cdot K \cdot [A]_1^x \cdot [B]_1^y \Rightarrow$$

$$\Rightarrow 2^x = 2 \Rightarrow x = 1$$

$$\left.\begin{array}{l} V_1 = K \cdot [A]_1^x \cdot [B]_1^y \\[2mm] V_2 = K \cdot [A]_2^x \cdot [B]_2^y \end{array}\right\} \quad \left.\begin{array}{l} [A]_2 = [A]_1 \\[2mm] [B]_2 = 3 \cdot [B]_1 \end{array}\right\} \Rightarrow V_2 = 9 \cdot V_1$$

$$\Rightarrow K \cdot [A]_1^x \cdot \left(3 \cdot [B]_1\right)^y = 9 \cdot K \cdot [A]_1^x \cdot [B]_1^y \Rightarrow$$

$$\Rightarrow 3^y = 9 \Rightarrow y = 2$$

$$\Rightarrow V_R = K \cdot [A][B]^2$$

b) $$V_R = -\frac{1}{2} \cdot \frac{d}{dt}[A] = -\frac{1}{3} \cdot \frac{d}{dt}[B] = \frac{1}{2} \frac{d}{dt}[C]$$

$$V_R = -\frac{1}{2} V_{\text{desaparición}}_A = -\frac{1}{3} V_{\text{desaparición}}_B = \frac{1}{2} V_{\text{formación}}_C$$

$$\Rightarrow V_R = \frac{1}{2} \cdot V_C = \frac{1}{2} \cdot 6'12 \cdot 10^{-4} = 3'06 \cdot 10^{-4} \ \frac{mol}{L \cdot s}$$

c) $-\dfrac{1}{3} V_B = \dfrac{1}{2} V_C \Rightarrow$

$$\Rightarrow V_B = -\dfrac{3}{2} V_C = -\dfrac{3}{2} \cdot 6'12 \cdot 10^{-4} = -9'18 \cdot 10^{-4} \dfrac{mol}{L \cdot s.}$$

d) $V_R = K \cdot [A] \cdot [B]^2$

$$2'32 \cdot 10^{-3} = K \cdot 0'1 \cdot (0'2)^2 \Rightarrow K = 0'58 \dfrac{L^2}{mol^2 \cdot s}$$

$$\dfrac{mol}{L \cdot s} = [K] \cdot \dfrac{mol}{L} \cdot \dfrac{mol^2}{L^2}$$

$$[K] = \dfrac{L^2}{mol^2 \cdot s}$$

©Juan Bertomeu Ferrer
www.bertoblog.com

GENERALITAT VALENCIANA
Conselleria d'Educació.
Investigació, Cultura i Esport

COMISSIÓ GESTORA DE LES PROVES D'ACCÉS A LA UNIVERSITAT

COMISIÓN GESTORA DE LAS PRUEBAS DE ACCESO A LA UNIVERSIDAD

SISTEMA UNIVERSITARI VALENCIÀ
SISTEMA UNIVERSITARIO VALENCIANO

PROVES D'ACCÉS A LA UNIVERSITAT	PRUEBAS DE ACCESO A LA UNIVERSIDAD	
CONVOCATÒRIA: **JUNY 2019**	CONVOCATORIA:	JUNIO 2019
Assignatura: QUÍMICA	Asignatura: QUÍMICA	

BAREMO DEL EXAMEN: El alumno deberá elegir una opción (A o B) y contestar a las 3 cuestiones y los 2 problemas de la opción elegida. La calificación máxima de cada cuestión/problema será de 2 puntos y la de cada subapartado se indica en el enunciado.
Según Acuerdo de la Comisión Gestora de los Procesos de Acceso y Preinscripción, únicamente se permite el uso de calculadoras que no sean gráficas o programables y que no puedan realizar cálculo simbólico ni almacenar texto o fórmulas en memoria.

OPCIÓN A

CUESTIÓN 1

Considere los elementos con número atómico A = 6, B = 8, C = 16, D = 19 y E = 20. Responda razonadamente:

a) Ordene los elementos propuestos por orden creciente de su radio atómico. **(0,5 puntos)**

b) Ordene los elementos propuestos por orden creciente de su primera energía de ionización. **(0,5 puntos)**

c) Prediga el elemento que tendrá la mayor electronegatividad. **(0,5 puntos)**

d) Explique si los elementos C y D pueden formar un compuesto iónico y, en caso afirmativo, escriba la configuración electrónica de cada uno de los iones. **(0,5 puntos)**

PROBLEMA 2

En medio ácido, el dicromato de potasio, $K_2Cr_2O_7$, reacciona con el sulfato de hierro(II), $FeSO_4$, de acuerdo con la siguiente reacción **no ajustada**:

$$K_2Cr_2O_7 \text{ (ac)} + FeSO_4 \text{ (ac)} + H_2SO_4 \text{ (ac)} \longrightarrow Cr_2(SO_4)_3 \text{ (ac)} + Fe_2(SO_4)_3 \text{ (ac)} + K_2SO_4 \text{ (ac)} + H_2O \text{ (l)}$$

a) Escriba la semirreacción de oxidación y la de reducción, así como la ecuación química global ajustada tanto en su forma iónica como molecular. **(1 punto)**

b) Para determinar la pureza de una muestra de $FeSO_4$, 1,523 g de la misma se disolvieron en una disolución acuosa de ácido sulfúrico. La disolución anterior se hizo reaccionar con otra que contenía $K_2Cr_2O_7$ 0,05 M necesitándose 28,0 mL para que la reacción se completase. Calcule la pureza de la muestra de $FeSO_4$. **(1 punto)**

Datos.- Masas atómicas relativas: O (16); S (32); Fe (55,85).

CUESTIÓN 3

a) Se introduce una pieza de aluminio en una disolución acuosa de $CuSO_4$ 1 M. Discuta razonadamente si se producirá alguna reacción y, en caso afirmativo, escriba la correspondiente ecuación química ajustada. **(0,5 puntos)**

b) Se dispone de una pila galvánica formada por un electrodo de cobre sumergido en una disolución acuosa 1 M de $CuSO_4$ y otro electrodo de cinc sumergido en una disolución 1 M de $ZnSO_4$. **(0,5 puntos cada subapartado)**

   b.1) Identifique el ánodo y el cátodo de la pila y escriba las semirreacciones que ocurren en ambos electrodos.

   b.2) Calcule el potencial estándar de la pila formada.

   b.3) Justifique si, tras agotarse la pila, el electrodo de cinc pesará más o menos que al inicio de la reacción.

   Datos.- Potenciales estándar de reducción: E° (en V): $Cu^{2+}(ac)/Cu$: + 0,34; $Zn^{2+}(ac)/Zn$: –0,76; $Al^{3+}(ac)/Al$: –1,66.

PROBLEMA 4

Una disolución de ácido acético de concentración desconocida tiene un pH de 3,11. Calcule: **(1 punto cada apartado)**

a) La concentración inicial de ácido acético que contenía la disolución.

b) El pH de la disolución obtenida al añadir agua a 20 mL de la disolución inicial hasta alcanzar un volumen de 100 mL.

   Datos.- K_a (CH_3COOH)= $1,8 \cdot 10^{-5}$.

CUESTIÓN 5

Discuta razonadamente si las siguientes afirmaciones son verdaderas o falsas: **(0,5 puntos cada apartado)**

a) La velocidad para cualquier reacción se expresa en $mol \cdot L^{-1} \cdot s^{-1}$.

b) Cuando se añade un catalizador a una reacción, ésta se hace más exotérmica.

c) La velocidad de reacción depende de la temperatura a la que tenga lugar la reacción.

d) Para la reacción de segundo orden $A \longrightarrow B + C$, si la concentración inicial de A es 0,17 M y la velocidad inicial de la reacción alcanza el valor de $6,8 \cdot 10^{-3}$ $mol \cdot L^{-1} \cdot s^{-1}$, la constante de velocidad vale 0,04 $mol^{-1} \cdot L \cdot s^{-1}$.

CUESTIÓN 1

Considere los elementos A, B y C cuyos números atómicos son 6, 12 y 17, respectivamente. **(0,5 puntos cada apartado)**

a) Escriba la configuración electrónica de cada uno de los elementos propuestos.

b) Elija razonadamente dos elementos que formen un compuesto cuyos átomos estén unidos por enlaces covalentes y, aplicando la regla del octeto, proponga su fórmula molecular.

c) Obtenga la estructura de Lewis del compuesto anterior, deduzca su geometría y discuta su polaridad.

d) Deduzca razonadamente la fórmula de un compuesto formado por dos de los elementos propuestos que tenga carácter iónico e indique la carga de cada uno de los iones presentes en el mismo.

PROBLEMA 2

a) Se dispone en el laboratorio de una disolución de ácido nítrico, HNO_3, del 20 % de riqueza (en peso) cuya densidad es $1,115 \ kg \cdot L^{-1}$. Calcule el volumen de esta disolución necesario para preparar 250 mL de otra disolución de HNO_3, de concentración $0,5 \ mol \cdot L^{-1}$. **(1 punto)**

b) Calcule el pH de la disolución formada al mezclar los 250 mL de la disolución de HNO_3 de concentración $0,5 \ mol \cdot L^{-1}$ y 500 mL de otra disolución de NaOH de concentración $0,35 \ mol \cdot L^{-1}$. **(1 punto)**

Datos.- Masas atómicas relativas: H (1); N (14); O (16). $K_w = 1 \cdot 10^{-14}$.

CUESTIÓN 3

En los tubos de escape de los automóviles, se utiliza un catalizador de platino para acelerar la oxidación del monóxido de carbono, una sustancia tóxica, según la ecuación química:

$$2 \, CO \, (g) \ + \ O_2 \, (g) \ \xrightleftharpoons[]{Pt(cat)} \ 2 \, CO_2 \, (g) \qquad \Delta H < 0$$

Considere un reactor que contiene una mezcla en equilibrio de CO (g), O_2 (g) y CO_2 (g). Indique, <u>razonadamente</u>, si la cantidad de CO aumentará, disminuirá o no se modificará cuando: **(0,5 puntos cada apartado)**

a) Se elimina el catalizador de platino.

b) Se aumenta la temperatura manteniendo constante la presión.

c) Se aumenta la presión, disminuyendo el volumen del reactor, a temperatura constante.

d) Se añade O_2 (g), manteniendo constantes el volumen y la temperatura.

PROBLEMA 4

Sometida a altas temperaturas, la formamida, $HCONH_2$, se descompone en amoníaco, NH_3, y monóxido de carbono, CO, de acuerdo al equilibrio:

$$HCONH_2 \, (g) \ \rightleftharpoons \ NH_3 \, (g) \ + \ CO \, (g)$$

En un recipiente de 10 L de volumen (en el que se ha hecho previamente el vacío) se depositan 0,2 moles de formamida y se calienta hasta alcanzar la temperatura de 500 K. Una vez se establece el equilibrio, la presión en el interior del reactor alcanza el valor de 1,56 atm. Calcule: **(1 punto cada apartado)**

a) El valor de las constantes K_p y K_c.

b) ¿Cuál debería ser la concentración inicial de formamida para que su grado de disociación fuera 0,5 a esta temperatura?

Datos.- $R = 0,082 \ atm \cdot L \cdot mol^{-1} \cdot K^{-1}$.

CUESTIÓN 5

Complete las siguientes reacciones, formule los reactivos, nombre los compuestos orgánicos que se obtienen e indique el tipo de reacción de que se trata en cada caso. **(0,4 puntos cada apartado)**

a) bromoetano + NH_3 $\longrightarrow$

b) 2-metil-2-pentanol $\xrightarrow{H_2SO_4, \ calor}$

c) Benceno + Cl_2 $\xrightarrow{catalizador}$

d) pentanal $\xrightarrow{MnO_4^-}$

e) Cloroetano + OH^- $\longrightarrow$

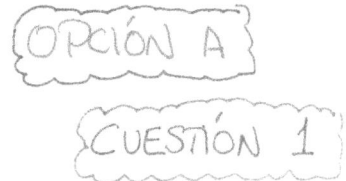

CUESTIÓN 1

A $(z=6)$: $1s^2 2s^2 2p^2$ → Período 2 Grupo 14

B $(z=8)$: $1s^2 2s^2 2p^4$ → Período 2 Grupo 16

C $(z=16)$: $1s^2 2s^2 2p^6 3s^2 3p^4$ → Período 3 Grupo 16

D $(z=19)$: $1s^2 2s^2 2p^6 3s^2 3p^6 4s^1$ → Período 4 Grupo 1

E $(z=20)$: $1s^2 2s^2 2p^6 3s^2 3p^6 4s^2$ → Período 4 Grupo 2

Cuantas más capas electrónicas tiene un átomo, mayor será su tamaño y por tanto, los radios atómicos de un grupo de elementos aumentan al descender en el grupo. Del mismo modo es fácil deducir que a medida que nos movemos hacia la derecha en un mismo periodo, aumentamos el número de protones en el núcleo que, al atraer a los electrones con mayor intensidad, contraen el átomo disminuyendo así su radio.

La energía de ionización es la energía que se requiere para arrancar un electrón de un átomo gaseoso en su estado fundamental : $X_{(g)} + E.I \longrightarrow X^+_{(g)} + e^-$

PÁGINA 1

En general, la regla es que la EI aumenta a medida que nos movemos hacia la derecha en un mismo periodo (ya que al disminuir el radio atómico hay mayor atracción) y disminuye al descender en un grupo (al estar aumentando el radio atómico).

La electronegatividad es una medida de la capacidad de un átomo para atraer a los electrones cuando forma un enlace químico en una molécula. En general, la variación periódica de la electronegatividad es la misma que la energía de ionización. Así:

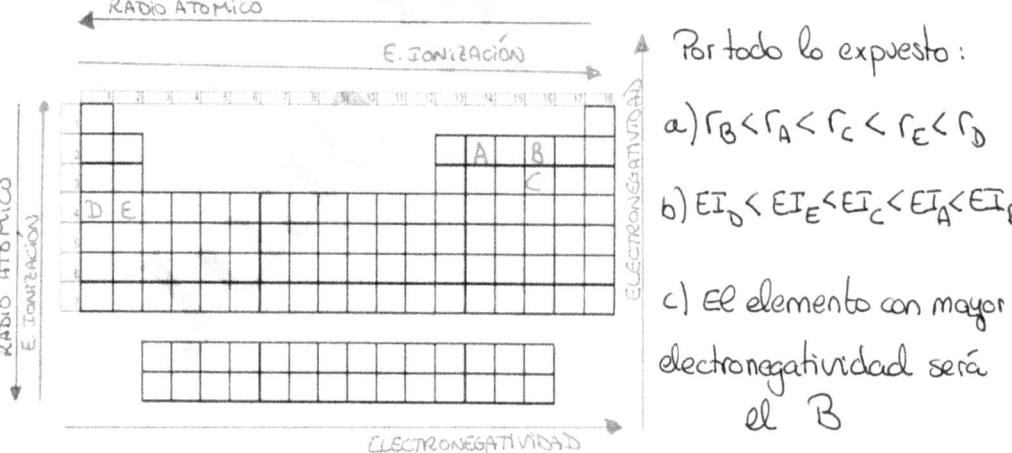

Por todo lo expuesto:

a) $r_B < r_A < r_C < r_E < r_D$

b) $EI_D < EI_E < EI_C < EI_A < EI_B$

c) El elemento con mayor electronegatividad será el B

d) El enlace iónico se produce cuando átomos de elementos metálicos (especialmente los situados más a la izquierda en la tabla periódica con baja energía de ionización) se encuentran con átomos no metálicos (especialmente los de los grupos 16 y 17 con alta afinidad electrónica). La diferencia entre las electronegatividades es lo suficientemente grande como para que los átomos del metal cedan electrones a los átomos del no metal, transformándose en iones positivos y negativos respectivamente.

Esta es justamente la situación que se dá entre los elementos C y D, siendo los iones pedidos:

$$D\,(z=19): 1s^2\,2s^2\,2p^6\,3s^2\,3p^6\,4s^1$$
$$\rightarrow D^+: 1s^2\,2s^2\,2p^6\,3s^2\,3p^6$$
$$C\,(z=16): 1s^2\,2s^2\,2p^6\,3s^2\,3p^4$$
$$\rightarrow C^{2-}: 1s^2\,2s^2\,2p^6\,3s^2\,3p^6$$

$$D^+ \text{ y } C^{2-} \Rightarrow D_2C$$

PROBLEMA 2

$$\overset{+1}{K_2}\overset{+6}{Cr_2}\overset{-2}{O_7}{}_{(ac)} + \overset{+2}{Fe}\overset{+6}{S}\overset{-2}{O_4}{}_{(ac)} + \overset{+1}{H_2}\overset{+6}{S}\overset{-2}{O_4}{}_{(ac)} \rightarrow \overset{+3}{Cr_2}(\overset{+6}{S}\overset{-2}{O_4})_{3\,(ac)} + \overset{+3}{Fe_2}(\overset{+6}{S}\overset{-2}{O_4})_{3\,(ac)} + \overset{+1}{K_2}\overset{+6}{S}\overset{-2}{O_4}{}_{(ac)} + \overset{+1}{H_2}\overset{-2}{O}{}_{(\ell)}$$

Reducción: $\overset{+6}{Cr_2}O_7^{2-} + 14H^+ + 6e^- \longrightarrow 2\overset{+3}{Cr} + 7H_2O$

Oxidación: $\left(2\overset{+2}{Fe} - 2e^- \longrightarrow 2\overset{+3}{Fe}\right) \times 3$

Iónica: $Cr_2O_7^{2-} + 6Fe^{2+} + 14H^+ \longrightarrow 2Cr^{3+} + 6Fe^{3+} + 7H_2O$

$$K_2Cr_2O_7 + 6FeSO_4 + 7H_2SO_4 \longrightarrow Cr_2(SO_4)_3 + 3Fe_2(SO_4)_3 + K_2SO_4 + 7H_2O$$

PÁGINA 3

b) 28 mL dsón $K_2Cr_2O_7$ × $\dfrac{1\ L\ \text{dsón}\ K_2Cr_2O_7}{1000\ mL\ \text{dsón}\ K_2Cr_2O_7}$ × $\dfrac{0'05\ mol\ K_2Cr_2O_7}{1\ L\ \text{dsón}\ K_2Cr_2O_7}$ ×

$P_M = 55'85+32+4\cdot16 = 151'8\ g/mol$ ⟶ Molaridad

× $\dfrac{6\ mol\ FeSO_4}{1\ mol\ K_2Cr_2O_7}$ × $\dfrac{151'8\ g\ FeSO_4}{1\ mol\ FeSO_4}$ = $1'275\ g$ $FeSO_4$ (puros)

$$\text{Pureza} = \dfrac{\text{masa pura}}{\text{masa total}} \cdot 100 = \dfrac{1'275}{1'523} \cdot 100 = 83'72\%$$

CUESTIÓN 3

a) En una disolución acuosa de $CuSO_4$ tendremos los iones Cu^{2+} y $(SO_4)^{2-}$. En dicha disolución introducimos aluminio metálico $Al_{(s)}$. Se trata de ver si la reacción redox de $Cu^{2+}_{(ac)} + Al_{(s)}$ es posible. Así:

$Cu^{2+}_{(ac)} + Al_{(s)} \longrightarrow Cu_{(s)} + Al^{3+}_{(ac)}$ (Sin ajustar!!)

Reducción: $(Cu^{2+}_{(ac)} + 2e^- \longrightarrow Cu_{(s)}) \times 3$ $E^o_{red}(Cu^{2+}/Cu) = 0'34\ V$

Oxidación: $(Al_{(s)} - 3e^- \longrightarrow Al^{3+}_{(ac)}) \times 2$ $E^o_{oxi}(Al/Al^{3+}) = +1'66\ V$

Ajustada: $3Cu^{2+}_{(ac)} + 2Al_{(s)} \longrightarrow 3Cu_{(s)} + 2Al^{3+}_{(ac)}$ $E^o_{reacción} = 2\ V$

Como $E^o_{reacción} > 0$ si que se producirá la reacción

b) Entre los pares redox dados, vemos que el que mayor potencial estándar de reducción tiene es el $Cu^{2+}_{(ac)}$. Por tanto el Cu^{2+} se reducirá (cátodo) y el $Zn_{(s)}$ se oxidará (ánodo):

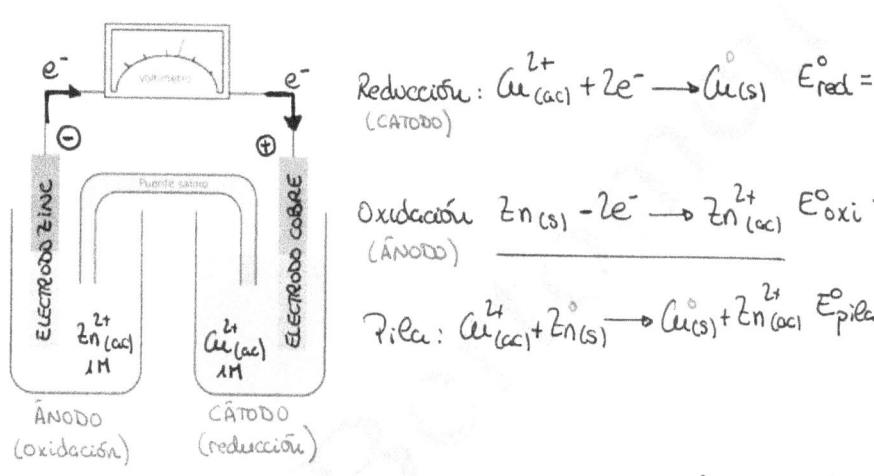

Reducción: $Cu^{2+}_{(ac)} + 2e^- \longrightarrow Cu^0_{(s)}$ $\quad E^0_{red} = 0'34\,V$
(CÁTODO)

Oxidación $Zn_{(s)} - 2e^- \longrightarrow Zn^{2+}_{(ac)}$ $\quad E^0_{oxi} = +0'76\,V$
(ÁNODO)

Pila: $Cu^{2+}_{(ac)} + Zn^0_{(s)} \longrightarrow Cu_{(s)} + Zn^{2+}_{(ac)}$ $\quad E_{pila} = 1'1\,V$

b.3) Puesto que el electrodo $Zn_{(s)}$ se oxidá a $Zn^{2+}_{(ac)}$, cada vez habrá menos $Zn_{(s)}$ a medida que transcurra la reacción hasta que la pila se agote. Por tanto, una vez agotada la pila el electrodo de zinc PESARÁ MENOS

PROBLEMA 4

$$CH_3-COOH + H_2O \rightleftharpoons CH_3-COO^- + H_3O^+$$

Inicial	C_0	- - -	0	0
Reacciona	X	- - -	0	0
Forma	- - -	- - -	X	X
Equilibrio	$C_0 - X$		X	X

Sabemos que $pH = -\log[H_3O^+]$ y por tanto:

$$3'11 = -\log x \Rightarrow x = 10^{-3'11} = 7'7625 \cdot 10^{-4} \, mol/L$$

Y como la constante $K_a(CH_3COOH) = 1'8 \cdot 10^{-5}$ es conocida:

$$K_a = \frac{[CH_3-COO^-]\cdot[H_3O^+]}{[CH_3-COOH]} = \frac{x^2}{C_0 - x} \Rightarrow$$

$$\Rightarrow 1'8\cdot10^{-5} = \frac{(7'7625\cdot10^{-4})^2}{C_0 - 7'7625\cdot10^{-4}} \Rightarrow C_0 = 0'034 \, mol/L$$

b) En 20mL de la disolución anterior, tenemos:

$$C = \frac{n_{soluto}}{V_{dsón}} \Rightarrow n_{CH3COOH} = 0'034\cdot0'02 = 6'8\cdot10^{-4} \, moles \, CH_3COOH$$

Ahora añadimos agua hasta tener $V_{dsón} = 100mL$. La nueva concentración será por tanto:

$$C_0' = \frac{6'8\cdot10^{-4}}{0'1} = 6'8\cdot10^{-3} \, mol/L$$

Y ahora, como la K_a permane constante:

$$K_a = \frac{x^2}{C_0'-x} \Rightarrow 1'8\cdot10^{-5} = \frac{x^2}{6'8\cdot10^{-3}-x} \Rightarrow$$

$$\Rightarrow x^2 + 1'8\cdot10^{-5}x - 1'224\cdot10^{-7} = 0 < \begin{array}{l} x = 3'41\cdot10^{-4} \, mol/L \\ x = Negativo \end{array}$$

$$\Rightarrow pH = -\log x = -\log(3'41\cdot10^{-4}) = 3'47$$

CUESTIÓN 5

a) La velocidad de reacción se define como la cantidad de sustancia que se transforma en una determinada reacción por unidad de volumen y por unidad de tiempo. Por ello, expresamos siempre sus unidades como:

$$[v] = \frac{mol}{L \cdot s} = mol \cdot L^{-1} \cdot s^{-1}$$

La afirmación es por tanto VERDADERA

b) Los catalizadores afectan a la cinética de una reacción. Cambian la constante de velocidad y la energía de activación pero no la entalpía (ΔH) pues ésta es una función de estado. La afirmación es FALSA

c) Según la ecuación de Arrhenius, la constante de velocidad depende de la temperatura según:

$$K = A \cdot e^{\frac{-Ea}{RT}}$$

y por tanto, la velocidad también depende de la temperatura. Es una afirmación verdadera.

d) $A \longrightarrow B + C$; $V = K \cdot [A]^{2} \rightarrow$ Segundo orden $\Rightarrow$

$\Rightarrow 6'8 \cdot 10^{-3} \frac{mol}{L \cdot s} = K \cdot 0'17^{2} \cdot \frac{mol^{2}}{L^{2}} \Rightarrow K = 0'2353 \frac{L}{mol \cdot s}$

$\Rightarrow$ Se trata de una afirmación FALSA

CUESTIÓN 1

a) $A(z=6): 1s^2 2s^2 2p^2$ ⟶ Periodo 2 Grupo 14

  $B(z=12): 1s^2 2s^2 2p^6 3s^2$ ⟶ Periodo 3 Grupo 2

  $C(z=17): 1s^2 2s^2 2p^6 3s^2 3p^5$ ⟶ Periodo 3 Grupo 7

b) El enlace covalente se da entre átomos no metálicos que se unen entre si compartiendo electrones para conseguir configuración electrónica de gas noble. Dado que ambos átomos no metálicos son significativamente electronegativos no se ceden electrones. Uno no pierde electrones en favor del otro, si no que lo que hacen es compartirlos, hecho que los mantiene unidos.

De entre los átomos propuestos, es fácil ver que esto sucederá cuando se combinen los elementos A y C según:

A: [↑↓] [↑|↑|] $\xrightarrow{\text{promoción}}$ A*: [↑] [↑|↑|↑] $\xrightarrow{\text{hibridación}}$

⇒ sp³ [↑|↑|↑|↑]   ×A× (con x arriba y abajo)

C: [↑↓] [↑↓|↑↓|↑]

AC_4

Como puedes ver, todos los átomos están rodeados de ocho electrones, cumpliéndose así la regla del octeto.

c) La estructura de Lewis ya ha quedado hecha en el apartado anterior, siendo:

$$:\ddot{C}:$$
$$:\ddot{C} - \ddot{A} - \ddot{C}:$$
$$:\ddot{C}:$$

Al no haber carga formal sobre ningún átomo, la estructura es definitiva. Se trata de una molécula AX_4 que presentará geometría TETRAÉDRICA.

Y dada la simetría de la molécula, podemos asegurar que todos los momentos dipolares $\vec{\mu}^0$ se anulan entre sí, siendo $\overrightarrow{\mu_{TOTAL}} = \vec{0}^0$. La molécula será APOLAR

d) El enlace iónico se produce cuando átomos de elementos metálicos (especialmente los situados más a la izquierda en la tabla periódica con baja energía de ionización) se encuentran con átomos no metálicos (especialmente los de los grupos 16 y 17 con alta afinidad electrónica) La diferencia entre las electronegatividades es lo suficientemente grande como para que los átomos del metal cedan electrones a los átomos del no metal, transformándose en iones positivos y negativos respectivamente.

De entre los átomos propuestos, esto sucederá cuando se combinen los elementos B y C según:

$$B\ (z=12): 1s^2 2s^2 2p^6 3s^2$$
$$\hookrightarrow B^{2+}: 1s^2 2s^2 2p^6$$
$$C\ (z=17): 1s^2 2s^2 2p^6 3s^2 3p^5$$
$$\hookrightarrow C^-: 1s^2 2s^2 2p^6 3s^2 3p^6$$

$$B^{2+} \text{ y } C^- \Rightarrow BC_2$$

PROBLEMA 2

a) $d = 1'115\ Kg/L = 1115\ g/L$; 20% en peso

$$P_{M\,(HNO_3)} = 1 + 14 + 3 \cdot 16 = 63\ g/mol$$

$$250\ mL\ dsón_2 \times \frac{1\ L\ dsón_2}{1000\ mL\ dsón_2} \times \underbrace{\frac{0'5\ mol\ HNO_3}{1\ L\ dsón_2}}_{\substack{\text{Molaridad de la}\\\text{disolución 2}}} \times \frac{63\ g\ HNO_3}{1\ mol\ HNO_3} \times$$

$$\times \underbrace{\frac{100\ g\ dsón_1}{20\ g\ HNO_3}}_{\text{Riqueza}} \times \underbrace{\frac{1\ L\ dsón_1}{1115\ g\ dsón_1}}_{\text{Densidad}} = 0'035\ \text{Litros de dsón}_1$$

Hay que tomar 35 mL de la disolución 1 y añadir agua hasta completar los 250 mL de la disolución que queremos preparar (disolución 2)

b) Tenemos una reacción de neutralización:

$$HNO_3 + NaOH \longrightarrow NaNO_3 + H_2O$$

250mL 500mL
0'5M   0'35M

Veamos los moles iniciales de cada sustancia:

$$M = \frac{n}{V}$$

$n_{HNO_3} = 0'5 \cdot 0'25 = 0'125$ mol HNO_3

$n_{NaOH} = 0'35 \cdot 0'5 = 0'175$ mol $NaOH$

Por tanto, la reacción:

$$HNO_3 + NaOH \longrightarrow NaNO_3 + H_2O$$

	HNO_3	$NaOH$	$NaNO_3$	H_2O
Inicial	0'125	0'175	—	—
Reacciona	0'125	0'125	—	—
Final	0	0'05	0'125	...

La sal formada se ioniza en el agua:

$$NaNO_3 \xrightarrow{H_2O} Na^+_{(ac)} + (NO_3)^-_{(ac)}$$

Ninguno de estos iones reacciona con el agua (hidrólisis) al provenir ambos de ácidos/bases fuertes.

Sin embargo, teníamos también el exceso de NaOH sobrante tras la reacción y por tanto:

$$NaOH \longrightarrow Na^+_{(ac)} + OH^-$$

	$NaOH$	Na^+	OH^-
Inicial	0'05	—	—	(Base fuerte!!)
Final	0	...	0'05

©Juan Bertomeu Ferrer
www.bertoblog.com

Considerando los volúmenes aditivos:

$$V_{dsón} = 250\,mL + 500\,mL = 750\,mL = 0'75\,L$$

$$[OH^-] = \frac{n_{OH}}{V_{dsón}} = \frac{0'05}{0'75} = \frac{1}{15}\ mol/L$$

$$pOH = -log\,[OH^-] = -log\left(\frac{1}{15}\right) = 1'176$$

$$pH + pOH = 14 \Rightarrow pH = 12'824$$

CUESTIÓN 3

$$2\,CO_{(g)} + O_2\,_{(g)} \underset{\substack{\text{Reacción} \\ \text{Inversa}\quad \Delta H > 0\ (\text{Endotérmica})}}{\overset{\substack{\text{Reacción} \\ \text{Directa}\quad \Delta H < 0\ (\text{Exotérmica})}}{\rightleftarrows}} 2\,CO_2\,_{(g)}$$

a) La presencia de un catalizador no afecta al estado de equilibrio. Por tanto, eliminarlo no modificará la cantidad de $CO_{(g)}$ presente en el mismo

b) Para que suceda la reacción inversa, hemos de aportar calor (endotérmica). Aumentar la temperatura es justamente aportar calor, y será la ruta endotérmica la que se favorezca. El equilibrio por tanto se desplaza a la izquierda aumentando así la cantidad de $CO_{(g)}$.

c) Al aumentar la presión, el equilibrio se desplazará hacia donde haya menor número de moles gaseosos.

PÁGINA 12

En nuestro caso, se desplazará a la derecha, disminuyendo así la cantidad de $CO_{(g)}$.

d) Al añadir $O_{2(g)}$ estamos aumentando la concentración de los reactivos. El equilibrio por tanto se desplazará a la derecha, disminuyendo así la cantidad de $CO_{(g)}$

PROBLEMA 4

$$HCONH_{2 (g)} \rightleftharpoons NH_{3 (g)} + CO_{(g)}$$

	$HCONH_2$	NH_3	CO
Inicial	0'2 mol	—	—
Reacciona	X	—	—
Forma	...	X	X
Equilibrio	0'2 - X	X	X

$n_{totales \atop gases} = 0'2 - X + X + X = 0'2 + X$ mol

$P \cdot V = nRT \Rightarrow 1'56 \cdot 10 = (0'2 + x) \cdot 0'082 \cdot 500 \Rightarrow x = 0'18$ mol

$$K_C = \frac{[NH_3] \cdot [CO]}{[HCONH_2]} = \frac{\frac{X}{V} \cdot \frac{X}{V}}{\frac{0'2 - X}{V}} = \frac{X^2}{V(0'2 - X)} = \frac{0'18^2}{10(0'2 - 0'18)} = 0'162$$

$$K_P = K_C \cdot (RT)^{\Delta n_{gas}} = 0'162 \cdot \left(0'082 \cdot 500\right)^1 = 6'642$$

b) Si $\alpha = 0'5 = \frac{X}{C_0} \Rightarrow X = 0'5 C_0$

$$K_C = \frac{[NH_3] \cdot [CO]}{[HCONH_2]} = \frac{0'5 C_0 \cdot 0'5 C_0}{0'5 C_0} \Rightarrow 0'162 = 0'5 C_0 \Rightarrow$$

$$\Rightarrow C_0 = 0'324 \text{ mol}/L$$

CUESTIÓN 5

a) Bromoetano + NH_3 ⟶

$$CH_3 - CH_2Br + NH_3 \longrightarrow CH_3 - CH_2NH_2 + HBr$$

etilamina

SUSTITUCIÓN

b) 2-metil-2-pentanol $\xrightarrow{H_2SO_4, \text{ calor}}$

$$CH_3 - \underset{\underset{OH}{|}}{\overset{\overset{CH_3}{|}}{C}} - CH_2 - CH_2 - CH_3 \longrightarrow CH_3 - \overset{\overset{CH_3}{|}}{C} = CH - CH_2 - CH_3 + H_2O$$

2-metil-2-penteno

ELIMINACIÓN (deshidratación alcoholes)

c) Benceno + Cl_2 ⟶

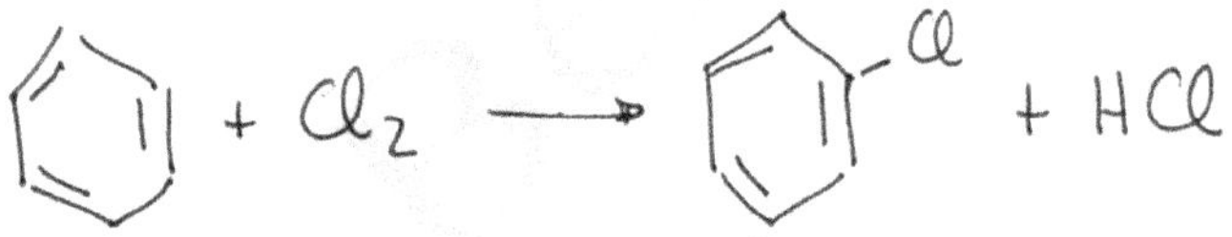

+ Cl_2 ⟶ —Cl + HCl

clorobenceno

SUSTITUCIÓN

d) Pentanal $\xrightarrow{\overset{\overline{MnO_4}}{}}$ oxidante muy fuerte!!

$$CH_3 - CH_2 - CH_2 - CH_2 - CHO \longrightarrow CH_3 - CH_2 - CH_2 - CH_2 - COOH$$

ácido pentanoico

OXIDACIÓN ALDEHÍDO

e) Cloroetano + OH^- ⟶

$$CH_3 - CH_2Cl + OH^- \longrightarrow CH_3 - CH_2OH + Cl^-$$

etanol

SUSTITUCIÓN

PÁGINA 14

GENERALITAT VALENCIANA
Conselleria d'Educació,
Investigació, Cultura i Esport

COMISSIÓ GESTORA DE LES PROVES D'ACCÉS A LA UNIVERSITAT
COMISIÓN GESTORA DE LAS PRUEBAS DE ACCESO A LA UNIVERSIDAD

SISTEMA UNIVERSITARI VALENCIÀ
SISTEMA UNIVERSITARIO VALENCIANO

PROVES D'ACCÉS A LA UNIVERSITAT	PRUEBAS DE ACCESO A LA UNIVERSIDAD
CONVOCATÒRIA: **JULIOL 2019**	CONVOCATORIA: JULIO 2019
Assignatura: **QUÍMICA**	Asignatura: QUÍMICA

BAREMO DEL EXAMEN: El alumno deberá elegir una opción (A o B) y contestar a las 3 cuestiones y los 2 problemas de la opción elegida. La calificación máxima de cada cuestión/problema será de 2 puntos y la de cada subapartado se indica en el enunciado.
Según Acuerdo de la Comisión Gestora de los Procesos de Acceso y Preinscripción, únicamente se permite el uso de calculadoras que no sean gráficas o programables y que no puedan realizar cálculo simbólico ni almacenar texto o fórmulas en memoria.

OPCIÓN A

CUESTIÓN 1

Considere las especies químicas: H_2CO, CN_2^{2-}, H_2S, PCl_3 y responda a las cuestiones siguientes:

a) Represente la estructura de Lewis de cada una de las especies químicas anteriores. **(0,8 puntos)**

b) Deduzca, <u>razonadamente</u>, la geometría de cada una de estas especies químicas. **(0,8 puntos)**

c) Explique, <u>justificadamente</u>, si las moléculas H_2CO y PCl_3 son polares o apolares. **(0,4 puntos)**

Datos.- Números atómicos: H (1); C (6); N (7); O (8); P (15); S (16); Cl (17).

PROBLEMA 2

El nitruro de silicio (Si_3N_4) se puede preparar mediante la reducción de sílice, SiO_2, con carbono (en presencia de N_2) a una temperatura de 1500 °C, de acuerdo a la reacción siguiente (***no ajustada***):

$$SiO_2 \text{ (s)} + N_2 \text{ (g)} + C \text{ (s)} \xrightarrow{1500\ °C} Si_3N_4 \text{ (s)} + CO \text{ (g)}$$

Si se utilizan 150 g de SiO_2 puro y 50 g de carbón cuya riqueza en carbono es del 80 % en presencia de un exceso de N_2(g):

a) Calcule la cantidad de Si_3N_4 (en gramos) que se obtendría mediante la reacción anterior ajustada. **(1,2 puntos)**

b) Determine las cantidades de SiO_2 y carbón (en gramos) que quedarán tras completarse la reacción. **(0,8 puntos)**

Datos.- Masas atómicas relativas: C (12,0); N (14,0); O (16,0); Si (28,1).

CUESTIÓN 3

Teniendo en cuenta los potenciales estándar de reducción que se dan como dato al final del enunciado, responda <u>razonadamente</u> si cada uno de los siguientes enunciados es *verdadero* o *falso*: **(0,5 puntos cada apartado)**

a) Una barra de zinc es estable en una disolución acuosa 1 M de Cu^{2+}.

b) Al sumergir una barra de hierro en una disolución acuosa 1 M de Cr^{3+} se recubre con cromo metálico.

c) El aluminio metálico no reacciona en una disolución acuosa 1 M de HCl.

d) Una disolución acuosa 1 M de Cu^{2+} se puede guardar en un recipiente de aluminio.

Datos.- Potenciales estándar de reducción, $E^°$ (en V): H^+(ac) / H_2(g): 0; Al^{3+}(ac) / Al (s): -1,68; Zn^{2+}(ac) / Zn(s): -0,76;
Cr^{3+}(ac) / Cr(s): -0,74; Fe^{2+}(ac) / Fe(s): -0,44; Cu^{2+}(ac) / Cu(s): +0,34.

PROBLEMA 4

El ácido cloroacético, $ClCH_2COOH$ (monoprótico, HA), es un irritante de la piel que se utiliza en tratamientos dermatológicos para eliminar la capa externa de la piel muerta. El valor de su constante de acidez, K_a, es $1,35 \cdot 10^{-3}$.

a) Calcule el pH de una disolución de ácido cloroacético de concentración 0,1 M. **(1 punto)**

b) Según la normativa europea, el pH para este tipo de tratamiento cutáneo no puede ser menor de 1,5. Calcule los gramos de $ClCH_2COOH$ que deben contener 100 mL de una disolución acuosa de este ácido para que su pH sea 1,5. **(1 punto)**

Datos.- Masas atómicas relativas: H (1,0); C (12,0); O (16,0); Cl (35,5).

CUESTIÓN 5

Formule o nombre, según corresponda, los siguientes compuestos. **(0,2 puntos cada uno)**

a) Etil fenil éter	b) 1,3-diclorobenceno	c) acetato de etilo	d) dicromato de potasio	e) fosfato de calcio
f) $CH_3CH_2CH_2CHO$	g) $HN(CH_2CH_3)_2$	h) $KMnO_4$	i) PbO_2	j) $Ca(HCO_3)_2$

CUESTIÓN 1

Indique, razonadamente, si son verdaderas o falsas cada una de las siguientes afirmaciones. **(0,5 puntos cada apartado)**

a) Los isótopos 12 y 14 del carbono, $^{12}_{6}C$ y $^{14}_{6}C$, se diferencian en el número de electrones que poseen.

b) La configuración electrónica: $1s^2\,2s^2\,2p^6\,3s^2\,3p^6\,4s^2\,3d^1$ corresponde a un elemento alcalinotérreo.

c) El conjunto de números cuánticos $(3, 1, 0, -\frac{1}{2})$ corresponde a un electrón del átomo de Na en su estado fundamental.

d) Considerando el cobre, Cu, y sus iones Cu^+ y Cu^{2+}, la especie con mayor radio es el Cu^{2+}.

PROBLEMA 2

En el laboratorio se puede obtener fácilmente yodo, I_2 (s), haciendo reaccionar yoduro de potasio, KI (ac), con agua oxigenada, H_2O_2 (ac), en presencia de un exceso de ácido clorhídrico, HCl (ac), de acuerdo con la reacción (**no ajustada**):

$$KI\ (ac)\ +\ H_2O_2\ (ac)\ +\ HCl\ (ac)\ \longrightarrow\ I_2\ (s)\ +\ H_2O\ (l)\ +\ KCl\ (ac)$$

a) Escriba la semirreacción de oxidación y la de reducción, así como la ecuación química global ajustada tanto en su forma iónica como molecular. **(1 punto)**

b) Si se mezclan 150 mL de una disolución 0,2 M de KI (en medio ácido) con 125 mL de otra disolución ácida conteniendo H_2O_2 (ac) en concentración 0,15 M, calcule la cantidad (en gramos) de yodo obtenida. **(1 punto)**

Datos.- Masa atómica relativa: I (126,9).

CUESTIÓN 3

Razone el efecto que tendrá sobre <u>la cantidad de Cl_2 (g) formada</u>, cada una de las siguientes acciones realizadas sobre una mezcla de los cuatro componentes en equilibrio. **(0,5 puntos cada apartado)**

$$4\,HCl\ (g)\ +\ O_2\ (g)\ \rightleftharpoons\ 2\,H_2O\ (g)\ +\ 2\,Cl_2\ (g)\qquad \Delta H = -115\ kJ$$

a) Aumentar la temperatura de la mezcla a presión constante.

b) Reducir el volumen del recipiente a temperatura constante.

c) Añadir O_2 (g) a temperatura y volumen constantes.

d) Eliminar parte del H_2O (g) formado a temperatura y volumen constantes.

PROBLEMA 4

El hidrógeno carbonato de sodio, $NaHCO_3$(s), se utiliza en algunos extintores químicos secos ya que los gases producidos en su descomposición extinguen el fuego. El equilibrio de descomposición del $NaHCO_3$(s) puede expresarse como:

$$2\,NaHCO_3\ (s)\ \rightleftharpoons\ Na_2CO_3\ (s)\ +\ CO_2\ (g)\ +\ H_2O\ (g)$$

Para estudiar este equilibrio en el laboratorio, 200 g de $NaHCO_3$(s) se depositaron en un recipiente cerrado de 25 L de volumen, en el que previamente se ha hecho el vacío, que se calentó hasta alcanzar la temperatura 110 °C. La presión en el interior del recipiente, una vez alcanzado el equilibrio, fue de 1,646 atmósferas. Calcule: **(1 punto cada apartado)**

a) La cantidad (en g) de $NaHCO_3$(s) que queda en el extintor tras alcanzarse el equilibrio a 110 °C.

b) El valor de las constantes de equilibrio K_p y K_c a esta temperatura.

Datos.- Masas atómicas relativas: H (1); C (12); O (16); Na (23). R = 0,082 atm·L·K^{-1}·mol^{-1}.

CUESTIÓN 5

Complete las siguientes reacciones, nombrando los compuestos orgánicos que intervienen en ellas (reactivos y productos): **(0,4 puntos cada una)**

a) $CH_3\text{-}CH_2\text{-}CH=CH\text{-}CH_3\ +\ H_2$ $\xrightarrow{\ catalizador\ }$

b) $CH_3\text{-}CH=CH\text{-}CH_3\ +\ HCl$ $\xrightarrow{\hspace{2cm}}$

c) $CH_3\text{-}CH_2\text{-}COOH\ +\ CH_3\text{-}CH_2OH$ $\xrightarrow{\ catalizador\ }$

d) $CH_3\text{-}CH_2\text{-}CH_2\text{-}CH_2OH$ $\xrightarrow{\ H_2SO_4,\ calor\ }$

e) $CH_3\text{-}COOH$ $\xrightarrow{\ reductor\ }$

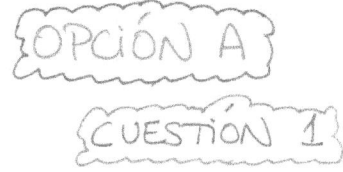

OPCIÓN A

CUESTIÓN 1

$\boxed{H_2CO}$ LEWIS + RPECV

$H(z=1): 1s^1 \longrightarrow 1e^-$ de valencia

$C(z=6): 1s^2 2s^2 2p^2 \longrightarrow 4e^-$ de valencia

$O(z=8): 1s^2 2s^2 2p^4 \longrightarrow 6e^-$ de valencia

$$H \quad C \quad O \Rightarrow H-\overset{H}{\underset{|}{C}}-O \Rightarrow H-\overset{H}{\underset{|}{C}}-\overset{..}{\underset{..}{O}}\!: \Rightarrow H-\overset{H}{\underset{|}{C}}=\overset{..}{O}\!:$$

12 electrones   Quedan $6e^-$ Cargas formales   Definitiva

La estructura es definitiva al ser nula la carga formal sobre todos los átomos. Se trata de una molécula AX_3 con geometría TRIANGULAR PLANA.

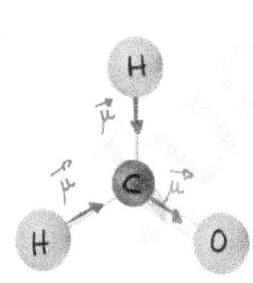

Al tenerse $\vec{\mu}_{TOTAL} \neq \vec{0}$, tenemos una molécula POLAR

(El carbono es ligeramente más electronegativo que el hidrógeno. Los enlaces H-C son débilmente polares)

$\boxed{CN_2^{2-}}$ LEWIS + RPECV

$C(z=6): 1s^2 2s^2 2p^2 \longrightarrow 4e^-$ de valencia

$N(z=7): 1s^2 2s^2 2p^3 \longrightarrow 5e^-$ de valencia

PÁGINA 1

$$N \quad C \quad N \implies N-C-N \implies \overset{(-2)}{:\ddot{N}} - \overset{(+2)}{C} - \overset{(-2)}{\ddot{N}:}$$

14 electrones   Quedan 12e⁻   Cargas formales

+2 electrones (carga ión)

16 electrones

Opción 1

$$:\overset{(-1)}{\ddot{N}} = C = \overset{(-1)}{\ddot{N}}: \implies \left[:\ddot{N} = C = \ddot{N}: \right]^{2-}$$

Definitiva

Opción 2

$$\left\{ :N \equiv C - \overset{(-2)}{\ddot{N}}: \longleftrightarrow :\overset{(-2)}{\ddot{N}} - C \equiv N: \right\} \text{(Resonancia)}$$

Como vemos, en todos los casos la carga formal coincide con la carga del ión y, asimismo, sea cuál sea la estructura considerada, tenemos un ión tipo AX_2 que presentará geometría LINEAL.

$\boxed{H_2 S}$ LEWIS + RPECV

. $H (z=1): 1s^1 \longrightarrow 1e^-$ de valencia

$S (z=16): 1s^2 2s^2 2p^6 3s^2 3p^4 \longrightarrow 6e^-$ de valencia

$$H \quad S \quad H \implies H-S-H \implies H-\ddot{S}-H$$

8 electrones   Quedan 4e⁻   Definitiva!!

La estructura es definitiva al ser nula la carga formal sobre todos los átomos. Se trata de una molécula AX_2E_2 que presentará geometría ANGULAR

PÁGINA 2   ©Juan Bertomeu Ferrer

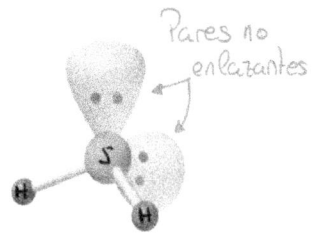

Pares no enlazantes

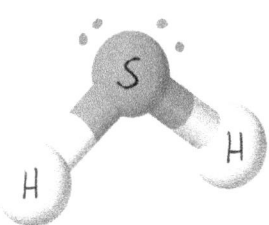

$\boxed{PCl_3}$ LEWIS + RPECV

$P(z=15): 1s^2 2s^2 2p^6 3s^2 3p^3 \longrightarrow 5e^-$ de valencia

$Cl(z=17): 1s^2 2s^2 2p^6 3s^2 3p^5 \longrightarrow 7e^-$ de valencia

Cl P Cl   Cl – P – Cl   :Cl – P – Cl:
    Cl $\Rightarrow$ Cl $\Rightarrow$:Cl:
                                                          Definitiva!!
26 electrones   Quedan 20e⁻

La estructura es definitiva al ser nula la carga formal sobre todos los átomos. Se trata de una molécula AX_3E que presentará geometría de PIRÁMIDE TRIGONAL

Par no enlazante

Como vemos, $\vec{\mu}_{TOTAL} \neq \vec{0} \Rightarrow$ Molécula POLAR

PROBLEMA 2

Ajustamos la reacción:

$$3\,SiO_{2(s)} + 2\,N_{2(g)} + 6\,C_{(s)} \longrightarrow Si_3N_{4(s)} + 6\,CO_{(g)}$$

150 g   50 g carbón

                             80% en carbono

Veamos cuál es el reactivo limitante:

$$150\,g\,SiO_2 \times \frac{1\,mol\,SiO_2}{60'1\,g\,SiO_2} \times \frac{6\,mol\,C}{3\,mol\,SiO_2} \times \frac{12\,g\,C}{1\,mol\,C} \times \frac{100\,g\,carbón}{80\,g\,C} = 74'87\,g\,carbón$$

$$PM_{SiO_2} = 28'1 + 2 \cdot 16 = 60'1\,g/mol$$ riqueza

Como vemos, para que reaccionasen los 150 g de SiO_2 deberíamos tener 74'87 g de carbón, y no tenemos suficiente!!

Por tanto, el carbono es el reactivo limitante que se agotará por completo:

$$PM_{Si_3N_4} = 3 \cdot 28'1 + 4 \cdot 14 = 140'3\,g/mol$$

$$50\,g\,carbón \times \frac{80\,g\,C}{100\,g\,carbón} \times \frac{1\,mol\,C}{12\,g\,C} \times \frac{1\,mol\,Si_3N_4}{6\,mol\,C} \times \frac{140'3\,g\,Si_3N_4}{1\,mol\,Si_3N_4} =$$

            riqueza

$$= 77'94\,g\,de\,Si_3N_{4(s)}\,se\,obtienen$$

$$50\,g\,carbón \times \frac{80\,g\,C}{100\,g\,carbón} \times \frac{1\,mol\,C}{12\,g\,C} \times \frac{3\,mol\,SiO_2}{6\,mol\,C} \times \frac{60'1\,g\,SiO_2}{1\,mol\,SiO_2} =$$

$$= 100'17\,g\,SiO_2\,reaccionan$$

Por tanto nos sobrarán 49'83 g de SiO_2. De carbono no sobrará nada (excepto las impurezas del carbón que no han intervenido en la reacción)

PÁGINA 4

CUESTIÓN 3

Se trata de ver cuáles de las reacciones redox son posibles. Recuerda que una reacción redox es espontánea cuando $E^{o}_{reacción} > 0$, siendo $E^{o}_{reacción} = E^{o}_{reducción} + E^{o}_{oxidación}$. Así:

a) $\boxed{Zn_{(s)} + Cu^{2+}_{(ac)}}$

Oxidación: $Zn_{(s)} - 2e^- \longrightarrow Zn^{2+}_{(ac)}$ $E^{o}_{oxi}(Zn_{(s)}|Zn^{2+}_{(ac)}) = +0'76V$

Reducción: $Cu^{2+}_{(ac)} + 2e^- \longrightarrow Cu_{(s)}$ $E^{o}_{red}(Cu^{2+}/Cu) = +0'34V$

$Zn_{(s)} + Cu^{2+}_{(ac)} \longrightarrow Zn^{2+}_{(ac)} + Cu_{(s)}$ $E^{o}_{reacción} = 1'1V$

Como $E^{o}_{reacción} > 0$, el zinc metálico reacciona espontáneamente con los iones Cu^{2+} en disolución. Por lo tanto, la afirmación es FALSA.

b) $\boxed{Fe_{(s)} + Cr^{3+}_{(ac)}}$

Oxidación: $(Fe_{(s)} - 2e^- \longrightarrow Fe^{2+}_{(ac)}) \cdot 3$ $E^{o}_{oxi}(Fe_{(s)}|Fe^{2+}_{(ac)}) = +0'44V$

Reducción: $(Cr^{3+}_{(ac)} + 3e^- \longrightarrow Cr_{(s)}) \cdot 2$ $E^{o}_{red}(Cr^{3+}/Cr) = -0'74V$

$3Fe_{(s)} + 2Cr^{3+}_{(ac)} \longrightarrow 3Fe^{2+}_{(ac)} + 2Cr_{(s)}$ $E^{o}_{reacción} = -0'3V$

Como $E^{o}_{reacción} < 0$, no sucede ninguna reacción, con lo que la afirmación es FALSA

c) $\boxed{Al_{(s)} + H^+_{(ac)}}$

Oxidación: $(Al_{(s)} - 3e^- \longrightarrow Al^{3+}_{(ac)}) \times 2$ $E^°_{oxi}(Al_{(s)}/Al^{3+}) = 1'68 \ V$

Reducción: $(2H^+_{(ac)} + 2e^- \longrightarrow H_{2(g)}) \times 3$ $E^°_{red}(H^+/H_2) = 0 \ V$

$$2 Al_{(s)} + 6 H^+_{(ac)} \longrightarrow 2 Al^{3+}_{(ac)} + 3 H_{2(g)} \qquad E^°_{reacción} = 1'68 \ V$$

Como $E^°_{reacción} > 0$ se produce la reacción del aluminio metálico, siendo la afirmación FALSA

d) $\boxed{Cu^{2+}_{(ac)} + Al_{(s)}}$

Reducción: $(Cu^{2+}_{(ac)} + 2e^- \longrightarrow Cu_{(s)}) \times 3$ $E^°_{red}(Cu^{2+}/Cu_{(s)}) = 0'34 V$

Oxidación: $(Al_{(s)} - 3e^- \longrightarrow Al^{3+}_{(ac)}) \times 2$ $E^°_{oxi}(Al/Al^{3+}) = +1'68 V$

$$3 Cu^{2+}_{(ac)} + 2 Al_{(s)} \longrightarrow 3 Cu_{(s)} + 2 Al^{3+}_{(ac)} \qquad E^°_{reacción} = 2'02 \ V$$

Como $E^°_{reacción} > 0$ se produce la reacción de los iones Cu^{2+} en disolución con las paredes metálicas del recipiente de aluminio. La afirmación es FALSA.

PROBLEMA 4

a) $ClCH_2-COOH + H_2O \rightleftharpoons ClCH_2-COO^- + H_3O^+$

Inicial	0'1 M	...	−	−
Reacciona	x	...	−	−
Forma	−	...	x	x
Equilibrio	0'1 − x		x	x

$$K_a = \frac{[ClCH_2-COO^-]\cdot[H_3O^+]}{[ClCH_2-COOH]} \Rightarrow 1'35\cdot10^{-3} = \frac{x^2}{0'1-x} \Rightarrow$$

$$\Rightarrow x^2 + 1'35\cdot10^{-3}x - 1'35\cdot10^{-4} = 0$$

$x = 0'011 \text{ mol}/\ell$

$x = \text{negativo}$

$$pH = -\log[H_3O^+] = -\log x = -\log(0'011) = 1'96$$

b) $pH = -\log[H_3O^+] \Rightarrow 1'5 = -\log[H_3O^+] \Rightarrow [H_3O^+] = 0'0316 \text{ mol}/L$

$$K_a = \frac{[ClCH_2-COO^-]\cdot[H_3O^+]}{[ClCH_2-COOH]} \Rightarrow 1'35\cdot10^{-3} = \frac{0'0316^2}{C_0-0'0316} \Rightarrow$$

$$\Rightarrow C_0 = \frac{0'0316^2}{1'35\cdot10^{-3}} + 0'0316 = 0'7724 \text{ mol}/L$$

$$P_{M_{\text{cloroacético}}} = 35'5 + 2\cdot12 + 2\cdot16 + 3\cdot1 = 94'5 \text{ g}/\text{mol}$$

$$C_0 = \frac{n}{V_{ds\acute{o}n}} = \frac{\frac{m}{PM}}{V_{ds\acute{o}n}} = \frac{m}{P_M\cdot V_{ds\acute{o}n}} \Rightarrow m = C_0\cdot P_M\cdot V_{ds\acute{o}n} \Rightarrow$$

$$\Rightarrow m = 0'7724\cdot94'5\cdot0'1 = 7'29 \text{ g de } ClCH_2COOH$$

{CUESTIÓN 5}

a) Etil fenil éter CH_3-CH_2-O-⟨⟩ ; $CH_3-CH_2-O-C_6H_5$

b) 1,3-diclorobenceno   ; $C_6H_4Cl_2$

c) Acetato de etilo $CH_3 - COO - CH_2 - CH_3$

d) Dicromato de potasio $K_2Cr_2O_7$ Heptaoxidodicromato de dipotasio

e) Fosfato de calcio $Ca_3(PO_4)_2$

f) $CH_3 - CH_2 - CH_2 - CHO$ Butanal

g) $HN(CH_2CH_3)_2$ dietilamina   N-etiletanamina

h) $KMnO_4$ Permanganato de potasio

i) PbO_2 óxido de plomo (IV)

j) $Ca(HCO_3)_2$ hidrogenocarbonato de calcio

OPCIÓN B

CUESTIÓN 1

a) Dado un átomo NEUTRO $_Z^AX$, el número atómico z representa el número de protones y el número de electrones del mismo. Al ser z = 6 en ambos, ambos isótopos tienen el mismo número de electrones y la afirmación es FALSA

b) FALSO. La configuración electrónica dada (...$3d^14s^2$) corresponde a un metal de transición al tener electrones alojados en un orbital D.

PÁGINA 8

c) FALSO. La configuración electrónica del sodio es:

$$Na(z=11): 1s^2 2s^2 2p^6 3s^1$$

Como vemos, sólo hay un electrón en el nivel energético $n=3$, y está alojado en un orbital s. Por tanto

$$n = 3 \begin{cases} \ell = 0 \longrightarrow \text{orbital } S \\ \ell = 1 \longrightarrow \text{orbital } P \\ \ell = 2 \longrightarrow \text{orbital } D \end{cases}$$

El número cuántico secundario es $\ell=0$, y en el conjunto de números cuánticos propuestos $(n, \ell, m, s) = (3, 1, 0, -1/2)$ el número secundario es $\ell=1$.

d) Cuando un átomo pierde uno o más electrones formándose un ión positivo, la fuerza de atracción sobre los electrones que quedan aumentará, habiendo por tanto una reducción de tamaño.

$$Cu \xrightarrow{-1\,electrón} Cu^+ \xrightarrow{-1\,electrón} Cu^{2+}$$

Como vemos $r_{Cu} > r_{Cu^+} > r_{Cu^{2+}}$ y la afirmación es FALSA

©Juan Bertomeu Ferrer
www.bertoblog.com

PROBLEMA 2

$$\overset{+1}{K}\overset{-1}{I}_{(ac)} + \overset{+1}{H_2}\overset{-1}{O_2}{}_{(ac)} + \overset{+1}{H}\overset{-1}{Cl}_{(ac)} \longrightarrow \overset{0}{I_2}{}_{(s)} + \overset{+1}{H_2}\overset{-2}{O}_{(e)} + \overset{+1}{K}\overset{-1}{Cl}_{(ac)}$$

Reducción: $\overset{-1}{H_2}\overset{}{O_2}{}_{(ac)} + 2H^+_{(ac)} + 2e^- \longrightarrow 2\overset{-2}{H_2}O_{(e)}$

Oxidación: $\underline{2\overset{-1}{I^-}_{(ac)} - 2e^- \longrightarrow \overset{0}{I_2}{}_{(s)}}$

Iónica: $2I^-_{(ac)} + H_2O_{2\,(ac)} + 2H^+_{(ac)} \longrightarrow 2H_2O_{(e)} + I_2{}_{(s)}$

Molecular:

$$2KI_{(ac)} + H_2O_{2\,(ac)} + 2HCl_{(ac)} \longrightarrow I_2{}_{(s)} + 2H_2O_{(e)} + 2KCl_{(ac)}$$

$$\begin{array}{cc} 150\,mL & 125\,mL \\ 0'2\,M & 0'15\,M \end{array}$$

Veamos cuál es el reactivo limitante:

$$150\,mL\ dsón\ KI \times \frac{1\,L\ dsón\ KI}{1000\,mL\ dsón\ KI} \times \frac{0'2\,mol\ KI}{1\,L\ dsón\ KI} \times \frac{1\,mol\ H_2O_2}{2\,mol\ KI} \times$$

$\downarrow$ Molaridad dsón KI

$$\times \frac{1\,L\ dsón\ H_2O_2}{0'15\,mol\ H_2O_2} \times \frac{1000\,mL\ dsón\ H_2O_2}{1\,L\ dsón\ H_2O_2} = 100\,mL\ dsón\ H_2O_2$$

$\downarrow$ Molaridad dsón H$_2$O$_2$

Como vemos, necesitamos 100 mL de dsón H$_2$O$_2$ y tenemos de sobra. Por tanto el KI es el reactivo limitante.

$$150\,mL\ dsón\ KI \times \frac{1\,L\ dsón}{1000\,mL\ dsón} \times \frac{0'2\,mol\ KI}{1\,L\ dsón} \times \frac{1\,mol\ I_2}{2\,mol\ KI} \times \frac{253'8\,g\ I_2}{1\,mol\ I_2} =$$

$$= 3'81\ g\ de\ I_2{}_{(s)}$$

CUESTIÓN 3

$$4\ HCl_{(g)} + O_{2\ (g)} \xrightarrow[\text{Reacción Inversa}\ \Delta H = +115\ KJ\ \text{(endotérmica)}]{\text{Reacción Directa}\ \Delta H = -115\ KJ\ \text{(exotérmica)}} 2\ H_2O_{(g)} + 2\ Cl_{2(g)}$$

a) Para que suceda la reacción inversa, hemos de aportar calor (endotérmica) Aumentar la temperatura es justamente aportar calor y será la ruta endotérmica la que se favorezca. El equilibrio por tanto se desplaza a la izquierda, DISMINUYENDO así la cantidad de $Cl_{2(g)}$ presente en el equilibrio.

b) Reducir el volumen (a temperatura constante), conllevará un aumento de la presión. Al aumentar la presión, el equilibrio se desplazará hacia donde haya menor número de moles gaseosos. En nuestro caso, se desplazará a la derecha, AUMENTANDO así la cantidad de $Cl_{2\ (g)}$ presente.

c) Al añadir $O_{2(g)}$ aumentamos la concentración de un reactivo. El equilibrio consumirá ese exceso de $O_{2(g)}$ desplazándose a la derecha, AUMENTANDO así la cantidad de $Cl_{2(g)}$ presente

d) Al eliminar $H_2O_{(g)}$, el equilibrio tratará de restituir la especie eliminada desplazándose a la derecha, AUMENTANDO así la cantidad de $Cl_{2(g)}$ presente.

PROBLEMA 4

$$2 \, NaHCO_{3(s)} \rightleftharpoons Na_2CO_{3(s)} + CO_{2(g)} + H_2O_{(g)}$$

Inicial	n_0	—	—	—
Reacciona	$2x$	—	—	—
Forma	—	x	x	x
Equilibrio	$n_0 - 2x$	x	x	x

$$n_0 = \frac{m}{P_M} = \frac{200}{23+1+12+3\cdot 16} = 2'381 \text{ mol } NaHCO_3$$

$$n_{\substack{totales \\ gaseos}} = x + x = 2x$$

$$P \cdot V = n \cdot R \cdot T \Rightarrow 1'646 \cdot 25 = 2x \cdot 0'082 \cdot 383 \Rightarrow$$

$$\Rightarrow x = 0'655 \text{ mol}$$

Por tanto, en el equilibrio tendremos

$$n_{\substack{NaHCO_3 \\ eq}} = n_0 - 2x = 2'381 - 2 \cdot 0'655 = 1'071 \text{ mol } NaHCO_3$$

$$\Rightarrow 1'071 \text{ mol } NaHCO_3 \times \frac{84g}{1 \text{ mol } NaHCO_3} = 89'96 g$$

$$K_c = [CO_2] \cdot [H_2O] = \frac{0'655}{25} \cdot \frac{0'655}{25} = 6'86 \cdot 10^{-4}$$

$$K_p = K_c (RT)^{\Delta n} = 6'86 \cdot 10^{-4} \cdot (0'082 \cdot 383)^2 = 0'677$$

CUESTIÓN 5

a) $CH_3-CH_2-CH=CH-CH_3 + H_2 \xrightarrow{cat} CH_3-CH_2-CH_2-CH_2-CH_3$

       2 - penteno   pentano

b) $CH_3-CH=CH-CH_3 + HCl \xrightarrow{cat} CH_3-CHCl-CH_2-CH_3$

       2 - buteno   2 - clorobutano

c) $CH_3-CH_2-COOH + CH_3-CH_2OH \longrightarrow CH_3-CH_2-COO-CH_2-CH_3 + H_2O$

     ácido propanoico   etanol   propanoato de etilo

d) $CH_3-CH_2-CH_2-CH_2OH \xrightarrow[calor]{H_2SO_4} CH_3-CH_2-CH=CH_2 + H_2O$

     1 - butanol   1 - buteno

e) $CH_3-COOH \xrightarrow{reductor} CH_3-CHO \xrightarrow{reductor} CH_3-CH_2OH$

     ácido etanoico   etanal   etanol

* En realidad, en esta última reacción, no conocemos el reductor empleado. Solo los reductores más enérgicos (como el $LiAlH_4$) pueden reducir un ácido carboxílico a un alcohol.

Con reductores menos reactivos, la reducción se detendría en el aldehído.

GENERALITAT VALENCIANA
Conselleria d'Innovació,
Universitats, Ciència
i Societat Digital

COMISSIÓ GESTORA DE LES PROVES D'ACCÉS A LA UNIVERSITAT
COMISIÓN GESTORA DE LAS PRUEBAS DE ACCESO A LA UNIVERSIDAD

SISTEMA UNIVERSITARI VALENCIÀ
SISTEMA UNIVERSITARIO VALENCIANO

PROVES D'ACCÉS A LA UNIVERSITAT	PRUEBAS DE ACCESO A LA UNIVERSIDAD
CONVOCATÒRIA: JULIOL 2020	CONVOCATORIA: JULIO 2020
Assignatura: QUÍMICA	Asignatura: QUÍMICA

BAREMO DEL EXAMEN: El examen consta de dos bloques: bloque I de cuatro problemas (se deben contestar <u>únicamente 2</u>) y bloque II de seis cuestiones (se deben contestar <u>únicamente 3</u>). Cada problema o cuestión tiene una puntuación máxima de 2 puntos.
Únicamente se corregirán los 2 primeros problemas y las 3 primeras cuestiones respondidos en el examen escrito.
Se permite exclusivamente el uso de calculadoras que no sean gráficas o programables y que no puedan realizar cálculo simbólico ni almacenar texto o fórmulas en memoria.

Bloque I: PROBLEMAS *(elegir 2)*

Problema 1.- *Ajuste de reacción. Cálculos estequiométricos.*

El acrilonitrilo, C_3H_3N, se usa para fabricar un tipo de fibra sintética acrílica resistente a los agentes atmosféricos y a la luz solar. En el método de obtención más conocido para obtener el acrilonitrilo se hace pasar propileno, C_3H_6, amoníaco, NH_3, y aire junto con un catalizador en un reactor, según la siguiente reacción (**no ajustada**):

$$C_3H_6(g) + NH_3(g) + O_2(g) \longrightarrow C_3H_3N(g) + H_2O(l)$$

a) ¿Cuántos gramos de acrilonitrilo se pueden obtener a partir de 200 L de propileno, medidos a 1,2 atm de presión y 30 °C, y un exceso de NH_3 y O_2 si la reacción tiene un rendimiento del 93 %? **(1,2 puntos)**

b) Calcule el volumen de aire, medido a 1 atm y 30 °C, necesario para que la experiencia anterior tenga lugar. Tenga en cuenta que el aire contiene un 21 % (en volumen) de O_2. **(0,8 puntos)**

Datos: Masas atómicas relativas: H (1); C (12); N (14); O (16). $R = 0,082$ atm·L·K^{-1}·mol^{-1}.

Problema 2.- *Equilibrio químico.*

Considere el siguiente equilibrio que tiene lugar a 150 °C: $\quad I_2(g) + Br_2(g) \rightleftharpoons 2\,IBr(g) \quad K_c = 120$

a) En un recipiente de 5,0 L de capacidad, se disponen 0,0015 moles de yodo y 0,0015 moles de Br_2. Calcule la concentración de cada especie cuando se alcanza el equilibrio a 150 °C. **(1 punto)**

b) En otro experimento, se introducen 0,2 mol·L^{-1} de IBr en el mismo recipiente vacío. Calcule las concentraciones de todas las especies cuando se establezca un nuevo equilibrio a 150 °C. **(1 punto)**

Problema 3.- *Equilibrio ácido-base. Cálculos estequiométricos.*

Cierto vinagre comercial tiene un 6,0 % en masa de ácido acético, CH_3COOH.

a) Calcule el pH de este vinagre, sabiendo que su densidad es de 1,05 g·mL^{-1}. **(1 punto)**

b) Determine la cantidad (en gramos) de este vinagre que debe diluirse en agua para preparar 650 mL de disolución de pH 3,5. **(1 punto)**

Datos: K_a (CH_3COOH) = $1,8 \cdot 10^{-5}$. Masas atómicas relativas: H (1); C (12); O (16).

Problema 4.- *Reacción rédox. Cálculos estequiométricos.*

En presencia de ácido sulfúrico, H_2SO_4, el dióxido de manganeso, MnO_2 y el yoduro de potasio, KI, reaccionan de acuerdo con la reacción (**no ajustada**):

$$MnO_2(s) + KI(ac) + H_2SO_4(ac) \longrightarrow MnSO_4(ac) + I_2(s) + K_2SO_4(ac) + H_2O(l)$$

a) Escriba la semirreacción de oxidación y la de reducción. Ajuste la reacción química en forma molecular. **(1 punto)**

b) Si se añaden 1,565 g de $MnO_2(s)$ a 250 mL de una disolución 0,1 M de KI, conteniendo un exceso de H_2SO_4, calcule la cantidad de yodo, I_2, obtenida (en gramos). **(1 punto)**

Datos: Masas atómicas relativas: H (1); O (16); S (32); K (39,1); Mn (54,9); I (126,9).

Cuestión 1.- *Estructura atómica. Propiedades periódicas.*

Considere los elementos con número atómico A = 9, B = 11, C = 15 y D = 17. Responda las siguientes cuestiones:

a) Escriba la configuración electrónica de cada uno de los elementos propuestos en su estado fundamental e indique el ion más estable que formará cada uno de ellos. **(0,8 puntos)**

b) Defina energía de ionización y ordene razonadamente los elementos en función de su primera energía de ionización. **(0,8 puntos)**

c) Proponga un compuesto iónico y otro molecular formado por el elemento A combinado con cualquier otro de los propuestos. **(0,4 puntos)**

Cuestión 2.- *Estructura molecular. Enlace químico. Fuerzas intermoleculares.*

El diclorometano, CH_2Cl_2, es un líquido volátil que, a pesar de su toxicidad, se sigue utilizando en la industria como disolvente. Conteste, razonadamente, a las siguientes preguntas: **(0,5 puntos cada apartado)**

a) indique la hibridación que presenta el átomo de carbono central.

b) Describa la geometría que adopta la molécula.

c) Discuta la polaridad de la molécula.

d) En fase líquida, ¿pueden las moléculas de diclorometano formar enlaces de hidrógeno?

Cuestión 3.- *Desplazamiento del equilibrio.*

En un reactor cerrado se introducen, en estado gaseoso y a una temperatura dada, hidrógeno, bromo y bromuro de hidrógeno, HBr, y se deja que se alcance el equilibrio:

$$H_2(g) \ + \ Br_2(g) \ \rightleftharpoons \ 2\,HBr(g) \qquad \Delta H = -68\ kJ$$

Indique razonadamente cómo afectará cada uno de los siguientes cambios en la cantidad de H_2 presente una vez se restablezca el equilibrio. **(0,5 puntos cada apartado)**

a) Un aumento de la temperatura a presión constante.

b) Adición de HBr, manteniendo contante tanto el volumen del reactor como su temperatura.

c) Un aumento del volumen del recipiente a temperatura constante.

d) Adición de Br_2, manteniendo contante tanto el volumen del reactor como su temperatura.

Cuestión 4.- *Equilibrio ácido-base.*

Razone si son verdaderas o falsas, las afirmaciones siguientes: **(0,5 puntos cada apartado)**

a) Según la teoría ácido-base de Brönsted-Lowry, para que un ácido pueda ceder protones no es necesaria la presencia de una base capaz de aceptarlos.

b) La base conjugada del HCO_3^- es el CO_3^{2-}.

c) El pH de una disolución de cianuro de potasio, KCN, es ácido.

d) El pH de la disolución que se obtiene cuando se mezclan 50 mL de una disolución de HNO_3 0,1 M con 50 mL de una disolución de NaOH 0,1 M, es básico.

Dato: $K_a(HCN) = 4 \cdot 10^{-10}$.

Cuestión 5.- *Cinética Química.*

Para la siguiente reacción en fase gaseosa: $\qquad A(g) \ + \ B(g) \ \rightleftharpoons \ 2\,C(g) \ + \ D(g)$

La ecuación de velocidad es $\ v = k \cdot [A]^2$. Razone si las siguientes afirmaciones son verdaderas o falsas. **(0,5 puntos cada apartado)**

a) El reactivo A se consume más deprisa que el reactivo B.

b) Las unidades de k son $L \cdot mol^{-1} \cdot min^{-1}$.

c) Una vez iniciada la reacción, la velocidad de reacción es constante si la temperatura no varía.

d) Al duplicar la concentración de A, a temperatura constante, el valor de la constante de velocidad se cuadruplica.

Cuestión 6.- *Reactividad y nomenclatura orgánica.*

Complete las siguientes reacciones, nombrando los compuestos orgánicos que intervienen en ellas (reactivos y productos): **(0,4 puntos cada apartado)**

a) $CH_3\text{-}CHO \qquad \xrightarrow{KMO_4,\ calor}$

b) $CH_3\text{-}CH_2\text{-}CH_2\text{-}CH_2\text{-}OH \qquad \xrightarrow{H_2SO_4,\ calor}$

c) $CH_3\text{-}CH=CH\text{-}CH_3 \ + \ HCl \qquad \xrightarrow{\hspace{2cm}}$

d) $CH_3\text{-}CH_2\text{-}Br \ + \ OH^- \qquad \xrightarrow{\hspace{2cm}}$

e) $CH_2=CH_2 \qquad \xrightarrow{calor,\ catalizador}$

PROBLEMA 1

$M(C_3H_3N) = 3·12+3+14 = 53 \text{ g/mol}$

$$2 C_3H_{6(g)} + 2 NH_{3(g)} + 3 O_{2(g)} \xrightarrow{\eta = 93\%} 2 C_3H_3N_{(g)} + 6 H_2O_{(\ell)}$$

200 L
1'2 atm
T = 30 °C

a) $P \cdot V = n \cdot R \cdot T \Rightarrow 1'2 \cdot 200 = n \cdot 0'082 \cdot 303 \Rightarrow n = 9'66 \text{ mol}$

$$9'66 \text{ mol } C_3H_{6(g)} \times \frac{93 \text{ mol } C_3H_6 \text{ reacciona}}{100 \text{ mol } C_3H_6 \text{ en el reactor}} \times \frac{2 \text{ mol } C_3H_3N \text{ obtenemos}}{2 \text{ mol } C_3H_6 \text{ reacciona}} \times$$

$$\times \frac{53 \text{ g } C_3H_3N}{1 \text{ mol } C_3H_3N} = 476'14 \text{ g } C_3H_3N \text{ obtenemos}$$

b) $9'66 \text{ mol } C_3H_6 \times \dfrac{3 \text{ mol } O_2 \text{ en el reactor}}{2 \text{ mol } C_3H_6 \text{ en el reactor}} = 14'49 \text{ mol } O_2$ hay que introducir en el reactor

$P \cdot V = n \cdot R \cdot T \Rightarrow 1 \cdot V = 14'49 \cdot 0'082 \cdot 303 \Rightarrow$

$\Rightarrow V = 360'02 \text{ Litros } O_2 \times \dfrac{100 \text{ L aire}}{21 \text{ L } O_2} = 1714'38 \text{ L aire}$

Nota:

Se ha calculado la cantidad mínima de O_2 que hay que introducir en el reactor para que el C_3H_6 pueda reaccionar al 100%. Sin embargo, como solo reaccionará el 93% de C_3H_6, también acabará reaccionando solo el 93% del O_2 introducido en el reactor.

PÁGINA 1

PROBLEMA 2

a) $I_{2(g)} + Br_{2(g)} \rightleftharpoons 2\,IBr_{(g)}$ $Kc = 120$

Inicial   0'0015   0'0015   0   V = 5L

Reacciona   x   x   —

Forma   —   —   2x

Equilibrio 0'0015−x 0'0015−x   2x

$$K_C = \frac{[IBr]^2}{[I_2]\cdot[Br_2]} \quad\to\quad 120 = \frac{\left(\frac{2x}{5}\right)^2}{\left(\frac{0'0015-x}{5}\right)\cdot\left(\frac{0'0015-x}{5}\right)}$$

$$120 = \left(\frac{2x}{0'0015-x}\right)^2 \Rightarrow \sqrt{120} = \frac{2x}{0'0015-x} \Rightarrow$$

$$\Rightarrow 0'0015\cdot\sqrt{120} - x\cdot\sqrt{120} = 2x \Rightarrow 0'0015\cdot\sqrt{120} = x\cdot(2+\sqrt{120})$$

$$\Rightarrow x = \frac{0'0015\sqrt{120}}{2+\sqrt{120}} = 0'00127\ mol$$

Y por tanto, las concentraciones pedidas:

$$[I_2]_{eq} = [Br_2]_{eq} = \frac{0'0015-0'00127}{5} = 4'63\cdot10^{-5}\ mol/L$$

$$[IBr]_{eq} = \frac{2\cdot0'00127}{5} = 5'08\cdot10^{-4}\ mol/L$$

PÁGINA 2

b) $I_{2 (g)} + Br_{2 (g)} \rightleftharpoons 2 IBr_{(g)}$ $K_C = 120$

Inicial	0	0	0'2 mol/L	
Reacciona	—	—	− 2x	← Ojo!! Porque aquí
Forma	x	x	—	ya hemos hecho la
Equilibrio	x	x	0'2 − 2x	tabla con concentraciones

$$K_C = \frac{[IBr]^2}{[I_2] \cdot [Br_2]} \Rightarrow 120 = \frac{(0'2 - 2x)^2}{x \cdot x} \Rightarrow 120 = \left(\frac{0'2 - 2x}{x}\right)^2$$

$$\Rightarrow \sqrt{120} = \frac{0'2 - 2x}{x} \Rightarrow x \cdot \sqrt{120} = 0'2 - 2x \Rightarrow x \cdot (\sqrt{120} + 2) = 0'2$$

$$\Rightarrow x = \frac{0'2}{\sqrt{120} + 2} = 0'015 \; mol/L$$

Y por tanto, las concentraciones pedidas:

$$[I_2]_{eq} = [Br_2]_{eq} = 0'015 \, mol/L$$

$$[IBr]_{eq} = 0'2 - 2 \cdot 0'015 = 0'17 \, mol/L$$

PROBLEMA 3

Vamos a calcular la molaridad del vinagre comercial:

$$P_{M_{CH_3COOH}} = 12 \cdot 2 + 1 \cdot 4 + 16 \cdot 2 = 60 \, g/mol$$

$$\frac{1'05 \; g \, dson}{mL \, dson} \times \frac{1000 \, mL \, dson}{1 \, L \, dson} \times \frac{6 \, g \, CH_3COOH}{100 \, g \, dson} \times \frac{1 \, mol \, CH_3COOH}{60 \, g \, CH_3COOH} =$$

densidad   % en masa

$$= 1'05 \, mol/L$$

©Juan Bertomeu Ferrer
www.bertoblog.com

Conocida la concentración $c_0 = 1'05$ mol/L haremos el ejercicio como siempre:

$$CH_3-COOH + H_2O \rightleftharpoons CH_3-COO^- + H_3O^+$$

Inicial	$c_0 = 1'05$	...	0	0
Reacciona	X	...	—	—
Forma	—	...	X	X
Equilibrio	$c_0 - x$		X	X

$$K_a = \frac{[CH_3-COO^-]\cdot[H_3O^+]}{[CH_3-COOH]} \longrightarrow 1'8\cdot10^{-5} = \frac{x^2}{1'05-x} \Rightarrow$$

$$\Rightarrow x^2 + 1'8\cdot10^{-5}x - 1'89\cdot10^{-5} = 0 \begin{cases} x = 4'34\cdot10^{-3} \text{ mol/L} \\ x = negativo \end{cases}$$

$$pH = -\log[H_3O^+] = -\log(4'34\cdot10^{-3}) = 2'36$$

b) Ahora tenemos una disolución preparada a partir de este vinagre comercial. La concentración inicial pasa a ser desconocida, pero a cambio nos dan el pH. Por tanto:

$$pH = -\log[H_3O^+]_{eq} \longrightarrow 3'5 = -\log(x) \Rightarrow x = 3'16\cdot10^{-4} \text{ mol/L}$$

Y con la constante ácida:

$$K_a = \frac{x^2}{c_0-x} \Rightarrow 1'8\cdot10^{-5} = \frac{(3'16\cdot10^{-4})^2}{c_0 - 3'16\cdot10^{-4}} \Rightarrow$$

$$\Rightarrow c_0 = 5'87\cdot10^{-3} \text{ mol/L}$$

La nueva disolución tiene una cantidad de moles de acético dada por:

$$c_0 = \frac{n_{acético}}{V_{dsón}} \longrightarrow 5'87 \cdot 10^{-3} = \frac{n_{acético}}{0'65} \Rightarrow n_{acético} = 3'81 \cdot 10^{-3} \, mol$$

Y esos moles los hemos tenido que sacar de la disolución inicial de vinagre comercial y por tanto:

$$3'81 \cdot 10^{-3} \, mol \, CH_3COOH \times \frac{60 \, g \, CH_3COOH}{1 \, mol \, CH_3COOH} \times \frac{100 \, g \, dsón \, comercial}{6 \, g \, CH_3COOH} =$$

$$= 3'81 \, g \, de \, dsón \, comercial$$

PROBLEMA 4

$$\overset{+4}{Mn} \overset{-2}{O_2}_{(S)} + \overset{+1}{K} \overset{-1}{I}_{(ac)} + \overset{+1}{H_2} \overset{+6}{S} \overset{-2}{O_4}_{(ac)} \longrightarrow \overset{+2}{Mn} \overset{+6}{S} \overset{-2}{O_4}_{(ac)} + \overset{0}{I_2}_{(S)} + \overset{+1}{K_2} \overset{+6}{S} \overset{-2}{O_4}_{(ac)} + \overset{+1}{H_2} \overset{-2}{O}_{(\ell)}$$

Reducción: $\overset{+4}{Mn}O_{2\,(S)} + 4H^+_{(ac)} + 2e^- \longrightarrow \overset{+2}{Mn}_{(ac)} + 2H_2O_{(\ell)}$

Oxidación: $2\,\overset{-1}{I}^-_{(ac)} - 2e^- \longrightarrow \overset{0}{I_2}_{(S)}$

$$\overline{}$$

Iónica: $MnO_{2\,(S)} + 4H^+_{(ac)} + 2I^-_{(ac)} \longrightarrow Mn^{2+}_{(ac)} + I_{2\,(S)} + 2H_2O_{(\ell)}$

Y por tanto, la ecuación molecular ajustada:

$$MnO_{2\,(S)} + 2KI_{(ac)} + 2H_2SO_{4\,(ac)} \longrightarrow MnSO_{4\,(ac)} + I_{2\,(S)} + K_2SO_{4\,(ac)} + 2H_2O_{(\ell)}$$

b) $MnO_{2(s)} + 2KI_{(ac)} + 2H_2SO_{4(ac)} \longrightarrow MnSO_{4(ac)} + I_{2(s)} + K_2SO_{4(ac)} + 2H_2O_{(l)}$

 ?

$1'565\,g \qquad 250mL$

$ 0'1\,M$

Veamos cuál es el reactivo limitante:

$$1'565\,g\,MnO_2 \times \frac{1\,mol\,MnO_2}{86'9\,g\,MnO_2} \times \frac{2\,mol\,KI}{1\,mol\,MnO_2} \times \frac{1\,L\,dsón\,KI}{0'1\,mol\,KI} \times$$

 $PM_{MnO_2} = 54'9 + 2 \cdot 16 = 86'9\,g/mol$

 Molaridad

$$\times \frac{1000\,mL\,dsón\,KI}{1\,L\,dsón\,KI} = 360'18\,mL\,dsón\,KI$$

Como vemos, para que el $MnO_{2(s)}$ reaccionase completa_

_mente, necesitaríamos tener 360'18 mL de la disolución

de KI. Como no tenemos bastante, podemos asegurar que

el $KI_{(ac)}$ es el reactivo limitante y, por tanto:

$$250\,mL\,dsón\,KI \times \frac{1\,L\,dsón}{1000\,mL\,dsón} \times \frac{0'1\,mol\,KI}{1\,L\,dsón} \times \frac{1\,mol\,I_2}{2\,mol\,KI} \times$$

$$\times \frac{253'8\,g\,I_2}{1\,mol\,I_2} = 3'17\,g\,de\,I_{2(s)}$$

$PM_{I_2} = 2 \cdot 126'9 = 253'8\,g/mol$

¿CUESTIÓN 1?

a) $A(z=9): 1s^2 2s^2 2p^5 \longrightarrow$ Período 2 Grupo 17

$B(z=11): 1s^2 2s^2 2p^6 3s^1 \longrightarrow$ Período 3 Grupo 1

$C(z=15): 1s^2 2s^2 2p^6 3s^2 3p^3 \longrightarrow$ Período 3 Grupo 15

$D(z=17): 1s^2 2s^2 2p^6 3s^2 3p^5 \longrightarrow$ Período 3 Grupo 17

El ión más estable es aquel que tiene configuración electrónica de gas noble. Dichos iones serán por tanto:

$A^-: 1s^2 2s^2 2p^6 \quad (A + 1e^-)$

$B^+: 1s^2 2s^2 2p^6 \quad (B - 1e^-)$

$C^{3-}: 1s^2 2s^2 2p^6 3s^2 3p^6 \quad (C + 3e^-)$

$D^-: 1s^2 2s^2 2p^6 3s^2 3p^6 \quad (D + 1e^-)$

b) La energía de ionización es la energía que se requiere para arrancar un electrón de un átomo gaseoso en su estado fundamental:

$$X_{(g)} + E.I \longrightarrow X^+_{(g)} + e^-$$

En general, la regla es que la EI aumenta a medida que nos movemos hacia la derecha en un mismo periodo (ya que al disminuir el radio atómico hay mayor atracción) y disminuye al descender en un grupo (al estar aumentando el radio atómico). Así:

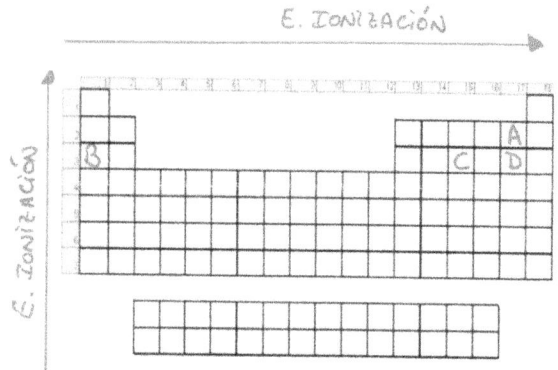

Por todo lo expuesto, concluimos que

$$EI(B) < EI(C) < EI(D) < EI(A)$$

c) El enlace iónico se produce cuando átomos de elementos metálicos (especialmente los situados más a la izquierda en la tabla periódica con baja energía de ionización) se encuentran con átomos no metálicos (especialmente los de los grupos 16 y 17 con alta afinidad electrónica) la diferencia entre las electronegatividades es lo suficientemente grande como para que los átomos del metal cedan electrones a los átomos del no metal, transformándose en iones positivos y negativos respectivamente

El elemento A formará compuesto iónico al combinarse con el B según : $B^+ y A^- \Longrightarrow BA$

El enlace covalente se da entre átomos no metálicos que se unen entre sí compartiendo electrones para conseguir configuración electrónica de gas noble. Dado que ambos átomos no metálicos son significativamente electronegativos no se ceden electrones. Uno no pierde electrones en favor del otro, si no que lo que hacen es compartirlos, hecho que los mantiene unidos.

El elemento A formará compuesto molecular tanto con el elemento C como con el D según:

A: $1s^2 2s^2 2p^5$ ⟹

C: $1s^2 2s^2 2p^6 3s^2 3p^3$ ⟹

D: $1s^2 2s^2 2p^6 3s^2 3p^5$ ⟹

Y por tanto, los compuestos pedidos son:

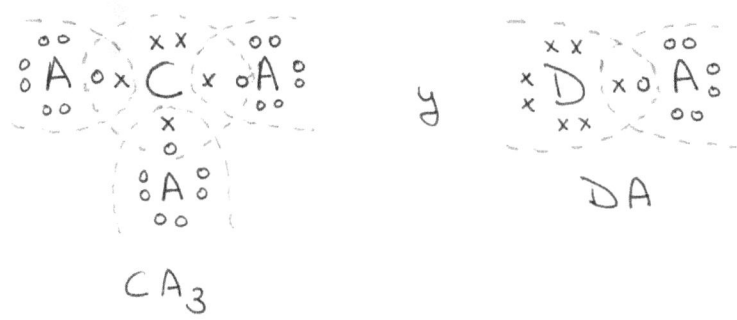

CA_3 y DA

CUESTIÓN 2

Empezamos haciendo la estructura de Lewis sabiendo los electrones de valencia de cada elemento:

H → Grupo 1 → s^1 → 1e^- de valencia

C → Grupo 14 → $s^2 p^2$ → 4e^- de valencia

Cl → Grupo 17 → $s^2 p^5$ → 7e^- de valencia

20 electrones   Quedan 12 e^- Definitiva!!
                                                 (sin carga formal)

a) Como vemos, el carbono debe formar cuatro enlaces covalentes. Eso será posible si presenta hibridación sp^3 según:

b) De la estructura de Lewis realizada, vemos que se trata de una molécula AX_4 que presentará geometría tetraédrica.

c) Dada la geometría obtenida tendremos:

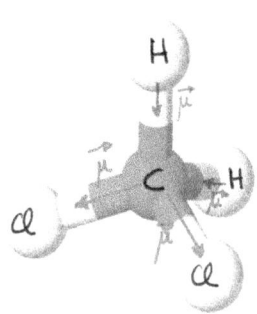

Como vemos, al tenerse $\vec{\mu}_{TOTAL} \neq \vec{0}$
la molécula será POLAR

(Los enlaces H-C son poco polares pues H y C
tienen electronegatividades similares. Los enlaces
C-Cl son significativamente polares)

d) No se podrán formar enlaces de hidrógeno pues éstos
solo pueden darse cuando existan en la molécula
enlaces del hidrógeno con el oxígeno, el nitrógeno, o
el flúor. En esta molécula, la fuerza intermolecular
que una dos moléculas serán fuerzas dipolo-dipolo

CUESTIÓN 3

Se nos da el equilibrio:

Reacción
Directa $\Delta H < 0$ (Exotérmica)

$H_2 (g) + Br_2 (g) \rightleftharpoons 2 HBr (g)$

Reacción
Inversa $\Delta H > 0$ (Endotérmica)

a) Para que suceda la reacción inversa hemos de aportar
calor (endotérmica). Aumentar la temperatura es justamente
aportar calor, y será la ruta endotérmica la que se
favorezca. El equilibrio se desplazará a la izquierda
AUMENTANDO la cantidad de $H_2 (g)$

PÁGINA 11

b) Al añadir $HBr_{(g)}$ estamos aumentando la concentración de los productos. El equilibrio se desplazará por tanto a la izquierda para consumir ese exceso de producto añadido, formando reactivos hasta alcanzar el nuevo equilibrio. La cantidad de $H_{2(g)}$ por tanto AUMENTARÁ.

c) Un aumento del volumen a temperatura constante implicará una disminución de la presión. Para tratar de aumentar la presión de nuevo, el equilibrio se desplazará hacia donde haya mayor número de moles gaseosos. Al haber en este caso el mismo número de moles, el equilibrio no se desplaza y la cantidad de $H_{2(g)}$ PERMANECERÁ CONSTANTE.

d) Al añadir $Br_{2(g)}$ estamos aumentando la concentración de los reactivos. El equilibrio se desplazará por tanto a la derecha para consumir exceso de reactivo añadido, formando productos hasta alcanzar el nuevo equilibrio. La cantidad de $H_{2(g)}$ por tanto DISMINUIRÁ.

PÁGINA 12

CUESTIÓN 4

a) Falso. La teoría de Brönsted-Lowry clasifica a las sustancias que intervienen en una reacción de transferencia de protones. En estas reacciones se "transvasan" protones de una sustancia hacia la otra. Lo único que hacen Brönsted-Lowry es ponerle "nombre" a esas sustancias, llamándose ácido a la sustancia que cede el protón y base a la sustancia que lo acepta.

b) Verdadero. La reacción será:

$$HCO_3^- + H_2O \rightleftharpoons CO_3^{2-} + H_3O^+$$

Como ves, si HCO_3^- actúa como ácido y cede un protón al agua, lo que quedará (es decir, su base conjugada) es el ión carbonato CO_3^{2-}

c) $KCN \xrightarrow{H_2O} K^+ + CN^-$

Los iones K^+ no hidrolizan al provenir de una base fuerte (KOH). Pero los iones CN^- provienen del ácido débil HCN y por tanto reaccionan con el agua según:

PÁGINA 13

$$CN^- + H_2O \rightleftharpoons HCN + OH^-$$

La disolución tendrá pH básico por la presencia de los iones hidroxilo y por tanto la afirmación es FALSA

d) Tenemos una reacción de neutralización:

$$HNO_3 + NaOH \longrightarrow NaNO_3 + H_2O$$

50 mL   50 mL
0'1 M   0'1 M

Veamos los moles iniciales de cada sustancia:

$M = \dfrac{n}{V}$

$n_{HNO_3} = 0'1 \cdot 0'05 = 5 \cdot 10^{-3}$ mol HNO_3

$n_{NaOH} = 0'1 \cdot 0'05 = 5 \cdot 10^{-3}$ mol $NaOH$

Por tanto, la reacción será estequiométrica según:

$$HNO_3 + NaOH \longrightarrow NaNO_3 + H_2O$$

	HNO_3	$NaOH$	$NaNO_3$	H_2O
Inicial	$5 \cdot 10^{-3}$	$5 \cdot 10^{-3}$	—	—
Final	0	0	$5 \cdot 10^{-3}$	...

La sal formada se ioniza en el agua

$$NaNO_3 \xrightarrow{H_2O} Na^+_{(ac)} + NO_3^-{}_{(ac)}$$

Ninguno de estos iones reacciona con el agua (hidrólisis) al provenir ambos de ácidos/bases fuertes. El pH por tanto será neutro y la afirmación es FALSA

CUESTIÓN 5

$$A_{(g)} + B_{(g)} \rightleftharpoons Z\,C_{(g)} + D_{(g)} \qquad V = K \cdot [A]^2$$

a) Falso. En función de las velocidades de desaparición de los reactivos, la velocidad de reacción es:

$$V_r = -\frac{d[A]}{dt} = -\frac{d[B]}{dt} \Rightarrow \frac{d[A]}{dt} = \frac{d[B]}{dt} \Rightarrow$$

$\Rightarrow$ Los reactivos A y B se consumen a la misma velocidad

b) La velocidad de reacción se mide en $\frac{mol}{L \cdot s}$ y la concentración en $\frac{mol}{L}$. Por tanto, las unidades de K serán:

$$V = K \cdot [A]^2 \longrightarrow \frac{mol}{L \cdot s} = [K] \cdot \frac{mol^2}{L^2} \longrightarrow [K] = \frac{L}{mol \cdot s}$$

¡Ojo!! $\longrightarrow$ La velocidad de reacción se define como la cantidad de sustancia que se transforma por unidad de volumen y tiempo. En el sistema internacional la unidad de tiempo es el segundo y por eso se expresa la velocidad en $\frac{mol/L}{s}$. Pero nada nos impide utilizar el minuto o la hora como unidad de tiempo

PÁGINA 15

Por tanto, las unidades propuestas para la constante de velocidad son unas unidades correctas en este caso, aunque no sean las habituales que utilizamos cuando usamos el sistema internacional

La afirmación es por tanto verdadera.

c) Falso. La velocidad de reacción depende de la concentración de los reactivos. A medida que transcurra la reacción, los reactivos se irán consumien -do, disminuyendo así la velocidad de reacción

d) Falso. El valor de la constante de velocidad es independiente de la concentración de A. Si no varía la temperatura, tampoco lo hará la constante de velocidad.

CUESTIÓN 6

a) CH_3-CHO $\xrightarrow{KMnO_4, calor}$ CH_3-COOH
    etanal   ácido etanoico

b) $CH_3-CH_2-CH_2-CH_2OH$ $\xrightarrow[calor]{H_2SO_4}$ $CH_3-CH_2-CH=CH_2 + H_2O$
    1-butanol   1-buteno

c) $CH_3-CH=CH-CH_3 + HCl \longrightarrow CH_3-CH_2-CHCl-CH_3$

  2-buteno   2-clorobutano

d) $CH_3-CH_2-Br + OH^- \longrightarrow CH_3-CH_2OH + Br^-$

  bromoetano   etanol

e) $n \cdot CH_2=CH_2 \xrightarrow[\text{cat.}]{\text{calor}} (-CH_2-CH_2-)_n$

  eteno   polietileno

 **GENERALITAT VALENCIANA**
Conselleria d'Innovació,
Universitats, Ciència
i Societat Digital

COMISSIÓ GESTORA DE LES PROVES D'ACCÉS A LA UNIVERSITAT
COMISIÓN GESTORA DE LAS PRUEBAS DE ACCESO A LA UNIVERSIDAD

SISTEMA UNIVERSITARI VALENCIÀ
SISTEMA UNIVERSITARIO VALENCIANO

PROVES D'ACCÉS A LA UNIVERSITAT	PRUEBAS DE ACCESO A LA UNIVERSIDAD
CONVOCATÒRIA: **SETEMBRE 2020**	CONVOCATORIA: SEPTIEMBRE 2020
Assignatura: QUÍMICA	Asignatura: QUÍMICA

BAREMO DEL EXAMEN: El examen consta de dos bloques: bloque I de cuatro problemas (se deben contestar <u>únicamente 2</u>) y bloque II de seis cuestiones (se deben contestar <u>únicamente 3</u>). Cada problema o cuestión tiene una puntuación máxima de 2 puntos.
Únicamente se corregirán los 2 primeros problemas y las 3 primeras cuestiones respondidos en el examen escrito.
Se permite exclusivamente el uso de calculadoras que no sean gráficas o programables y que no puedan realizar cálculo simbólico ni almacenar texto o fórmulas en memoria.

Bloque I: PROBLEMAS *(elegir 2)*

Problema 1.- *Fórmula empírica/molecular. Cálculos estequiométricos.*

La alicina es un compuesto orgánico que le da olor al ajo. El análisis químico de la alicina mostró la siguiente composición centesimal en masa: 44,4 % de C, 39,5 % de S, 9,86 % de O y 6,21 % de H. Se sabe que su masa molar está entre 160 y 165 g.

a) Determine su fórmula empírica y molecular. **(1,2 puntos)**

b) Los ajos tienen, aproximadamente, un 0,23 % en masa de alicina. Si un diente de ajo pesa 12 g, ¿cuántos gramos de azufre provienen de la alicina? **(0,8 puntos)**

Datos: Masas atómicas relativas: H (1); C (12); O (16); S (32).

Problema 2.- *Ajuste de reacción. Cálculos estequiométricos.*

En el laboratorio, se puede obtener sulfato de sodio, Na_2SO_4, haciendo reaccionar hidróxido de sodio, NaOH, con ácido sulfúrico, H_2SO_4, de acuerdo con la reacción (**no ajustada**):

$$NaOH(ac) + H_2SO_4(ac) \longrightarrow Na_2SO_4(ac) + H_2O(l)$$

Si se mezcla la disolución A (120 mL conteniendo NaOH en concentración 0,05 M) con la disolución B (50 mL de H_2SO_4 de concentración 0,12 M), calcule:

a) El pH de la disolución resultante, una vez se complete la reacción entre NaOH y H_2SO_4. **(1 punto)**

b) La concentración de Na_2SO_4 en la disolución final $(mol \cdot L^{-1})$ y la cantidad (en gramos) obtenida de este compuesto como consecuencia de la reacción. **(1 punto)**

Datos: Masas atómicas relativas: H (1); O (16); Na (23); S (32).

Problema 3.- *Equilibrio químico.*

En un recipiente de 1 L de capacidad, en el que se ha hecho vacío, se introducen 0,92 g de $N_2O_4(g)$ y 0,23 g de $NO_2(g)$. El recipiente se calienta a 100 °C, produciéndose la disociación del N_2O_4 para dar NO_2 de acuerdo al equilibrio siguiente:

$$N_2O_4(g) \rightleftharpoons 2\,NO_2(g)$$

Cuando se alcanza el equilibrio a 100 °C, la presión total del sistema es de 0,724 atm.

a) Determine el valor de las constantes de equilibrio, K_p y K_c. **(1 punto)**

b) Calcule la presión en el recipiente en el equilibrio si inicialmente sólo se hubieran introducido 0,92 g de N_2O_4. **(1 punto)**

Datos: Masas atómicas relativas: O (16); N (14). $R = 0,082$ atm$\cdot$L$\cdot$K$^{-1}\cdot$mol^{-1}.

Problema 4.- *Equilibrio ácido-base.*

El ácido fórmico, HCOOH, es un ácido débil cuya constante de disociación ácida vale $1,8 \cdot 10^{-4}$. Se dispone en el laboratorio de una disolución acuosa de ácido fórmico de concentración desconocida cuyo pH es 2,51. Calcule:

a) La concentración de la disolución de ácido fórmico en mol$\cdot$L^{-1}. **(1 punto)**

b) Si se toman 10 mL de esta disolución y se añade agua hasta que la disolución resultante tiene un volumen de 100 mL, ¿cuál será el grado de disociación del ácido en la disolución resultante? **(1 punto)**

Cuestión 1.- *Estructura atómica. Propiedades periódicas.*

Considere los elementos A, B, C y D cuyos números atómicos son 8, 12, 17 y 18, respectivamente. Responda las siguientes cuestiones. **(0,5 puntos cada apartado)**

   a) Escriba la configuración electrónica de cada elemento en su estado fundamental, así como la del ion más estable que, en su caso, pueden formar.

   b) Compare el radio de los iones formados por A y B, indicando cuál de los dos es mayor. Justifique la respuesta.

   c) Aplicando la regla del octete, deduzca la fórmula molecular del compuesto formado por A y C.

   d) Proponga un compuesto iónico formado por dos de los elementos propuestos, deduciendo su fórmula molecular.

Cuestión 2.- *Estructura molecular.*

Considere las especies químicas: NCl_3, NH_4^+, CS_2, SCl_2 y responda a las cuestiones siguientes:

   a) Represente la estructura de Lewis de cada una de las especies químicas. **(0,8 puntos)**

   b) Deduzca, razonadamente, la geometría de cada una de estas especies químicas. **(0,8 puntos)**

   c) Discuta, justificadamente, la polaridad de las dos moléculas CS_2 y SCl_2. **(0,4 puntos)**

   Datos: Números atómicos: H (1); C (6); N (7); S (16); Cl (17).

Cuestión 3.- *Desplazamiento del equilibrio.*

El amoniaco gas, $NH_3(g)$, reacciona con aire para formar dióxido de nitrógeno, NO_2, a alta temperatura de acuerdo a la reacción:

$$4\,NH_3(g) + 7\,O_2(g) \rightleftharpoons 4\,NO_2(g) + 6\,H_2O(g) \qquad \Delta H = -1170\ KJ$$

Discuta razonadamente si las siguientes afirmaciones son verdaderas o falsas. **(0,5 puntos cada apartado)**

   a) Un aumento de la temperatura favorecerá la formación de NO_2 en el equilibrio.

   b) La disminución del volumen del reactor, manteniendo contante la temperatura, favorecerá que se forme mayor cantidad de productos en el equilibrio.

   c) La adición de NH_3, manteniendo contantes el volumen del recipiente y la temperatura, favorecerá que se forme mayor cantidad de NO_2 una vez se alcance el equilibrio.

   d) El uso de un catalizador hará que se obtenga una mayor cantidad de productos en el equilibrio.

Cuestión 4.- *Reacciones redox.*

A partir de los datos de potenciales de reducción estándar que se adjuntan, indique razonadamente si los siguientes enunciados son verdaderos o falsos. **(0,5 puntos cada apartado)**

   a) Una disolución de HCl 1 M es capaz de disolver una barra de níquel metálico.

   b) El níquel metálico puede oxidar al estaño metálico.

   c) Se puede obtener plata metálica sumergiendo un hilo de cobre en una disolución de nitrato de plata 1 M.

   d) No podemos almacenar una disolución de sulfato de cobre 1 M en un recipiente de estaño metálico.

   Datos: Potenciales estándar de reducción, $E^{\circ}(V)$: $Ag^+(ac)/Ag(s)$ = +0,80; $Cu^{2+}(ac)/Cu(s)$ = +0,34; $H^+(ac)/H_2(g)$ = 0; $Sn^{2+}(ac)/Sn(s)$ = −0,14; $Ni^{2+}(ac)/Ni(s)$ = − 0,26.

Cuestión 5.- *Cinética Química. Nomenclatura inorgánica.*

a) La descomposición del pentóxido de dinitrógeno, $\qquad$ $2\,N_2O_5(g) \longrightarrow 4\,NO_2(g) + O_2(g)$

sigue la ecuación de velocidad $v = k\cdot[N_2O_5]$. Responda las siguientes cuestiones: **(0,25 puntos cada apartado)**

   a1) Compare la velocidad de aparición de NO_2 con la de aparición de O_2.

   a2) Indique el orden de reacción total y el orden de reacción respecto del N_2O_5.

   a3) Indique las unidades de la velocidad de reacción y de la constante de velocidad.

   a4) Discuta si la constante de velocidad depende de la temperatura a la que se lleva a cabo la reacción.

b) Nombre los compuestos siguientes: (0,2 puntos cada uno)

   b1) $K_2Cr_2O_7$ $\qquad$ b2) PCl_3 $\qquad$ b3) $NaClO_3$ $\qquad$ b4) $Co(OH)_2$ $\qquad$ b5) $FePO_4$

Cuestión 6.- *Reactividad y nomenclatura orgánica.*

Complete las siguientes reacciones y nombre los reactivos y compuestos orgánicos que se obtienen: **(0,5 puntos cada apartado)**

a) $\quad CH_4(g) + 2\,O_2(g) \longrightarrow$ _____ + _____ $\quad$ c) $\quad CH_3\text{-}CH=CH\text{-}CH_3(g) + H_2(g) \xrightarrow{\text{catalizador}}$ _____

b) $\quad CH_3\text{-}CH_2\text{-}Cl(ac) + OH^-(ac) \longrightarrow$ _____ + _____ $\quad$ d) $\quad CH_3\text{-}CH_2\text{-}CH_2\text{-}OH \xrightarrow[H_2SO_4]{KMnO_4(ac)}$ _____

PROBLEMA 1

Tenemos el compuesto alicina $C_x H_y O_z S_t$ del que conocemos su composición centesimal. Así:

$$100g \text{ alicina} \times \frac{44'4 \text{ g de C}}{100g \text{ alicina}} \times \frac{1 \text{ mol de C}}{12 \text{ g de C}} = 3'7 \text{ mol de C}$$

$$100g \text{ alicina} \times \frac{6'21 \text{ g de H}}{100g \text{ alicina}} \times \frac{1 \text{ mol H}}{1 \text{ g de H}} = 6'21 \text{ mol de H}$$

$$100g \text{ alicina} \times \frac{9'86 \text{ g de O}}{100g \text{ alicina}} \times \frac{1 \text{ mol O}}{16 \text{ g de O}} = 0'616 \text{ mol de O}$$

$$100g \text{ alicina} \times \frac{39'5 \text{ g de S}}{100g \text{ alicina}} \times \frac{1 \text{ mol de S}}{32 \text{ g de S}} = 1'234 \text{ mol de S}$$

Dividimos por el menor:

$$C: \frac{3'7}{0'616} = 6 \; ; \quad H: \frac{6'21}{0'616} = 10 \; ; \quad O: \frac{0'616}{0'616} = 1 \; ; \quad S: \frac{1'234}{0'616} = 2$$

$\Rightarrow$ Fórmula Empírica : $(C_6 H_{10} O S_2)_n$

$\quad \hookrightarrow M_{\text{empírica}} = 6 \cdot 12 + 10 + 16 + 2 \cdot 32 = 162 \text{ g/mol}$

PÁGINA 1

Por último:

$$MM_{molecular} = n \cdot MM_{empírico}$$

Entre 160 y 165 g/mol — tiene que ser un entero — 162 g/mol

Con lo que $MM_{molecular} = 162 \, g/mol$ y $n = 1$. Así:

$$\Rightarrow \text{Fórmula Molecular}: C_6 H_{10} O S_2$$

b) $12 \, g \, ajo \times \dfrac{0'23 \, g \, alicina}{100 \, g \, ajo} \times \dfrac{1 \, mol \, alicina}{162 \, g \, alicina} \times \dfrac{2 \, mol \, de \, S}{1 \, mol \, alicina} \times$

$\times \dfrac{32 \, g \, de \, S}{1 \, mol \, de \, S} = 0'011 \, g$ de S en cada diente de ajo

PROBLEMA 2

$$2 \, NaOH_{(ac)} + H_2SO_{4 \, (ac)} \longrightarrow Na_2SO_{4 \, (ac)} + 2 \, H_2O_{(l)}$$

120 ml   50 ml
0'05 M   0'12 M

Veamos cuál es el reactivo limitante:

$120 \, ml \, NaOH \times \dfrac{1 \, L \, NaOH}{1000 \, ml \, NaOH} \times \dfrac{0'05 \, mol \, NaOH}{1 \, L \, NaOH} \times \dfrac{1 \, mol \, H_2SO_4}{2 \, mol \, NaOH} \times$

$\times \dfrac{1 \, L \, H_2SO_4}{0'12 \, mol \, H_2SO_4} \times \dfrac{1000 \, mL \, H_2SO_4}{1 \, L \, H_2SO_4} = 25 \, mL \, H_2SO_4$

PÁGINA 2

Como ves, cuando reaccionen los 120 mL de NaOH solo van a reaccionar 25 mL de H_2SO_4. El reactivo limitante es por tanto el NaOH y tendremos un exceso de H_2SO_4.

Así:

$$n = M \cdot V$$

$n_{NaOH} = 0'05 \cdot 0'12 = 0'006$ mol NaOH

$n_{H_2SO_4} = 0'12 \cdot 0'05 = 0'006$ mol H_2SO_4

$$2\,NaOH_{(ac)} + H_2SO_{4(ac)} \longrightarrow Na_2SO_{4(ac)} + 2\,H_2O_{(e)}$$

	$2\,NaOH$	H_2SO_4	Na_2SO_4	$2\,H_2O$
Inicial	0'006	0'006	—	—
Reacciona	-0'006	-0'003	—	—
Forma	—	—	0'003	0'006
Final	0	0'003	0'003	0'006

$$Na_2SO_{4\,(ac)} \xrightarrow{H_2O} 2\,Na^+_{(ac)} + (SO_4)^{2-}_{(ac)}$$

NO HIDRÓLISIS   NO HIDRÓLISIS

Al provenir de ácidos y bases fuertes, ninguno de los iones que constituyen la sal sufrirán hidrólisis.

$$H_2SO_{4(ac)} + H_2O_{(e)} \longrightarrow (HSO_4)^-_{(ac)} + H_3O^+$$

	H_2SO_4			
Inicial	0'003	—	—	—
Final	0	...	...	0'003

El exceso de H_2SO_4 (ácido fuerte) se disocia por completo y por tanto, suponiendo volúmenes aditivos:

$$[H_3O^+] = \frac{n_{H_3O^+}}{V_{total}} = \frac{0'003}{0'17} = 0'01765 \ mol/L$$

$$pH = -log[H_3O^+] = -log(0'01765) = 1'75$$

b) $[Na_2SO_4] = \frac{n_{Na_2SO_4}}{V_{total}} = \frac{0'003}{0'17} = 0'01765 \ mol/L$

$$0'003 \ mol \ Na_2SO_4 \times \frac{142g \ Na_2SO_4}{1 \ mol \ Na_2SO_4} = 0'426 \ g \ Na_2SO_4$$

$$M_{Na_2SO_4} = 2\cdot23+32+4\cdot16 = 142 \ g/mol$$

PROBLEMA 3

$$M_{N_2O_4} = 2\cdot14+4\cdot16 = 92 \ g/mol \ ; \ M_{NO_2} = 14+2\cdot16 = 46 \ g/mol$$

$$0'92g \ N_2O_4 \times \frac{1 \ mol \ N_2O_4}{92g \ N_2O_4} = 0'01 \ mol \ N_2O_4$$

$$0'23g \ NO_2 \times \frac{1 \ mol \ NO_2}{46g \ NO_2} = 0'005 \ mol \ NO_2$$

	$N_2O_{4 (g)} \rightleftharpoons$	$2NO_{2 (g)}$	$V=1L \ T=100°C$
Inicial	0'01	0'005	
Reacción	-x	+2x	
Equilibrio	0'01-x	0'005+2x	

$n_{totales} = 0'01 - x + 0'005 + 2x = x + 0'015$ moles gas
gas   aq

$P_T \cdot V = n_{totales} \cdot R \cdot T$

$0'724 \cdot 1 = (x + 0'015) \cdot 0'082 \cdot 373 \Rightarrow$

$$\Rightarrow x + 0'015 = \frac{0'724}{0'082 \cdot 373} \Rightarrow x = 0'0087 \text{ mol}$$

$$K_c = \frac{[NO_2]^2}{[N_2O_4]} = \frac{\left(\frac{0'005 + 2 \cdot 0'0087}{1}\right)^2}{\frac{0'01 - 0'0087}{1}} = \frac{5'0176 \cdot 10^{-4}}{1'3 \cdot 10^{-3}} = 0'386$$

$$K_p = K_c \cdot (RT)^{\Delta n_{gas}} = 0'386 \cdot (0'082 \cdot 373) = 11'8$$

b) $N_2O_4 (g) \rightleftharpoons 2 NO_2 (g)$

Inicial	0'01	—
Reacción	$-x$	$2x$
Equilibrio	$0'01 - x$	$2x$

$$K_c = \frac{[NO_2]^2}{[N_2O_4]} \longrightarrow 0'386 = \frac{\left(\frac{2x}{1}\right)^2}{0'01 - x} \Rightarrow 3'86 \cdot 10^{-3} - 0'386x = 4x^2$$

$$\Rightarrow 4x^2 + 0'386x - 3'86 \cdot 10^{-3} = 0 \begin{cases} x = 0'00913 \text{ mol} \\ x = \text{negativo} \end{cases}$$

$n_{totales} = 0'01 - x + 2x = 0'01 + x = 0'01913 \text{ mol}$
gas

$$P \cdot V = n \cdot R \cdot T \Rightarrow P = \frac{0'01913 \cdot 0'082 \cdot 373}{1} = 0'585 \text{ atm}$$

PÁGINA 5

PROBLEMA 4 :

$$HCOOH + H_2O \rightleftharpoons HCOO^- + H_3O^+ \quad K_a = 1'8 \cdot 10^{-4}$$

Inicial	c_0	...	...	...
Reacciona	$-x$	...	—	—
Forma	—	...	x	x
Equilibrio	$c_0 - x$		x	x

$$pH = -\log[H_3O^+] \Rightarrow 2'51 = -\log(x) \Rightarrow x = 3'09 \cdot 10^{-3} \, mol/L$$

a) $K_a = \dfrac{[HCOO^-] \cdot [H_3O^+]}{[HCOOH]} \Rightarrow 1'8 \cdot 10^{-4} = \dfrac{(3'09 \cdot 10^{-3})^2}{c_0 - 3'09 \cdot 10^{-3}} \Rightarrow$

$$\Rightarrow c_0 = \frac{(3'09 \cdot 10^{-3})^2}{1'8 \cdot 10^{-4}} + 3'09 \cdot 10^{-3} = 0'056 \, mol/L$$

b) Tomamos 10mL:

$$c_0 = \frac{n_{HCOOH}}{V_{dsón}} \Rightarrow 0'056 = \frac{n_{HCOOH}}{0'01} \Rightarrow n_{HCOOH} = 5'6 \cdot 10^{-4} \, mol$$

Añadimos agua hasta tener 100mL de dsón:

$$c_0' = \frac{n_{HCOOH}}{V_{dsón}} = \frac{5'6 \cdot 10^{-4}}{0'1} = 5'6 \cdot 10^{-3} \, mol/L$$

$$K_a = \frac{x^2}{c_0 - x} \Rightarrow 1'8 \cdot 10^{-4} = \frac{x^2}{5'6 \cdot 10^{-3} - x} \Rightarrow$$

$$\Rightarrow x^2 + 1'8 \cdot 10^{-4}x - 1'008 \cdot 10^{-6} = 0 \begin{cases} x = 9'18 \cdot 10^{-4} \, mol/L \\ x = \text{Negativo} \end{cases}$$

El grado de disociación por tanto:

$$\alpha = \frac{x}{c_0} = \frac{9'18 \cdot 10^{-4}}{5'6 \cdot 10^{-3}} = 0'1639$$

CUESTIÓN 1

a) $A(z=8): 1s^2 2s^2 2p^4 \longrightarrow$ Periodo 2 Grupo 16

 $B(z=12): 1s^2 2s^2 2p^6 3s^2 \longrightarrow$ Periodo 3 Grupo 2

 $C(z=17): 1s^2 2s^2 2p^6 3s^2 3p^5 \longrightarrow$ Periodo 3 Grupo 17

 $D(z=18): 1s^2 2s^2 2p^6 3s^2 3p^6 \longrightarrow$ Periodo 3 Grupo 18

 El ión más estable es aquel que tiene configuración electrónica de gas noble. Dichos iones serán por tanto:

 $A^{2-}: 1s^2 2s^2 2p^6$ $(A + 2e^-)$

 $B^{2+}: 1s^2 2s^2 2p^6$ $(B - 2e^-)$

 $C^-: 1s^2 2s^2 2p^6 3s^2 3p^6$ $(C + 1e^-)$

 D ya es un gas noble y no formará iones estables

b) Los iones A^{2-} y B^{2+} son especies isoelectrónicas. Sin embargo, B^{2+} tiene más protones en su núcleo. Esto hará que los electrones estén más fuertemente atraídos en el caso de B^{2+} siendo por tanto menor su radio:

$$r_{A^{2-}} > r_{B^{2+}}$$

c) A:

2s	2p

C:

3s	3p

$$AC_2$$

Como puedes ver, todos los átomos quedan rodeados de ocho electrones, cumpliéndose así la regla del octeto.

d) El enlace iónico se produce cuando átomos de elementos metálicos (especialmente los situados más a la izquierda en la tabla periódica con baja energía de ionización) se encuentran con átomos no metálicos (especialmente los de los grupos 16 y 17 con alta afinidad electrónica) La diferencia entre las electronegatividades es lo suficientemente grande como para que los átomos del metal cedan electrones a los átomos del no metal, transformándose en iones positivos y negativos respec- tivamente.

PÁGINA 8

De entre los elementos propuestos esto sucederá cuando se combinen los elementos B y C según:

$$B(z=12): 1s^2 2s^2 2p^6 3s^2$$
$$\hookrightarrow B^{2+}: 1s^2 2s^2 2p^6$$

$$C(z=17): 1s^2 2s^2 2p^6 3s^2 3p^5$$
$$\hookrightarrow C^-: 1s^2 2s^2 2p^6 3s^2 3p^6$$

$$B^{2+} C^- \Rightarrow BC_2$$

CUESTIÓN 2

$\boxed{NCl_3}$ LEWIS + RPECV

$$N(z=7): 1s^2 2s^2 2p^3 \longrightarrow 5e^- \text{ de valencia}$$
$$Cl(z=17): 1s^2 2s^2 2p^6 3s^2 3p^5 \longrightarrow 7e^- \text{ de valencia}$$

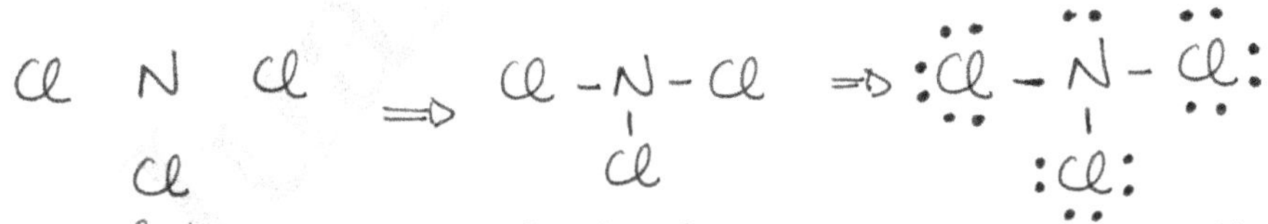

Cl N Cl
    Cl

$\Rightarrow$ Cl$-$N$-$Cl
      |
      Cl

$\Rightarrow$:Cl$-$N$-$Cl:
        |
       :Cl:

26 electrones   Quedan 20e$^-$ Definitiva!!

La estructura es definitiva al ser nula la carga formal sobre todos los átomos. Se trata pues de una molécula tipo AX_3E que presentará geometría de PIRÁMIDE TRIGONAL:

PÁGINA 9

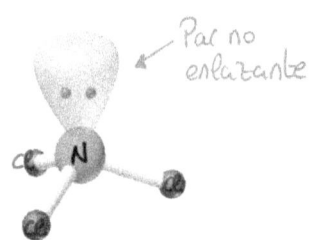

Par no
enlazante

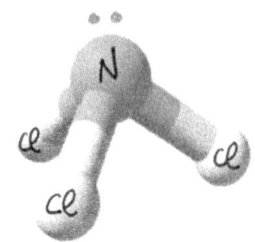

$\boxed{NH_4^+}$ LEWIS + RPECV

$N (z=7): 1s^2 2s^2 2p^3 \longrightarrow 5e^-$ de valencia

$H (z=1): 1s^1 \longrightarrow 1 e^-$ de valencia

$$
\begin{array}{c}
H \\
H \quad N \quad H \\
H
\end{array}
\Rightarrow
\begin{array}{c}
H \\
| \\
H - N - H \\
| \\
H
\end{array}
\Rightarrow
\begin{array}{c}
H \\
| \oplus \\
H - N - H \\
| \\
H
\end{array}
\Rightarrow
$$

$9e^- - 1e^- = 8e^-$ Quedan $0e^-$ Carga formal
    ↑
 carga ión

$$
\Rightarrow \left[
\begin{array}{c}
H \\
| \\
H - N - H \\
| \\
H
\end{array}
\right]^{\oplus}
$$

Definitiva!!

La estructura es definitiva pues la carga formal coincide con la carga neta del ión. Se trata de una molécula tipo AX_4 que presentará

una geometría TETRAÉDRICA:

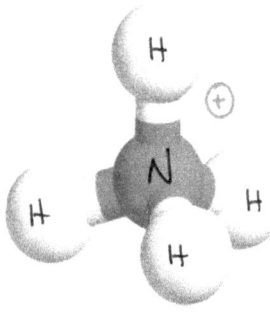

$\boxed{CS_2}$ LEWIS + RPECV

$C (z=6):\ 1s^2 2s^2 2p^2 \longrightarrow 4e^-$ de valencia

$S (z=16):\ 1s^2 2s^2 2p^6 3s^2 3p^4 \longrightarrow 6e^-$ de valencia

S C S $\Rightarrow$ S–C–S $\Rightarrow$:S̈–C̈–S̈: $\Rightarrow$ S̈=C=S̈:

16 electrones   Quedan 12e⁻   Cargas formales   Definitiva!!

La estructura es definitiva al ser nula la carga formal sobre todos los átomos. Se trata de una molécula AX_2 que presentará geometría lineal.

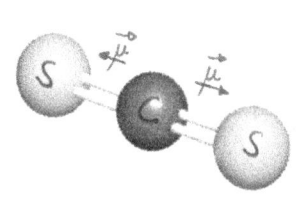

Al ser $\vec{\mu}_{TOTAL} = \vec{0}$, se trata de una molécula APOLAR

Ojo!! → Las electronegatividades de carbono y azufre son prácticamente idénticas. Puedes considerar igualmente que los enlaces C–S son apolares.

$\boxed{SCl_2}$ LEWIS + RPECV

$S (z=16):\ 1s^2 2s^2 2p^6 3s^2 3p^4 \longrightarrow 6e^-$ de valencia

$Cl (z=17):\ 1s^2 2s^2 2p^6 3s^2 3p^5 \longrightarrow 7e^-$ de valencia

Cl S Cl $\Rightarrow$ Cl–S–Cl $\Rightarrow$:C̈l–S̈–C̈l:

20 electrones   Quedan 16e⁻   Definitiva!!

La estructura es definitiva al ser nula la carga formal sobre todos los átomos. Se trata de una

PÁGINA 11

molécula AX_2E_2 que presentará geometría ANGULAR.

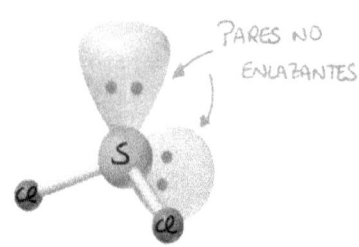

PARES NO
ENLAZANTES

Al ser $\vec{\mu}_{TOTAL} \neq \vec{0}$, se trata de una molécula POLAR

Se nos da el equilibrio:

Reacción
Directa $\Delta H < 0$ (Exotérmica)

$4NH_{3(g)} + 7O_{2(g)}$ ⇄ $4NO_{2(g)} + 6H_2O_{(g)}$

Reacción
Inversa $\Delta H > 0$ (Endotérmica)

a) Para que suceda la reacción inversa hemos de aportar calor (endotérmica). Aumentar la temperatura es justamente aportar calor y será la ruta endotérmica la que se favorezca. La afirmación por tanto es falsa.

b) Una disminución del volumen del reactor a temperatura constante implicará un aumento de la presión. Para tratar de disminuir la presión de nuevo, el equilibrio se desplazará hacia donde haya menor número de moles gaseosos. En este caso, se desplazará a la

PÁGINA 12

derecha favoreciendo la formación de productos. La afirmación por tanto es verdadera.

c) Al añadir NH_3 estamos aumentando la concentración de los reactivos. El equilibrio se desplazará por tanto a la derecha para consumir ese exceso de reactivo añadido, formando productos hasta alcanzar el nuevo equilibrio. Se formará por tanto NO_2 y la afirmación es verdadera

d) Falso. El uso de un catalizador no afecta al estado de equilibrio

CUESTIÓN 4

Se trata de ver cuáles de las reacciones propuestas son posibles. Recuerda que una reacción redox es viable cuando una especie se oxida y otra se reduce verificándose que $E^o_{reacción} > 0$, siendo $E^o_{reacción} = E^o_{reduc} + E^o_{oxid}$.

a) $\boxed{H^+_{(ac)} + Ni_{(s)}}$

Reducción: $2H^+_{(ac)} + 2e^- \longrightarrow H_{2(g)}$ $E^o_{red}(H^+/H_2) = 0\ \checkmark$

Oxidación: $Ni_{(s)} - 2e^- \longrightarrow Ni^{2+}_{(ac)}$ $E^o_{oxi}(Ni^{2+}/Ni) = +0'26\ V$

$$2H^+_{(ac)} + Ni_{(s)} \longrightarrow H_{2(g)} + Ni^{2+}_{(ac)} \quad E^o_{reacción} = 0'26\ V$$

Como $E^{o}_{reacción} > 0$ se produce la reacción y la afirmación es verdadera

b) $\boxed{Ni_{(s)} + Sn_{(s)}}$

las dos especies metálicas solo pueden oxidarse ambas. Esta reacción será por tanto imposible, pues una especie no puede oxidarse si la otra no se reduce. La afirmación por tanto es falsa.

c) $\boxed{Cu_{(s)} + Ag^{+}_{(ac)}}$

Reducción: $(Ag^{+}_{(ac)} + 1e^{-} \longrightarrow Ag_{(s)}) \times 2$ $E^{o}_{red}(Ag^{+}/Ag) = 0'8 \ V$

Oxidación: $Cu_{(s)} - 2e^{-} \longrightarrow Cu^{2+}_{(ac)}$ $E^{o}_{oxi}(Cu/Cu^{2+}) = -0'34V$

$\overline{}$

$2Ag^{+}_{(ac)} + Cu_{(s)} \longrightarrow 2Ag_{(s)} + Cu^{2+}_{(ac)}$ $E^{o}_{reacción} = 0'46 \ V$

Como $E^{o}_{reacción} > 0$ se produce la reacción y la afirmación es verdadera.

d) $\boxed{Cu^{2+}_{(ac)} + Sn_{(s)}}$

Reducción: $Cu^{2+}_{(ac)} + 2e^{-} \longrightarrow Cu_{(s)}$ $E^{o}_{red}(Cu^{2+}/Cu) = 0'34V$

Oxidación: $Sn_{(s)} - 2e^{-} \longrightarrow Sn^{2+}_{(ac)}$ $E^{o}_{oxi}(Sn/Sn^{2+}) = +0'14 \ V$

$\overline{}$

$Cu^{2+}_{(ac)} + Sn_{(s)} \longrightarrow Cu_{(s)} + Sn^{2+}_{(ac)}$ $E^{o}_{reacción} = 0'48 \ V$

Como $E^{o}_{reacción} > 0$ se produce la reacción en la

PÁGINA 14

que fíjate que el recipiente de estaño metálico se disolverá. Por tanto, la afirmación es verdadera.

CUESTIÓN 5

$$2 N_2 O_{5 (g)} \longrightarrow 4 NO_{2 (g)} + O_{2 (g)} \quad V = K \cdot [N_2 O_5]$$

a) En función de las velocidades de desaparición y aparición de reactivos y productos, la velocidad de reacción es:

$$V = -\frac{1}{2} \cdot \frac{d[N_2 O_5]}{dt} = \frac{1}{4} \frac{d[NO_2]}{dt} = \frac{d[O_2]}{dt}$$
$$\downarrow V_{NO_2} \qquad \downarrow V_{O_2}$$

de donde:

$$\frac{1}{4} V_{NO_2} = V_{O_2} \implies V_{NO_2} = 4 \cdot V_{O_2}$$

b) De la ecuación de la velocidad dada es inmediato que la reacción es de orden 1 respecto al reactivo $N_2 O_5$ siendo 1 igualmente el orden de reacción total

c) Las unidades de la velocidad de reacción siempre son $[V_R] = \frac{mol}{L \cdot s}$. Las de la constante de velocidad las deducimos desde la ecuación de velocidad:

$$V = K \cdot [N_2 O_5] \longrightarrow \frac{mol}{L \cdot s} = [K] \cdot \frac{mol}{L} \implies [K] = \frac{1}{s} = s^{-1}$$

d) Según la teoría de Arrehnius, la constante de velocidad viene dada por:

$$K = A \cdot e^{\frac{-E_a}{RT}}$$

"A" es el llamado factor de frecuencia o factor pre-exponencial y nos indica la frecuencia de las colisiones entre las moléculas de reactivo.

$e^{\frac{-E_a}{RT}}$ es el factor exponencial y representa la fracción de colisiones moleculares que tienen una energía mayor o igual que la energía de activación Ea.

Aunque experimentalmente se comprueba que el factor "A" depende de la temperatura, suele considerarse como constante ya que variaciones moderadas de temperatura (± 50 k) producen cambios despreciables en A pero significativos en $e^{\frac{-E_a}{RT}}$. Por otro lado es fácil razonar que la función $f(T) = e^{\frac{-E_a}{RT}}$ con $T > 0$ es creciente con la temperatura con lo que al aumentar la temperatura aumentará la velocidad de reacción

$$0 < e^{\frac{-E_a}{RT}} < 1$$

El 0% de las colisiones son efectivas ←

$\uparrow T$ →

→ El 100% de las colisiones son efectivas

e) $K_2Cr_2O_7 \longrightarrow$ Dicromato de potasio

   $PCl_3 \longrightarrow$ tricloruro de fósforo

   $NaClO_3 \longrightarrow$ clorato de sodio

   $Co(OH)_2 \longrightarrow$ hidróxido de cobalto (II)

   $FePO_4 \longrightarrow$ fosfato de hierro (III)

CUESTIÓN 6

a) $CH_{4(g)} + 2O_{2(g)} \longrightarrow CO_{2(g)} + 2H_2O_{(g)}$

   metano   oxígeno   dióxido de   agua
             molecular   carbono

b) $CH_3-CH_2Cl_{(ac)} + OH^-_{(ac)} \longrightarrow CH_3-CH_2OH_{(ac)} + Cl^-_{(ac)}$

   cloroetano   ión hidroxilo   etanol   ión cloruro

c) $CH_3-CH=CH-CH_{3(g)} + H_{2(g)} \xrightarrow{cat} CH_3-CH_2-CH_2-CH_{3(g)}$

   2-buteno   hidrógeno   butano
                         molecular

d) $CH_3-CH_2-CH_2OH \xrightarrow[H^+]{KMnO_4} CH_3-CH_2-COOH$

   1-propanol   Ácido propanoico

   El $KMnO_4$ es un oxidante muy fuerte!!

 **GENERALITAT VALENCIANA**
Conselleria d'Innovació,
Universitats, Ciència
i Societat Digital

COMISSIÓ GESTORA DE LES PROVES D'ACCÉS A LA UNIVERSITAT

COMISIÓN GESTORA DE LAS PRUEBAS DE ACCESO A LA UNIVERSIDAD

 SISTEMA UNIVERSITARI VALENCIÀ
SISTEMA UNIVERSITARIO VALENCIANO

PROVES D'ACCÉS A LA UNIVERSITAT	PRUEBAS DE ACCESO A LA UNIVERSIDAD
CONVOCATÒRIA: JUNY 2021	CONVOCATORIA: JUNIO 2021
Assignatura: QUÍMICA	Asignatura: QUÍMICA

BAREMO DEL EXAMEN: El examen consta de dos bloques: bloque I de cuatro problemas (se deben contestar *únicamente 2*) y bloque II de seis cuestiones (se deben contestar *únicamente 3*). Cada problema o cuestión tiene una puntuación máxima de 2 puntos.
Únicamente se corregirán los 2 primeros problemas y las 3 primeras cuestiones respondidos en el examen escrito. Se permite el uso de calculadoras siempre que no sean gráficas o programables y que no puedan realizar cálculo simbólico ni almacenar texto o fórmulas en memoria.

Bloque I: PROBLEMAS (*elegir 2*)

Problema 1. *Ajuste de reacción. Cálculos estequiométricos.*
Una aleación empleada en la construcción de estructuras para aviones posee un 93,7 % en masa de aluminio, siendo el resto cobre. La aleación tiene una densidad de 2,85 $g \cdot cm^{-3}$. Una pieza de 0,691 cm^3 de esta aleación reacciona con un exceso de ácido clorhídrico de acuerdo con la siguiente ecuación (*no ajustada*):

$$Al(s) + HCl(ac) \rightarrow AlCl_3(ac) + H_2(g)$$

Suponiendo que todo el aluminio reacciona con este ácido, mientras que el cobre no lo hace en absoluto:
a) Determine la masa (en gramos) de dihidrógeno obtenida. **(1 punto)**
b) Calcule la composición porcentual en masa de otra aleación de aluminio y cobre, de densidad 2,75 $g \cdot cm^{-3}$, sabiendo que una pieza de 0,540 cm^3 de la misma consume 132,0 mL de una disolución de ácido clorhídrico 1,0 M para que se complete la reacción. **(1 punto)**
Datos: Masas atómicas relativas: H = 1,0; Al = 27,0; Cl = 35,5.

Problema 2. *Equilibrio químico.*
El dióxido de carbono, CO_2, reacciona rápidamente con el sulfuro de hidrógeno, H_2S, según la ecuación química:

$$CO_2(g) + H_2S(g) \leftrightarrows COS(g) + H_2O(g)$$

En un reactor de 2,5 litros de capacidad, en el que previamente se ha hecho el vacío y cuya temperatura se mantiene constante a 337 ºC, se colocaron 0,1 mol de CO_2 y la cantidad suficiente de H_2S para que la presión total en el equilibrio fuera de 10 atm. En la mezcla final en el equilibrio había 0,01 mol de H_2O. Calcule:
a) La concentración, en $mol \cdot L^{-1}$, de CO_2 y de H_2S que hay en el reactor en el equilibrio. **(1 punto)**
b) El valor de las constantes K_p y K_C. **(1 punto)**
Dato: $R = 0,082$ $atm \cdot L \cdot mol^{-1} \cdot K^{-1}$.

Problema 3. *Equilibrio ácido-base.*
Al diluir con agua 25 mL de una disolución de fluoruro de hidrógeno, HF, 6 M hasta alcanzar un volumen total de 800 mL se obtiene una disolución de pH 1,94.
a) Calcule la constante de acidez, K_a, para el HF. **(1,2 puntos)**
b) Considerando que a 20 mL de la disolución diluida anterior se le añaden 7,5 mL de NaOH 0,5 M, razone si la disolución resultante será ácida, básica o neutra. **(0,8 puntos)**

Problema 4. *Reacciones redox. Cálculos estequiométricos.*
El yodo molecular, I_2, se puede obtener a partir de la siguiente reacción (*no ajustada*):

$$KIO_3(ac) + KI(ac) + H_2SO_4(ac) \rightarrow I_2(ac) + K_2SO_4(ac) + H_2O(l)$$

a) Escriba las semirreacciones de oxidación y reducción, así como la reacción global ajustada. **(1 punto)**
b) Calcule la cantidad (en gramos) de KIO_3 que debe añadirse a una disolución que contiene un exceso de KI y H_2SO_4 para obtener 100 g de I_2 en la disolución acuosa resultante. **(1 punto)**
Datos: Masas atómicas relativas: H = 1,0; O = 16,0; S = 32,1; K = 39,1; I = 126,9.

Cuestión 1. *Configuración electrónica. Propiedades atómicas y periódicas.*

Considere los elementos A (Z = 16) y B (Z = 19) y conteste a las siguientes cuestiones: **(0,5 puntos cada apartado)**

a) A partir de la configuración electrónica, indique el grupo y el periodo de la tabla periódica al que pertenece cada elemento.

b) Indique razonadamente el elemento que, previsiblemente, tendrá un mayor radio atómico.

c) Indique razonadamente el elemento que, previsiblemente, tendrá una menor primera energía de ionización.

d) Proponga la fórmula molecular del compuesto que se formará, de manera preferente, cuando se combinen ambos elementos. Indique qué tipo de enlace se establece. Razone las respuestas.

Cuestión 2. *Estructura molecular. Estructuras de Lewis.*

Considere las moléculas de amoníaco, NH_3, metano, CH_4, y metanal, H_2CO.

a) Dibuje la estructura electrónica de Lewis de cada una de las tres moléculas. **(0,6 puntos)**

b) Discuta razonadamente la geometría molecular de las tres especies. **(0,6 puntos)**

c) Indique razonadamente la hibridación de los átomos de C. **(0,2 puntos)**

d) Justifique si las moléculas son polares o apolares. **(0,6 puntos)**

Datos: Número atómico Z: H = 1; C = 6; N = 7 O = 8. Electronegatividad de Pauling: H = 2,20; C = 2,55; N = 3,04; O = 3,44

Cuestión 3. *Desplazamiento del equilibrio químico.*

Dado el equilibrio: $2 NH_3(g) \leftrightarrows N_2(g) + 3 H_2(g)$ ΔH = 185 kJ

Justifique si son verdaderas o falsas las siguientes afirmaciones: **(0,5 puntos cada apartado)**

a) Al aumentar la temperatura, manteniendo constante el volumen, se favorece la formación de NH_3.

b) Al disminuir el volumen del reactor, con la temperatura constante, se favorece la formación de N_2.

c) Si eliminamos cierta cantidad de H_2, el equilibrio se desplaza hacia la derecha.

d) Si las concentraciones de las tres especies se duplican, el equilibrio no se desplaza en ningún sentido.

Cuestión 4. *Cinética química.*

A una temperatura determinada, se ha estudiado la transformación del NO_2 en N_2O_4 midiendo las velocidades iniciales de la reacción:

$$2 NO_2(g) \rightarrow N_2O_4(g)$$

Se ha determinado que, cuando la concentración inicial de NO_2 es de 0,1 M, la velocidad inicial de la reacción es 1,45·10^{-4} M·s^{-1}, mientras que si la concentración inicial de NO_2 es de 0,2 M, la velocidad inicial de la reacción resulta ser 5,80·10^{-4} M·s^{-1}. Responda cada una de las siguientes cuestiones: **(0,5 puntos cada apartado)**

a) Deduzca la ley de velocidad de la reacción.

b) Calcule la constante de velocidad de la reacción en estas condiciones.

c) Obtenga la velocidad de desaparición de NO_2 cuando su concentración es 0,15 M.

d) Discuta si la velocidad de la reacción aumentará o disminuirá al reducir la temperatura a la cual tiene lugar.

Cuestión 5. *Química redox.*

A partir de los valores del potencial estándar de reducción, responda razonadamente a las siguientes cuestiones:

a) Considere los metales potasio, cadmio y plata. ¿Cuál/es de ellos será/n solubles en una disolución de HCl 1 M? **(1 punto)**

b) ¿Qué reacción tendrá lugar si se sumerge una barra de plata en una disolución de K^+(ac) 1 M? **(0,5 puntos)**

c) ¿Qué reacción se producirá si se sumerge una barra de cadmio metálico en una disolución de Ag^+(ac) 1 M? **(0,5 puntos)**

Datos: Potenciales estándar de reducción, E° (V): K^+/K = − 2,92; Cd^{2+}/Cd = − 0,40; H^+/H_2 = 0,00; Ag^+/Ag = + 0,80.

Cuestión 6. *Formulación inorgánica. Reactividad orgánica.*

Responda las siguientes cuestiones: **(0,2 puntos cada apartado)**

a)   Nombre o formule los siguientes compuestos inorgánicos:

a1) $NaHSO_4$ **a2)** $Ca_3(PO_4)_2$ **a3)** PbO_2 **a4)** ácido brómico   **a5)** sulfuro de sodio

b)   Complete las siguientes reacciones:

b1) $CH_3\text{-}CH_2\text{-}CH=CH_2 + H_2$ $\xrightarrow{\text{catalizador}}$

b2) $n\ CH_2=CHCl$ $\xrightarrow{\text{catalizador}}$

b3) $CH_3\text{-}CH_2\text{-}COOH + CH_3OH$ $\xrightarrow{\text{catalizador}}$

b4) $CH_3\text{-}CH_2\text{-}CH(OH)\text{-}CH_2\text{-}CH_3$ $\xrightarrow{H_2SO_4,\ calor}$

b5) $CH_3\text{-}CH_2\text{-}CH_2\text{-}Br + NH_3$ $\xrightarrow{\hspace{2cm}}$

PROBLEMA 1

Ajustamos la reacción:

$$2\,Al_{(s)} + 6\,HCl_{(ac)} \longrightarrow 2\,AlCl_{3(ac)} + 3\,H_{2(g)}$$

$$M(Al) = 27\,g/mol \quad M(HCl) = 36'5\,g/mol \quad M(AlCl_3) = 133'5\,g/mol \quad M(H_2) = 2\,g/mol$$

a) $0'691\,cm^3$ aleación $\times \dfrac{2'85\,g\,aleación}{1\,cm^3\,aleación} \times \dfrac{93'7\,g\,de\,Al}{100\,g\,aleación} \times \dfrac{1\,mol\,de\,Al}{27\,g\,de\,Al} \times$

$\times \dfrac{3\,mol\,H_2}{2\,mol\,Al} \times \dfrac{2\,g\,H_2}{1\,mol\,H_2} = 0'205\,g$ de $H_{2(g)}$

b) $0'540\,cm^3$ aleación $\times \dfrac{2'75\,g\,aleación}{1\,cm^3\,aleación} = 1'485\,g$ de aleación

$132\,mL$ dsón $HCl \times \dfrac{1\,L\,dsón}{1000\,ml\,dsón} \times \dfrac{1\,mol\,HCl}{1\,L\,dsón} \times \dfrac{2\,mol\,Al}{6\,mol\,HCl} \times$

$\times \dfrac{27\,g\,de\,Al}{1\,mol\,Al} = 1'188\,g$ de Al

Por tanto, la composición pedida:

$$\%_{Al} = \dfrac{m_{Al}}{m_{total}} \cdot 100 = \dfrac{1'188}{1'485} \cdot 100 = 80\%\ \text{de}\ Al$$

y por tanto, de cobre tendremos $\Rightarrow 20\%$ de Cu

PÁGINA 1

PROBLEMA 2

$$CO_2 (g) + H_2 S_{(g)} \rightleftharpoons COS_{(g)} + H_2O_{(g)} \qquad V = 2'5 \ L$$

					$T = 610 \ K$

Inicial   0'1 n_0 —   — $T = 610 \ K$

$P_T = 10 \ atm$

Reacción $-x$ $-x$ $+x$ $+x$

Equilibrio 0'1$-x$ $n_0 - x$ x $x = 0'01 \ mol$
                                                              (es un dato !!)

$$n_{\substack{totales \\ gas}} = 0'1-x + n_0 - x + x + x = 0'1 + n_0$$

$$P_{TOTAL} \cdot V = n_{TOTAL} \cdot R \cdot T \Rightarrow 10 \cdot 2'5 = (0'1 + n_0) \cdot 0'082 \cdot 610 \Rightarrow$$

$$\Rightarrow 0'1 + n_0 = 0'5 \Rightarrow n_0 = 0'4 \ mol$$

a) $\displaystyle [CO_2]_{eq} = \frac{n_{CO_2}}{V} = \frac{0'1-x}{2'5} = \frac{0'1 - 0'01}{2'5} = 0'036 \ mol/L$

$\displaystyle [H_2S]_{eq} = \frac{n_{H_2S}}{V} = \frac{n_0 - x}{2'5} = \frac{0'4 - 0'01}{2'5} = 0'156 \ mol/L$

b) $\displaystyle K_c = \frac{[COS] \cdot [H_2O]}{[CO_2] \cdot [H_2 S]} = \frac{\dfrac{x}{V} \cdot \dfrac{x}{V}}{\dfrac{0'1-x}{V} \cdot \dfrac{n_0 - x}{V}} = \frac{0'01^2}{(0'1 - 0'01) \cdot (0'4 - 0'01)} = 2'85 \cdot 10^{-3}$

$$K_p = K_c \cdot (RT)^{\Delta n_{gas}} \xrightarrow[\Delta n_{gas} = 0]{} K_p = K_c = 2'85 \cdot 10^{-3}$$

PROBLEMA 3

a)

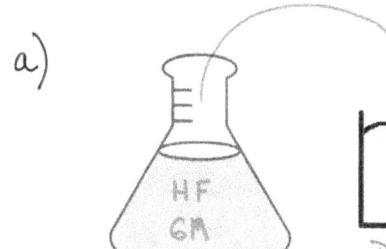 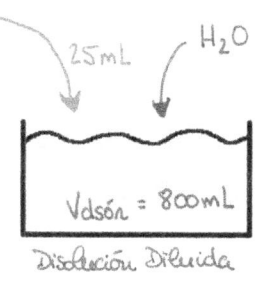

HF
6M

Disolución Concentrada

25mL   H₂O

Vdsón = 800mL

Disolución Diluida

De la concentrada:

$$C = \frac{n_{HF}}{V} \Rightarrow$$

$$\Rightarrow n_{HF} = 6 \cdot 0'025 = 0'15 \text{ mol HF}$$

Y por tanto, la concentración de la disolución diluida:

$$C = \frac{n_{HF}}{V} = \frac{0'15}{0'8} = 0'1875 \text{ mol/L}$$

Planteamos el equilibrio:

$$HF_{(ac)} + H_2O_{(l)} \rightleftharpoons F^-_{(ac)} + H_3O^+_{(ac)}$$

Inicial	0'1875	—	...	...
Reacción	— x	...	+ x	+ x
Equilibrio	0'1875−x		x	x

$$pH = -\log[H_3O^+] \Rightarrow 1'94 = -\log(x) \Rightarrow x = 10^{-1'94} = 0'0115 \text{ mol/L}$$

Y por tanto, la constante ácida:

$$K_a = \frac{[F^-] \cdot [H_3O^+]}{[HF]} = \frac{x^2}{0'1875-x} = 7'51 \cdot 10^{-4}$$

b)

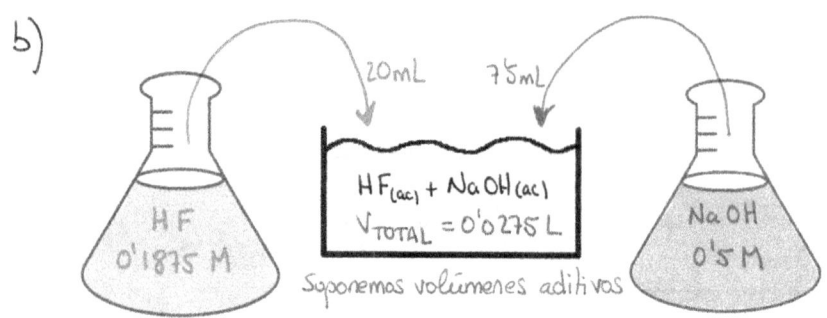

HF$_{(ac)}$ + NaOH$_{(ac)}$
V$_{TOTAL}$ = 0'0275 L

Suponemos volúmenes aditivos

HF 0'1875 M

NaOH 0'5 M

Veamos los moles de cada uno:

$$M = \frac{n}{V}$$

$n_{HF} = 0'1875 \cdot 0'02 = 3'75 \cdot 10^{-3} \, mol \, HF$

$n_{NaOH} = 0'5 \cdot 7'5 \cdot 10^{-3} = 3'75 \cdot 10^{-3} \, mol \, NaOH$

La reacción de neutralización:

$$HF_{(ac)} + NaOH_{(ac)} \longrightarrow NaF_{(ac)} + H_2O_{(e)}$$

	HF	NaOH	NaF	H₂O
Inicial	$3'75 \cdot 10^{-3}$	$3'75 \cdot 10^{-3}$	-	-
Final	0	0	$3'75 \cdot 10^{-3}$	...

Como los reactivos estaban en proporción estequiométrica se agotarán por completo. El pH por tanto vendrá determinado por la sal según:

$$NaF_{(ac)} \longrightarrow Na^+_{(ac)} + F^-_{(ac)}$$

NO HIDRÓLISIS   HIDRÓLISIS

El Na$^+$ no hidroliza porque proviene de una base fuerte. Sin embargo, F$^-$ es la base conjugada del ácido débil

PÁGINA 4

HF, y por tanto reaccionará con el agua según:

$$F^-_{(ac)} + H_2O_{(e)} \rightleftharpoons HF_{(ac)} + OH^-_{(ac)}$$

Por tanto, debido a la presencia de los iones OH^-, la disolución resultante será BÁSICA.

PROBLEMA 4

$$\overset{+1\ +5\ -2}{KIO_{3\,(ac)}} + \overset{+1\ -1}{KI_{(ac)}} + \overset{+1\ +6\ -2}{H_2SO_{4\,(ac)}} \longrightarrow \overset{0}{I_{2(ac)}} + \overset{+1\ +6\ -2}{K_2SO_{4(ac)}} + \overset{+1\ -2}{H_2O_{(e)}}$$

Reducción: $\overset{+5}{2\,I}O^-_{3\,(ac)} + 12\,H^+_{(ac)} + 10e^- \longrightarrow \overset{0}{I}_{2\,(ac)} + 6\,H_2O_{(e)}$

Oxidación: $\left(\overset{-1}{2\,I}^-_{(ac)} \quad -2e^- \longrightarrow \overset{0}{I}_{2\,(ac)} \right) \times 5$

Iónica Ajustada: $2\,IO^-_{3(ac)} + 10\,I^-_{(ac)} + 12\,H^+_{(ac)} \longrightarrow 6\,I_{2(ac)} + 6\,H_2O_{(e)}$

Simplifica: $IO^-_{3(ac)} + 5\,I^-_{(ac)} + 6\,H^+_{(ac)} \longrightarrow 3\,I_{2(ac)} + 3\,H_2O_{(e)}$

Y por tanto la molecular:

$$KIO_{3\,(ac)} + 5\,KI_{(ac)} + 3\,H_2SO_{4(ac)} \rightleftharpoons 3\,I_{2(ac)} + 3\,K_2SO_{4\,(ac)} + 3\,H_2O_{(e)}$$

No te olvides de comprobar que las especies que no intervienen en las semirreacciones queden ajustadas!!

b) $M(I_2) = 2 \cdot 126'9 = 253'8$ g/mol

$M(KIO_3) = 39'1 + 126'9 + 3 \cdot 16 = 214$ g/mol

$100g\ I_2 \times \dfrac{1\ mol\ I_2}{253'8\ g\ I_2} \times \dfrac{1\ mol\ KIO_3}{3\ mol\ I_2} \times \dfrac{214g\ KIO_3}{1\ mol\ KIO_3} = 28'11g\ KIO_3$

CUESTIÓN 1

a) $A\,(z=16): 1s^2 2s^2 2p^6 3s^2 3p^4$ ⟶ Periodo 3 Grupo 16

$B\,(z=19): 1s^2 2s^2 2p^6 3s^2 3p^6 4s^1$ ⟶ Periodo 4 Grupo 1

b y c) El radio atómico se define como la distancia entre el núcleo y el orbital más externo de un átomo. Cuantas más capas electrónicas tiene un átomo, mayor será su tamaño y por tanto, los radios atómicos de un grupo de elementos aumentan al descender en un grupo. Del mismo modo es fácil deducir que a medida que nos movemos hacia la derecha en un mismo periodo, aumentamos el número de protones en el núcleo que, al atraer a los electrones con mayor intensidad, contraen el átomo disminuyendo así su radio.

La energía de ionización es la energía que se requiere para arrancar un electrón de un átomo gaseoso en su estado fundamental : $X_{(g)} + E.I \longrightarrow X_{(g)}^{+} + e^{-}$

En general, la regla es que la E.I aumenta a medida que nos movemos hacia la derecha en un mismo periodo (ya que al disminuir el radio atómico hay mayor atracción) y disminuye al descender en un grupo (al estar aumentando el radio atómico). Así:

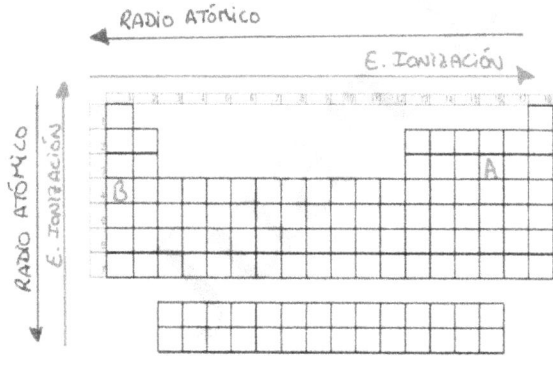

Por todo lo expuesto :

- El elemento de mayor radio atómico es el B

- El elemento de menor energía de ionización es el B

d) El enlace iónico se produce cuando átomos de elementos metálicos (especialmente los situados más a la izquierda en la tabla periódica con baja energía de ionización) se encuentran con átomos no metálicos (especialmente los de los grupos 16 y 17 con alta afinidad electrónica). La diferencia entre las electronega- tividades es lo suficientemente grande como para que los átomos del metal cedan electrones a los átomos del no metal, transformándose en iones positivos y negativos respectivamente.

Esta es justamente la situación que se da entre los elementos propuestos, siendo dichos iones:

$$B (z = 19): 1s^2 2s^2 2p^6 3s^2 3p^6 4s^1$$
$$\quad \hookrightarrow B^+: 1s^2 2s^2 2p^6 3s^2 3p^6$$

$$A (z = 16): 1s^2 2s^2 2p^6 3s^2 3p^4$$
$$\quad \hookrightarrow A^{2-}: 1s^2 2s^2 2p^6 3s^2 3p^6$$

$$B^+ A^{2-} \Rightarrow B_2 A$$

CUESTIÓN 2

$\boxed{NH_3}$ LEWIS + RPECV

$$N (z=7): 1s^2 2s^2 2p^3 \longrightarrow 5 e^- \text{ de valencia}$$
$$H (z=1): 1s^1 \longrightarrow 1 e^- \text{ de valencia}$$

H   N   H
    H $\Longrightarrow$ H $-$ N $-$ H $\Longrightarrow$ H $-$ $\ddot{\text{N}}$ $-$ H
                    | |
                    H   H

8 electrones   Quedan 2e$-$ Definitiva!!

La estructura es definitiva al ser nula la carga formal sobre todos los átomos. Se trata de una molécula tipo AX_3E que presenta geometría de PIRÁMIDE TRIGONAL.

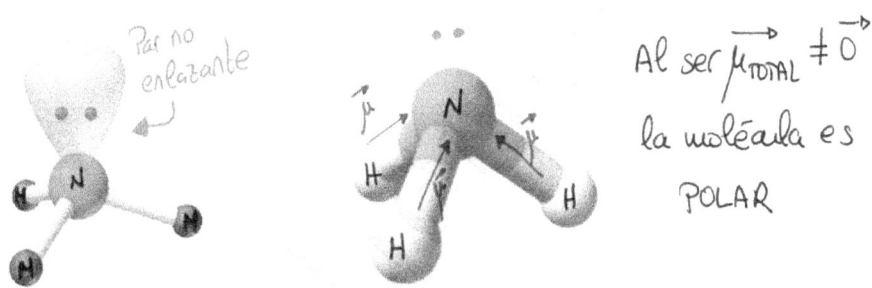

Par no enlazante

Al ser $\vec{\mu}_{TOTAL} \neq \vec{0}$ la molécula es POLAR

$\boxed{CH_4}$ LEWIS + RPECV

$C (z=6): 1s^2 2s^2 2p^2 \longrightarrow$ 4e$^-$ de valencia

$H (z=1): 1s^1 \longrightarrow$ 1e$^-$ de valencia

      H   H
                             |
H   C   H $\Longrightarrow$ H $-$ C $-$ H
                             |
      H   H

8 electrones   Definitiva!!

La estructura es definitiva al ser nula la carga formal sobre todos los átomos

Se trata de una molécula tipo AX_4 que presentará

geometría tetraédrica :

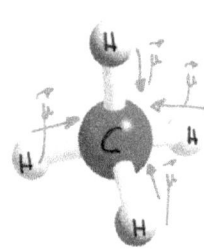

Al ser $\vec{\mu}_{TOTAL} = \vec{0}$, se trata

de una molécula APOLAR

La hibridación, como vemos, será sp^3 según :

C: $\boxed{\uparrow\downarrow}$ $\boxed{\uparrow\ \uparrow\ \ }$ 2s   2p $\xRightarrow{\text{promoción}}$ C^*: $\boxed{\uparrow}$ $\boxed{\uparrow\ \uparrow\ \uparrow}$ 2s   2p $\xRightarrow{\text{hibridación}}$

C: $\boxed{\uparrow\ \uparrow\ \uparrow\ \uparrow}$ $2sp^3$

↳ 4 enlaces σ (sp^3-s) C—H

$\boxed{H_2CO}$ LEWIS + RPECV

H ($z=1$) : $1s^1$ ⟶ 1 e^- de valencia

C ($z=6$) : $1s^2 2s^2 2p^2$ ⟶ 4 e^- de valencia

O ($z=8$) : $1s^2 2s^2 2p^4$ ⟶ 6 e^- de valencia

O   O   :Ö:⁻   :Ö.
H   C   H ⟹ H–C–H ⟹ H–C⊕–H ⟹ H–C–H

12 electrones   Quedan 6e^- Carga formal   Definitiva !!

La estructura es definitiva al ser nula la carga

formal sobre todos los átomos. Se trata de una

molécula AX_3 que presentará geometría triangular plana.

©Juan Bertomeu Ferrer
www.bertoblog.com

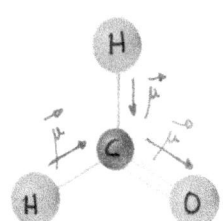

Como ves, al tenerse

$\vec{\mu}_{TOTAL} \neq \vec{0}$, se trata de una

molécula POLAR

También es fácil razonar la hibridación en este caso:

$$C: \overset{2s}{\boxed{\uparrow\downarrow}} \ \overset{2p}{\boxed{\uparrow \mid \uparrow \mid \ }} \xRightarrow{promoción} C^*: \overset{2s}{\boxed{\uparrow}} \ \overset{2p}{\boxed{\uparrow \mid \uparrow \mid \uparrow}} \xRightarrow{hibridación}$$

$$C: \overset{2sp^2}{\boxed{\uparrow \mid \uparrow \mid \uparrow}} \ \overset{2P_z}{\boxed{\uparrow}} \ \longrightarrow 1 \text{ enlace } \pi \ (P_z-P_z) \ C-O$$

$\hookrightarrow$ 2 enlaces σ (sp^2-s) C-H

1 enlace σ (sp^2-sp^2) C-O

CUESTIÓN 3

$$2NH_{3(g)} \rightleftarrows N_{2(g)} + 3H_{2(g)} \quad \Delta H = 185 \ KJ$$

a) Para que suceda la reacción directa, hemos de aportar calor (endotérmica, $\Delta H > 0$) Aumentar la temperatura es justamente aportar calor y será la ruta endotérmica la que se favorezca. El equilibrio se desplaza a la derecha y la afirmación es FALSA.

b) Una disminución del volumen del reactor a temperatura constante implicará un aumento de la presión.

Para tratar de disminuir la presión de nuevo, el equilibrio se desplazará hacia donde haya menor número de moles gaseosos. En nuestro caso, se desplazará a la izquierda y por tanto la afirmación es FALSA.

c) Al eliminar H_2 (g), el equilibrio se desplazará a la derecha para restituirlo y por tanto la afirmación es VERDADERA.

d) En el equilibrio se tiene

$$K_C = \frac{[N_2] \cdot [H_2]^3}{[NH_3]^2}$$

Veamos que sucede con el COCIENTE DE REACCIÓN al duplicar las concentraciones de todas las especies:

$$Q_C = \frac{2[N_2] \cdot (2 \cdot [H_2])^3}{(2[NH_3])^2} = \frac{2 \cdot 2^3}{2^2} \frac{[N_2][H_2]^3}{[NH_3]^2} = 4 K_C$$

Como ves, $Q_C > K_C$, y por tanto el equilibrio se desplazará a la izquierda hasta que se alcance de nuevo el equilibrio (es decir, hasta que sea $Q_C = K_C$)

La afirmación por tanto es FALSA

PÁGINA 12

CUESTIÓN 4

$$2\,NO_2\,(g) \longrightarrow N_2O_4\,(g)$$

a) La ley de velocidad es $V = K \cdot [NO_2]^\alpha$

Si $[NO_2] = 0'1\,M \implies 1'45 \cdot 10^{-4} = K \cdot 0'1^\alpha$

Si $[NO_2] = 0'2\,M \implies 5'80 \cdot 10^{-4} = K \cdot 0'2^\alpha$

Dividiendo las ecuaciones:

$$\frac{5'80 \cdot 10^{-4}}{1'45 \cdot 10^{-4}} = \frac{K \cdot 0'2^\alpha}{K \cdot 0'1^\alpha} \implies 4 = \left(\frac{0'2}{0'1}\right)^\alpha \implies 4 = 2^\alpha \implies \alpha = 2$$

$$\implies V = K \cdot [NO_2]^2$$

b) Sustituyendo cualquiera de las dos velocidades anteriores:

$$V = K \cdot [NO_2]^2 \implies 1'45 \cdot 10^{-4}\,\frac{mol}{L \cdot s} = K \cdot 0'1^2\,\frac{mol^2}{L^2} \implies$$

$$\implies K = \frac{1'45 \cdot 10^{-4}}{0'1^2}\,\frac{L}{mol \cdot s} = 0'0145\,\frac{L}{mol \cdot s}$$

c) $V_r = K \cdot [NO_2]^2 = 0'0145 \cdot (0'15)^2 = 3'26 \cdot 10^{-4}\,\frac{mol}{L \cdot s}$

Y por tanto:

$$V_r = -\frac{1}{2} \cdot \frac{d[NO_2]}{dt} \implies \frac{d[NO_2]}{dt} = -2 \cdot V_r = -6'52 \cdot 10^{-4}\,\frac{mol}{L \cdot s}$$

d) Según la teoría de Arrhenius, la constante de velocidad viene dada por:

$$K = A \cdot e^{\frac{-Ea}{R \cdot T}}$$

Como ves, $e^{\frac{-Ea}{RT}}$ aumenta si la temperatura aumenta.

Al reducir la temperatura, disminuirá el factor exponencial $e^{\frac{-Ea}{RT}}$, disminuyendo por tanto la constante K.

Si disminuye K, también lo hará la velocidad de reacción

CUESTIÓN 5

a) Cuando un metal se disuelve, sufre una OXIDACIÓN. Esa oxidación será posible si los protones H^+ que hay en la disolución se reducen a $H_2 (g)$. La reacción redox sucederá si $E^{\circ}_{reacción} > 0$ y por tanto:

$$E^{\circ}_{reacción} > 0 \implies E^{\circ}_{reducción} + E^{\circ}_{oxidación} > 0 \implies$$

$$\implies E^{\circ}_{red}(H^+/H_2) + E^{\circ}_{oxi} > 0 \implies E^{\circ}_{oxi} > 0 \ V$$

(nota: $E^{\circ}_{red}(H^+/H_2) = 0$)

De entre los propuestos, tienen $E^{\circ}_{oxidación} > 0V$:

$$E^{\circ}_{oxi}(K/K^+) = +2'92 \ V$$
$$E^{\circ}_{oxi}(Cd/Cd^{+2}) = +0'40V$$

Son solubles K y Cd pero no lo será Ag

b) Se trata de ver si la reacción de $Ag_{(s)}$ con $K^+_{(ac)}$

es posible:

$$Ag_{(s)} + K^+_{(ac)} \longrightarrow Ag^+_{(ac)} + K_{(s)}$$

Reducción: $\quad K^+_{(ac)} + 1e^- \longrightarrow K_{(s)} \quad E^0_{red}(K^+/K) = -2'92\,V$

Oxidación: $\quad \underline{Ag_{(s)} - 1e^- \longrightarrow Ag^+_{(ac)} \quad E^0_{oxi}(Ag/Ag^+) = -0'8\,V}$

$$K^+_{(ac)} + Ag_{(s)} \longrightarrow K_{(s)} + Ag^+_{(ac)} \quad E^0_{reacción} = -3'72\,V$$

$\Rightarrow$ Como $E^0_{reacción} < 0 \Rightarrow$ No se produce reacción

c) Se trata de ver si la reacción de $Cd_{(s)}$ con $Ag^+_{(ac)}$

es posible:

$$Cd_{(s)} + Ag^+_{(ac)} \longrightarrow Cd^{2+}_{(ac)} + Ag_{(s)}$$

Reducción: $\quad (Ag^+_{(ac)} + 1e^- \longrightarrow Ag_{(s)})\cdot2\ E^0_{red}(Ag^+/Ag) = 0'8\,V$

Oxidación: $\quad \underline{Cd_{(s)} - 2e^- \longrightarrow Cd^{2+}_{(ac)} \quad E^0_{oxi}(Cd/Cd^{2+}) = +0'4\,V}$

$$2Ag^+_{(ac)} + Cd_{(s)} \longrightarrow 2Ag_{(s)} + Cd^{2+}_{(ac)} \quad E^0_{reacción} = 1'2\,V$$

$\Rightarrow$ Como $E^0_{reacción} > 0 \Rightarrow$ Se producirá la reacción que

acabamos de escribir.

©Juan Bertomeu Ferrer
www.bertoblog.com

CUESTIÓN 6

a1) $NaHSO_4$ ⟶ hidrogenosulfato de sodio

a2) $Ca_3(PO_4)_2$ ⟶ fosfato de calcio

a3) PbO_2 ⟶ dióxido de plomo

a4) Ácido brómico ⟶ $HBrO_3$

a5) Sulfuro de sodio ⟶ Na_2S

b_1) $CH_3-CH_2-CH=CH_2 + H_2 \xrightarrow{\text{catalizador}} CH_3-CH_2-CH_2-CH_3$

1-buteno   butano

b_2) $n \cdot CH_2=CHCl \xrightarrow{\text{catalizador}} (CH_2-CHCl)_n$

cloruro de vinilo   cloruro de polivinilo (PVC)

b_3) $CH_3-CH_2-COOH + CH_3OH \xrightarrow{\text{catalizador}} CH_3-CH_2-COO-CH_3 + H_2O$

ácido propanoico   metanol   propanoato de metilo

b_4) $CH_3-CH_2-CH(OH)-CH_2-CH_3 \xrightarrow{H_2SO_4, \text{ calor}} CH_3-CH=CH-CH_2-CH_3 + H_2O$

3-pentanol   2-penteno

b_5) $CH_3-CH_2-CH_2-Br + NH_3 \longrightarrow CH_3-CH_2-CH_2-NH_2 + HBr$

1-bromopropano   1-propanamina

o

N-propil amina

PÁGINA 16

GENERALITAT
VALENCIANA
Conselleria d'Innovació,
Universitats, Ciència
i Societat Digital

COMISSIÓ GESTORA DE LES PROVES D'ACCÉS A LA UNIVERSITAT

COMISIÓN GESTORA DE LAS PRUEBAS DE ACCESO A LA UNIVERSIDAD

SISTEMA UNIVERSITARI VALENCIÀ
SISTEMA UNIVERSITARIO VALENCIANO

PROVES D'ACCÉS A LA UNIVERSITAT	PRUEBAS DE ACCESO A LA UNIVERSIDAD
CONVOCATÒRIA: **JULIOL 2021**	CONVOCATORIA: JULIO 2021
Assignatura: QUÍMICA	Asignatura: QUÍMICA

BAREMO DEL EXAMEN: El examen consta de dos bloques: bloque I de cuatro problemas (se deben contestar *únicamente 2*) y bloque II de seis cuestiones (se deben contestar *únicamente 3*). Cada problema o cuestión tiene una puntuación máxima de 2 puntos.
Únicamente se corregirán los 2 primeros problemas y las 3 primeras cuestiones respondidos en el examen escrito. Se permite el uso de calculadoras siempre que no sean gráficas o programables y que no puedan realizar cálculo simbólico ni almacenar texto o fórmulas en memoria.

Bloque I: PROBLEMAS (*elegir 2*)

Problema 1. *Cálculos estequiométricos.*

Para determinar la riqueza en cinc de una granalla comercial, se toman 50,0 gramos de muestra y se tratan con una disolución acuosa de HCl de una riqueza del 35 % en masa y densidad 1,18 g·mL^{-1}. En el proceso químico, descrito por la ecuación siguiente, se consumen, hasta la total disolución del cinc, 129,0 mL de la disolución de HCl.

$$Zn(s) + 2\,HCl(ac) \rightarrow ZnCl_2(ac) + H_2(g)$$

a) Calcule la concentración (en mol·L^{-1}) de la disolución de HCl utilizada. **(1 punto)**
b) Calcule el porcentaje, en masa, de cinc en la muestra. **(1 punto)**
Datos: Masas atómicas relativas: H = 1,0; Cl = 35,5; Zn = 65,4.

Problema 2. *Equilibrio químico.*

En un matraz de 10 L, se introduce una mezcla de 2 mol de dinitrógeno, N$_2$, y 1 mol de dioxígeno, O$_2$, y se calienta hasta 2300 K, estableciéndose el equilibrio:

$$N_2(g) + O_2(g) \leftrightarrows 2\,NO(g)$$

Si en estas condiciones ha reaccionado el 3 % del nitrógeno inicial, calcule:
a) Los valores de K_c y K_p. **(1 punto)**
b) Las presiones parciales de todos los gases en el equilibrio, así como la presión total en el interior del matraz. **(1 punto)**
Dato: R = 0,082 atm·L·mol^{-1}·K^{-1}.

Problema 3. *Equilibrio ácido-base.*

A 25 °C, la constante de acidez del ácido láctico, C$_3$H$_6$O$_3$, que se emplea como suavizante en cosmética, vale 1,40·10^{-4}; y la del ácido benzoico, C$_7$H$_6$O$_2$, utilizado como conservante en bebidas refrescantes, tiene un valor de 6,0·10^{-5}.
a) ¿Cuál es el pH de una disolución 0,01 M de ácido láctico? **(1 punto)**
b) ¿Qué concentración de ácido benzoico debe tener una disolución para que su pH sea el mismo que el de la disolución del apartado (a)? **(1 punto)**
Nota: Considere que tanto el ácido láctico como el benzoico son monopróticos, HA.

Problema 4. *Reacciones redox. Cálculos estequiométricos.*

En una disolución acuosa de ácido sulfúrico, el permanganato de potasio, KMnO$_4$, reacciona con el sulfato de hierro(II), FeSO$_4$, de acuerdo con la ecuación química (*no ajustada*):

$$KMnO_4(ac) + FeSO_4(ac) + H_2SO_4(ac) \rightarrow MnSO_4(ac) + Fe_2(SO_4)_3(ac) + K_2SO_4(ac) + H_2O(l)$$

a) Escriba la semirreacción de oxidación y la de reducción. Ajuste la reacción química en forma molecular. **(1 punto)**
b) Se mezclan 100 mL de una disolución 0,1 M de KMnO$_4$ y 250 mL de una disolución 0,1 M de FeSO$_4$ en medio ácido sulfúrico obteniéndose 4,615 gramos de sulfato de hierro(III). Determine el rendimiento de la reacción. **(1 punto)**
Datos: Masas atómicas relativas: H = 1,0; O = 16,0; S = 32,1; K = 39,1; Mn = 54,9; Fe = 55,8.

Bloque II: **CUESTIONES** (*elegir 3*)

Cuestión 1. *Configuración electrónica. Propiedades atómicas y periódicas.*
Considere dos átomos, A y B, con la siguiente distribución de partículas atómicas: 12 electrones, 12 protones y 14 neutrones para A; y 17 electrones, 17 protones y 20 neutrones para B. **(0,5 puntos cada apartado)**
a) Calcule el número atómico y másico de cada átomo y escriba su configuración electrónica en estado fundamental.
b) Razone en cuál de ellos será mayor la primera energía de ionización.
c) Compare los radios de los iones más estables que forman los átomos A y B. Justifique la respuesta.
d) ¿Qué tipo de enlace se producirá entre ambos átomos? Razone qué fórmula tiene el compuesto resultante.

Cuestión 2. *Estructura molecular.*
El metanol, CH_3OH, es una sustancia de elevada toxicidad para los humanos. Conteste a las siguientes preguntas: **(0,5 puntos cada apartado)**
a) Indique razonadamente la hibridación que presenta el átomo de carbono.
b) Describa razonadamente la geometría que adopta la molécula.
c) Razone si la molécula es o no polar.
d) En fase líquida, ¿pueden las moléculas de metanol formar enlaces de hidrógeno? Razone la respuesta.
Datos: Valores de electronegatividad de Pauling: H = 2,20; C = 2,55; O = 3,44.

Cuestión 3. *Desplazamiento del equilibrio químico.*
En un reactor químico tiene lugar, a 800 °C, la siguiente reacción química:
$$CH_4(g) + H_2O(g) \leftrightarrows CO(g) + 3 H_2(g) \qquad \Delta H = 206 \text{ kJ}$$
Responda razonadamente a las siguientes cuestiones: **(0,5 puntos cada apartado)**
a) Inicialmente, en el recipiente se introducen 1 mol de CO y 1 mol de H_2, manteniendo el volumen y la temperatura constantes. La presión total del recipiente, una vez se alcanza el equilibrio, ¿será mayor, igual o menor que la inicial?

Una vez alcanzado el equilibrio:
b) Si se quiere que aumente la cantidad de H_2, ¿habrá que aumentar o disminuir la temperatura?
c) Si se quiere que disminuya la cantidad de CO, ¿habrá que disminuir o aumentar el volumen?
d) Si inyectamos 1 mol de CO, manteniendo constantes el volumen y la temperatura, la cantidad de CH_4 aumentará y la cantidad de H_2O disminuirá. ¿Verdadero o falso?

Cuestión 4. *Química ácido-base.*
Justificar si son verdaderas o falsas las siguientes afirmaciones: **(0,5 puntos cada apartado)**
a) El pH de la sangre es de 7,4 y el de un vino 3,4. Por lo tanto, la concentración de protones en la sangre es 10000 veces menor que en el vino.
b) El pH de una disolución acuosa de $NaNO_3$ es ácido.
c) En el equilibrio: $HCO_3^-(ac) + H_2O(l) \leftrightarrows CO_3^{2-}(ac) + H_3O^+(ac)$, la especie HCO_3^- actúa como base de Brönsted-Lowry.
d) Una disolución acuosa de KF tiene un pH neutro.
Dato: $K_a(HF) = 6,3 \cdot 10^{-4}$.

Cuestión 5. *Química redox.*
Teniendo en cuenta los valores de los potenciales estándar de reducción, responda razonadamente: **(0,5 puntos cada apartado)**
a) Predecir si tendrá lugar alguna reacción cuando se mezcla una disolución 1 M de $AgNO_3$ con otra disolución 1 M de $Fe(NO_3)_2$.
b) Predecir si, en condiciones estándar, se lleva a cabo la siguiente reacción: $3 Fe^{2+}(ac) \rightarrow 2 Fe^{3+}(ac) + Fe(s)$.
c) Justificar si el cobre metálico se disuelve o no en una disolución de HCl 1 M.
d) El cobre metálico se disuelve en HNO_3 1 M. Justificar por qué ocurre esto.
Datos: Potenciales estándar de reducción, E^o (V): $Fe^{2+}/Fe = -0,44$; $H^+/H_2 = 0,00$; $Cu^{2+}/Cu = +0,34$; $Fe^{3+}/Fe^{2+} = +0,77$; $Ag^+/Ag = +0,80$; $NO_3^-/NO_2 = +0,96$.

Cuestión 6. *Formulación y reactividad orgánica.*
Complete las siguientes reacciones, nombre las moléculas orgánicas que se forman e indique qué tipo de reacción se ha producido: **(0,5 puntos cada apartado)**

a) $CH_3-CHBr-CH_3 \xrightarrow{\text{KOH,calor}}$ _____ $+ HBr$ **b)** $CH_3-CH_2-COOH + CH_3-CH_2OH \rightarrow$ _____ $+ H_2O$

c) $CH_3-CH_2-CHO \xrightarrow{\text{KMnO}_4,\text{calor}}$ _____   **d)** $CH_3-CH_2-CHO \xrightarrow{\text{LiAlH}_4[\text{reductor}]}$ _____

PROBLEMA 1

$$Zn_{(s)} + 2HCl_{(ac)} \longrightarrow ZnCl_{2\,(ac)} + H_{2\,(g)}$$

$M(Zn) = 65'4 \text{ g/mol}$ $1'18 \text{ g/ml}$
                                  $35\% \text{ masa}$
                                  $M(HCl) = 36'5 \text{ g/mol}$

a) Conocida la densidad de la disolución, la resolución es inmediata:

$$1'18 \frac{g\,dsón}{mL\,dsón} \times \frac{1000\,mL\,dsón}{1\,L\,dsón} \times \frac{35\,g\,HCl}{100\,g\,dsón} \times \frac{1\,mol\,HCl}{36'5\,g\,HCl} = 11'31\,mol/L$$

b) Conocido el $HCl_{(ac)}$ consumido:

$$129\,mL\,dsón \times \frac{1\,L\,dsón}{1000\,mL\,dsón} \times \frac{11'31\,mol\,HCl}{1\,L\,dsón} \times \frac{1\,mol\,Zn_{(s)}}{2\,mol\,HCl}$$

$$\times \frac{65'4\,g\,Zn_{(s)}}{1\,mol\,Zn_{(s)}} = 47'71\,g\,Zn_{(s)}$$

Y así, el porcentaje pedido:

$$\%\,Zn = \frac{m\,Zn}{m_{total}} \cdot 100 = \frac{47'71}{50} \cdot 100 = 95'42\%$$

PROBLEMA 2

$$N_{2(g)} + O_{2(g)} \rightleftharpoons 2\,NO_{(g)} \qquad V = 10\,L$$
$$T = 2300\,K$$

Inicial   2   1   —

Reacción $-x$ $-x$ $+2x$

Equilibrio $2-x$ $1-x$ $2x$

$$n_{\text{totales gas}} = 2-x + 1-x + 2x = 3 \text{ moles gaseosos}$$

a) Si ha reaccionado el 3% del nitrógeno inicial:

$$x = \frac{3}{100} \cdot 2 = 0'06 \text{ mol}$$

Y por tanto:

$$K_c = \frac{[NO]^2}{[N_2]\cdot[O_2]} = \frac{\left(\frac{2x}{V}\right)^2}{\frac{2-x}{V}\cdot\frac{1-x}{V}} = \frac{(2\cdot0'06)^2}{(2-0'06)(1-0'06)} = 7'9\cdot10^{-3}$$

$$K_p = K_c\cdot(RT)^{\Delta n_{gas}} = K_c\cdot(RT)^0 = K_c = 7'9\cdot10^{-3}$$

b) Para las presiones, con la ley de gases:

$$P\cdot V = n\cdot R\cdot T$$

↳ P_{total} $V = n_{total}\cdot R\cdot T \Rightarrow P_{total} = \dfrac{3\cdot0'082\cdot2300}{10} = 56'58\,atm$

↳ $P_{N_2}\cdot V = n_{N_2}\cdot R\cdot T \Rightarrow P_{N_2} = \dfrac{(2-0'06)\cdot0'082\cdot2300}{10} = 36'59\,atm$

↳ $P_{O_2}\cdot V = n_{O_2}\cdot R\cdot T \Rightarrow P_{O_2} = \dfrac{(1-0'06)\cdot0'082\cdot2300}{10} = 17'73\,atm$

↳ $P_{NO}\cdot V = n_{NO}\cdot R\cdot T \Rightarrow P_{NO} = \dfrac{2\cdot0'06\cdot0'082\cdot2300}{10} = 2'26\,atm$

PÁGINA 2

PROBLEMA 3

$$K_a(C_3H_6O_3) = 1'4 \cdot 10^{-4} \quad ; \quad K_a(C_7H_6O_2) = 6 \cdot 10^{-5}$$

↑ácido
láctico

↑ácido
benzoico

a) $C_3H_6O_3 + H_2O \rightleftharpoons C_3H_5O_3^- + H_3O^+$

Inicial   0'01   ...   —   —

Reacciona   −x   ...   +X   +X

Equilibrio 0'01−x   X   X

$$K_a = \frac{[C_3H_5O_3^-][H_3O^+]}{[C_3H_6O_3]} \implies 1'4 \cdot 10^{-4} = \frac{x^2}{0'01-x} \implies$$

$$\implies x^2 + 1'4 \cdot 10^{-4}x - 1'4 \cdot 10^{-6} = 0 \left\langle \begin{array}{l} x = 1'11 \cdot 10^{-3} \, mol/L \\ x = \text{Negativo} \end{array} \right.$$

y el pH por tanto:

$$pH = -log[H_3O^+] = -log(x) = -log(1'11 \cdot 10^{-3}) = 2'95$$

b) $C_7H_6O_2 + H_2O \rightleftharpoons C_7H_5O_2^- + H_3O^+$

Inicial C_0 ...   —   —

Reacción   −x   +X   +X

Equilibrio $C_0−x$ X   X

PÁGINA 3

Si el pH de la disolución de benzoico debe ser el mismo, la concentración de H_3O^+ será la misma. Así:

$$[H_3O^+] = x = 1'11 \cdot 10^{-3} \ mol/L$$

Y usando la constante ácida del benzoico:

$$K_a = \frac{[C_7H_5O_2^-] \cdot [H_3O^+]}{[C_7H_6O_2]} \Rightarrow 6 \cdot 10^{-5} = \frac{(1'11 \cdot 10^{-3})^2}{C_0 - 1'11 \cdot 10^{-3}} \Rightarrow$$

$$\Rightarrow C_0 = \frac{(1'11 \cdot 10^{-3})^2}{6 \cdot 10^{-5}} + 1'11 \cdot 10^{-3} = 0'022 \ mol/L$$

PROBLEMA 4

$$\overset{+1}{K}\overset{+7}{Mn}\overset{-2}{O_4}_{(ac)} + \overset{+2}{Fe}\overset{+6}{S}\overset{-2}{O_4}_{(ac)} + \overset{+1}{H_2}\overset{+6}{S}\overset{-2}{O_4}_{(ac)} \longrightarrow \overset{+2}{Mn}\overset{+6}{S}\overset{-2}{O_4}_{(ac)} + \overset{+3}{Fe_2}(\overset{+6}{S}\overset{-2}{O_4})_{3(ac)} + \overset{+1}{K_2}\overset{+6}{S}\overset{-2}{O_4}_{(ac)} + \overset{+1}{H_2}\overset{-2}{O}_{(e)}$$

Reducción: $\overset{+7}{Mn}O_4^-{}_{(ac)} + 8H^+_{(ac)} + 5e^- \longrightarrow \overset{+2}{Mn}_{(ac)} + 4H_2O_{(e)}$

Oxidación: $\left(\overset{+2}{Fe}_{(ac)} - 1e^- \longrightarrow \overset{+3}{Fe}_{(ac)} \right) \times 5$

Iónica: $\overset{+7}{Mn}O_4{}_{(ac)} + 8H^+_{(ac)} + 5\overset{+2}{Fe}_{(ac)} \longrightarrow \overset{+2}{Mn}_{(ac)} + 5\overset{+3}{Fe}_{(ac)} + 4H_2O_{(e)}$

Molecular Ajustada:

$$KMnO_4{}_{(ac)} + 5FeSO_4{}_{(ac)} + 4H_2SO_4{}_{(ac)} \longrightarrow MnSO_4{}_{(ac)} + \frac{5}{2}Fe_2(SO_4)_3{}_{(ac)} + \frac{1}{2}K_2SO_4{}_{(ac)} +$$

$$+ \ 4H_2O_{(e)}$$

PÁGINA 4

b) Primero hay que determinar el reactivo limitante:

$$KMnO_{4(ac)} + 5 FeSO_{4(ac)} + 4 H_2SO_{4(ac)} \longrightarrow MnSO_{4(ac)} + \frac{5}{2} Fe_2(SO_4)_{3(ac)} + \frac{1}{2} K_2SO_{4(ac)} + 4 H_2O_{(e)}$$

100 mL   250 mL   ¿?   4'615 g
0'1 M   0'1 M

$$M(Fe_2(SO_4)_3) = 399'9 \ g/mol$$

$$100 \ mL \ dsón \ KMnO_4 \times \frac{1 \ L \ dsón}{1000 \ mL \ dsón} \times \frac{0'1 \ mol \ KMnO_4}{1 \ L \ dsón \ KMnO_4} \times \frac{5 \ mol \ FeSO_4}{1 \ mol \ KMnO_4} \times$$

$$\times \frac{1 \ L \ dsón \ FeSO_4}{0'1 \ mol \ FeSO_4} \times \frac{1000 \ mL \ dsón \ FeSO_4}{1 \ L \ dsón \ FeSO_4} = 500 \ mL \ dsón \ FeSO_4$$

Como ves, no hay suficiente $FeSO_{4(ac)}$, lo que quiere decir que el reactivo limitante es el $FeSO_{4(ac)}$. Por tanto, el rendimiento teórico de $Fe_2(SO_4)_3$ será:

$$250 \ mL \ dsón \ FeSO_{4(ac)} \times \frac{1 \ L \ dsón}{1000 \ mL \ dsón} \times \frac{0'1 \ mol \ FeSO_4}{1 \ L \ dsón \ FeSO_4} \times$$

$$\times \frac{5/2 \ mol \ Fe_2(SO_4)_3}{5 \ mol \ FeSO_4} \times \frac{399'9 \ g \ Fe_2(SO_4)_3}{1 \ mol \ Fe_2(SO_4)_3} = 4'999 \ g \ Fe_2(SO_4)_3$$

Calculado el rendimiento teórico, y dado el rendimiento real, el rendimiento porcentual pedido:

$$\eta = \frac{rendimiento \ real}{rendimiento \ teórico} \cdot 100 = \frac{4'615}{4'999} \cdot 100 = 92'32 \%$$

PÁGINA 5

CUESTION 1

a) Dado un átomo neutro $_Z^A X$, se llama número atómico (Z) al número de protones (y también de electrones) del átomo; y se llama número másico (A) al número de nucleones (es decir, a la suma de neutrones y protones del núcleo del átomo)

Por tanto:

Átomo A $\begin{cases} 12 \text{ electrones} \\ 12 \text{ protones} \\ 14 \text{ neutrones} \end{cases} \Longrightarrow {}_{12}^{26}A : 1s^2 2s^2 2p^6 3s^2 \longrightarrow$ Grupo 2 Período 3

Átomo B $\begin{cases} 17 \text{ electrones} \\ 17 \text{ protones} \\ 20 \text{ neutrones} \end{cases} \Longrightarrow {}_{17}^{37}B : 1s^2 2s^2 2p^6 3s^2 3p^5 \longrightarrow$ Grupo A Período 3

b) La energía de ionización es la energía que se requiere para arrancar un electrón de un átomo gaseoso en su estado fundamental:

$$X_{(g)} + E.I \longrightarrow X_{(g)}^+ + e^-$$

En general, la regla es que la energía de ionización aumenta a medida que nos movemos hacia la derecha en un mismo periodo (ya que al disminuir el radio atómico hay mayor atracción) y disminuye al descender

en un grupo (al estar aumentando el radio atómico). Así:

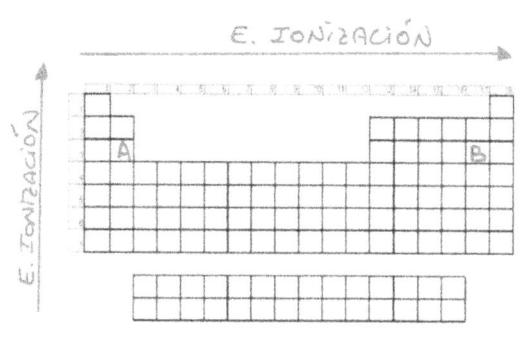

Por todo ello, podemos

asegurar que:

$$EI(B) > EI(A)$$

c)   El ión más estable es aquel que tiene configuración

electrónica de gas noble. Dichos iones serán por tanto:

A^{2+}: $1s^2 2s^2 2p^6$ $(A - 2e^-)$

B^-: $1s^2 2s^2 2p^6 3s^2 3p^6$ $(B + 1e^-)$

En este caso, el tamaño de estas iones lo podemos razonar

fácilmente El átomo A sufrirá una contracción importante

al perder dos electrones para convertirse en A^{2+}. El átomo

B al contrario, captura un electrón para convertirse en B^-,

lo que implica una expansión. Además, el ión B^-

aloja electrones hasta el nivel $n=3$, mientras que A^{2+}

lo hace solo hasta $n=2$. Por todo ello, $r_{B^-} > r_{A^{2+}}$

d) El enlace iónico se produce cuando átomos de elementos
metálicos (especialmente los situados más a la izquierda
en la tabla periódica con baja energía de ionización) se
encuentran con átomos no metálicos (especialmente los
de los grupos 16 y 17 con alta afinidad electrónica).
La diferencia entre las electronegatividades es lo
suficientemente grande como para que los átomos del
metal cedan electrones a los átomos del no metal,
transformándose en iones positivos y negativos respectivamente.
Esta es la situación que se dará entre los átomos
A y B propuestos y, como ya hemos visto:

$$A^{2+} \ B^- \implies AB_2$$

CUESTIÓN 2

$\boxed{CH_3OH}$ LEWIS + RPECV

$C \ (z=6): \ 1s^2 2s^2 2p^2 \longrightarrow 4e^-$ de valencia

$O \ (z=8): \ 1s^2 2s^2 2p^4 \longrightarrow 6e^-$ de valencia

$H \ (z=1): \ 1s^1 \longrightarrow 1e^-$ de valencia

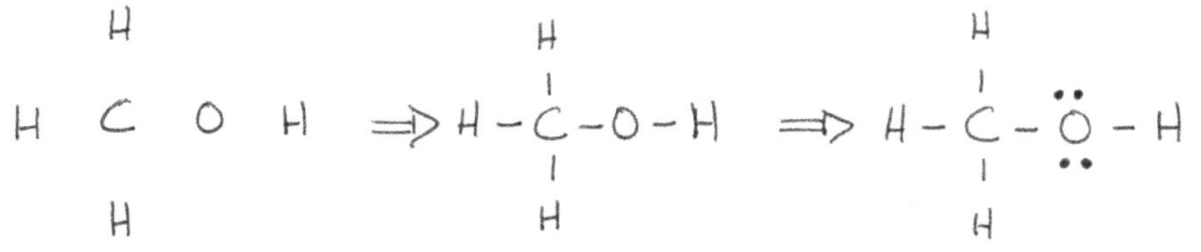

H   C   O   H   ⟹ H−C−O−H   ⟹ H−C−Ö−H

14 electrones   Quedan 4e⁻   Definitiva!!

La estructura es definitiva al ser nula la carga formal sobre todos los átomos. Como ves, el carbono forma cuatro enlaces, con lo que deberá presentar hibridación sp^3 según:

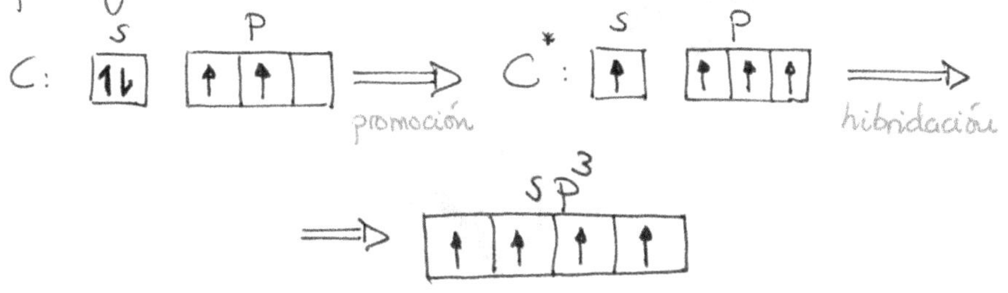

C: promoción   C*:   hibridación

sp^3

A pesar de que las cuatro nubes electrónicas sp^3 se distribuyen alrededor del carbono de forma tetraédrica, sería un error decir que el metanol presenta estructura molecular tetraédrica y considerar al grupo hidroxilo como un átomo más que se une al carbono.

Para estudiar la geometría conviene también que estudies también la hibridación del oxígeno.

PÁGINA 9

Como ves en la estructura de Lewis que hemos realizado el oxígeno también presenta cuatro nubes electrónicas y por tanto también tiene hibridación sp^3 según:

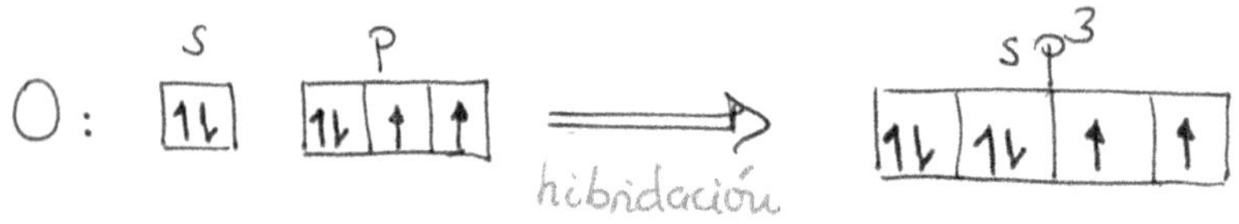

La distribución en torno al oxígeno de las nubes también será tetraédrica, sin embargo, al estar ocupadas dos de ellas por pares no enlazantes que generan una repulsión mayor, la parte del oxígeno corresponderá a una geometría angular y la parte del carbono corresponde a un tetraedro distorsionado también por la repulsión de los pares no enlazantes sobre el oxígeno:

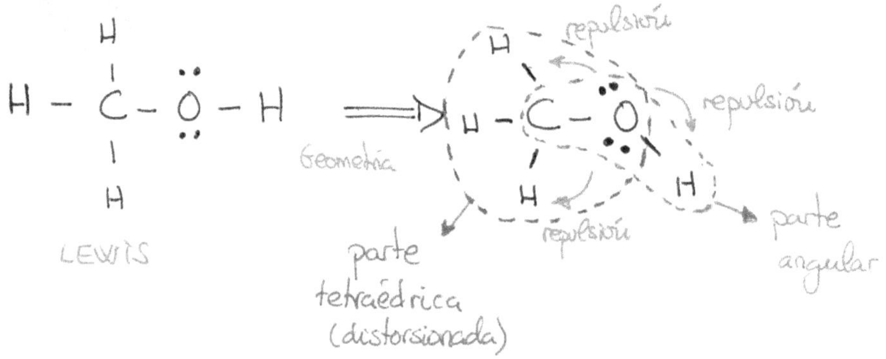

Por todo ello, la representación en 3D donde además aprovecharemos para representar los momentos dipolares será :

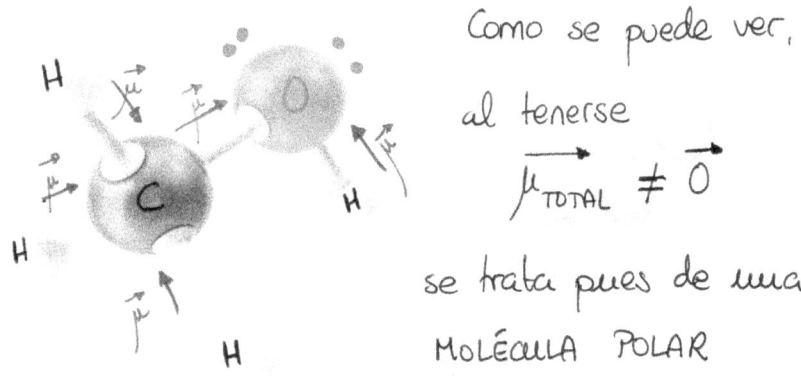

Como se puede ver, al tenerse

$$\vec{\mu}_{TOTAL} \neq \vec{0}$$

se trata pues de una MOLÉCULA POLAR

Los enlaces por puente de hidrógeno se dan cuando en la molécula hay átomos de hidrógeno que enlazan directamente con átomos flúor, oxígeno, o nitrógeno. En nuestro caso por tanto . SÍ se formarán estos enlaces:

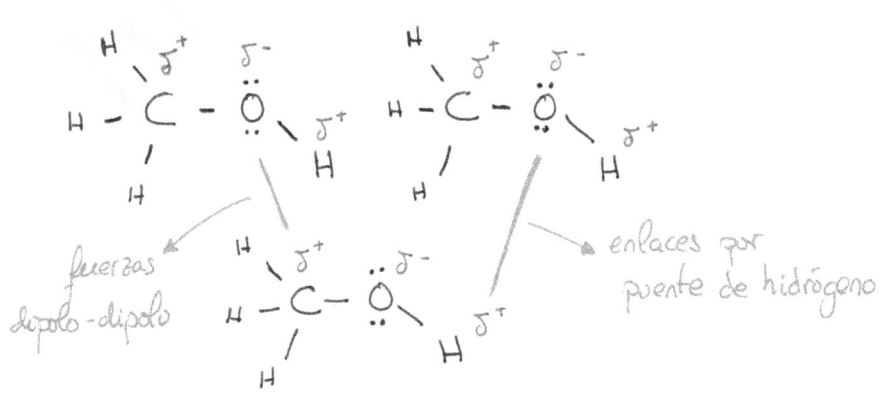

©Juan Bertomeu Ferrer
www.bertoblog.com

423

CUESTIÓN 3

Tenemos:

$$CH_{4(g)} + H_2O_{(g)} \xrightleftharpoons[\substack{\text{Reacción} \\ \text{Inversa} \quad \Delta H = -206 \, KJ}]{\substack{\text{Reacción} \\ \text{Directa} \quad \Delta H = 206 \, KJ}} CO_{(g)} + 3H_{2(g)}$$

Inicial: —   —   1   1

Reacción: $+x$ $+x$ $-x$ $-3x$

Equilibrio: x x $1-x$ $1-3x$

a) Tenemos que ver que sucede con los moles gaseosos:

$$n_{o_{gases}} = 1 + 1 = 2 \text{ moles gaseosos inicialmente}$$

$$n_{eq_{gases}} = \cancel{x} + x + 1 - \cancel{x} + 1 - 3x = 2 - 2x \text{ moles gaseosos en equilibrio}$$

Como puedes ver, una vez alcanzado el equilibrio, habrá menos moles gaseosos de los que había inicialmente, lo que nos permite asegurar que una vez alcanzado el equilibrio la presión total del recipiente será menor que la inicial. Analíticamente, con la ley de gases:

$$\left.\begin{array}{l} P_o \cdot V = n_o \cdot R \cdot T \\ P_{eq} \cdot V = n_{eq} \cdot R \cdot T \end{array}\right\} \frac{P_o \cdot \cancel{V}}{P_{eq} \cdot \cancel{V}} = \frac{n_o \cdot \cancel{R} \cdot \cancel{T}}{n_{eq} \cdot \cancel{R} \cdot \cancel{T}} \Rightarrow \frac{P_o}{P_{eq}} = \frac{n_o}{n_{eq}} \Rightarrow$$

$$\Rightarrow \frac{P_o}{P_{eq}} = \underbrace{\frac{2}{2-2x}}_{>1} \Rightarrow \frac{P_o}{P_{eq}} > 1 \Rightarrow P_o > P_{eq}$$

PÁGINA 12

b) Para que aumente la cantidad de H_2, el equilibrio deberá desplazarse en sentido directo siguiendo la ruta endotérmica ($\Delta H > 0$). Por tanto se deberá aumentar la temperatura.

c) Para que disminuya la cantidad de CO, el equilibrio deberá desplazarse en sentido inverso hacia donde hay un menor número de moles gaseosos. Por tanto se deberá disminuir el volumen. La disminución del volumen implicará un aumento de presión que hará que el equilibrio se desplace efectivamente a la izquierda tal y como queríamos.

d) Si se inyecta un mol de CO, el equilibrio se desplazará a la izquierda para consumir ese exceso de CO, y aumentará por tanto la cantidad de CH_4 así como también la cantidad de H_2O. La afirmación por tanto es FALSA.

CUESTIÓN 4

a) Teniendo en cuenta que $pH = -\log [H_3O^+]$, la resolución

es sencilla:

$$pH_{sangre} = 7'4 \Rightarrow 7'4 = -\log [H_3O^+]_{sangre} \Rightarrow [H_3O^+]_{sangre} = 10^{-7'4}$$

$$pH_{vino} = 3'4 \Rightarrow 3'4 = -\log [H_3O^+]_{vino} \Rightarrow [H_3O^+]_{vino} = 10^{-3'4}$$

La relación entre ambas concentraciones:

$$\frac{[H_3O^+]_{vino}}{[H_3O^+]_{sangre}} = \frac{10^{-3'4}}{10^{-7'4}} \Rightarrow \frac{[H_3O^+]_{vino}}{[H_3O^+]_{sangre}} = 10^{4} \Rightarrow \frac{[H_3O^+]_{vino}}{[H_3O^+]_{sangre}} = 10000$$

Como ves, efectivamente en el vino hay 10000 veces más

protones que en la sangre y la afirmación es verdadera.

b) La sal en disolución acuosa se ioniza:

$$NaNO_{3(ac)} \longrightarrow Na^+_{(ac)} + NO^-_{3(ac)}$$

Los iones Na^+ y NO_3^- son ácido y base conjugados

de bases y ácidos fuertes ($NaOH$ y HNO_3) con lo

que no reaccionarán con el agua.

Al no haber hidrólisis, la disolución tendrá un pH

neutro y la afirmación es falsa.

PÁGINA 14

c) FALSO. Como ves en la reacción dada, el HCO_3^- cede un protón al agua según:

$$HCO_{3\ (ac)}^- + H_2O_{(\ell)} \rightleftharpoons CO_{3\ (ac)}^{2-} + H_3O_{(ac)}^+$$

H^+

Por tanto, HCO_3^- actúa como ácido

d) El KF en disolución:

$$KF_{(ac)} \longrightarrow K_{(ac)}^+ + F_{(ac)}^-$$

El ión K^+ no sufre hidrólisis pues proviene de una base fuerte (KOH). Sin embargo, F^- es la base conjugada de un ácido débil (HF) e hidrolizará según:

$$F_{(ac)}^- + H_2O_{(\ell)} \rightleftharpoons HF_{(ac)} + OH_{(ac)}^-$$

La disolución tendrá un pH básico, y la afirmación es falsa.

CUESTIÓN 5

a)   Las sales en disolución:

$$AgNO_{3\ (ac)} \longrightarrow Ag_{(ac)}^+ + NO_{3\ (ac)}^-$$

$$Fe(NO_3)_{2\ (ac)} \longrightarrow Fe_{(ac)}^{2+} + 2NO_{3\ (ac)}^-$$

Cuando mezclemos ambas disoluciones, tendremos una sopa cónica según:

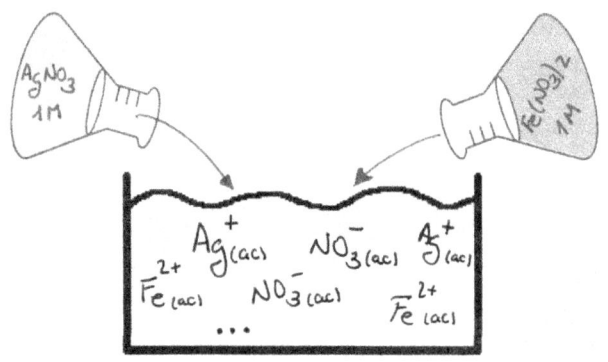

De lo que se trata es de ver si se dará alguna reacción redox entre los iones en disolución. Para ello debes tener en cuenta qué tipo de reacción puede sufrir cada uno de esos iones. Veamos las distintas combinaciones:

① $Ag^+_{(ac)} + NO^-_{3(ac)}$

No se puede producir esta reacción ya que como ves en los datos, los iones $Ag^+_{(ac)}$ solo se pueden reducir a $Ag_{(s)}$, y los iones $NO^-_{3(ac)}$ solo se pueden reducir a $NO_{2(g)}$

② $Ag^+_{(ac)} + Fe^{2+}_{(ac)}$

La plata $Ag^+_{(ac)}$ solo se puede reducir a $Ag_{(s)}$. Para ello, el $Fe^{2+}_{(ac)}$ debería oxidarse a $Fe^{3+}_{(ac)}$ Veamos

PÁGINA 16

si dicha reacción es posible:

Reducción: $Ag^+_{(ac)} + 1e^- \longrightarrow Ag_{(s)}$ $E^o_{red}(Ag^+/Ag) = 0'8 \, V$

Oxidación: $Fe^{2+}_{(ac)} - 1e^- \longrightarrow Fe^{3+}_{(ac)}$ $E^o_{oxi}(Fe^{2+}/Fe^{3+}) = -0'77 V$

$$Ag^+_{(ac)} + Fe^{2+}_{(ac)} \longrightarrow Ag_{(s)} + Fe^{3+}_{(ac)} \quad E^o_{reacción} = 0'03 \, V$$

Como $E^o_{reacción} > 0 \Rightarrow$ Se produce la reacción

---

③ $NO^-_{3(ac)} + Fe^{2+}_{(ac)}$

El nitrato $NO^-_{3(ac)}$ solo se puede reducir a $NO_{2(g)}$.

Para ello, el $Fe^{2+}_{(ac)}$ debería oxidarse a $Fe^{3+}_{(ac)}$. Veamos si

dicha reacción es posible:

Reducción: $\overset{+5}{N}O^-_{3(ac)} + 2H^+_{(ac)} + 1e^- \longrightarrow \overset{+4}{N}O_{2(g)} + H_2O_{(l)}$ $E^o_{red}(NO^-_3/NO_2) = 0'96 V$

Oxidación: $Fe^{2+}_{(ac)} - 1e^- \longrightarrow Fe^{3+}_{(ac)}$ $E^o_{oxi}(Fe^{2+}/Fe^{3+}) = -0'77 V$

$$NO^-_{3(ac)} + 2H^+_{(ac)} + Fe^{2+}_{(ac)} \longrightarrow NO_{2(g)} + Fe^{3+}_{(ac)} + H_2O_{(l)} \quad E^o_{reacción} = 0'19 V$$

Como $E^o_{reacción} > 0 \Rightarrow$ Se produce la reacción

Así, concluimos que se darán estas reacciones y además

podemos añadir que la reacción de $NO^-_{3(ac)}$ con $Fe^{2+}_{(ac)}$

será la mayoritaria de las dos.

b) $3\,Fe^{2+}_{(ac)} \longrightarrow 2\,Fe^{3+}_{(ac)} + Fe^{0}_{(s)}$

Reducción

Oxidación

Reducción: $Fe^{2+}_{(ac)} + 2e^{-} \longrightarrow Fe^{0}_{(s)}$ $E^{o}_{red}(Fe^{2+}/Fe) = -0'44V$

Oxidación: $\left(Fe^{2+}_{(ac)} - 1e^{-} \longrightarrow Fe^{3+}_{(ac)}\right)\times 2$ $E^{o}_{oxi}(Fe^{2+}/Fe^{3+}) = -0'77V$

$$3\,Fe^{2+}_{(ac)} \longrightarrow Fe^{0}_{(s)} + 2\,Fe^{3+}_{(ac)} \qquad E^{o}_{reacción} = -1'21\,V$$

Como $E^{o}_{reacción} < 0 \Rightarrow$ No se produce la reacción.

c) Una disolución de HCl tendremos:

$$HCl_{(ac)} \longrightarrow H^{+}_{(ac)} + Cl^{-}_{(ac)}$$

Se trata de ver si el Cu(s) reacciona con alguno de los iones:

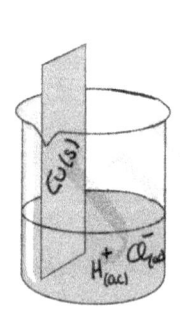

El cobre sólido solo puede oxidarse. Para ello, el H^{+} deberá reducirse. Veamos si es posible:

Oxidación: $Cu^{0}_{(s)} - 2e^{-} \longrightarrow Cu^{2+}_{(ac)}$ $E^{o}_{oxi}(Cu/Cu^{2+}) = -0'34V$

Reducción: $2H^{+}_{(ac)} + 2e^{-} \longrightarrow H^{0}_{2(g)}$ $E^{o}_{red}(H^{+}/H_{2}) = 0V$

$$Cu_{(s)} + 2H^{+}_{(ac)} \longrightarrow Cu^{2+}_{(ac)} + H_{2}(g) \qquad E^{o}_{reacción} = -0'34V$$

Como $E^{o}_{reacción} < 0 \Rightarrow$ No se produce la reacción

$\Rightarrow$ El cobre metálico NO se disuelve en una disolución HCl

PÁGINA 18

d) Razonamos como en el apartado anterior:

$$HNO_{3(ac)} \longrightarrow H^+_{(ac)} + NO^-_{3\,(ac)}$$

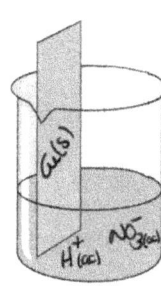

Ya hemos visto en el apartado anterior como la reacción entre $Cu_{(s)}$ y $H^+_{(ac)}$ no se produce. Veamos ahora entonces si $Cu_{(s)}$ reacciona con los iones nitrato $NO^-_{3(ac)}$:

Oxidación: $Cu_{(s)} - 2e^- \longrightarrow Cu^{2+}_{(ac)}$ $\quad E^0_{oxi}(Cu/Cu^{2+}) = -0'34V$

Reducción: $(NO^-_{3(ac)} + 2H^+_{(ac)} + 1e^- \longrightarrow NO_{2(g)} + H_2O_{(e)}) \times 2$ $\quad E^0_{red}(NO^-_3/NO_2) = 0'96V$

$$Cu_{(s)} + 2NO^-_{3(ac)} + 4H^+_{(ac)} \longrightarrow Cu^{2+}_{(ac)} + 2NO_{2(g)} + 2H_2O_{(e)} \quad E^0_{reacción} = 0'62V$$

Como $E^0_{reacción} > 0 \Rightarrow$ Se produce la reacción y efectivamente el $Cu_{(s)}$ se disolverá

CUESTIÓN 6

a) $CH_3 - CHBr - CH_3 \xrightarrow{KOH, calor} CH_3 - CH = CH_2 + HBr$

   2-bromopropano $\qquad$ propeno $\qquad$ bromuro de hidrógeno

   ELIMINACIÓN

b) $CH_3 - CH_2 - CHO \xrightarrow[calor]{KMnO_4} CH_3 - CH_2 - COOH$

   propanal $\qquad$ ácido propanoico

   OXIDACIÓN (KMnO₄ es un oxidante fuerte)

PÁGINA 19

c) $CH_3-CH_2-COOH + CH_3-CH_2OH \longrightarrow CH_3-CH_2-COO-CH_2-CH_3 + H_2O$

   ácido propanoico   etanol   propanoato de etilo   agua

                ESTERIFICACIÓN (Condensación)

d) $CH_3-CH_2-CHO \xrightarrow{\text{Li Al H}_4 \text{ (red)}} CH_3-CH_2-CH_2OH$

    propanal   1-propanol

            REDUCCIÓN

GENERALITAT VALENCIANA
Conselleria d'Innovació,
Universitats, Ciència
i Societat Digital

COMISSIÓ GESTORA DE LES PROVES D'ACCÉS A LA UNIVERSITAT

COMISIÓN GESTORA DE LAS PRUEBAS DE ACCESO A LA UNIVERSIDAD

SISTEMA UNIVERSITARI VALENCIÀ
SISTEMA UNIVERSITARIO VALENCIANO

PROVES D'ACCÉS A LA UNIVERSITAT	PRUEBAS DE ACCESO A LA UNIVERSIDAD
CONVOCATÒRIA: JUNY 2022	CONVOCATORIA: JUNIO 2022
Assignatura: QUÍMICA	Asignatura: QUÍMICA

BAREMO DEL EXAMEN: El examen consta de dos bloques: bloque I de cuatro problemas (se deben contestar *únicamente 2*) y bloque II de seis cuestiones (se deben contestar *únicamente 3*). Cada problema o cuestión tiene una puntuación máxima de 2 puntos. Únicamente se corregirán los 2 primeros problemas y las 3 primeras cuestiones respondidos en el examen escrito. Se permite el uso de calculadoras siempre que no sean gráficas o programables y que no puedan realizar cálculo simbólico ni almacenar texto o fórmulas en memoria.

Bloque I: PROBLEMAS (*elegir 2*)

Problema 1. *Cálculos estequiométricos.*

En la fabricación del ácido sulfúrico, una de las etapas consiste en transformar el SO_2 en SO_3 en virtud de la siguiente ecuación química:

$$2\ SO_2(g)\ +\ O_2(g)\ \rightarrow\ 2\ SO_3(g)$$

Un reactor de 150 litros contiene aire (20 % vol. O_2 y 80 % vol. N_2) a una presión total de 2 atm y temperatura de 125 °C. En dicho reactor se introducen 2 moles de SO_2. La reacción, a esta temperatura, tiene un rendimiento del 75 %.

a) Calcule cuántos moles de SO_2 y O_2 han sobrado, así como la masa (en gramos) de SO_3 obtenido. **(1,2 puntos)**
b) Calcule la presión parcial de cada uno de los gases de la mezcla final (N_2, O_2, SO_2 y SO_3) a la temperatura indicada, así como la presión total en el interior del reactor. **(0,8 puntos)**
Datos: Masas atómicas relativas: O = 16,0; S = 32,1. R = 0,082 atm·L·mol^{-1}·K^{-1}.

Problema 2. *Equilibrio químico.*

Un reactor de 10 litros a 1000 °C contiene una mezcla en equilibrio formada por 6,3 mol de CO_2, 2,1 mol de H_2, 8,4 mol de CO y un número indeterminado de moles de H_2O. La presión total del reactor es 209 atm.

a) Calcule K_C y K_P para el equilibrio $CO_2(g)\ +\ H_2(g)\ \rightleftharpoons\ CO(g)\ +\ H_2O(g)$ a 1000 °C. **(1 punto)**
b) Si se extraen del reactor los gases CO y H_2O en su totalidad, calcule la cantidad (en moles) de las cuatro sustancias una vez se haya alcanzado el nuevo equilibrio. **(1 punto)**
Dato: R = 0,082 atm·L·mol^{-1}·K^{-1}.

Problema 3. *Reacciones ácido-base. Cálculos estequiométricos.*

Se dispone de una disolución A de ácido clorhídrico comercial de densidad 1,19 kg·L^{-1} y riqueza 38 % en masa. Para preparar una segunda disolución B, se toman 10,0 mL de la disolución A, diluyéndose con agua destilada hasta un volumen final de 15,0 litros.

a) Calcule la concentración (en mol·L^{-1}) del ácido clorhídrico comercial (disolución A). **(0,7 puntos)**
b) Calcule la concentración (en mol·L^{-1}) de la disolución B y su pH. **(0,6 puntos)**
c) A 50,0 mL de la disolución B, se añaden 25,0 mL de una disolución 0,01 mol·L^{-1} de $Ca(OH)_2$. Calcule el pH de la disolución final. Considere que los volúmenes son aditivos. **(0,7 puntos)**
Datos: Masas atómicas relativas: H = 1,0; Cl = 35,5. K_w = 10^{-14}.

Problema 4. *Reacciones red-ox. Cálculos estequiométricos.*

A escala laboratorio, se pueden obtener pequeñas cantidades de cloro gaseoso mediante la reacción (no ajustada):

$$K_2Cr_2O_7(ac)\ +\ HCl(ac)\ \rightarrow\ CrCl_3(ac)\ +\ Cl_2(g)\ +\ KCl(ac)\ +\ H_2O(l)$$

a) Escriba la semirreacción de oxidación y la de reducción, así como la ecuación química global ajustada. **(1 punto)**
b) Si se hace reaccionar 125 mL de HCl 1 M con un exceso de $K_2Cr_2O_7$, ¿cuántos litros de Cl_2 se obtendrán, medidos a 1 atm de presión y 20 °C? **(1 punto)**
Dato: R = 0,082 atm·L·mol^{-1}·K^{-1}.

Bloque II: CUESTIONES (*elegir 3*)

Cuestión 1. *Configuración electrónica. Propiedades atómicas y periódicas.*

Considere los elementos A, B, C y D, cuyos números atómicos son 16, 17, 18 y 19, respectivamente. Responda razonadamente a las siguientes cuestiones: **(0,5 puntos cada apartado)**

a) Escriba la configuración electrónica en estado fundamental de cada uno de los elementos propuestos, e indique a qué grupo y periodo de la tabla periódica pertenece cada uno.

b) Ordene los elementos por orden creciente de su primera energía de ionización.

c) Indique el ion más estable que podría formarse a partir de cada uno de los cuatro elementos propuestos y escriba su configuración electrónica.

d) Deduzca la fórmula molecular del compuesto que se formaría entre los elementos A y B aplicando la regla del octeto y discuta el tipo de enlace que les une.

Cuestión 2. *Estructura molecular. Estructuras electrónicas de Lewis.*

a) Dibuje las estructuras electrónicas de Lewis para las moléculas CF_4, F_2CO y CO_2. **(0,6 puntos)**

b) Indique razonadamente la geometría de las tres moléculas del apartado anterior y ordene de menor a mayor los ángulos de las moléculas (F-C-F del CF_4, F-C-F del F_2CO y O-C-O del CO_2). **(0,8 puntos)**

c) Razone qué molécula/s del apartado (a) es/son polares. **(0,6 puntos)**

Datos: Números atómicos, Z: C = 6; O = 8; F = 9. Electronegatividades (Pauling): C = 2,55; O = 3,44; F = 3,98.

Cuestión 3. *Desplazamiento del equilibrio químico.*

Para el siguiente sistema en equilibrio en fase gaseosa: $2\ NOCl(g) \rightleftarrows 2\ NO(g) + Cl_2(g)$, responda razonadamente a las siguientes cuestiones: **(0,5 puntos cada apartado)**

a) Si se extrae del reactor parte del $Cl_2(g)$, ¿la relación [NOCl]/[NO] aumenta, disminuye o permanece constante?

b) Se observa que al aumentar la temperatura se forma más NOCl. ¿La reacción es exotérmica o endotérmica?

c) Si se desea aumentar la cantidad de NOCl, manteniendo constante la temperatura, ¿se ha de aumentar o disminuir el volumen del reactor?

d) En un reactor a volumen y temperatura constantes se introducen inicialmente NOCl y Cl_2. Razone si la presión total en el equilibrio será mayor, menor o igual que la inicial.

Cuestión 4. *Química ácido-base.* **(0,5 puntos cada apartado)**

a) Se dispone de tres disoluciones: una de HIO_3, otra de HClO y una tercera de HNO_2, las tres a la misma concentración molar inicial del ácido. Razone cuál de estas disoluciones tendrá un mayor valor del pH.

b) Ordene justificadamente, de menor a mayor basicidad, las bases conjugadas de los tres ácidos anteriores.

c) Razone si la siguiente afirmación es verdadera o falsa: "El pH de una disolución de HNO_2 0,1 M es igual al de una disolución de HCl de igual concentración".

d) Razone si la siguiente afirmación es verdadera o falsa: "Si a 20,0 mL de una disolución de HClO 0,2 M se les añaden 40,0 mL de una disolución de NaOH 0,1 M, la mezcla final tendrá un pH neutro".

Datos: $K_a(HIO_3) = 1,7 \cdot 10^{-1}$; $K_a(HNO_2) = 4,5 \cdot 10^{-4}$; $K_a(HClO) = 3 \cdot 10^{-8}$; $K_w = 10^{-14}$.

Cuestión 5. *Reactividad y formulación orgánica.*

a) Nombre los siguientes compuestos y razone cuál de ellos puede dar lugar a una cetona por oxidación. **(0,8 puntos)**

    a1) CH_3-CH_2-CHO **a2)** $CH_3-CH_2-O-CH_3$ **a3)** $CH_3-CH(OH)-CH_2-CH_3$.

b) Complete las siguientes reacciones químicas y nombre todos los compuestos orgánicos que se obtienen como productos en las mismas: **(1,2 puntos)**

    b1) $CH_3-CH_2Cl + NH_3$ $\longrightarrow$

    b2) $HCOOH + CH_3-CH_2-CH_2OH$ $\xrightarrow{\ H^+\ }$

    b3) $CH_3-CH(OH)-CH_3$ $\xrightarrow{\ H_2SO_4,\ calor\ }$

Cuestión 6. *Cinética química.*

Considere la reacción: $3\ A(g) + 2\ B(g) \rightarrow 2\ C(g)$. Se ha observado que, al duplicar la concentración de A, la velocidad de la reacción aumenta cuatro veces mientras que, al disminuir la concentración de B a la mitad, la velocidad disminuye en esa misma proporción. **(0,5 puntos cada apartado)**

a) Obtenga razonadamente la ley de velocidad de la reacción.

b) Cuando las concentraciones iniciales de A y B fueron 0,1 M y 0,05 M, respectivamente, la velocidad inicial de la reacción resultó ser $2,82 \cdot 10^{-4}\ M \cdot s^{-1}$. Calcule el valor de la constante de velocidad.

c) En las condiciones del apartado b), calcule la velocidad de desaparición de A y la velocidad de aparición de C.

d) Justifique por qué la velocidad de la reacción aumenta con la temperatura.

PROBLEMA 1

$$2 SO_{2 (g)} + O_{2 (g)} \xrightarrow{\eta = 75\%} 2 SO_{3 (g)}$$

Antes de inyectar los 2 moles de $SO_{2 (g)}$ en el reactor, éste contiene aire (20% de O_2 y 80% de N_2). Veamos cuánto $O_{2(g)}$ había en el interior del reactor:

$$P \cdot V = n \cdot R \cdot T \implies 2 \cdot 150 = n_{aire} \cdot 0'082 \cdot 398 \implies$$

$$\implies n_{aire} = 9'19 \text{ mol aire} \begin{cases} \xrightarrow{20\%} 1'838 \text{ mol } O_{2 (g)} \\ \xrightarrow{80\%} 7'352 \text{ mol } N_{2 (g)} \end{cases}$$

Ahora ya sabemos la cantidad inicial de cada reactivo:

$$2 SO_{2 (g)} + O_{2 (g)} \longrightarrow 2 SO_{3 (g)}$$
$$\quad 2 \text{ mol} \qquad 1'838 \text{ mol}$$

Veamos cuál es el reactivo limitante:

$$2 \text{ mol } SO_{2 (g)} \times \frac{1 \text{ mol } O_{2 (g)}}{2 \text{ mol } SO_{2 (g)}} = 1 \text{ mol de } O_{2 (g)}$$

Como ves, incluso si se agotasen por completo los 2 mol de $SO_{2 (g)}$, solamente reaccionaría 1 mol de $O_{2 (g)}$. Es decir, tenemos exceso de $O_{2 (g)}$ y $SO_{2 (g)}$ es el limitante.

Como nos dicen que la reacción tiene un rendimiento del 75% (es decir, que estamos obteniendo solo el 75% del rendimiento teórico de $SO_{3 (g)}$) eso quiere decir que se está consumiendo solo el 75% del reactivo limitante. En realidad, podría ser también que el SO_3 (g) no se estuviese obteniendo al 100% por otros motivos (fugas en el reactor, reacciones laterales parasitarias, etc etc). Pero asumiendo que nada de eso existe, solamente es posible un rendimiento del 75% si reacciona únicamente el 75% del reactivo limitante.

$$2 \; mol \; SO_2 \times \frac{75 \; mol \; SO_2 \; reacciona}{100 \; mol \; SO_2 \; en \; el \; reactor} = 1'5 \; mol \; SO_2 \; reacciona \Longrightarrow$$
$$\Longrightarrow 0'5 \; mol \; SO_2 \; sobra$$

$$1'5 \; mol \; SO_2 \; reacciona \times \frac{1 \; mol \; O_2}{2 \; mol \; SO_2} = 0'75 \; mol \; O_2 \; reacciona \Longrightarrow$$
$$\Longrightarrow 1'088 \; mol \; O_2 \; sobra$$

$$1'5 \; mol \; SO_2 \; reacciona \times \frac{2 \; mol \; SO_3}{2 \; mol \; SO_2} = 1'5 \; mol \; SO_3 \; se \; forma \Longrightarrow$$

$$\Longrightarrow 1'5 \; mol \; SO_3 \times \frac{80'1 \; g \; SO_3}{1 \; mol \; SO_3} = 120'15 \; g \; de \; SO_3 \; (g)$$

b) Al finalizar la reacción, tenemos en el reactor:

SO_2 (g) $\longrightarrow$ 0'5 mol exceso N_2 (g) $\longrightarrow$ 7'352 mol

O_2 (g) $\longrightarrow$ 1'088 mol exceso SO_3 (g) $\longrightarrow$ 1'5 mol formados

Con la ley de gases:

$$P \cdot V = n \cdot R \cdot T$$

$$P_{SO_2} = \frac{0'5 \cdot 0'082 \cdot 398}{150} = 0'109 \; atm$$

$$P_{O_2} = \frac{1'088 \cdot 0'082 \cdot 398}{150} = 0'237 \; atm$$

$$P_{N_2} = \frac{7'352 \cdot 0'082 \cdot 398}{150} = 1'6 \; atm$$

$$P_{SO_3} = \frac{1'5 \cdot 0'082 \cdot 398}{150} = 0'326 \; atm$$

$$P_{TOTAL} = 2'272 \; atm$$

PÁGINA 2

¿PROBLEMA 2?

a) $CO_{2\,(g)} + H_{2\,(g)} \rightleftharpoons CO_{(g)} + H_2O_{(g)}$

Equilibrio   6'3   2'1   8'4   x

$n_{totales\,gas}$ = $6'3 + 2'1 + 8'4 + x$ = $16'8 + x$ mol de gas
  eq

Como sabemos la presión total, con la ley de los gases:

$P_{TOTAL} \cdot V = n_{total} \cdot R \cdot T$

   $209 \cdot 10 = (16'8 + x) \cdot 0'082 \cdot 1273 \Rightarrow x = 3'22$ mol $H_2O_{(g)}$

Por tanto:

$$K_C = \frac{[CO][H_2O]}{[CO_2][H_2]} = \frac{\dfrac{8'4}{10} \cdot \dfrac{3'22}{10}}{\dfrac{6'3}{10} \cdot \dfrac{2'1}{10}} = 2'04$$

$K_p = K_C \cdot (RT)^{\Delta n_{gas}\,0} \Rightarrow K_p = K_C = 2'04$

b)   Eliminando el $CO_{(g)}$ y el $H_2O_{(g)}$

	$CO_{2\,(g)}$	$H_{2\,(g)}$	$\rightleftharpoons$	$CO_{(g)}$	$+ H_2O$
Inicial	6'3	2'1		—	—
Reacción	− x	− x		+ x	+ x
Equilibrio	6'3 − x	2'1 − x		x	x

PÁGINA 3

Conocida ya la constante K_C:

$$K_C = \frac{[CO][H_2O]}{[CO_2][H_2]} \longrightarrow 2'04 = \frac{\frac{x}{10} \cdot \frac{x}{10}}{\frac{6'3-x}{10} \cdot \frac{2'1-x}{10}} \Longrightarrow$$

$$\Longrightarrow 2'04 = \frac{x^2}{x^2 - 8'4x + 13'23} \Longrightarrow 2'04x^2 - 17'136x + 26'99 = x^2$$

Tiene que ser
$x < 2'1$

$$\Longrightarrow 1'04x^2 - 17'136x + 26'99 = 0 \begin{cases} x = 14'7\cancel{1} \text{ mol} \\ x = 1'76 \text{ mol} \end{cases}$$

Por tanto, las cantidades pedidas:

$$n_{eq_{CO}} = n_{eq_{H_2O}} = 1'76 \text{ mol}$$

$$n_{eq_{H_2}} = 2'1 - 1'76 = 0'34 \text{ mol} \; ; \; n_{eq_{CO_2}} = 6'3 - 1'76 = 4'54 \text{ mol}$$

PROBLEMA 3

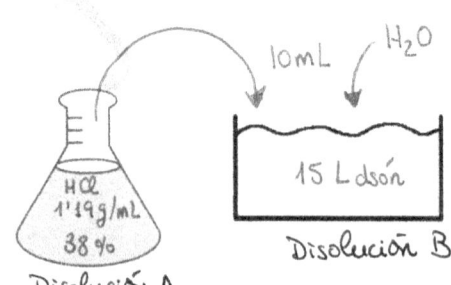

Disolución A

15 L dsón
Disolución B

10 mL H_2O

$M(HCl) = 1 + 35'5 = 36'5 \text{ g/mol}$

a) $1'19 \dfrac{\text{g dsón}}{\text{mL dsón}} \times \dfrac{38\text{g } HCl}{100\text{g dsón}} \times \dfrac{1 \text{ mol } HCl}{36'5 \text{ g } HCl} \times \dfrac{1000\text{mL dsón}}{1 \text{ L dsón}} = 12'39 \text{ mol/L}$

b) Tomamos 10 mL de dsón A:

$$M_A = \frac{n_{HCl}}{L\ dsón} \longrightarrow 12'39 = \frac{n_{HCl}}{0'01} \Rightarrow n_{HCl} = 0'1239\ mol\ HCl$$

Y esos serán los únicos moles de HCl que habrá en la disolución B, y por tanto:

$$M_B = \frac{n_{HCl}}{L\ dson} = \frac{0'1239}{15} = 8'26 \cdot 10^{-3}\ mol/L$$

Para el cálculo del pH, teniendo en cuenta que HCl es un ácido fuerte:

$$HCl_{(ac)} + H_2O_{(l)} \longrightarrow Cl^-_{(ac)} + H_3O^+_{(ac)}$$

Inicial	$8'26 \cdot 10^{-3}$	—	— —
Equilibrio	0	...	$8'26 \cdot 10^{-3}$ $8'26 \cdot 10^{-3}$

$$\Rightarrow pH = -log[H_3O^+] = -log(8'26 \cdot 10^{-3}) = 2'08$$

c)

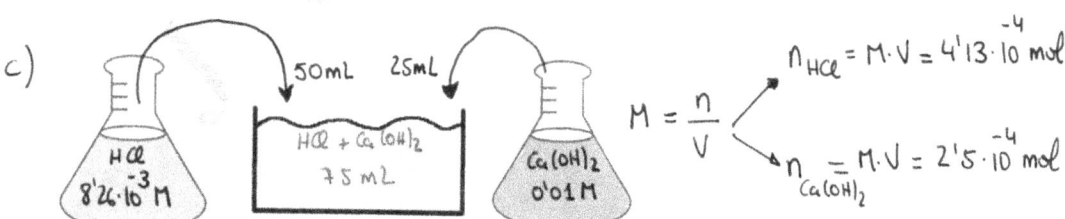

$$n_{HCl} = M \cdot V = 4'13 \cdot 10^{-4}\ mol$$

$$M = \frac{n}{V}$$

$$n_{Ca(OH)_2} = M \cdot V = 2'5 \cdot 10^{-4}\ mol$$

La reacción de neutralización:

$$2HCl_{(ac)} + Ca(OH)_2\,_{(ac)} \longrightarrow CaCl_2\,_{(ac)} + H_2O_{(l)}$$

Inicial	$4'13 \cdot 10^{-4}$	$2'5 \cdot 10^{-4}$	— —

Veamos cual es el limitante:

$$4'13 \cdot 10^{-4} \text{ mol } HCl \times \frac{1 \text{ mol } Ca(OH)_2}{2 \text{ mol } HCl} = 2'065 \cdot 10^{-4} \text{ mol } Ca(OH)_2$$

Como ves, tienes $Ca(OH)_2$ de sobra, por lo que el HCl se agotará por completo según:

$$2 HCl_{(ac)} + Ca(OH)_{2 (ac)} \longrightarrow CaCl_{2(ac)} + 2 H_2O_{(\ell)}$$

Inicial	$4'13 \cdot 10^{-4}$	$2'5 \cdot 10^{-4}$	—	—
Reacción	$-4'13 \cdot 10^{-4}$	$-2'065 \cdot 10^{-4}$	$+2'065 \cdot 10^{-4}$	...
Final	0	$4'35 \cdot 10^{-5}$	$2'065 \cdot 10^{-4}$	...

La sal ionizada : $CaCl_{2 (ac)} \longrightarrow Ca^{2+}_{(ac)} + 2 Cl^-_{(ac)}$

Y ninguno de estos iones hidroliza al provenir de ácido y base fuerte. Pero teníamos un exceso de $Ca(OH)_2$:

$$Ca(OH)_{2 (ac)} \longrightarrow Ca^{2+}_{(ac)} + 2 \cdot (OH)^-_{(ac)}$$

Inicial	$\frac{4'35 \cdot 10^{-5}}{75 \cdot 10^{-3}} = 5'8 \cdot 10^{-4} \text{ mol}/L$	—	—
Final	0 (Base fuerte)	$5'8 \cdot 10^{-4}$	$2 \cdot 5'8 \cdot 10^{-4}$

Con lo que:

$$pOH = -\log[OH^-] = -\log(1'16 \cdot 10^{-3}) = 2'93$$

Y por tanto, como $pH + pOH = 14 \implies pH = 14 - 2'93 = 11'07$

{PROBLEMA 4}

$$\overset{+1}{K_2}\overset{+6}{Cr_2}\overset{-2}{O_7}{}_{(ac)} + \overset{+1}{H}\overset{-1}{Cl}_{(ac)} \longrightarrow \overset{+3}{Cr}\overset{-1}{Cl_3}{}_{(ac)} + \overset{0}{Cl_2}(g) + \overset{+1}{K}\overset{-1}{Cl}_{(ac)} + \overset{+1}{H_2}\overset{-2}{O}_{(l)}$$

Reducción: $(\overset{+6}{Cr_2}O_7)^{2-}_{(ac)} + 14 H^+_{(ac)} + 6 e^- \longrightarrow 2 \overset{+3}{Cr}^{3+}_{(ac)} + 7 H_2 O_{(l)}$

Oxidación: $(2 \overset{-1}{Cl}^-_{(ac)} \longrightarrow \overset{0}{Cl_2}{}_{(g)} + 2 e^-) \times 3$

___

Ec. Iónica: $(Cr_2 O_7)^{2-}_{(ac)} + 14 H^+_{(ac)} + 6 Cl^-_{(ac)} \longrightarrow 2 Cr^{3+}_{(ac)} + 3 Cl_{2(g)} + 7 H_2 O_{(l)}$

Molecular: $K_2 Cr_2 O_7{}_{(ac)} + 14 HCl_{(ac)} \longrightarrow 2 Cr Cl_{3(ac)} + 3 Cl_{2(g)} + 2 KCl_{(ac)} + 7 H_2 O_{(l)}$

b) $125\,mL\,dsón\,HCl \times \dfrac{1\,L\,dsón}{1000\,mL\,dsón} \times \dfrac{1\,mol\,HCl}{1\,L\,dsón} \times \dfrac{3\,mol\,Cl_2}{14\,mol\,HCl} =$

$$= 0'0268\,mol\,de\,Cl_{2(g)}$$

Y con la ley de los gases:

$$P \cdot V = n \cdot R \cdot T \Longrightarrow V = \dfrac{0'0268 \cdot 0'082 \cdot 293}{1} = 0'644\,L\,de\,Cl_{2(g)}$$

CUESTIÓN 1

a) A $(z = 16)$: $1s^2 2s^2 2p^6 3s^2 3p^4 \longrightarrow$ Periodo 3 Grupo 16

B $(z = 17)$: $1s^2 2s^2 2p^6 3s^2 3p^5 \longrightarrow$ Periodo 3 Grupo 17

C $(z = 18)$: $1s^2 2s^2 2p^6 3s^2 3p^6 \longrightarrow$ Periodo 3 Grupo 18

D $(z = 19)$: $1s^2 2s^2 2p^6 3s^2 3p^6 4s^1 \longrightarrow$ Periodo 4 Grupo 1

b) La energía de ionización es la energía que se requiere para arrancar un electrón de un átomo gaseoso en su estado fundamental :

$$X_{(g)} + E.I \longrightarrow X^+_{(g)} + e^-$$

Dentro de un mismo periodo, al movernos hacia la derecha, los elementos tienen más protones en su núcleo lo que aumenta la carga nuclear efectiva. Eso hace que los electrones estén más fuertemente atraídos y que por tanto aumente la energía de ionización. Dentro de un mismo grupo, tendrán mayor energía de ionización los elementos situados más arriba en la tabla periódica ya que al tener menos capas electrónicas, los electrones a arrancar están más cerca del núcleo y por tanto, más fuertemente atraídos. Por tanto:

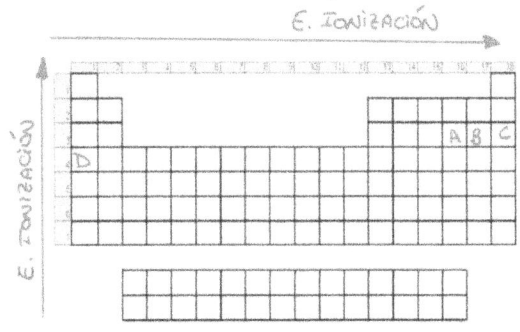

$EI(D) < EI(A) < EI(B) < EI(C)$

c) El ión más estable es aquel que tiene la configuración electrónica del gas noble más cercano. Por tanto:

A^{2-}: $1s^2 2s^2 2p^6 3s^2 3p^6$ $(A + 2e^-)$

B^-: $1s^2 2s^2 2p^6 3s^2 3p^6$ $(B + 1e^-)$

D^+: $1s^2 2s^2 2p^6 3s^2 3p^6$ $(D - 1e^-)$

El elemento C no formará iones estables porque ya es un gas noble.

d) Ambos elementos A y B son elementos no metálicos como ya se ha justificado. El enlace covalente se da entre átomos no metálicos que se unen entre sí compartiendo electrones para conseguir configuración electrónica de gas noble. Dado que ambos átomos no metálicos son significativamente electronegativos, no se ceden electrones. Uno no pierde electrones en favor del otro, si no que lo que hacen es compartirlos, hecho que los mantendrá unidas. En nuestro caso:

$$A: 1s^2 2s^2 2p^6 3s^2 3p^4 \Rightarrow$$

$$B: 1s^2 2s^2 2p^6 3s^2 3p^5 \Rightarrow$$

Con lo que, con la regla del octeto:

cuya fórmula molecular es AB_2

CUESTIÓN 2

C F₄ LEWIS + RPECV

$C (z=6): 1s^2 2s^2 2p^2 \longrightarrow 4e^-$ de valencia

$F (z=9): 1s^2 2s^2 2p^5 \longrightarrow 7e^-$ de valencia

```
    F                    F
F   C   F   ⟹   F - C - F   ⟹
    F                    F
```

$$:\overset{..}{\underset{..}{F}} - \overset{|}{\underset{|}{C}} - \overset{..}{\underset{..}{F}}:$$

32 electrones   Quedan 24e⁻   Definitiva!!

La estructura es definitiva al ser nula la carga formal sobre todos los átomos. Se trata de una molécula tipo AX_4 que presentará geometría TETRAÉDRICA con ángulo $F - \widehat{C} - F = 109'5°$ según:

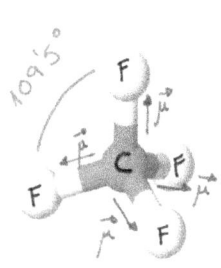

Además, y aprovechando la representación de la molécula, hemos representado los momentos dipolares $\vec{\mu}$, y como ves:

Como $\vec{\mu}_{TOTAL} = \vec{0}$ => MOLÉCULA APOLAR

$\boxed{F_2CO}$ LEWIS + RPECV

$C \rightarrow 4e^-$ de valencia ; $F \rightarrow 7e^-$ de valencia

$O(z=8): 1s^2 2s^2 2p^4 \rightarrow 6 e^-$ de valencia

$$F \quad C \quad F \qquad \Rightarrow \qquad F - C - F \qquad \Rightarrow \qquad \overset{..}{\underset{..}{:}}\!F - \overset{\oplus}{C} - \overset{..}{\underset{..}{:}}\!F: \quad \Rightarrow$$
$$O \qquad\qquad\qquad\qquad\quad |\quad\qquad\qquad\qquad\qquad\quad | \qquad\qquad\qquad$$
$$\qquad\qquad\qquad\qquad\qquad\quad O \qquad\qquad\qquad\qquad\quad :\!\overset{..}{\underset{..}{O}}\!:_{\ominus}$$

24 electrones   18 electrones   Cargas formales

$$\Rightarrow \quad :\!\overset{..}{\underset{..}{F}} - C - \overset{..}{\underset{..}{F}}\!: $$
$$\qquad\qquad \| $$
$$\qquad\quad :\!\overset{..}{O}: $$

Definitiva !!

La estructura es definitiva al ser nula la carga formal sobre todos los átomos. Se trata de una molécula tipo AX_3 que presenta geometría TRIANGULAR

PLANA con ángulo de enlace $\widehat{F\text{-}C\text{-}F} = 120°$ según:

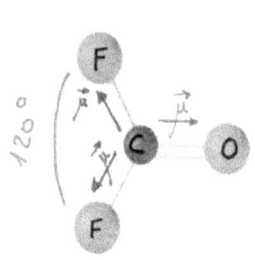

Además, y aprovechando la representación de la molécula, hemos representado los momentos dipolares $\vec{\mu}$, y como ves:

Como $\vec{\mu_{TOTAL}} \neq \vec{0} \Rightarrow$ MOLÉCULA POLAR

$\boxed{CO_2}$ LEWIS + RPECV

$C \rightarrow 4e^-$ de valencia ; $O \rightarrow 6e^-$ de valencia

$O \quad C \quad O \Rightarrow O-C-O \Rightarrow \ddot{\underset{..}{O}}-C-\ddot{\underset{..}{O}}: \Rightarrow$

16 electrones   Quedan 12 e^- Cargas formales

$\Rightarrow \ddot{\underset{..}{O}}=C=\ddot{O}.$ La estructura es definitiva al ser nula la carga formal sobre todos los átomos. Se trata de una molécula
Definitiva

tipo AX_2 con geometría LINEAL y ángulo $\widehat{O-C-O} = 180°$

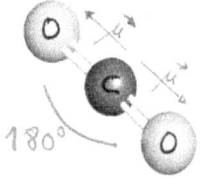

De nuevo, y como puedes ver en los momentos $\vec{\mu}$ representados:

Como $\vec{\mu_{TOTAL}} = \vec{0} \Rightarrow$ MOLÉCULA APOLAR

Solo nos falta establecer el orden pedido de los ángulos:

$$\left(\widehat{F-C-F}\right)_{CF_4} < \left(\widehat{F-C-F}\right)_{F_2CO} < \widehat{O-C-O}$$

PÁGINA 12

CUESTIÓN 3

$$2\,NOCl_{(g)} \rightleftharpoons 2\,NO_{(g)} + Cl_{2\,(g)}$$

a) Si extraemos $Cl_{2(g)}$ la reacción tendrá que desplazarse a la derecha para restituir el equilibrio. Cuando avance en sentido directo, se consumirá $NOCl_{(g)}$ y se formará $NO_{(g)}$ y $Cl_{2(g)}$. Es por eso por lo que podemos asegurar que el cociente $\dfrac{[NOCl]}{[NO]}$ disminuirá, al haber disminuido el numerador y aumentado el denominador.

b) Sabemos que cuando hay un aumento de temperatura la reacción se desplaza en el sentido endotérmico ($\Delta H>0$) Como sabemos que se forma más $NOCl_{(g)}$, sabemos que se desplaza en sentido inverso y, en consecuencia la reacción en sentido directo será exotérmica

c) Habrá que disminuir el volumen. Al hacerlo, la presión en el interior del reactor aumentará y el equilibrio se desplazará en consecuencia hacia donde haya un menor número de moles gaseosos. En nuestro caso, se desplazará hacia la izquierda aumentando la cantidad de $NOCl_{(g)}$ tal y como queríamos.

d) Partimos de la situación

$$2 NOCl_{(g)} \rightleftharpoons 2 NO_{(g)} + Cl_{2(g)}$$

Inicial no_{NOCl} — no_{Cl_2}

Es obvio que partiendo de esta situación, el equilibrio solo puede ir en sentido directo, aunque puedes razonarlo también viendo que $Q_C = 0$. En cualquier caso:

$$2 NOCl_{(g)} \rightleftharpoons 2 NO_{(g)} + Cl_{2(g)}$$

Inicial	no_{NOCl}	—	no_{Cl_2}
Reacción	$-2x$	$+2x$	$+x$
Equilibrio	$no_{NOCl} - 2x$	$+2x$	$no_{Cl_2} + x$

Como ves:

$$n_{gases\ iniciales} = no_{NOCl} + no_{Cl_2}$$

$$n_{gases\ equilibrio} = no_{NOCl} - 2x + 2x + no_{Cl_2} + x = no_{NOCl} + no_{Cl_2} + x$$

En el equilibrio, habrá mayor cantidad de gases en el reactor, con lo que la presión total será mayor que la inicial.

PÁGINA 14

CUESTIÓN 4

a) Dado un ácido en disolución acuosa:

$$XH_{(ac)} + H_2O_{(e)} \rightleftharpoons X^-_{(ac)} + H_3O^+_{(ac)}$$

la constante de disociación ácida Ka se define como:

$$Ka = \frac{[X^-] \cdot [H_3O^+]}{[XH]}$$

Como ves, dicha constante es directamente proporcional a los cones H_3O^+ en disolución con lo que podemos afirmar que cuanto mayor sea la Ka de un ácido, mayor concentración $[H_3O^+]$ en el equilibrio. Así, y vistos los valores de Ka proporcionados, sabemos que en las disoluciones proporcionadas:

$$[H_3O^+]_{HIO_3} > [H_3O^+]_{HNO_2} > [H_3O^+]_{HClO}$$

Por otro lado, sabemos que el pH toma un valor $pH = -\log([H_3O^+])$ lo que implica que cuanto mayor sea el valor de $[H_3O^+]$, menor será el pH. Por todo ello, concluimos que la disolución con mayor pH será la de HClO y además:

$$pH_{HClO} > pH_{HNO_2} > pH_{HIO_3}$$

b) la base conjugada del ácido XH es el con X⁻

Dicha base, tiene una constante de basicidad dada

por:

$$X^-_{(ac)} + H_2O_{(e)} \rightleftharpoons XH_{(ac)} + OH^-_{(ac)}$$

$$K_b = \frac{[XH][OH^-]}{[X^-]}$$

La relación entre la constante ácida de un ácido y la

constante básica de su base conjugada es la dada por:

$$K_a \cdot K_b = \frac{[X^-][H_3O^+]}{[XH]} \cdot \frac{[XH] \cdot [OH^-]}{[X^-]} = [H_3O^+][OH^-] = Kw$$

Y como el producto de $K_a \cdot K_b$ debe ser constante (Kw)

podemos asegurar que cuanto más fuerte sea un

ácido (mayor K_a) más débil será su base conjugada

(menor K_b). Por tanto, como:

menor   Mayor
acidez —————→ basicidad

$$K_a(HIO_3) > K_a(HNO_2) > K_a(HClO) \Rightarrow K_b(IO_3^-) < K_b(NO_2^-) < K_b(ClO^-)$$

mayor —————→ Menor
ácidez   basicidad

c) El HCl es un ácido fuerte que en disolución se encontrará totalmente disociado

$$HCl_{(ac)} + H_2O_{(e)} \longrightarrow Cl^-_{(ac)} + H_3O^+$$

Inicial   0'1M   ...   .

Equilibrio 0   ...   0'1M   0'1M

El HNO_2 <u>no</u> estará completamente disociado al ser un ácido débil

$$HNO_{2(ac)} + H_2O_{(e)} \rightleftharpoons NO_2^-_{(ac)} + H_3O^+_{(ac)}$$

Inicial   0'1 M   ...   .

Equilibrio 0'1-x   ...   x   x

Como ves $[H_3O^+]_{HCl_{(ac)}} > [H_3O^+]_{HNO_{2(ac)}} \implies pH_{HCl} < pH_{HNO_2}$

$\implies$ La afirmación es falsa.

d) Veamos los moles de cada sustancia:

$$M = \frac{n}{V} \begin{cases} n_{HClO} = 0'2 \cdot 0'02 = 4 \cdot 10^{-3} \text{ mol } HClO \\ n_{NaOH} = 0'1 \cdot 0'04 = 4 \cdot 10^{-3} \text{ mol } NaOH \end{cases}$$

La reacción de neutralización:

$$HClO_{(ac)} + NaOH_{(ac)} \longrightarrow NaClO_{(ac)} + H_2O_{(e)}$$

Inicial $4 \cdot 10^{-3}$ $4 \cdot 10^{-3}$ —   —

Final   0   0 $4 \cdot 10^{-3}$ ...

Como ves, los reactivos se agotan ambos por estar en proporción estequiométrica

Por otro lado, la sal en disolución:

$$NaClO_{(ac)} \longrightarrow Na^{+}_{(ac)} + ClO^{-}_{(ac)}$$

El ión sodio Na^{+} es ácido conjugado de una base fuerte (NaOH) y no hidrolizará. Sin embargo, el ión hipoclorito ClO^{-} es base conjugada del ácido débil HClO y reaccionará con el agua según:

$$ClO^{-}_{(ac)} + H_2O_{(e)} \rightleftharpoons HClO_{(ac)} + OH^{-}_{(ac)}$$

Por tanto, la disolución tendrá un pH básico y la afirmación es falsa.

CUESTIÓN 5

a) CH_3-CH_2-CHO propanal

$CH_3-CH_2-O-CH_3$ etil metil éter o metoxietano

$CH_3-CH-CH_2-CH_3$ 2-butanol o butan-2-ol
       |
      OH

donde únicamente el 2-butanol dará lugar a una cetona por oxidación según $CH_3-CH(OH)-CH_2-CH_3 \xrightarrow{oxi}$

butanona $\longleftarrow CH_3-CO-CH_2-CH_3$

b) $CH_3-CH_2Cl + NH_3 \longrightarrow CH_3-CH_2-NH_2 + HCl$

etilamina

$HCOOH + CH_3-CH_2-CH_2OH \longrightarrow HCOO-CH_2-CH_2-CH_3 + H_2O$

metanoato de propilo

$CH_3-CH(OH)-CH_3 \xrightarrow[calor]{H_2SO_4} CH_2=CH-CH_3 + H_2O$

propeno

CUESTIÓN 6

$$3 A_{(g)} + 2 B_{(g)} \longrightarrow 2 C_{(g)}$$

a)

Referencia	[A]	[B]	$V = K[A]^\alpha [B]^\beta$
Exp 1	$2\cdot[A]$	$[B]$	$4v$
Exp 2	$[A]$	$\frac{1}{2}[B]$	$\frac{1}{2}V$

$$\Rightarrow \frac{4\cancel{v}}{\cancel{v}} = \frac{K\cdot(2[A])^\alpha \cdot [B]^\beta}{K\cdot [A]^\alpha \cdot [B]^\beta} \Rightarrow 4 = 2^\alpha \Rightarrow \alpha = 2$$

$$\Rightarrow \frac{\frac{1}{2}\cancel{v}}{\cancel{v}} = \frac{K\cdot [A]^\alpha \cdot (\frac{1}{2}[B])^\beta}{K\cdot [A]^\alpha \cdot [B]^\beta} \Rightarrow \frac{1}{2} = \left(\frac{1}{2}\right)^\beta \Rightarrow \beta = 1$$

con lo que la ley de velocidad pedida

$$V = K\cdot [A]^2 \cdot [B]$$

PÁGINA 19

b) Conocida la ley de velocidad anterior, la resolución
es inmediata :

$$V = K \cdot [A]^2 \cdot [B] \longrightarrow K = \frac{V}{[A]^2 [B]}$$

$$K = \frac{2'82 \cdot 10^{-4} \frac{mol}{L \cdot s}}{0'1^2 \frac{mol^2}{L^2} \cdot 0'05 \frac{mol}{L}} = 0'564 \frac{L^2}{mol^2 \cdot s}$$

c) La velocidad de la reacción, en función de las
velocidades de desaparición y aparición de reactivos
y productos :

$$V = -\frac{1}{3} \cdot \frac{d[A]}{dt} = -\frac{1}{2} \cdot \frac{d[B]}{dt} = \frac{1}{2} \frac{d[C]}{dt}$$

Con lo que
$$\begin{cases} \dfrac{d[A]}{dt} = -3 \cdot V = -3 \cdot 2'82 \cdot 10^{-4} = -8'46 \cdot 10^{-4} \dfrac{mol}{L \cdot s} \\[3mm] \dfrac{d[C]}{dt} = 2V = 2 \cdot 2'82 \cdot 10^{-4} = 5'64 \cdot 10^{-4} \dfrac{mol}{L \cdot s} \end{cases}$$

d) Según la teoría de Arrhenius, la constante de
velocidad viene dada por :
$$K = A \cdot e^{\frac{-Ea}{R \cdot T}}$$

"A" es el factor de frecuencia y nos indica el número
de colisiones que hay entre las moléculas de reactivos

por unidad de tiempo.

$e^{-\frac{Ea}{R \cdot T}}$ es el factor exponencial y representa la fracción de esas colisiones que tienen una energía mayor o igual que la energía de activación E_a. Es decir, la fracción de colisiones que están siendo efectivas.

Teniendo en cuenta que la temperatura absoluta es siempre $T > 0$, es fácil razonar que $e^{-\frac{Ea}{RT}}$ es creciente con la temperatura. Además, y si quieres ya rizar el rizo, puedes razonar que:

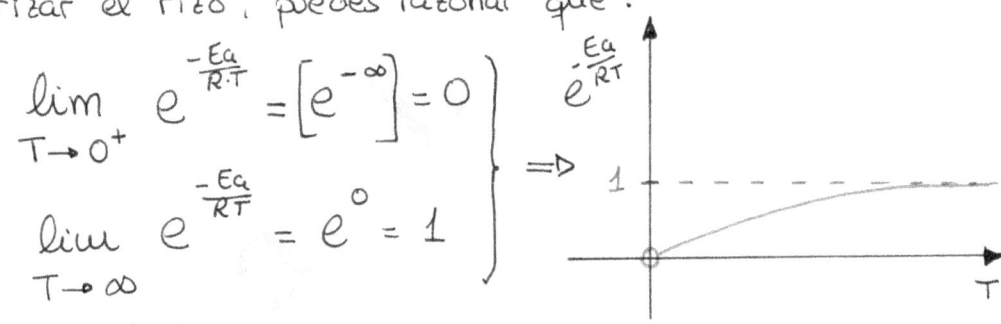

$$\lim_{T \to 0^+} e^{-\frac{Ea}{R \cdot T}} = [e^{-\infty}] = 0$$

$$\lim_{T \to \infty} e^{-\frac{Ea}{RT}} = e^{0} = 1$$

$$\Rightarrow$$

Con lo que:

$$0 < e^{-\frac{Ea}{RT}} < 1$$

El 0% de las colisiones son efectivas

Al aumentar T

El 100% de las colisiones son efectivas

Aumentando T, aumentará la constante de velocidad K y por tanto, la velocidad de reacción.

 GENERALITAT
VALENCIANA
Consultaria i Formativa
Universitat, Obrera
Societat Digital

COMISSIÓ GESTORA DE LES PROVES D'ACCÉS A LA UNIVERSITAT

COMISIÓN GESTORA DE LAS PRUEBAS DE ACCESO A LA UNIVERSIDAD

 SISTEMA UNIVERSITARI VALENCIÀ
SISTEMA UNIVERSITARIO VALENCIANO

PROVES D'ACCÉS A LA UNIVERSITAT		PRUEBAS DE ACCESO A LA UNIVERSIDAD	
CONVOCATÒRIA:	**JULIOL 2022**	CONVOCATORIA:	JULIO 2022
Assignatura: QUÍMICA		Asignatura: QUÍMICA	

BAREMO DEL EXAMEN: El examen consta de dos bloques: bloque I de cuatro problemas (se deben contestar *únicamente 2*) y bloque II de seis cuestiones (se deben contestar *únicamente 3*). Cada problema o cuestión tiene una puntuación máxima de 2 puntos. Únicamente se corregirán los 2 primeros problemas y las 3 primeras cuestiones respondidos en el examen escrito. Se permite el uso de calculadoras siempre que no sean gráficas o programables y que no puedan realizar cálculo simbólico ni almacenar texto o fórmulas en memoria.

Bloque I: PROBLEMAS (*elegir 2*)

Problema 1. *Cálculos estequiométricos.*

El hierro metálico se disuelve en disoluciones de ácido clorhídrico, de acuerdo con la siguiente ecuación química (no ajustada):

$$Fe(s) + HCl(ac) \rightarrow FeCl_3(ac) + H_2(g)$$

Una pieza de Fe puro se disolvió en 250,0 mL de una disolución de HCl 0,230 M. Tras la reacción se determinó que la concentración de HCl había disminuido hasta 0,146 M.

a) Ajuste la ecuación química y calcule la masa (en g) de Fe metálico que reaccionó. **(1 punto)**
b) Calcule la concentración molar de $FeCl_3$ en la disolución final. **(0,4 puntos)**
c) Calcule el volumen (en litros) de dihidrógeno generado, medido a 740 mmHg y 25 °C. **(0,6 puntos)**
Datos: Masas atómicas relativas: H = 1,0; Cl = 35,5; Fe = 55,8. R = 0,082 atm·L·mol^{-1}·K^{-1}; 1 atm = 760 mmHg.

Problema 2. *Equilibrio químico.*

En un reactor de 1 litro de capacidad, se introducen 0,1 mol de PCl_5 y se calienta a 250 °C. A esa temperatura se produce la disociación del PCl_5, según la ecuación química:

$$PCl_5(g) \rightleftarrows PCl_3(g) + Cl_2(g)$$

Una vez alcanzado el equilibrio, el porcentaje de disociación del PCl_5 es del 48 %. Calcule:
a) La presión total en el interior del reactor una vez alcanzado el equilibrio. **(0,7 puntos)**
b) El valor de las constantes K_p y K_C a la temperatura de trabajo. **(0,8 puntos)**
c) Indique razonadamente si, al disminuir el volumen del reactor a la mitad, manteniendo la temperatura constante, el porcentaje de disociación del PCl_5 aumentará o disminuirá. **(0,5 puntos)**
Dato: R = 0,082 atm·L·K^{-1}·mol^{-1}.

Problema 3. *Química ácido-base.*

En un laboratorio se dispone de los siguientes ácidos monopróticos: ácido cloroetanoico K_a = 1,51·10^{-3}, ácido láctico K_a = 1,48·10^{-4}, ácido propanoico K_a = 1,32·10^{-5}, ácido etanoico K_a = 1,78·10^{-5}.

a) Se mide el pH de una disolución 0,1 M de uno de los ácidos, obteniéndose un valor de 2,42. Teniendo en cuenta los datos suministrados, identifique de qué ácido se trata. **(1 punto)**
b) Una disolución del ácido más débil de los que figuran en la lista anterior tiene un pH 3,52. ¿Cuál es su concentración molar? **(1 punto)**

Problema 4. *Reacciones red-ox. Cálculos estequiométricos.*

En medio ácido, el peróxido de hidrógeno, H_2O_2, reacciona con el permanganato de potasio, $KMnO_4$, de acuerdo con la siguiente reacción (no ajustada):

$$H_2O_2(ac) + KMnO_4(ac) + H_2SO_4(ac) \rightarrow O_2(g) + MnSO_4(ac) + K_2SO_4(ac) + H_2O(l)$$

a) Escriba la semirreacción de oxidación y la de reducción, así como la ecuación química global ajustada. **(1 punto)**
b) Para determinar el contenido en H_2O_2, 50,0 mL de una muestra de agua oxigenada, que contenía un exceso de H_2SO_4, se hicieron reaccionar con una disolución de $KMnO_4$ de concentración 0,225 mol·L^{-1}. Se necesitaron 24,0 mL de la disolución de $KMnO_4$ para que la reacción se completase. Calcule la concentración de H_2O_2 (en mol·L^{-1}) en el agua oxigenada analizada. **(1 punto)**

Cuestión 1. *Configuración electrónica. Propiedades atómicas y periódicas.*

Responda razonadamente a las cuestiones siguientes:

a) ¿Qué átomo tiene mayor la primera energía de ionización, el calcio (Z = 20) o el germanio (Z = 32)? **(0,7 puntos)**

b) ¿Qué átomo tiene mayor electronegatividad, el potasio (Z = 19) o el arsénico (Z = 33)? **(0,7 puntos)**

c) ¿Qué átomo tiene mayor radio, el magnesio (Z = 12) o el cloro (Z = 17)? **(0,6 puntos)**

Cuestión 2. *Estructura molecular. Estructuras electrónicas de Lewis.*

a) Dibuje la estructura electrónica de Lewis de la molécula de diclorodifluorometano o freón–12 (CCl_2F_2) y del metanal o formaldehído (H_2CO). **(0,6 puntos)**

b) Indique la hibridación del átomo de C en cada una de estas especies químicas. **(0,4 puntos)**

c) Deduzca la geometría de ambas moléculas. **(0,6 puntos)**

d) Discuta la polaridad de cada una de las moléculas. **(0,4 puntos)**

Datos: Números atómicos, *Z*: H = 1; C = 6; O = 8; F = 9; Cl = 17.

Electronegatividades (Pauling): H = 2,20; C = 2,55; O = 3,44; F = 3,98. Cl = 3,16.

Cuestión 3. *Química red-ox.*

Se dispone en el laboratorio de láminas de plata, cobre y cinc, así como de disoluciones acuosas, de concentración 1 M, de las sales $AgNO_3$, $Cu(NO_3)_2$ y $Zn(NO_3)_2$. Conteste razonadamente a las siguientes cuestiones:

a) ¿Cuál de los tres metales es un reductor más fuerte? **(0,6 puntos)**

b) Construimos una pila con un electrodo formado por una lámina de Ag metálica sumergida en la disolución de $AgNO_3$ y otro formado por una lámina de Zn sumergida en la disolución de $Zn(NO_3)_2$. ¿Cuál de los electrodos funciona como ánodo y cuál como cátodo de la pila? ¿Cuál es el potencial estándar de la pila formada? **(0,8 puntos)**

c) Considerando la pila del apartado anterior, discuta si la lámina de cinc que actúa como electrodo aumenta o disminuye su masa a medida que avanza la reacción. **(0,6 puntos)**

Datos: Potenciales de reducción estándar, $E^o(V)$: $Ag^+|Ag = +0,80$; $Cu^{2+}|Cu = +0,34$; $Zn^{2+}|Zn = -0,76$.

Cuestión 4. *Química ácido-base.*

Se dispone en el laboratorio de cuatro disoluciones: A (HCl 0,1 M), B (NaOH 0,1 M), C (HF 0,1 M) y D (NH_3 0,1 M). Discuta razonadamente si las siguientes afirmaciones son verdaderas o falsas: **(0,5 puntos cada apartado)**

a) El pH de la disolución A es mayor que el de la disolución C.

b) Al mezclar 50 mL de la disolución A con 25 mL de la disolución B se obtiene una disolución básica.

c) El pH de la disolución B es mayor que el de la disolución D.

d) Al mezclar 50 mL de la disolución A con 50 mL de la disolución D se obtiene una disolución neutra.

Datos: K_a (HF) = $6,6 \cdot 10^{-4}$; K_b (NH_3) = $1,8 \cdot 10^{-5}$; K_W = 10^{-14}.

Cuestión 5. *Cinética química.*

La cinética de la descomposición del peróxido de hidrógeno, H_2O_2, al reaccionar con el ion yoduro, I^-, es de primer orden tanto respecto del H_2O_2 como del I^-. Discuta razonadamente si las siguientes afirmaciones son verdaderas o falsas: **(0,5 puntos cada apartado)**

a) Un aumento en la concentración de H_2O_2 no tiene ningún efecto sobre la velocidad de reacción.

b) Al aumentar la temperatura a la que se produce la descomposición del peróxido de hidrógeno, aumenta la velocidad de la reacción.

c) La variación en la concentración del ion yoduro afecta más al valor de la velocidad de reacción que la variación de la concentración de H_2O_2.

d) La velocidad de la reacción se duplica al duplicar el volumen del reactor, manteniendo constante la temperatura.

Cuestión 6. *Reactividad y formulación orgánica.*

Para cada una de las reacciones siguientes, escriba la fórmula de los reactivos orgánicos, complete las reacciones y nombre los compuestos orgánicos resultantes. **(0,5 puntos cada apartado)**

a)   2-buteno (o but-2-eno) + bromuro de hidrógeno $\longrightarrow$

b)   3-pentanol (o pentan-3-ol) $\xrightarrow{H_2SO_4, \ calor}$

c)   1-butanol (o butan-1-ol) + ácido 2-metilpropanoico $\xrightarrow{H^+}$

d)   Butanona $\xrightarrow{LiAlH_4 \ (reductor)}$

PROBLEMA 1

Escribimos la reacción ajustada:

$$2 \, Fe_{(s)} + 6 \, HCl_{(ac)} \longrightarrow 2 \, FeCl_{3 \, (ac)} + 3 \, H_{2 \, (g)}$$

Inicialmente, tenemos 250 mL de una dsón 0'23 M de HCl

$$250 \, mL \, dsón \times \frac{1 \, L \, dsón}{1000 \, mL \, dsón} \times \frac{0'23 \, mol \, HCl_{(g)}}{1 \, L \, dsón \, HCl} = 0'0575 \, mol \, HCl$$

Tras la reacción, al consumirse $HCl_{(g)}$, la molaridad disminuye hasta 0'146 M:

$$250 \, mL \, dsón \times \frac{1 \, L \, dsón}{1000 \, mL \, dsón} \times \frac{0'146 \, mol \, HCl}{1 \, L \, dsón \, HCl} = 0'0365 \, mol \, HCl$$

Por tanto, ha reaccionado

$$0'0575 - 0'0365 = 0'021 \, mol \, HCl_{(g)} \text{ reacciona}$$

Conocido el $HCl_{(g)}$ consumido, la resolución es inmediata

a) $0'021 \, mol \, HCl \times \dfrac{2 \, mol \, Fe_{(s)}}{6 \, mol \, HCl} \times \dfrac{55'8 \, g \, Fe_{(s)}}{1 \, mol \, Fe_{(s)}} = 0'3906 \, g \, Fe_{(s)}$

b) $0'021 \, mol \, HCl \times \dfrac{2 \, mol \, FeCl_3}{6 \, mol \, HCl} = 0'007 \, mol \, FeCl_{3 \, (s)}$

Y por tanto $\quad M = \dfrac{n_{soluto}}{V_{dsón}} = \dfrac{0'007}{0'25} = 0'028 \, mol/L$

PROBLEMA 1

c) $0'021$ mol $HCl \times \dfrac{3 \text{ mol } H_2}{6 \text{ mol } HCl} = 0'0105$ mol $H_2 (g)$

Y con la ley de gases :

$$P \cdot V = n \cdot R \cdot T \Rightarrow V = \dfrac{0'0105 \cdot 0'082 \cdot 298}{740/760} = 0'2635 \text{ L de } H_2 (g)$$

$\boxed{\text{PROBLEMA 2}}$

$$PCl_{5 (g)} \rightleftharpoons PCl_{3 (g)} + Cl_{2 (g)} \qquad V = 1 L$$

	$PCl_{5 (g)}$	$PCl_{3 (g)}$	$Cl_{2 (g)}$	
Inicial	$0'1$	—	—	$T = 523 K$
Reacción	$-x$	$+x$	$+x$	$\alpha = 0'48$
Equilibrio	$0'1 - x$	$+x$	$+x$	

Como $PCl_{5 (g)}$ está disociado al 48%

$$\alpha = \dfrac{x}{n_0} \longrightarrow x = \alpha \cdot n_0 = 0'48 \cdot 0'1 = 0'048 \text{ mol}$$

a) Para la presión total :

$$n_{\substack{\text{totales} \\ \text{gas}}} = 0'1 - x + x + x = 0'1 + x = 0'148 \text{ mol}$$

Y con la ley de gases :

$$P \cdot V = n \cdot R \cdot T \Rightarrow P_{TOTAL} = \dfrac{0'148 \cdot 0'082 \cdot 523}{1} = 6'347 \text{ atm}$$

PROBLEMA 2

b) $K_c = \dfrac{[PCl_3] \cdot [Cl_2]}{[PCl_5]} = \dfrac{\frac{x}{V} \cdot \frac{x}{V}}{\frac{0'1 - x}{V}} = \dfrac{0'048^2}{0'1 - 0'048} = 0'0443$

$K_p = K_c (RT)^{\Delta n_{gas}} = 0'0443 \cdot (0'082 \cdot 523)^1 = 1'9$

c) Al disminuir el volumen del reactor manteniendo la temperatura constante, la presión aumentará. Para obtener un nuevo equilibrio, la reacción se desplazará hacia donde haya un menor número de moles gaseosos. En nuestro caso, lo hará en sentido inverso formando de nuevo $PCl_{5(g)}$ y, en consecuencia, DISMINUIRÁ el porcentaje de disociación.

PROBLEMA 3

a) Tenemos un ácido monoprótico débil XH 0'1 M:

$$XH_{(ac)} + H_2O_{(l)} \rightleftharpoons X^-_{(ac)} + H_3O^+_{(ac)}$$

	XH	H₂O	X⁻	H₃O⁺
Inicial	0'1 M	–	–	–
Reacción	– x	...	+ x	+ x
Equilibrio	0'1 – x	...	+ x	+ x

Como conocemos el pH:

$$pH = -\log [H_3O^+] \implies 2'42 = -\log(x) \implies x = 3'802 \cdot 10^{-3} \, mol/L$$

Y así, la constante ácida:

$$K_a = \frac{[x^-][H_3O^+]}{[xH]} = \frac{x^2}{0'1-x} = \frac{(3'802\cdot 10^{-3})^2}{0'1 - 3'802\cdot 10^{-3}} = 1'5 \cdot 10^{-4}$$

Teniendo en cuenta los valores proporcionados, se concluye que se trata de ÁCIDO LÁCTICO.

b) De los ácidos proporcionados, el más débil es el que tiene menor K_a. En nuestro caso, el propanoico.

$$CH_3-CH_2-COOH_{(ac)} + H_2O_{(e)} \rightleftharpoons CH_3-CH_2-COO^-_{(ac)} + H_3O^+_{(ac)}$$

Inicial	C_0	...	—	—
Reacción	$-x$	...	$+x$	$+x$
Equilibrio	C_0-x	...	$+x$	$+x$

Como conocemos el pH:

$$pH = -\log [H_3O^+] \implies 3'52 = -\log(x) \implies x = 3'02 \cdot 10^{-4} \, mol/L$$

Y con la constante:

$$K_a = \frac{x^2}{C_0-x} \longrightarrow 1'32\cdot 10^{-5} = \frac{(3'02\cdot 10^{-4})^2}{C_0 - 3'02\cdot 10^{-4}} \longrightarrow C_0 = 7'21\cdot 10^{-3} \, mol/L$$

PROBLEMA 4

$$\overset{+1\ -1}{H_2O_2}{}_{(ac)} + \overset{+1\ +7\ -2}{KMnO_4}{}_{(ac)} + \overset{+1\ +6\ -2}{H_2SO_4}{}_{(ac)} \longrightarrow \overset{0}{O_2}{}_{(g)} + \overset{+2\ +6\ -2}{MnSO_4}{}_{(ac)} + \overset{+1\ +6\ -2}{K_2SO_4}{}_{(ac)} + \overset{+1\ -2}{H_2O}{}_{(e)}$$

Reducción: $\left(\overset{+7}{MnO_4^-}{}_{(ac)} + 8H^+_{(ac)} + 5e^- \longrightarrow \overset{+2}{Mn}{}_{(ac)} + 4H_2O_{(e)} \right) \times 2$

Oxidación: $\left(\overset{-1}{H_2O_2}{}_{(ac)} \longrightarrow \overset{0}{O_2}{}_{(g)} + 2H^+_{(ac)} + 2e^- \right) \times 5$

$$2MnO_4^-{}_{(ac)} + \overset{6H^+}{\cancel{16}H^+_{(ac)}} + 5H_2O_2{}_{(ac)} \longrightarrow 2\overset{2+}{Mn}{}_{(ac)} + 8H_2O_{(e)} + 5O_2{}_{(g)} + \cancel{10H^+}_{(ac)}$$

Iónica: $2MnO_4^- + 6H^+_{(ac)} + 5H_2O_2{}_{(ac)} \longrightarrow 2\overset{2+}{Mn}{}_{(ac)} + 8H_2O_{(e)} + 5O_2{}_{(g)}$

Molecular:

$$5H_2O_2{}_{(ac)} + 2KMnO_4{}_{(ac)} + 3H_2SO_4{}_{(ac)} \longrightarrow 5O_2{}_{(g)} + 2MnSO_4{}_{(ac)} + K_2SO_4{}_{(ac)} + 8H_2O_{(e)}$$

50 mL	24 mL
M ?	0'225 M

$$24\ mL\ dsón\ KMnO_4 \times \frac{1\ L\ dsón}{1000\ mL\ dsón} \times \frac{0'225\ mol\ KMnO_4}{1\ L\ dsón} \times$$

$$\times \frac{5\ mol\ H_2O_2}{2\ mol\ KMnO_4} = 0'0135\ mol\ H_2O_2$$

Con lo que la molaridad pedida:

$$M = \frac{n_{soluto}}{V_{dsón}} = \frac{0'0135}{0'05} = 0'27\ mol/L$$

PÁGINA 5

{CUESTIÓN 1}

Primero, obtengamos la configuración electrónica de cada átomo para situarlos en la tabla periódica.

Ca $(z=20)$: $1s^2 2s^2 2p^6\, 3s^2 3p^6\, 4s^2$ $\longrightarrow$ Grupo 2 Periodo 4

Ge $(z=32)$: $1s^2\, 2s^2 2p^6\, 3s^2 3p^6 4s^2\, 3d^{10} 4p^2$ $\longrightarrow$ Grupo 14 Periodo 4

K $(z=19)$: $1s^2 2s^2 2p^6 3s^2 3p^6 4s^1$ $\longrightarrow$ Grupo 1 Periodo 4

As $(z=33)$: $1s^2 2s^2 2p^6 3s^2 3p^6 4s^2 3d^{10} 4p^3$ $\longrightarrow$ Grupo 15 Periodo 4

Mg $(z=12)$: $1s^2 2s^2 2p^6 3s^2$ $\longrightarrow$ Grupo 2 Periodo 3

Cl $(z=17)$: $1s^2 2s^2 2p^6 3s^2 3p^5$ $\longrightarrow$ Grupo 17 Periodo 3

El radio atómico se define como la distancia entre el núcleo y el orbital más externo de un átomo. Cuantas más capas electrónicas tiene un átomo, mayor su tamaño y por tanto, los radios atómicos de un grupo de elementos aumentan al descender en un grupo. Del mismo modo es fácil deducir que a medida que nos movemos hacia la derecha en un mismo periodo aumenta la carga nuclear efectiva al aumentar el número de protones en el núcleo que, al atraer

PÁGINA 6

a los electrones con mayor intensidad, contraen el átomo disminuyendo así su radio.

La energía de ionización es la energía que se requiere para arrancar un electrón de un átomo gaseoso en su estado fundamental:

$$X_{(g)} + E.I \longrightarrow X^{+}_{(g)} + e^{-}$$

Dentro de un mismo grupo, tienen mayor energía de ionización los elementos situados más arriba en la tabla periódica ya que al tener menos capas electrónicas los electrones a arrancar están más cerca del núcleo y por tanto, más fuertemente atraídos. Del mismo modo, dentro de un mismo periodo, tienen mayor energía de ionización los elementos situados más a la derecha por los motivos ya expuestos del aumento de la carga nuclear efectiva que contrae el núcleo haciendo que cueste más arrancar el electrón al estar éste más cerca del núcleo y por tanto mayormente

©Juan Bertomeu Ferrer
www.bertoblog.com

atraído.

La electronegatividad es una medida de la capacidad de un átomo para atraer hacia sí los a los electrones cuando forma un enlace químico en una molécula. Su valor está directamente relacionado con la masa atómica y la distancia promedio de los electrones de valencia al núcleo atómico. En general la variación periódica de la electronegatividad es la misma que la energía de ionización. Por todo ello:

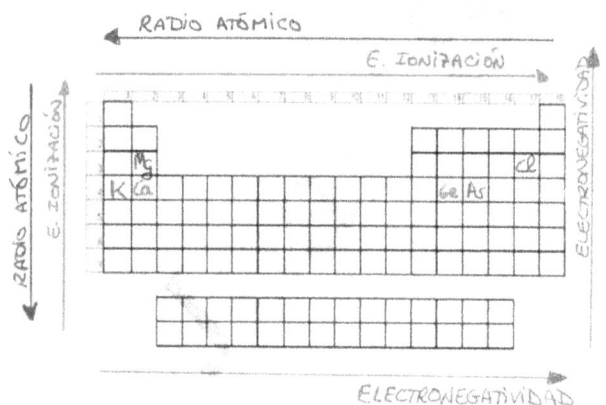

a) $EI(Ge) > EI(Ca)$

b) $EN(As) > EN(K)$

c) $r_{Mg} > r_{Cl}$

CUESTIÓN 2.

$H(z=1): 1s^1 \longrightarrow 1e^-$ de valencia $F(z=9): 1s^2 2s^2 2p^5 \longrightarrow 7e^-$ val

$C(z=6): 1s^2 2s^2 2p^2 \longrightarrow 4e^-$ de val $Cl(z=17): 1s^2 2s^2 2p^6 3s^2 3p^5$

$\longrightarrow 7e^-$ val

©Juan Bertomeu Ferrer
www.bertoblog.com

$\boxed{C\,Cl_2\,F_2}$ LEWIS + RPECV

Cl
F   C   F   ⟹   Cl
                |
              F–C–F   ⟹ $:\ddot{C}l:$
                | |
                Cl $:\ddot{F}–C–\ddot{F}:$
                               |
                            $:\ddot{C}l:$

32 electrones   Quedan 24e⁻   Definitiva !!

La estructura es definitiva al ser nula la carga formal sobre todos los átomos. Se trata de una molécula tipo AX_4 que presentará geometría tetraédrica.

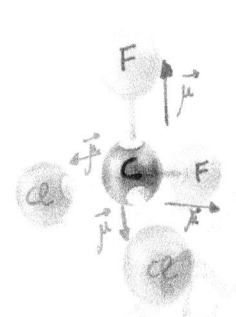

Aprovechando la representación de la molécula hemos representando los momentos dipolares $\vec{\mu}$, y como ves

$$\vec{\mu}_{TOTAL} \neq \vec{0} \implies \text{MOLÉCULA POLAR}$$

Como ves, el carbono forma cuatro enlaces covalentes y presentará hibridación sp^3 según:

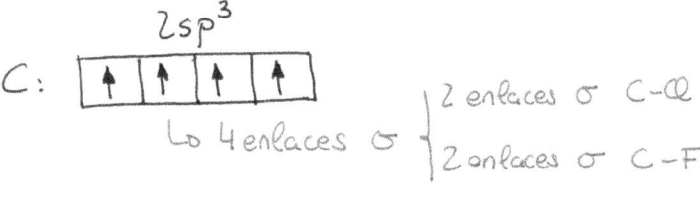

C: [↑↓] [↑|↑|] —promoción→ C*: [↑] [↑|↑|↑] —hibridación→

     2s   2p   2s   2p

         $2sp^3$
C: [↑|↑|↑|↑]

Lo 4 enlaces σ { 2 enlaces σ C–Cl
                2 enlaces σ C–F

PÁGINA 9

$\boxed{H_2CO}$ LEWIS + RPECV

$\overset{O}{\underset{H \quad C \quad H}{}}$ $\Longrightarrow$ $H-\overset{\overset{O}{|}}{C}-H$ $\Longrightarrow$ $H-\overset{\overset{:\ddot{O}:^{\ominus}}{|}}{\underset{}{C}^{\oplus}}-H$ $\Longrightarrow$ $H-\overset{\overset{\cdot\ddot{O}\cdot}{\|}}{C}-H$

12 electrones   Quedan 6e⁻   Carga formal   Definitiva!!

La estructura es definitiva al ser nula la carga formal sobre todos los átomos. Se trata de una molécula AX_3 que presentará geometría triangular plana.

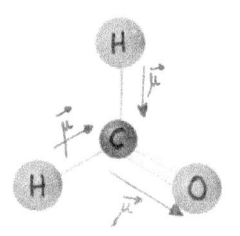

Como ves, al tenerse

$\vec{\mu}_{TOTAL} \neq \vec{0}$ $\Longrightarrow$ MOLÉCULA POLAR

Como ves, el carbono enlaza con tres átomos (3 enlaces σ) y forma un enlace múltiple. Por tanto, el carbono presenta hibridación sp^2 según:

C: $\boxed{\uparrow\downarrow}^{2s}$ $\boxed{\uparrow|\uparrow|\ }^{2p}$ $\overset{\text{promoción}}{\Longrightarrow}$ C*: $\boxed{\uparrow}^{2s}$ $\boxed{\uparrow|\uparrow|\uparrow}^{2p}$ $\overset{\text{hibridación}}{\Longrightarrow}$

C: $\boxed{\uparrow|\uparrow|\uparrow}^{2sp^2}$ $\boxed{\uparrow}^{2p_z}$

↳ 1 enlace π (p_z-p_z) C-O

↳ 2 enlaces σ (sp^2-s) C-H

1 enlace σ (sp^2-sp^2) C-O

CUESTIÓN 3

a) El metal con mayor poder de reducción será el que mayor tendencia tenga a oxidarse. Dados los potenciales de reducción vemos que:

$$E^o_{red}(Ag^+|Ag) = +0'80 \text{ V} \longrightarrow E^o_{oxi}(Ag|Ag^+) = -0'80 \text{ V}$$

$$E^o_{red}(Cu^{2+}|Cu) = +0'34 \text{ V} \longrightarrow E^o_{oxi}(Cu|Cu^{2+}) = -0'34 \text{ V}$$

$$E^o_{red}(Zn^{2+}|Zn) = -0'76 \text{ V} \longrightarrow E^o_{oxi}(Zn|Zn^{2+}) = +0'76 \text{ V}$$

Como ves, el $Zn_{(s)}$ es el metal con mayor tendencia a oxidarse y por tanto será el reductor más fuerte.

b) De los potenciales dados, vemos que $Ag^+_{(ac)}$ tiene la mayor tendencia a reducirse. Por tanto $Ag^+_{(ac)}$ se reducirá (CÁTODO) y el $Zn_{(s)}$ se oxidará (ÁNODO):

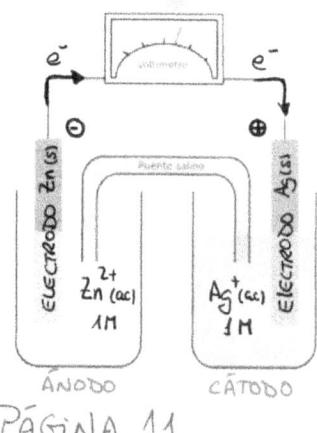

Reducción: $(Ag^+_{(ac)} + 1e^- \longrightarrow Ag_{(s)}) \times 2$ $E^o_{red} = 0'80 \text{V}$
(CÁTODO)

Oxidación $Zn_{(s)} \longrightarrow Zn^{2+}_{(ac)} + 2e^-$ $E^o_{oxi} = 0'76 \text{ V}$
(ÁNODO)

_____

PILA: $2Ag^+_{(ac)} + Zn_{(s)} \longrightarrow Zn^{2+}_{(ac)} + 2Ag_{(s)}$

$$E^o_{pila} = 1'56 \text{ V}$$

PÁGINA 11

c) Como acabas de ver, la lámina de Zn(s) se irá disolvien-do formando $Zn^{2+}_{(ac)}$ a medida que transcurra la reacción y por tanto la masa de la lámina irá DISMINUYENDO.

CUESTIÓN 4

a)
$$HCl_{(ac)} + H_2O_{(l)} \longrightarrow Cl^-_{(ac)} + H_3O^+_{(ac)} \qquad \text{DISOLUCIÓN A}$$
ÁCIDO FUERTE

Inicial	0'1 M ...	−	−
Equilibrio	0 ...	0'1	0'1

$$pH = -\log[H_3O^+] = -\log(0'1) = 1$$

$$HF_{(ac)} + H_2O_{(l)} \rightleftharpoons F^-_{(ac)} + H_3O^+_{(ac)} \qquad \text{DISOLUCIÓN C}$$
ÁCIDO DÉBIL

Inicial	0'1 M ...	−	−
Equilibrio	0'1 − x ...	+x	+x

$$K_a(HF) = \frac{[F^-][H_3O^+]}{[HF]} \Rightarrow 6'6\cdot 10^{-4} = \frac{x^2}{0'1-x} \Rightarrow$$

$$\Rightarrow x^2 + 6'6\cdot 10^{-4}x - 6'6\cdot 10^{-5} = 0 \quad \begin{array}{l} \nearrow x = 7'8\cdot 10^{-3}\,mol/L \\ \searrow x = \text{Negativo} \end{array}$$

$$pH = -\log[H_3O^+] = -\log(7'8\cdot 10^{-3}) = 2'11$$

$$\Rightarrow pH_{(HF)} > pH_{(HCl)} \Rightarrow \text{Afirmación Falsa}$$

b) $M = \dfrac{n}{V}$

$n_{HCl} = 0'1 \cdot 0'05 = 0'005$ mol HCl

$n_{NaOH} = 0'1 \cdot 0'025 = 0'0025$ mol NaOH

$$HCl_{(ac)} + NaOH_{(ac)} \longrightarrow NaCl_{(ac)} + H_2O_{(e)}$$

Inicial	0'005	0'0025	—	—
Reacción	-0'0025	-0'0025	+0'0025	...
Final	0'0025	0	0'0025	...

Como ves, tras finalizar la reacción de neutralización tendremos un exceso de 0'0025 mol de HCl, así como 0'0025 mol de sal NaCl. Ninguno de los iones que constituyen la sal (Na^+ y Cl^-) sufre hidrólisis al provenir de ácido y base fuerte. El pH quedará determinado por el exceso de ácido según:

$$HCl_{(ac)} + H_2O_{(e)} \longrightarrow Cl^-_{(ac)} + H_3O^+_{(ac)}$$

Inicial	$\dfrac{0'0025}{0'075} = 0'033$ mol/L	—	—	
Equilibrio	0		0'033	0'033

$$\Rightarrow pH = -\log[H_3O^+] = -\log(0'033) = 1'48$$

$\Rightarrow$ Se trata de una disolución ácida
y la afirmación es falsa

c) $NaOH_{(ac)} \longrightarrow Na^+_{(ac)} + OH^-_{(ac)}$ DISOLUCIÓN B

Inicial   0'1   BASE FUERTE

Equilibrio   0   0'1   0'1

$pOH = -log[OH^-] = -log(0'1) = 1$

$pH + pOH = 14 \implies pH = 13$

        $NH_{3(ac)} + H_2O_{(e)} \rightleftharpoons NH_4^+{}_{(ac)} + OH^-_{(ac)}$ DISOLUCIÓN D
                                                                 BASE DÉBIL

Inicial   0'1   ···   ···   ···

Equilibrio 0'1-x   +x   +x

$K_b(NH_3) = \dfrac{[NH_4^+][OH^-]}{[NH_3]} \implies 1'8\cdot10^{-5} = \dfrac{x^2}{0'1-x} \implies$

$\implies x^2 + 1'8\cdot10^{-5}x - 1'8\cdot10^{-6} = 0$
   ↗ $x = 1'33\cdot10^{-3}$ mol/L
   ↘ $x = $ Negativo

$pOH = -log[OH^-] = -log(1'33\cdot10^{-3}) = 2'87$

$pH + pOH = 14 \implies pH = 11'13$

$\implies pH_{(NaOH)} > pH_{(NH_3)} \rightarrow$ La afirmación es verdadera

d) $M = \dfrac{n}{V}$ ↗ $n_{HCl} = 0'1\cdot0'05 = 0'005$ mol HCl
                         ↘ $n_{NH_3} = 0'1\cdot0'05 = 0'005$ mol NH_3

La reacción de neutralización:

$$HCl_{(ac)} + NH_{3(ac)} \longrightarrow NH_4Cl_{(ac)}$$

Inicial	0'005	0'005	—
Reacción	−0'005	−0'005	+0'005
Final	0	0	+0'005

Al finalizar la reacción, los reactivos se han agotado por completo al estar en proporción estequiométrica y solo nos queda la sal NH_4Cl. Dicha sal está constituida por los iones NH_4^+ y Cl^-. Cl^- no hidroliza al provenir de ácido fuerte, sin embargo, el amonio NH_4^+ es el ácido conjugado de la base débil NH_3 e hidrolizará según:

$$NH_4^+{}_{(ac)} + H_2O_{(e)} \rightleftharpoons NH_{3(ac)} + H_3O^+{}_{(ac)}$$

Inicial	$\frac{0'005}{0'1} = 0'05\, mol/L$		—
Reacción	−x	...	+x	+x
Equilibrio	0'05−x		+x	+x

$$Ka \cdot Kb = Kw \longrightarrow K_a(NH_4^+) \cdot K_b(NH_3) = Kw \Longrightarrow$$

$$\Longrightarrow K_a(NH_4^+) = \frac{10^{-14}}{1'8 \cdot 10^{-5}} = 5'55 \cdot 10^{-10}$$

$$Ka = \frac{[NH_3] \cdot [H_3O^+]}{[NH_4^+]} \rightarrow 5'55 \cdot 10^{-10} = \frac{x^2}{0'05 - x} \rightarrow$$

$$\rightarrow x^2 + 5'55 \cdot 10^{-10} x - 2'78 \cdot 10^{-11} = 0$$

$x = 5'27 \cdot 10^{-6}$ mol/L

~~$x = $ Negativo~~

$$\Rightarrow pH = -\log[H_3O^+] = -\log(5'27 \cdot 10^{-6}) = 5'28$$

$\Rightarrow$ La disolución es ácida y la afirmación es falsa

(Nota) Esta cuestión está pensada para que puedas razonar el caracter ácido, básico o neutro de las disoluciones sin calcular el pH numéricamente. Sin embargo, yo lo he calculado para que os sirva para practicar esta parte que suele ser de las que más os cuesta.

CUESTIÓN 5

Reacción de descomposición
de H_2O_2 en presencia de I^- $\Rightarrow V_{reacción} = K \cdot [H_2O_2][I^-]$

a) Como ves en la ecuación cinética, la velocidad de reacción es directamente proporcional a la concentración de H_2O_2. Si aumenta ésta, también lo hará la velocidad de reacción. La afirmación es falsa.

b) La constante de velocidad depende de la temperatura según la ecuación de Arrhenius según:

$$K = A \cdot e^{\frac{-Ea}{RT}}$$

$e^{\frac{-Ea}{RT}}$ es el factor exponencial y representa la fracción de las colisiones que tienen una energía mayor o igual que la energía de activación (Ea). Al aumentar la temperatura aumentará dicho factor y por tanto la constante de velocidad. Al aumentar la constante, también aumenta la velocidad de reacción. La afirmación es verdadera.

c) La cinética de la descomposición del H_2O_2 es de primer orden tanto respecto al H_2O_2 como al I^-. Por tanto una variación en $[I^-]$ afectaría a la velocidad de reacción de igual modo a como lo haría la misma variación en $[H_2O_2]$. La afirmación por tanto es falsa.

d) Si se duplica el volumen del reactor, la concentración disminuirá, con lo que la velocidad de reacción también disminuirá:

Referencia: $V = K \cdot [H_2O_2][I^-]$

Cambio Volumen: $V' = K \cdot \dfrac{[H_2O]}{2} \cdot \dfrac{[I^-]}{2}$ $\Bigg\}$ $V' = \dfrac{V}{4}$

La velocidad de reacción disminuye a la cuarta parte al duplicar el volumen y la afirmación es falsa.

CUESTIÓN 6

a) $CH_3 - CH = CH - CH_3 + HBr \longrightarrow CH_3 - CH_2 - CHBr - CH_3$

2-buteno + bromuro de hidrógeno   2-bromobutano

b) $CH_3 - CH_2 - \underset{\underset{OH}{|}}{CH} - CH_2 - CH_3 \xrightarrow[calor]{H_2SO_4} CH_3 - CH = CH - CH_2 - CH_3 + H_2O$

3-pentanol   2-penteno   agua

c) $CH_3 - CH_2 - CH_2 - \underset{\underset{OH}{|}}{CH_2} + CH_3 - \underset{\underset{CH_3}{|}}{CH} - COOH \longrightarrow CH_3 - \underset{\underset{CH_3}{|}}{CH} - COO - CH_2 - CH_2 - CH_2 - CH_3$

1-butanol + ácido metilpropanoico   metilpropanoato de butilo + H_2O

agua

d) $CH_3 - CH_2 - CO - CH_3 \xrightarrow{Li AlH_4} CH_3 - CH_2 - \underset{\underset{OH}{|}}{CH} - CH_3$

butanona   2-butanol

PÁGINA 18

COMISSIÓ GESTORA DELS PROVES D'ACCÉS A LA UNIVERSITAT

COMISIÓN GESTORA DE LAS PRUEBAS DE ACCESO A LA UNIVERSIDAD

PROVES D'ACCÉS A LA UNIVERSITAT	PRUEBAS DE ACCESO A LA UNIVERSIDAD
CONVOCATÒRIA: JUNY 2023	CONVOCATORIA: JUNIO 2023
Assignatura: QUÍMICA	Asignatura: QUÍMICA

BAREMO DEL EXAMEN:
El examen consta de dos bloques: bloque I de cuatro problemas (se deben contestar *únicamente 2*) y bloque II de seis cuestiones (se deben contestar *únicamente 3*). Cada problema o cuestión tiene una puntuación máxima de 2 puntos.
Únicamente se corregirán los 2 primeros problemas y las 3 primeras cuestiones respondidos en el examen escrito. Se permite el uso de calculadoras siempre que no sean gráficas o programables y que no puedan realizar cálculo simbólico ni almacenar texto o fórmulas en memoria.

Bloque I: **PROBLEMAS (*elegir 2*)**

Problema 1. *Cálculos estequiométricos.*

Un mordiente es una sustancia que sirve para fijar los colores en los tejidos. El acetato de calcio se utiliza como mordiente y se prepara al reaccionar ácido acético con hidróxido de calcio según la siguiente ecuación química <u>no</u> ajustada:

$$CH_3\text{-}COOH(ac) + Ca(OH)_2(ac) \rightarrow Ca(CH_3\text{-}COO)_2(ac) + H_2O(l)$$

a) ¿Qué volumen de una disolución de $Ca(OH)_2$ 0,5 M se necesita para reaccionar completamente con 25 mL de una disolución de ácido acético de 58 % en masa y densidad 1,065 $g \cdot mL^{-1}$? **(1 punto)**

b) Si tras mezclar las dos disoluciones del apartado anterior se obtienen 17,9 g de acetato de calcio, calcule el rendimiento de la reacción, así como la masa de agua, en gramos, formada en la reacción. **(1 punto)**

Datos: Masas atómicas relativas: H = 1,0; C = 12,0; O = 16,0; Ca = 40,0.

Problema 2. *Equilibrio químico.*

Para la reacción en equilibrio 2 $NOCl(g) \rightleftarrows$ 2 $NO(g)$ + $Cl_2(g)$, K_P tiene un valor de 0,0168 a 240 °C. En un recipiente de 2 litros, mantenido a la temperatura de 240 °C, se introduce una cantidad indeterminada de NOCl. Cuando se establece el equilibrio, la presión parcial de NOCl es de 0,16 atm.

a) Calcule el valor de K_C y las presiones parciales de los gases NO y Cl_2 en el equilibrio. **(1,2 puntos)**

b) Calcule la cantidad (en moles) de NOCl que se ha introducido inicialmente. **(0,8 puntos)**

Dato: R = 0,082 atm·L·mol^{-1}·K^{-1}.

Problema 3. *Reacciones ácido-base.*

El ácido benzoico, $C_7H_6O_2$, es un ácido monoprótico que se utiliza como conservante y se identifica con el código europeo E-210. En una industria alimentaria, se prepara una disolución de ácido benzoico de concentración 0,01 mol·L^{-1}.

a) En la disolución acuosa preparada, el ácido benzoico se encuentra ionizado en un 7,6 %. Calcule la constante de acidez, K_a, y el pH de la disolución. **(1,2 puntos)**

b) Para conservar aceitunas, la legislación fija un máximo de 0,5 g de ácido benzoico por kg de aceitunas. Calcule el volumen de la disolución de ácido benzoico 0,01 M preparada que hay que introducir en un bote que contiene 2 kg de aceitunas para ajustarse a este máximo legal. **(0,8 puntos)**

Datos: Masas atómicas relativas: H = 1,0; C = 12,0; O = 16,0.

Problema 4. *Reacciones redox. Cálculos estequiométricos.*

El dióxido de cloro, ClO_2 es un desinfectante y decolorante que puede obtenerse haciendo reaccionar clorato de sodio, $NaClO_3$, con peróxido de hidrógeno, H_2O_2, en medio ácido, de acuerdo con la siguiente ecuación química <u>no</u> ajustada:

$$NaClO_3(ac) + H_2O_2(ac) + H_2SO_4(ac) \rightarrow ClO_2(g) + O_2(g) + H_2O(l) + Na_2SO_4(ac)$$

a) Escriba la semirreacción de oxidación y la de reducción, así como la ecuación química global ajustada tanto en su forma iónica como molecular. **(1 punto)**

b) Calcule el volumen de ClO_2 obtenido (medido a 20 °C y 790 mmHg), cuando se mezcla la disolución A (250 mL de una disolución 0,08 M de H_2O_2 en exceso de H_2SO_4) con la disolución B (200 mL de una disolución 0,15 M de $NaClO_3$ en exceso de H_2SO_4). **(1 punto)**

Datos: 1 atm = 760 mmHg. R = 0,082 atm·L·K^{-1}·mol^{-1}.

Cuestión 1. *Estructura atómica y molecular. Propiedades periódicas.*

Considere los elementos A, B, C y D, cuyos números atómicos son 12, 15, 17 y 19, respectivamente. Responda a las siguientes cuestiones: **(0,5 puntos cada apartado)**

a) Escriba la configuración electrónica de cada uno de los elementos propuestos e indique en qué grupo y periodo de la tabla periódica se encuentra cada uno.

b) Ordene justificadamente los elementos por orden creciente de su primera energía de ionización.

c) Elija dos elementos entre los cuales se formaría un compuesto iónico y obtenga su fórmula molecular. Justifique la respuesta.

d) Deduzca la fórmula molecular del compuesto que se formaría entre los elementos B y C aplicando la regla del octeto y discuta el tipo de enlace que se establece entre dichos átomos.

Cuestión 2. *Estructura molecular. Estructuras electrónicas de Lewis.*

Considere las especies químicas F_2CO, HCN y NBr_3. Responda a las siguientes cuestiones:

a) Dibuje la estructura electrónica de Lewis de cada una de las moléculas. **(0,6 puntos)**

b) Deduzca la disposición geométrica de los pares electrónicos que rodean al átomo central de cada molécula e indique el tipo de hibridación de los orbitales de dicho átomo. **(0,6 puntos)**

c) Indique la geometría de las moléculas HCN y NBr_3. **(0,4 puntos)**

d) Discuta si las moléculas de HCN y NBr_3 son polares o apolares. **(0,4 puntos)**

Datos: Números atómicos, *Z*: H = 1; C = 6; N = 7; O = 8; F = 9; Br = 35.

Electronegatividad: H = 2,1; C = 2,5, N = 3,0; Br = 2,8.

Cuestión 3. *Desplazamiento del equilibrio químico.*

Para el equilibrio heterogéneo: $NH_4HS(s) \rightleftarrows NH_3(g) + H_2S(g)$ (ΔH = 103 kJ), deduzca si las siguientes afirmaciones son verdaderas o falsas. **(0,5 puntos cada apartado)**

a) Si se introduce inicialmente en el reactor NH_4HS, el equilibrio no se alcanza si la cantidad de reactivo introducida no supera un valor mínimo.

b) Con las tres especies en equilibrio, la adición de más NH_4HS aumenta la producción de NH_3 y H_2S.

c) Con las tres especies en equilibrio, al aumentar la temperatura del reactor, la masa de NH_4HS aumenta.

d) Con las tres especies en equilibrio, si se reduce el volumen a la mitad, aumenta la cantidad de H_2S formada.

Cuestión 4. *Reacciones ácido-base.*

Razone si las siguientes afirmaciones son verdaderas o falsas: **(0,5 puntos cada apartado)**

a) La mezcla de 100 mL de una disolución 0,5 M de $Ba(OH)_2$ con 150 mL de una disolución 0,75 M de HCl tiene pH básico.

b) La mezcla de 40 mL de HCl 2 M con 30 mL de una disolución 2 M de NH_3 resulta en una disolución básica.

c) Al añadir NH_4Cl sólido a una disolución 0,5 M de NH_3, el pH disminuye.

d) Una disolución 1 M de NH_4Cl tiene un pH ácido.

Datos: $K_b(NH_3)$= $1,8\cdot10^{-5}$; $K_w = 10^{-14}$.

Cuestión 5. *Cinética química.*

Considere la reacción química: $A(g) + 2 B(g) \rightarrow C(g)$. Se ha observado que, al duplicar la concentración de A, la velocidad de la reacción se cuadruplica mientras que, al disminuir la concentración de B a la mitad, la velocidad disminuye en esa misma proporción. Responda a las siguientes cuestiones: **(0,5 puntos cada apartado)**

a) Obtenga la ley de velocidad de la reacción.

b) En un recipiente de 5 L de volumen mantenido a temperatura constante se añadieron 1 mol de A y 2 moles de B. La velocidad inicial de la reacción resultó ser $4,72\cdot10^{-3}$ $M\cdot s^{-1}$. Calcule la constante de velocidad (con unidades).

c) En las condiciones del apartado b), calcule la velocidad de desaparición de B y la velocidad de aparición de C.

d) Si una vez iniciada la reacción el reactor se comprime, discuta si ello producirá un aumento o una disminución en la velocidad de la reacción.

Cuestión 6. *Formulación y reactividad orgánica. Formulación inorgánica.*

a) Complete las siguientes reacciones químicas, nombre todas las moléculas orgánicas que intervienen, e indique qué tipo de reacción tiene lugar en cada caso: **(1,2 puntos)**

      a1) $CH_3-CH=CH-CH_3 + Br_2$ —————→

      a2) $CH_3-CH_2-COOH + CH_3-CH_2-CH_2OH$ ————$_{H^+}$————→

b) Nombre o formule según corresponda: **(0,2 puntos cada subapartado)**

      b1) dicromato de potasio; b2) fosfato de calcio; b3) Fe_2O_3; b4) $Ca(HCO_3)_2$.

PROBLEMA 1

Escribimos la reacción ajustada

$$2\ CH_3-COOH_{(ac)} + Ca(OH)_2 \longrightarrow Ca(CH_3-COO)_{2(ac)} + 2\ H_2O_{(l)}$$

25 mL dsón   V dsón ?   17'9 g   g ?
58%   0'5 M !   (rendimiento real)
1'065 g/mL

a) $25\ mL\ dsón\ acético \times \dfrac{1'065\ g\ dsón\ acético}{1\ mL\ dsón\ acético} \times \dfrac{58\ g\ acético}{100\ g\ dsón\ acético} \times \dfrac{1\ mol\ acético}{60\ g\ acético}$

$\times \dfrac{1\ mol\ Ca(OH)_2}{2\ mol\ acético} \times \dfrac{1\ L\ dsón\ Ca(OH)_2}{0'5\ mol\ Ca(OH)_2} = 0'257\ L\ dsón\ Ca(OH)_2$

b) Calculamos el rendimiento teórico:

$25\ mL\ dsón\ acético \times \dfrac{1'065\ g\ dsón\ acético}{1\ mL\ dsón\ acético} \times \dfrac{58\ g\ acético}{100g\ dsón\ acético} \times \dfrac{1\ mol\ acético}{60\ g\ acético} \times$

$\times \dfrac{1\ mol\ acetato}{2\ mol\ acético} \times \dfrac{158\ g\ acetato}{1\ mol\ acetato} = 20'33\ g\ de\ Ca(CH_3-COO)_2$

Por lo que el rendimiento de la reacción:

$$\eta = \dfrac{rendimiento\ real}{rendimiento\ teórico} \cdot 100 = \dfrac{17'9}{20'33} \cdot 100 = 88'05\%$$

$17'9\ g\ acetato \times \dfrac{1\ mol\ acetato}{158\ g\ acetato} \times \dfrac{2\ mol\ H_2O}{1\ mol\ acetato} \times \dfrac{18\ g\ H_2O}{1\ mol\ H_2O} = 4'08\ g\ H_2O$

PÁGINA 1

PROBLEMA 2

a) $2\,NOCl_{(g)} \rightleftharpoons 2\,NO_{(g)} + Cl_{2\,(g)}$ $K_p = 0'0168$
                                                   $T = 240°C$

Inicial	n_0	—	—
Reacción	$-2x$	$+2x$	$+x$
Equilibrio	$n_0 - 2x$	$+2x$	$+x$

$V = 2L$

$P_{NOCl\,eq} = 0'16\,atm$

Como en el equilibrio hay el doble de moles de NO que de Cl_2:

$$P_{NO_{eq}} = 2 \cdot P_{Cl_2\,eq}$$

Conocida K_p:

$$K_p = \frac{P_{Cl_2\,eq} \cdot P^2_{NO_{eq}}}{P^2_{NOCl\,eq}} = \frac{P_{Cl_2} \cdot (2 P_{Cl_2})^2}{P^2_{NOCl}} = \frac{4 \cdot P^3_{Cl_2}}{P^2_{NOCl}} \Longrightarrow$$

$$\Rightarrow P_{Cl_2} = \sqrt[3]{\frac{K_p \cdot P^2_{NOCl}}{4}} = \sqrt[3]{\frac{0'0168 \cdot 0'16^2}{4}} = 0'048\,atm$$

$$\Rightarrow P_{NO} = 2 \cdot P_{Cl_2} = 2 \cdot 0'048 = 0'096\,atm$$

$$\Rightarrow K_p = K_c \cdot (RT)^{\Delta n} \Rightarrow K_c = \frac{K_p}{(RT)^{\Delta n}} = \frac{0'0168}{(0'082 \cdot 513)} = 4 \cdot 10^{-4}$$

b) Conocidas las presiones parciales, con la ley de gases:

$$P_{Cl_2} \cdot V = n_{Cl_2} \cdot R \cdot T$$

$$\hookrightarrow n_{Cl_2} = \frac{P_{Cl_2} \cdot V}{R \cdot T} \Rightarrow x = \frac{0'048 \cdot 2}{0'082 \cdot 513} = 2'28 \cdot 10^{-3}\,mol\,Cl_2$$

PÁGINA 2

$$P_{NOCl} \cdot V = n_{NOCl} \cdot R \cdot T$$

$$\llcorner \rightarrow n_{NOCl} = \frac{P_{NOCl} \cdot V}{RT} \Rightarrow n_0 - 2x = \frac{0'16 \cdot 2}{0'082 \cdot 513} \Rightarrow$$

$$\Rightarrow n_0 - 2 \cdot 2'28 \cdot 10^{-3} = 7'61 \cdot 10^{-3}$$

$$\Rightarrow n_0 = 0'012 \text{ mol NOCl se introdujeron inicialmente}$$

PROBLEMA 3

Ácido Benzoico $\rightarrow C_7 H_6 O_2 \rightarrow M(C_7 H_6 O_2) = 122 \text{ g/mol}$

$$X H_{(ac)} + H_2 O_{(\ell)} \rightleftharpoons X^-_{(ac)} + H_3 O^+_{(ac)}$$

Inicial	C_0	—	—	—
Ionización	$-x$	—	$+x$	$+x$
Equilibrio	$C_0 - x$	—	$+x$	$+x$

Conocemos $\begin{cases} C_0 = 0'01 \text{ mol/L} \\ \alpha = \frac{x}{C_0} \rightarrow x = \frac{7'6}{100} \cdot 0'01 = 7'6 \cdot 10^{-4} \text{ mol}/L \end{cases}$

Por tanto:

$$K_a = \frac{[x] \cdot [H_3 O^+]}{[xH]} = \frac{x^2}{C_0 - x} = \frac{(7'6 \cdot 10^{-4})^2}{0'01 - 7'6 \cdot 10^{-4}} = 6'25 \cdot 10^{-5}$$

$$pH = -\log[H_3 O^+] = -\log(x) = -\log(7'6 \cdot 10^{-4}) = 3'12$$

b) $2 \text{ Kg}_{aceitunas} \times \frac{0'5 \text{ g benzoico}}{1 \text{ Kg aceitunas}} \times \frac{1 \text{ mol benzoico}}{122 \text{ g benzoico}} \times \frac{1 \text{ L dsón}}{0'01 \text{ mol benz.}} = 0'82 \text{ L dsón}$

PÁGINA 3

PROBLEMA 4

$$\overset{+1 \; +5 \; -2}{NaClO_3}_{(ac)} + \overset{+1 \; -1}{H_2O_2}_{(ac)} + \overset{+1 \; +6 \; -2}{H_2SO_4}_{(ac)} \longrightarrow \overset{+4 \; -2}{ClO_2}_{(g)} + \overset{0}{O_2}_{(g)} + \overset{+1 \; -2}{H_2O}_{(\ell)} + \overset{+1 \; +6 \; -2}{Na_2SO_4}_{(ac)}$$

Reducción: $\left((ClO_3)^-_{(ac)} + 2H^+_{(ac)} + 1e^- \longrightarrow \overset{+4}{Cl}O_2{}_{(g)} + H_2O_{(\ell)} \right) \times 2$

Oxidación: $\overset{-1}{H_2O_2}_{(ac)} \longrightarrow \overset{0}{O_2}_{(g)} + 2H^+_{(ac)} + 2e^-$

$$2(ClO_3)^-_{(ac)} + 4H^+_{(ac)} + H_2O_2{}_{(ac)} \longrightarrow 2ClO_2{}_{(g)} + 2H_2O_{(\ell)} + O_2{}_{(g)} + 2H^+_{(ac)}$$

Iónica: $2(ClO_3)^-_{(ac)} + 2H^+_{(ac)} + H_2O_2{}_{(ac)} \longrightarrow 2ClO_2{}_{(g)} + 2H_2O_{(\ell)} + O_2{}_{(g)}$

Molecular:

$2\,NaClO_3{}_{(ac)} + H_2O_2{}_{(ac)} + H_2SO_4{}_{(ac)} \longrightarrow 2ClO_2{}_{(g)} + O_2{}_{(g)} + 2H_2O_{(\ell)} + Na_2SO_4{}_{(ac)}$

     200 mL   250 mL   V?

     0'15 M   0'08 M   P = 790 mm Hg

                            T = 293 K

Veamos cuál es el reactivo limitante

$$200\, mL\, NaClO_3 \times \frac{1\,L}{1000\,mL} \times \frac{0'15\,mol\,NaClO_3}{1\,L\,dsón} \times \frac{1\,mol\,H_2O_2}{2\,mol\,NaClO_3} \times$$

$$\times \frac{1\,L\,dsón}{0'08\,mol\,H_2O_2} \times \frac{1000\,mL\,dsón\,H_2O_2}{1\,L\,dsón\,H_2O_2} = 187'5\,mL\,dsón\,H_2O_2$$

Como ves, tenemos exceso de H_2O_2 y el limitante es $NaClO_3$.

$$200\,mL\,NaClO_3 \times \frac{1\,L}{1000\,mL} \times \frac{0'15\,mol\,NaClO_3}{1\,L} \times \frac{2\,mol\,ClO_2}{2\,mol\,NaClO_3} = 0'03\,mol\,ClO_2$$

$$P \cdot V = n \cdot R \cdot T \Rightarrow V = \frac{nRT}{P} = \frac{0'03 \cdot 0'082 \cdot 293}{790/760} = 0'693\,L\,de\,ClO_2$$

CUESTIÓN 1

a) $A (z = 12) : 1s^2 2s^2 2p^6 3s^2 \longrightarrow$ Grupo 2 Periodo 3

$B (z = 15) : 1s^2 2s^2 2p^6 3s^2 3p^3 \longrightarrow$ Grupo 15 Periodo 3

$C (z = 17) : 1s^2 2s^2 2p^6 3s^2 3p^5 \longrightarrow$ Grupo 17 Periodo 3

$D (z = 19) : 1s^2 2s^2 2p^6 3s^2 3p^6 4s^1 \longrightarrow$ Grupo 1 Periodo 4

b) La energía de ionización es la energía que se requiere para arrancar el electrón más externo de un átomo gaseoso en su estado fundamental:

$$X_{(g)} + EI \longrightarrow X^+_{(g)} + e^-$$

Dentro de un mismo grupo, tienen mayor energía de ionización los elementos situados más arriba en la tabla periódica ya que al tener menos capas electrónicas el electrón a arrancar está más cerca del núcleo y por tanto, más fuertemente atraido.

Dentro de un mismo periodo, tienen mayor energía de ionización los elementos situados más a la derecha, ya que al haber más protones en el núcleo, la carga nuclear efectiva aumenta, haciendo que los electrones estén más cerca del núcleo

PÁGINA 5

y por tanto más fuertemente atraidos. Por todo ello:

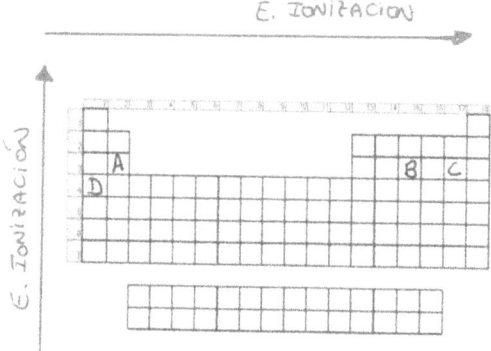

E. IONIZACIÓN

$EI(D) < EI(A) < EI(B) < EI(C)$

c) El enlace iónico se produce cuando átomos de elementos metálicos (especialmente los situados más a la izquierda en la tabla periódica con baja energía de ionización) se encuentran con átomos no metálicos (especialmente de los grupos 16 y 17 con alta afinidad electrónica). La diferencia entre las electronegatividades es lo suficientemente grande como para que los átomos del metal cedan electrones a los átomos del no metal transformándose en iones positivos y negativos respectivamente.

De entre los átomos propuestos, esta situación se dará (por ejemplo) entre los átomos C y D, dando

PÁGINA 6

lugar al compuesto:

C: $1s^2 2s^2 2p^6 3s^2 3p^5$

↳ C^-: $1s^2 2s^2 2p^6 3s^2 3p^6$

D: $1s^2 2s^2 2p^6 3s^2 3p^6 4s^1$

↳ D^+: $1s^2 2s^2 2p^6 3s^2 3p^6$

$\left.\rule{0pt}{3em}\right\}$ $D^+ C^- \Rightarrow DC$

(Igualmente podrías haber obtenido A_3B_2, AC_2; D_3B)

d) Ambos elementos B y C son elementos no metálicos como ya se ha justificado. El enlace covalente se da entre átomos no metálicos que se unen entre si compartiendo electrones para conseguir configuración electrónica de gas noble. Dado que ambos átomos son significativamente electronegativos, no se ceden electrones. Lo que hacen es compartirlos, hecho que los mantendrá unidos. En nuestro caso:

B: $1s^2 2s^2 2p^6 3s^2 3p^3$ ⟹

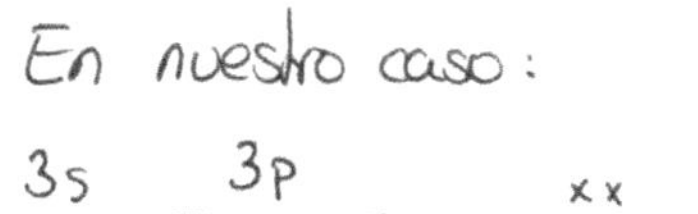

C: $1s^2 2s^2 2p^6 3s^2 3p^5$ ⟹

Aplicando el octeto:

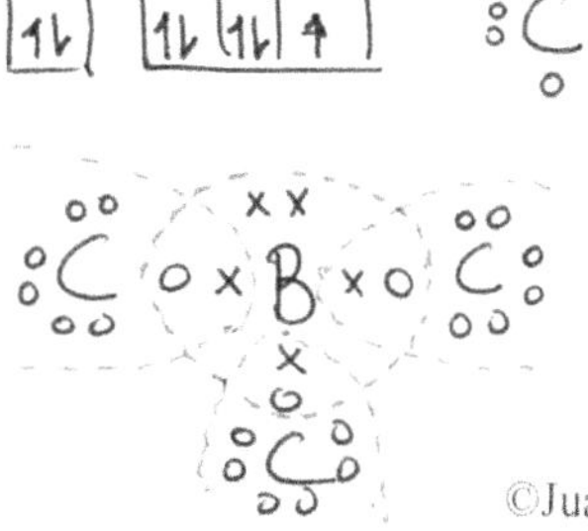

⟹ BC_3

PÁGINA 7

CUESTIÓN 2

$H (z=1): 1s^1 \longrightarrow 1e^-$; $Br (z=35): 1s^2 2s^2 2p^6 3s^2 3p^6 4s^2 3d^{10} 4p^5 \longrightarrow 7e^-$

$C(z=6): 1s^2 2s^2 2p^2 \longrightarrow 4e^-$; $N(z=7): 1s^2 2s^2 2p^3 \longrightarrow 5e^-$

$O(z=8): 1s^2 2s^2 2p^4 \longrightarrow 6e^-$; $F(z=9): 1s^2 2s^2 2p^5 \longrightarrow 7e^-$

$\boxed{F_2 CO}$ LEWIS + RPECV

24 electrones   18e⁻   Carga formal   Definitiva!!

La estructura es definitiva al ser nula la carga formal sobre todos los átomos. Se trata de una molécula AX_3 que presentará geometría triangular plana. Los pares electrónicos en torno al carbono también se disponen triangularmente según:

Como ves, al tenerse $\vec{\mu}_{TOTAL} \neq \vec{0} \Rightarrow$ la molécula es POLAR

La hibridación del átomo de carbono será sp^2 según:

2 enlaces σ C-F
1 enlace σ C-O   1 enlace π C-O

HCN LEWIS + RPECV

$$H \quad C \quad N \Rightarrow H-C-N \Rightarrow H-C-\overset{\times}{\underset{\times}{N}}\overset{\times}{\times} \Rightarrow H-C\equiv \overset{\times}{N}\overset{\times}{\times}$$

10 e⁻   6e⁻   Cargas formales   Definitiva!!

La estructura es definitiva al ser nula la carga formal sobre todos los átomos. Se trata de una molécula AX_2 que presentará geometría lineal. Los pares electrónicos también se disponen linealmente.

Al tenerse:

$\vec{\mu}_{TOTAL} \neq \vec{0} \rightarrow$ MOLÉCULA POLAR

La hibridación del carbono en este caso será sp:

C: [2s ↑↓] [2p ↑↑ _] promoción ⟹ C*: [2s ↑] [2p ↑↑↑] ⟹ [SP ↑↑] [Py ↑][Pz ↑]

1 enlace σ C-H
1 enlace σ C-N

2 enlaces π C-N

NBr₃ LEWIS + RPECV

$$Br \quad N \quad Br \Rightarrow Br-N-Br \Rightarrow \overset{\times\times}{\underset{\times\times}{\times}Br}-\overset{}{N}-\overset{\times\times}{\underset{\times\times}{Br}}\overset{\times}{\times}$$
$$\qquad Br \qquad\qquad Br \qquad\qquad \overset{\times}{\underset{\times\times}{\times}Br}\overset{\times}{\times}$$

26 e⁻   Quedan 20e⁻   Definitiva!!

©Juan Bertomeu Ferrer
www.bertoblog.com

La estructura es definitiva al ser nula la carga formal sobre todos los átomos. La disposición de los pares electrónicos alrededor del nitrógeno es tetraédrica.

Sin embargo, uno de esos pares es no enlazante, por lo que la molécula es AX_3E y presenta geometría de pirámide trigonal

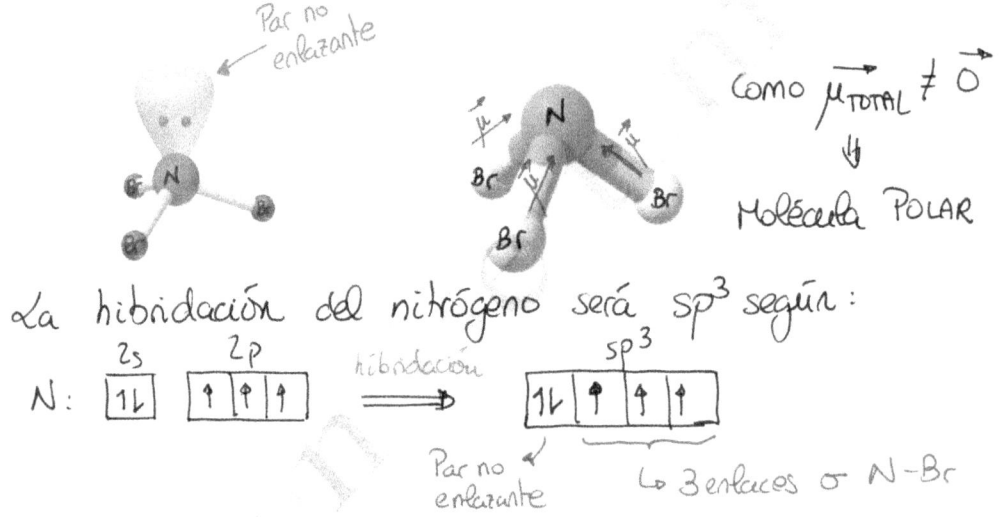

La hibridación del nitrógeno será sp^3 según:

CUESTIÓN 3

$$NH_4HS_{(S)} \xrightarrow[\Delta H = -103\,KJ]{\Delta H = 103\,KJ} NH_{3\,(g)} + H_2S_{(g)}$$

a) VERDADERO. En este equilibrio la constante de equilibrio viene dada por:

$$K_C = [NH_3]\cdot[H_2S]$$

$$K_C = \frac{X}{V}\cdot\frac{X}{V} \rightarrow K_C = \frac{X^2}{V^2} \rightarrow X = V\cdot\sqrt{K_C}\ \text{moles}$$

PÁGINA 10

Eso quiere decir que:

$$NH_4HS_{(s)} \rightleftharpoons NH_{3(g)} + H_2S_{(g)}$$

Inicial n_0 —   —

Reacción $- x$ $+ x$ $+ x$

Equilibrio $n_0 - x$ $+ x$ $+ x$

Debe haber una cantidad n_0 que sea $n_0 \geqslant x$
para que se puedan formar los x moles de NH_3
y H_2S necesarios para que se alcance el equilibrio

$$\Rightarrow n_0 \underset{NH_4HS}{\geqslant} V \cdot \sqrt{K_c}$$

b) FALSO. Como acabas de ver, la expresión de K_c
no depende de la cantidad de NH_4HS en el equilibrio
(es un sólido!!). Por tanto, partiendo de una situación
de equilibrio, modificar la cantidad de $NH_4HS_{(s)}$
no afectará a las cantidades de $NH_{3(g)}$ y $H_2S_{(g)}$

c) Al aumentar la temperatura del reactor, la reacción
se desplazará en el sentido endotérmico ($\Delta H > 0$).
En nuestro caso, se desplazará en sentido directo

disminuyendo así la masa de NH_4HS. La afirmación es FALSA.

d) Al reducir el volumen a la mitad, se produciá un aumento de la presión. El equilibrio se desplazará por tanto hacia donde haya un menor número de moles gaseosas. En nuestro caso, se desplazará a la izquierda, consumiendo $NH_{3(g)}$ y $H_2S_{(g)}$. La afirmación es FALSA.

CUESTIÓN 4

a)

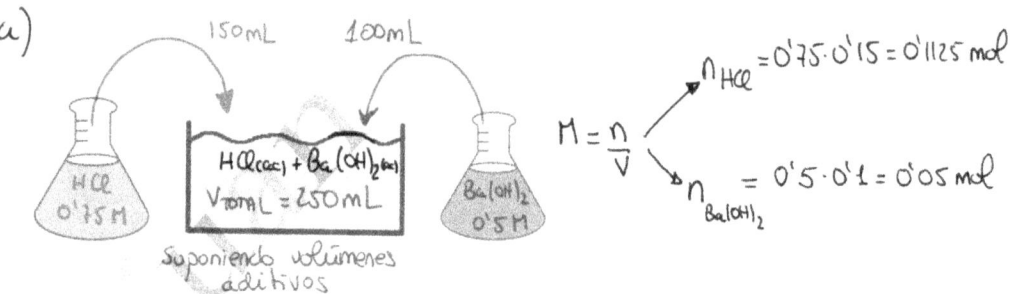

$$M = \frac{n}{V} \begin{cases} n_{HCl} = 0'75 \cdot 0'15 = 0'1125 \text{ mol} \\ n_{Ba(OH)_2} = 0'5 \cdot 0'1 = 0'05 \text{ mol} \end{cases}$$

La reacción de neutralización:

$$2HCl_{(ac)} + Ba(OH)_{2(ac)} \longrightarrow BaCl_{2(ac)} + 2H_2O_{(l)}$$

	$2HCl$	$Ba(OH)_2$	$BaCl_2$	H_2O
Inicial	0'1125	0'05	—	—
Reacción	-0'1	-0'05	+0'05	...
Final	0'0125	0	0'05	...

PÁGINA 12

La sal ionizada: $BaCl_{2(ac)} \longrightarrow Ba^{2+}_{(ac)} + 2Cl^-_{(ac)}$

Nonguno de estos iones hidroliza, ya que provienen de ácido y base fuerte. Pero teníamos un exceso de ácido $HCl_{(ac)}$:

$$HCl_{(ac)} + H_2O_{(e)} \longrightarrow Cl^-_{(ac)} + H_3O^+_{(ac)}$$

Inicial $\dfrac{0'0125}{0'25} = 0'05\,mol/L$ ―   ―

Final 0 ... $0'05$ $0'05$

$$pH = -\log[H_3O^+] = -\log(0'05) = 1'3$$

$\Longrightarrow$ La disolución tiene pH ácido y la afirmación es FALSA

b)

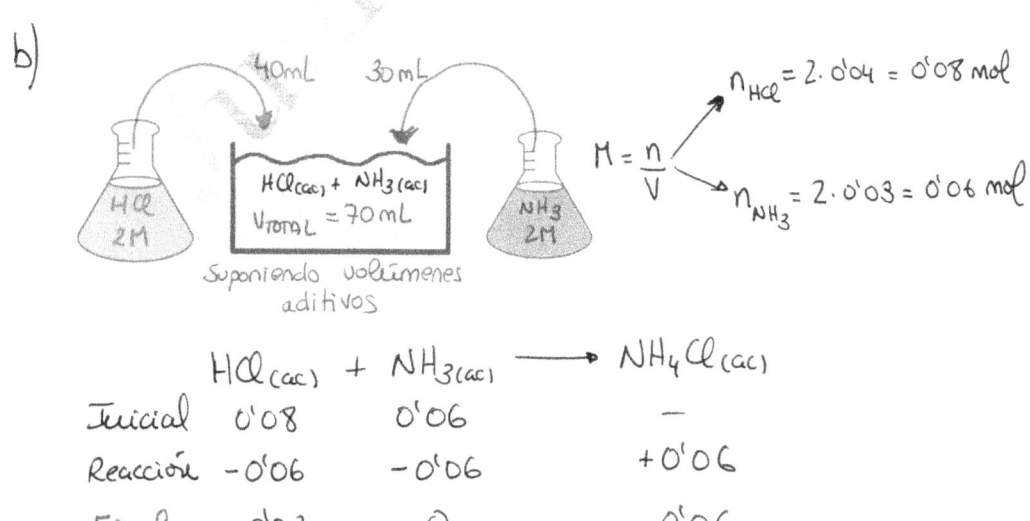

$HCl_{(ac)} + NH_{3(ac)} \longrightarrow NH_4Cl_{(ac)}$

	$HCl_{(ac)}$	$+ NH_{3(ac)}$	$\longrightarrow NH_4Cl_{(ac)}$
Inicial	$0'08$	$0'06$	―
Reacción	$-0'06$	$-0'06$	$+0'06$
Final	$0'02$	0	$0'06$

PÁGINA 13

El exceso de HCl (ácido fuerte) se encontrará totalmente disociado:

$$HCl_{(ac)} + H_2O_{(\ell)} \longrightarrow Cl^-_{(ac)} + H_3O^+_{(ac)}$$

Inicial $\dfrac{0'02}{0'07} = \dfrac{2}{7}$ mol/L

Final   0 $\dfrac{2}{7}$ $\boxed{\dfrac{2}{7}}$

Por otro lado, tenemos la sal:

$$NH_4Cl_{(ac)} \longrightarrow NH_4^+_{(ac)} + Cl^-_{(ac)}$$

NO HIDRÓLISIS

HIDRÓLISIS

$$NH_4^+_{(ac)} + H_2O_{(\ell)} \rightleftarrows NH_{3(ac)} + H_3O^+_{(ac)}$$

Inicial $\dfrac{0'06}{0'07} = \dfrac{6}{7}$ mol/L   — $\dfrac{2}{7}$

Reacción $-x$ $+x$ $+x$

Equilibrio $\dfrac{6}{7}-x$ x $\dfrac{2}{7}+x$

$$K_a(NH_4^+)\cdot K_b(NH_3) = K_W \longrightarrow K_a(NH_4^+) = \dfrac{10^{-14}}{1'8\cdot10^{-5}} = 5'56\cdot10^{-10}$$

$$K_a = \dfrac{[NH_3][H_3O^+]}{[NH_4^+]} \longrightarrow 5'56\cdot10^{-10} = \dfrac{x\cdot(\frac{2}{7}+x)}{\frac{6}{7}-x} \longrightarrow$$

$$\longrightarrow x^2 + x\cdot\left(\dfrac{2}{7}+5'56\cdot10^{-10}\right) - 4'77\cdot10^{-10} = 0$$

X = Negativo

$X = 1'67\cdot10^{-9}$ mol/L

$$\Rightarrow pH = -\log [H_3O^+] = -\log\left(\frac{2}{7} + 1'67\cdot10^{-9}\right) = 0'544$$

Nota!!

En este caso, se puede despreciar la hidrólisis de NH_4^+. NH_4^+ es un ácido muy débil $\left(K_a = 5'56\cdot10^{-10}\right)$ que se disocia MUY POQUITO. Además, en presencia del HCl se disocia aún menos por el efecto del ión común. Date cuenta que mientras que el exceso de HCl ha liberado $\frac{2}{7} = 0'2857$ mol/L de protones a la disolución, la hidrólisis de NH_4^+ solamente ha liberado $x = 1'67\cdot10^{-9}$ mol/L de protones. Este es el motivo por el que en este caso podrías calcular el pH de esta disolución despreciando la hidrólisis de NH_4^+, ya que $0'2857 \ggg 1'67\cdot10^{-9}$. Efectivamente, si desprecias la hidrólisis:

Despreciamos

$$pH = -\log [H_3O^+] = -\log\left(\frac{2}{7} + 1'67\cdot10^{-9}\right) = 0'544$$

$\Rightarrow$ La disolución tiene pH ácido. Afirmación FALSA

PÁGINA 15

¡Moraleja!!

Cuando tengas una mezcla de dos ácidos en concentraciones ordinarias y uno sea significativamente más fuerte que el otro, la ionización del segundo se puede normalmente despreciar en el cálculo del pH. Esto es así porque:

i) El ácido más fuerte libera más protones

ii) La ionización del ácido más débil será incluso menor debido a la ya presencia de protones en disolución liberados por el ácido más fuerte.

Este mismo efecto se puede aplicar igualmente cuando calcules el pH de un ácido poliprótico donde suele bastar tener en cuenta únicamente la primera ionización (pues la segunda ya correspondería a la de un ácido más débil)

Nota 2!!

Puedes contestar a esta cuestión sin calcular el pH y simplemente razonando. Yo lo he calculado para el que quiera entender y ampliar esta parte.

PÁGINA 16

c) Una disolución de NH_3:

$$NH_{3(ac)} + H_2O_{(l)} \rightleftharpoons NH_{4(ac)}^+ + OH_{(ac)}^-$$

Si añadimos $NH_4Cl_{(ac)} \longrightarrow NH_{4(ac)}^+ + Cl_{(ac)}^-$, la concentración de iones amonio $NH_{4(ac)}^+$ aumentará y, por el principio de Le Chatelier, el equilibrio se desplazará a la izquierda consumiendo $OH_{(ac)}^-$. Al disminuir $OH_{(ac)}^-$ la disolución se vuelve más ácida y el pH disminuye. La afirmación es VERDADERA

d) $NH_4Cl_{(ac)} \longrightarrow NH_{4(ac)}^+ + Cl_{(ac)}^-$
$\downarrow$ NO HIDRÓLISIS

HIDRÓLISIS

$$NH_{4(ac)}^+ + H_2O_{(l)} \rightleftharpoons NH_{3(ac)} + H_3O_{(ac)}^+$$

La disolución tendrá un pH ácido debido a los iones oxonio. La afirmación es VERDADERA.

CUESTIÓN 5

$$A_{(g)} + 2B_{(g)} \longrightarrow C_{(g)}$$

Referencia	[A]	[B]	$v = K[A]^\alpha \cdot [B]^\beta$
Exp 1	$2 \cdot [A]$	[B]	$4v = k \cdot (2[A])^\alpha \cdot [B]^\beta$
Exp 2	[A]	$\frac{1}{2}[B]$	$\frac{1}{2}v = K \cdot [A]^\alpha \cdot \left(\frac{1}{2}[B]\right)^\beta$

$$\Rightarrow \frac{4v}{v} = \frac{K \cdot (2[A])^{\alpha} \cdot [B]^{\beta}}{K \cdot [A]^{\alpha} \cdot [B]^{\beta}} \Rightarrow 4 = 2^{\alpha} \Rightarrow \alpha = 2$$

$$\Rightarrow \frac{1/2\,v}{v} = \frac{K \cdot [A]^{\alpha} \cdot \left(\frac{1}{2}[B]\right)^{\beta}}{K \cdot [A]^{\alpha} \cdot [B]^{\beta}} \Rightarrow \frac{1}{2} = \left(\frac{1}{2}\right)^{\beta} \Rightarrow \beta = 1$$

Por tanto, la ley de velocidad: $v = K \cdot [A]^2 \cdot [B]$

b) $[A] = \dfrac{n_A}{V} = \dfrac{1}{5} = 0'2\ mol/L$ $\Bigg\}$ $v = K \cdot [A]^2 \cdot [B]$

$[B] = \dfrac{2}{5} = 0'4\ mol/L$ $4'72 \cdot 10^{-3}\,\dfrac{mol}{L\cdot s} = K \cdot 0'2^2\,\dfrac{mol^2}{L^2} \cdot 0'4\,\dfrac{mol}{L}$

$v = 4'72 \cdot 10^{-3}\ \dfrac{mol}{L\cdot s}$ $K = 0'295\ \dfrac{L^2}{mol^2 \cdot s}$

c) En función de las velocidades de desaparición y formación, la velocidad de la reacción:

$$v = -\frac{d[A]}{dt} = -\frac{1}{2} \cdot \frac{d[B]}{dt} = \frac{d[C]}{dt}$$

$$\hookrightarrow \frac{d[B]}{dt} = -2 \cdot v = -2 \cdot 4'72 \cdot 10^{-3} = -9'44 \cdot 10^{-3}\,\frac{mol}{L\cdot s}$$

$$\hookrightarrow \frac{d[C]}{dt} = v = 4'72 \cdot 10^{-3}\,\frac{mol}{L\cdot s}$$

d) Si el reactor se comprime, las concentraciones de $[A]$ y de $[B]$ aumentan, lo que aumentará la velocidad de reacción.

©Juan Bertomeu Ferrer
www.bertoblog.com

CUESTIÓN 6

a) $CH_3 - CH = CH - CH_3 + Br_2 \longrightarrow CH_3 - CHBr - CHBr - CH_3$

   but-2-eno   ADICIÓN   2,3-dibromobutano

b) $CH_3 - CH_2 - COOH + CH_3 - CH_2 - CH_2 OH \rightarrow CH_3 - CH_2 - COO - CH_2 - CH_2 - CH_3 + H_2O$

   ácido propanoico   propan-1-ol   propanoato de propilo

   ESTERIFICACIÓN (CONDENSACIÓN)

c) Dicromato de potasio $\longrightarrow K_2 Cr_2 O_7$

d) Fosfato de calcio $\longrightarrow Ca_3 (PO_4)_2$

e) $Fe_2 O_3 \longrightarrow$ trióxido de dihierro

f) $Ca (H CO_3)_2 \longrightarrow$ hidrogenocarbonato de calcio

 **GENERALITAT VALENCIANA**
Conselleria d'Innovació,
Universitats, Ciència
i Societat Digital

COMISSIÓ GESTORA DELS PROVES D'ACCÉS A LA UNIVERSITAT

COMISIÓN GESTORA DE LAS PRUEBAS DE ACCESO A LA UNIVERSIDAD

SISTEMA UNIVERSITARI VALENCIÀ
SISTEMA UNIVERSITARIO VALENCIANO

PROVES D'ACCÉS A LA UNIVERSITAT	PRUEBAS DE ACCESO A LA UNIVERSIDAD
CONVOCATÒRIA: **JULIOL 2023**	CONVOCATORIA: JULIO 2023
Assignatura: QUÍMICA	Asignatura: QUÍMICA

BAREMO DEL EXAMEN:

El examen consta de dos bloques: bloque I de cuatro problemas (se deben contestar *únicamente 2*) y bloque II de seis cuestiones (se deben contestar *únicamente 3*). Cada problema o cuestión tiene una puntuación máxima de 2 puntos.

Únicamente se corregirán los 2 primeros problemas y las 3 primeras cuestiones respondidos en el examen escrito. Se permite el uso de calculadoras siempre que no sean gráficas o programables y que no puedan realizar cálculo simbólico ni almacenar texto o fórmulas en memoria.

Bloque I: PROBLEMAS (*elegir 2*)

Problema 1. Cálculos estequiométricos.

El nitrato de amonio, NH_4NO_3, es una sal que se utiliza como fertilizante, aunque, bajo ciertas condiciones, se descompone explosivamente según la ecuación química siguiente no ajustada:

$$NH_4NO_3(s) \rightarrow N_2(g) + O_2(g) + H_2O(l)$$

Un bidón de 50 L contiene 0,5 kg de una sustancia que tiene un 80 % de riqueza en nitrato de amonio. Si se calienta y llegase a explotar totalmente, calcule:

  a) La presión total que ejercerían los gases liberados si la temperatura del recipiente es de 75 °C. **(1,2 puntos)**

  b) ¿Qué volumen de agua se obtendría? **(0,8 puntos)**

Datos: Densidad del agua = 0,975 g·mL^{-1}. Masas atómicas relativas: H=1,0; N = 14,0; O=16,0. R = 0,082 atm·L·K^{-1}·mol^{-1}.

Problema 2. Equilibrio químico.

El dióxido de carbono, CO_2, reacciona con carbono, C, para dar monóxido de carbono, CO, de acuerdo con el equilibrio:

$$C(s) + CO_2(g) \rightleftarrows 2 CO(g)$$

En un reactor de 50 L de volumen, mantenido a 700 °C, en el que se ha hecho previamente el vacío, se introduce CO_2 hasta que la presión en su interior alcanza 0,52 atm y, posteriormente, se añade un exceso de carbono. Una vez alcanzado el equilibrio la presión en el interior del reactor es de 0,95 atm.

  a) Calcule las constantes K_p y K_c del equilibrio planteado. **(1 punto)**

  b) Si tras vaciar completamente el reactor, se introduce únicamente CO hasta alcanzar una presión de 0,5 atm, calcule la masa (en gramos) de cada uno de los tres componentes de la mezcla una vez se alcance el equilibrio. **(1 punto)**

Datos: Masas atómicas relativas: C = 12; O = 16. R = 0,082 atm·L·K^{-1}·mol^{-1}.

Problema 3. Reacciones ácido-base.

El ácido glicólico es un ácido monoprótico, HA, que se utiliza por los dermatólogos para desvanecer arrugas y disminuir el acné debido a su carácter irritante. El efecto que produce en la piel depende de la concentración utilizada; de hecho, sólo los dermatólogos pueden utilizar disoluciones con pH por debajo de 3.

  a) Si la constante de acidez, K_a, del ácido glicólico es de $1,48·10^{-4}$, calcule la concentración de ácido que tendrá que utilizar un dermatólogo para que el pH de la disolución que va a utilizar en un tratamiento sea de 2. **(1 punto)**

  b) Si el dermatólogo toma 20 mL de la disolución anterior y añade agua hasta un volumen total de 70 mL, ¿qué pH tendrá ahora la nueva disolución de ácido glicólico? **(1 punto)**

Problema 4. Reacciones redox. Cálculos estequiométricos.

En el departamento de calidad de una industria se desea determinar el porcentaje de hierro en un alambre. Para ello, se disuelve, en medio ácido, un trozo de alambre que pesa 3,125 g, obteniéndose finalmente 500,0 mL de una disolución de Fe^{2+}(ac). Se tratan 50,0 mL de esta disolución con una disolución de dicromato de potasio 0,02 M, necesitando 32,0 mL para la reacción completa del Fe^{2+}(ac), de acuerdo con la ecuación química siguiente no ajustada:

$$Cr_2O_7^{2-}(ac) + Fe^{2+}(ac) + H^+(ac) \rightarrow Cr^{3+}(ac) + Fe^{3+}(ac) + H_2O(l)$$

  a) Identifique justificadamente el agente oxidante y el reductor. Ajuste la ecuación química. **(1 punto)**

  b) Calcule el porcentaje de hierro en el alambre. **(1 punto)**

Datos: Masa atómica relativa: Fe = 55,8.

Cuestión 1. *Estructura atómica. Propiedades periódicas.*

a) Escriba las configuraciones electrónicas de los iones Mg^{2+}, Ca^{2+}, y Fe^{2+} e identifique el número de grupo y periodo al que pertenecen los elementos correspondientes. **(1,2 puntos)**

b) Compare razonadamente el radio atómico del yodo, I, con el radio iónico del yoduro, I^-. **(0,4 puntos)**

c) Ordene de menor a mayor la primera energía de ionización de los siguientes elementos: Mg, Si y S. Razone la respuesta. **(0,4 p)**

Datos: Números atómicos, *Z*: Mg = 12; Si = 14; S = 16; Ca = 20; Fe = 26; I = 55.

Cuestión 2. *Estructura molecular. Estructuras electrónicas de Lewis.*

a) Dibuje la estructura electrónica de Lewis de las siguientes especies químicas: disulfuro de carbono CS_2, dióxido de azufre SO_2, sulfuro de hidrógeno H_2S y formaldehído H_2CO. **(0,8 puntos)**

b) Indique la hibridación de los átomos de C de las moléculas CS_2 y H_2CO. **(0,4 puntos)**

c) Deduzca la geometría molecular de CS_2 y H_2CO. **(0,4 puntos)**

d) Deduzca cuál de los dos ángulos es mayor: O–S–O o H–S–H en las moléculas de SO_2 y H_2S, respectivamente. **(0,4 puntos)**

Datos: Números atómicos, *Z*: H = 1; C = 6; O = 8; S = 16.

Cuestión 3. *Desplazamiento del equilibrio químico.*

El amoníaco, NH_3, se obtiene industrialmente partir de dihidrógeno, H_2, y dinitrógeno, N_2, de acuerdo con el equilibrio:

$$N_2(g) + 3 H_2(g) \rightleftarrows 2 NH_3(g) \quad \Delta H = -92,6 \text{ kJ}$$

Discuta razonadamente cómo afectará cada uno de los cambios introducidos a la cantidad de NH_3 presente en el reactor una vez se restablezca el equilibrio: **(0,5 puntos cada apartado)**

a) Adicionar H_2 al sistema en equilibrio, manteniendo constantes la temperatura y el volumen.

b) Reducir el volumen del reactor a la mitad, manteniendo constante la temperatura.

c) Añadir al reactor un número de moles de H_2, N_2 y NH_3 tal que se dupliquen las concentraciones que había en el equilibrio, manteniendo constantes la temperatura y el volumen.

d) Aumentar la temperatura del reactor.

Cuestión 4. *Reacciones redox.*

Teniendo en cuenta los potenciales estándar de reducción, responda razonadamente si los siguientes enunciados son verdaderos o falsos: **(0,5 puntos cada apartado)**

a) Una barra de estaño es estable cuando se introduce en una disolución acuosa de $CuSO_4$ 1 M.

b) Al sumergir una barra de hierro en una disolución acuosa de $CrCl_3$ 1 M, se recubre con cromo.

c) El aluminio se disuelve en una disolución acuosa de HCl 1 M.

d) Las disoluciones acuosas de $SnCl_2$ 1 M, se pueden guardar en recipientes de aluminio.

Datos: E^o (V): $[Al^{3+}(ac)/Al(s)] = -1,68$; $[Cr^{3+}(ac)/Cr(s)] = -0,74$; $[Fe^{2+}(ac)/Fe(s)] = -0,44$; $[Sn^{2+}(ac)/Sn(s)] = -0,14$; $[H^+(ac)/H_2(g)] = 0$; $[Cu^{2+}(ac)/Cu(s)] = +0,34$.

Cuestión 5. *Cinética química.*

La ley de velocidad para la reacción $A(g) + B(g) \rightarrow C(g) + D(g)$ es $v = k \cdot [A]^2$. Justifique si las siguientes afirmaciones son verdaderas o falsas: **(0,5 puntos cada apartado)**

a) El reactivo A se consume más deprisa que el B.

b) La velocidad de la reacción aumentará el doble al disminuir el volumen a la mitad.

c) Las unidades de la constante de velocidad son $(tiempo)^{-1}$.

d) Al aumentar la temperatura aumenta la velocidad de reacción.

Cuestión 6. *Reactividad y nomenclatura orgánica.*

Complete las siguientes reacciones, nombre los compuestos orgánicos en ellas involucrados e indique el tipo de reacción de que se trata en cada caso: **(0,5 puntos cada apartado)**

a) $CH_3\text{-}CH_2\text{-}CH_2OH$ $\xrightarrow{H_2SO_4, \text{ calor}}$

b) $CH_3\text{-}CH=CH\text{-}CH_3 + HBr$ $\xrightarrow{}$

c) $CH_3\text{-}COOH + CH_3\text{-}CH_2\text{-}CH_2\text{-}CH_2OH$ $\xrightarrow{H^+}$

d) $HC\equiv CH + O_2$ $\xrightarrow{}$

PROBLEMA 1

$M(NH_4NO_3) = 28 + 4 + 3 \cdot 16 = 80 \, g/mol$ $M(H_2O) = 18 \, g/mol$

$$2 \, NH_4NO_{3 \, (s)} \longrightarrow \underbrace{2 \, N_{2 \, (g)} + O_{2 \, (g)}}_{P?} + 4 \, H_2O_{(e)}$$

500 g sustancia
80% de $NH_4NO_{3 \, (s)}$

$\sqrt{?}$
0'975 g/mL

a) $500 \, g \, \text{sustancia} \times \dfrac{80 \, g \, NH_4NO_3}{100 \, g \, \text{sustancia}} \times \dfrac{1 \, mol \, NH_4NO_3}{80 \, g \, NH_4NO_3} \times \dfrac{3 \, mol \, \text{gases producidos}}{2 \, mol \, NH_4NO_3} =$

$= 7'5 \, \text{moles de gases se producen}$

Con la ley de gases:

$$P \cdot V = n \cdot R \cdot T \implies P = \dfrac{n \cdot R \cdot T}{V} = \dfrac{7'5 \cdot 0'082 \cdot 348}{50} = 4'28 \, atm$$

b) $500 \, g \, \text{sustancia} \times \dfrac{80 \, g_{NH_4NO_3}}{100 \, g \, \text{sustancia}} \times \dfrac{1 \, mol \, NH_4NO_3}{80 \, g_{NH_4NO_3}} \times \dfrac{4 \, mol \, H_2O}{2 \, mol \, NH_4NO_3} \times$

$\times \dfrac{18 \, g \, H_2O}{1 \, mol \, H_2O} \times \dfrac{1 \, mL \, H_2O}{0'975 \, g \, H_2O} = 184'62 \, mL \, H_2O_{(e)}$

PROBLEMA 2

Calculamos primero la cantidad de $CO_{2 \, (g)}$ inicial en el reactor.

$$P_{CO_2} \cdot V = n_{CO_2} \cdot R \cdot T$$

$$n_{CO_2} = \dfrac{P_{CO_2} \cdot V}{R \cdot T} = \dfrac{0'52 \cdot 50}{0'082 \cdot 973} = 0'326 \, mol \, CO_2$$

PÁGINA 1

$$C_{(s)} + CO_{2\,(g)} \rightleftharpoons 2\,CO_{(g)} \qquad V = 50\,L$$

Inicial $n_{0\,C(s)}$ 0'326   — $T = 700°C = 973K$

Reacción $-x$ $-x$ $+2x$ $P_{TOTAL\,eq} = 0'95\,atm$

Equilibrio $n_{0\,C(s)} - x$ 0'326 $-x$ $2x$

a) Los moles de gas en el equilibrio:

$$n_{tot\,gas} = 0'326 - x + 2x = 0'326 + x \quad \text{moles de gas}$$

con la ley de gases:

$$P \cdot V = n \cdot R \cdot T \Rightarrow 0'95 \cdot 50 = (0'326 + x) \cdot 0'082 \cdot 973 \Rightarrow$$

$$\Rightarrow 0'326 + x = 0'595 \Rightarrow x = 0'269\,mol$$

Por tanto, las constantes pedidas:

$$K_c = \frac{[CO]^2}{[CO]} = \frac{\left(\frac{2x}{V}\right)^2}{\frac{0'326-x}{V}} = \frac{4x^2}{V \cdot (0'326-x)} = \frac{4 \cdot 0'269^2}{50 \cdot 0'057} = 0'102$$

$$K_p = K_c \cdot (RT)^{\Delta n\,gas} = 0'102 \cdot (0'082 \cdot 973)^1 = 8'10$$

b) Como en el apartado anterior:

$$P_{CO} \cdot V = n_{CO} \cdot R \cdot T \Rightarrow n_{CO} = \frac{0'5 \cdot 50}{0'082 \cdot 973} = 0'313\,mol\,CO_{(g)}$$

$$C_{(s)} + CO_{2\,(g)} \rightleftharpoons 2\,CO_{(g)}$$

Inicial	—	—	0'313	$V = 50\,L$
Reacción	$+x$	$+x$	$-2x$	$T = 973\,K$
Equilibrio	x	x	$0'313-2x$	$K_c = 0'102$

Conocida la constante K_c:

$$K_c = \frac{[CO]^2}{[CO_2]} = \frac{\left(\frac{0'313-2x}{V}\right)^2}{\frac{x}{V}} = \frac{0'098 - 1'252x + 4x^2}{V \cdot x} \Rightarrow$$

$$\Rightarrow 0'102 = \frac{0'098 - 1'252x + 4x^2}{50x} \Rightarrow$$

Debe ser
$x < 0'1565$

$$\Rightarrow 4x^2 - 6'352x + 0'098 = 0 \diagup^{\displaystyle x = 1'572 \text{ mol}}_{\displaystyle x = 0'016 \text{ mol}}$$

Por tanto, las masas pedidas:

$$n_{C_{eq}} = x = 0'016 \text{ mol } C \times \frac{12 \text{ g de } C}{1 \text{ mol } C} = 0'192 \text{ g de } C_{(s)}$$

$$n_{CO_{2_{eq}}} = x = 0'016 \text{ mol } CO_2 \times \frac{44 \text{ g de } CO_2}{1 \text{ mol } CO_2} = 0'704 \text{ g de } CO_{2(g)}$$

$$n_{CO_{eq}} = 0'313 - 2x = 0'281 \text{ mol } CO \times \frac{28 \text{ g de } CO}{1 \text{ mol } CO} = 7'868 \text{ g de } CO_{(g)}$$

PROBLEMA 3

$$HA_{(ac)} + H_2O_{(\ell)} \rightleftharpoons A^-_{(ac)} + H_3O^+_{(ac)}$$

Inicial	C_0	...	—	—
Ionización	$-x$		$+x$	$+x$
Equilibrio	$C_0 - x$		x	x

Conocemos el pH:

$$pH = -\log[H_3O^+] \Rightarrow 2 = -\log(x) \Rightarrow x = 10^{-2} \text{ mol/L} = 0'01 \text{ mol/L}$$

PÁGINA 3

y conocida la constante de acidez K_a:

$$K_a = \frac{[A^-] \cdot [H_3O^+]}{[HA]} = \frac{x^2}{C_0 - x} \implies 1'48 \cdot 10^{-4} = \frac{0'01^2}{C_0 - 0'01} \implies$$

$$\implies C_0 = \frac{0'01^2}{1'48 \cdot 10^{-4}} + 0'01 = 0'686 \text{ mol/L}$$

b)

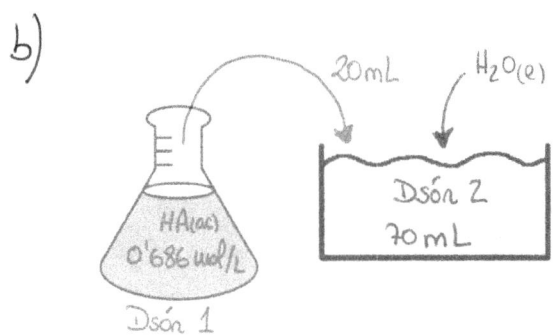

20mL $H_2O_{(l)}$

Dsón 2
70 mL

$HA_{(ac)}$
0'686 mol/L

Dsón 1

Los moles de HA en la nueva disolución povienen de la disolución 1:

$$M = \frac{n_{HA}}{L_{dsón}} \longrightarrow 0'686 = \frac{n_{HA}}{0'02}$$

$$\implies n_{HA} = 0'686 \cdot 0'02 = 0'014 \text{ mol HA}$$

Y por tanto, la concentración de la nueva disolución:

$$M = \frac{n_{HA}}{L_{dsón}} = \frac{0'014}{0'07} = 0'2 \text{ mol/L}$$

Así:

$$HA_{(ac)} + H_2O_{(l)} \rightleftharpoons A^-_{(ac)} + H_3O^+_{(ac)}$$

Inicial	0'2	...	—	—
Ionización	−x	...	+x	+x
Equilibrio	0'2−x	...	x	x

$$K_a = \frac{x^2}{0'2 - x} \longrightarrow 1'48 \cdot 10^{-4} = \frac{x^2}{0'2 - x} \implies$$

PÁGINA 4

$$\Rightarrow \quad x^2 + 1'48 \cdot 10^{-4} x - 2'96 \cdot 10^{-5} = 0 \begin{cases} x = 5'37 \cdot 10^{-3} \, mol/L \\ x = \text{Negativo} \end{cases}$$

Por tanto:

$$pH = -\log [H_3O^+] = -\log (x) = -\log (5'37 \cdot 10^{-3}) = 2'27$$

PROBLEMA 4

$$(\overset{+6}{Cr_2}\overset{-2}{O_7})^{2-}_{(ac)} + \overset{2+}{Fe}_{(ac)} + \overset{+}{H}_{(ac)} \longrightarrow \overset{3+}{Cr}_{(ac)} + \overset{3+}{Fe}_{(ac)} + \overset{+1}{H_2}\overset{-2}{O}_{(e)}$$

Reducción: $(Cr_2O_7)^{2-}_{(ac)} + 14 H^+_{(ac)} + 6e^- \longrightarrow 2 Cr^{3+}_{(ac)} + 7 H_2O_{(e)}$

Oxidación: $\left(Fe^{2+}_{(ac)} \longrightarrow Fe^{3+}_{(ac)} + 1e^- \right) \times 6$

Iónica: $(Cr_2O_7)^{2-}_{(ac)} + 6 Fe^{2+}_{(ac)} + 14 H^+_{(ac)} \longrightarrow 2 Cr^{3+}_{(ac)} + 6 Fe^{3+}_{(ac)} + 7 H_2O_{(e)}$

donde el agente oxidante es el dicromato $(Cr_2O_7)^{2-}$ y el agente reductor el Fe^{2+}.

b) $32 \, mL_{\underset{Cr_2O_7}{dsón}} \times \dfrac{1 \, L}{1000 \, mL} \times \dfrac{0'02 \, mol \, Cr_2O_7}{1 \, L \, dsón} \times \dfrac{6 \, mol \, Fe^{2+}}{1 \, mol \, Cr_2O_7} \times \dfrac{55'8 \, g}{1 \, mol \, Fe^{2+}} =$

$= 0'2143 g$ de Fe^{2+} hay en 50 mL de disolución de alambre

$500 mL \underset{alambre}{dsón} \times \dfrac{0'214 g \, de \, Fe^{2+}}{50 mL \, dsón} = 2'143 \, g$ de Fe^{2+}

$\%_{Fe} = \dfrac{m \, Fe}{M_{alambre}} \cdot 100 = \dfrac{2'143}{3'125} \cdot 100 = 68'58 \%$

PÁGINA 5

CUESTIÓN 1

$Mg (z=12): 1s^2 2s^2 2p^6 3s^2 \longrightarrow$ Periodo 3 Grupo 2

$\quad \longrightarrow Mg^{2+} (Mg-2e^-): 1s^2 2s^2 2p^6$

$Ca (z=20): 1s^2 2s^2 2p^6 3s^2 3p^6 4s^2 \longrightarrow$ Periodo 4 Grupo 2

$\quad \longrightarrow Ca^{2+} (Ca-2e^-): 1s^2 2s^2 2p^6 3s^2 3p^6$

$Fe (z=26): 1s^2 2s^2 2p^6 3s^2 3p^6 4s^2 3d^6$

$Fe (z=26): 1s^2 2s^2 2p^6 3s^2 3p^6 3d^6 4s^2 \longrightarrow$ Periodo 4 Grupo 8

$\quad \longrightarrow Fe^{2+} (Fe-2e^-): 1s^2 2s^2 2p^6 3s^2 3p^6 3d^6$

$Si (z=14): 1s^2 2s^2 2p^6 3s^2 3p^2 \longrightarrow$ Periodo 3 Grupo 14

$S (z=16): 1s^2 2s^2 2p^6 3s^2 3p^4 \longrightarrow$ Periodo 3 Grupo 16

b) Cuando un átomo metálico pierde uno o más electrones formándose un ión positivo (catión) aumenta la fuerza de atracción sobre los electrones restantes habiendo por tanto reducción de tamaño.

Sin embargo, cuando un átomo no metálico gana uno o más electrones se producirá el efecto contrario y el tamaño aumentará. Por ello:

$$r_{I^-} > r_I$$

c) La energía de ionización es la energía que se requiere para arrancar el electrón más externo de un átomo gaseoso en su estado fundamental:

$$X_{(g)} + EI \longrightarrow X^{+}_{(g)} + e^{-}$$

Dentro de un mismo grupo, tienen mayor energía de ionización los elementos situados más arriba en la tabla periódica ya que al tener menos capas electrónicas el electrón a arrancar está más cerca del núcleo y por tanto, más fuertemente atraído.

Dentro de un mismo periodo, tienen mayor energía de ionización los elementos situados más a la derecha, ya que al haber más protones en el núcleo, la carga nuclear efectiva aumenta, haciendo que los electrones estén más cerca del núcleo y por tanto más fuertemente atraídos.

Por todo ello:

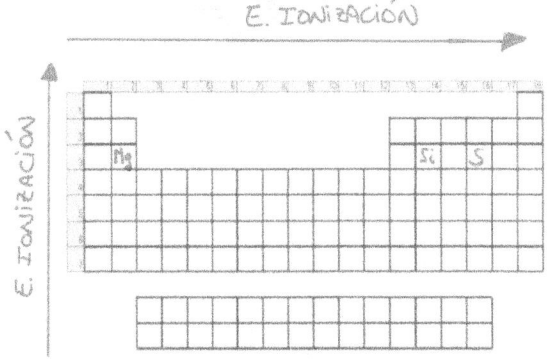

$$EI(Mg) < EI(Si) < EI(S)$$

CUESTIÓN 2

$H(z=1): 1s^1 \longrightarrow 1e^-$ $C(z=6): 1s^2 2s^2 2p^2 \longrightarrow 4e^-$

$O(z=8): 1s^2 2s^2 2p^4 \longrightarrow 6e^-$ $S(z=16): 1s^2 2s^2 2p^6 3s^2 3p^4 \longrightarrow 6e^-$

CS_2 LEWIS + RPECV

$$S \quad C \quad S \Rightarrow S-C-S \Rightarrow {}^x_xS^x - C - S^x_x \Rightarrow {}^x_xS = C = S^x_x$$

16 electrones   12e⁻   Carga formal   Definitiva!!

La estructura es definitiva al ser nula la carga formal sobre todos los átomos. Se trata de una molécula AX_2 que presentará geometría LINEAL

180°

La hibridación del átomo de carbono será sp según:

C: 2s [1↓] 2p [↑|↑|] $\xrightarrow{promoción}$ C*: 2s [↑] 2p [↑|↑|↑] $\Longrightarrow$ SP [↑|↑] P_y P_z [↑|↑]

2 enlace σ C-S   2 enlaces π C-S

SO_2 LEWIS + RPECV

$$O \quad S \quad O \Rightarrow O-S-O \Rightarrow {}^x_xO - S - O^x_x \Rightarrow {}^x_xO = S = O^x_x$$

18 electrones   14e⁻   Carga formal   Definitiva!!

La estructura es definitiva al ser nula la carga formal sobre todos los átomos. Recuerda que el azufre es un átomo del periodo 3, que al tener orbitales "d"

PÁGINA 8

energéticamente disponibles, puede rodearse de más de ocho electrones (OCTETO EXPANDIDO). Esta es la única estructura correcta para el SO_2 ya que anula la carga formal. Se trata de una molécula AX_2E que presenta geometría ANGULAR

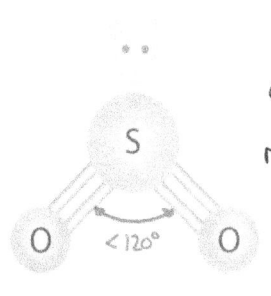

Debido al par no enlazante sobre el átomo de azufre que provoca mayor repulsión electromagnética, el ángulo O−S−O será ligeramente inferior al ángulo teórico.

$$O - \widehat{S} - O < 120°$$

$\boxed{H_2S}$ LEWIS + RPECV

$$H \quad S \quad H \Rightarrow H-S-H \Rightarrow H - \overset{\times\times}{\underset{\times\times}{S}} - H$$

8 electrones   4e-   Definitiva!!

La estructura es definitiva al ser nula la carga formal sobre todos los átomos. Se trata de una molécula AX_2E_2 que presenta geometría ANGULAR

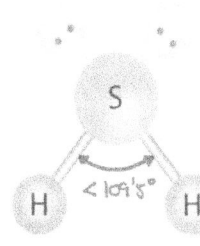

Al existir dos pares no enlazantes sobre el azufre habrá una repulsión grande, lo que hará que el ángulo H−S−H sea significativamente inferior al ángulo teórico:

$$H - \widehat{S} - H < 109'5°$$

$\boxed{H_2CO}$ LEWIS + RPECV

O

H   C   H $\Rightarrow$ H−C−H $\Rightarrow$ H−C$\overset{\oplus}{-}$H $\Rightarrow$ H − C − H

12 electrones   6e−   Cargas formales   Definitiva!!

La estructura es definitiva al ser nula la carga formal sobre todos los átomos. Se trata de una molécula AX_3 que presenta geometría TRIANGULAR PLANA.

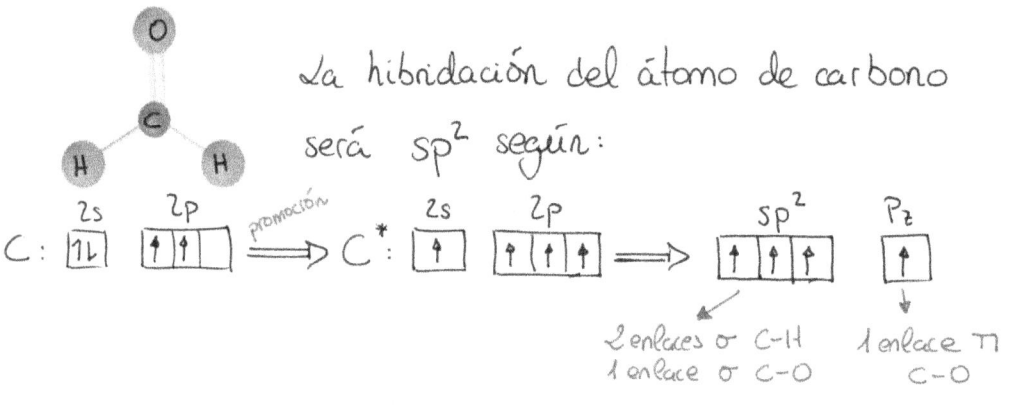

La hibridación del átomo de carbono será sp^2 según:

C: [2s ⇅] [2p ↑ ↑] $\xrightarrow{\text{promoción}}$ C*: [2s ↑] [2p ↑ ↑ ↑] $\Rightarrow$ [sp^2 ↑ ↑ ↑] [P_z ↑]

2 enlaces σ C−H
1 enlace σ C−O

1 enlace π
C−O

Por último, y como ya hemos justificado O−$\widehat{S}$−O > H−$\widehat{S}$−H

$\boxed{\text{CUESTIÓN 3}}$

$$N_2(g) + 3H_2(g) \underset{\Delta H = 92'6\ KJ}{\overset{\Delta H = -92'6\ KJ}{\rightleftarrows}} 2NH_3(g)$$

a) Al añadir $H_2(g)$ al sistema en equilibrio, para restablecer el equilibrio la reacción se desplazará en sentido directo para consumir parte del exceso de $H_2(g)$ añadido y formando $NH_3(g)$. La cantidad de $NH_3(g)$ aumentará.

PÁGINA 10

b) Al reducir el volumen del reactor, la presión en su interior aumentará. Para reestablecer el equilibrio, éste irá hacia donde haya un menor número de moles gaseosos. En nuestro caso se desplazará en sentido directo formando $NH_{3(g)}$. La cantidad de $NH_{3(g)}$ por tanto aumentará.

c) Evaluemos el COCIENTE DE REACCIÓN:

Equilibrio $\longrightarrow K_c = \dfrac{[NH_3]^2}{[N_2] \cdot [H_2]^3}$

Duplicamos concentraciones $\longrightarrow Q_c = \dfrac{(2\,[NH_3])^2}{2\,[N_2] \cdot (2\,[H_2])^3} = \dfrac{2^2}{2 \cdot 2^3} \cdot \dfrac{[NH_3]^2}{[N_2][H_2]^3} = \dfrac{1}{4} K_c$

Y como $Q_c < K_c$, la reacción se desplaza en sentido directo formando más $NH_{3(g)}$, aumentando así la cantidad de éste.

d) Al aumentar la temperatura, el equilibrio se desplaza en el sentido endotérmico ($\Delta H > 0$). En nuestro caso, se desplazará a la izquierda y por tanto consumirá $NH_{3(g)}$. La cantidad de $NH_{3(g)}$ disminuirá.

PÁGINA 11

CUESTIÓN 4

a) La sal en disolución:

$$Cu(SO_4)_{(ac)} \longrightarrow Cu^{2+}_{(ac)} + (SO_4)^{2-}_{(ac)}$$

Se trata de ver si el $Sn_{(s)}$ reacciona con alguno de los iones

El estaño sólido $Sn_{(s)}$ solo puede oxidarse. Para ello, el $Cu^{2+}_{(ac)}$ debería reducirse. Veamos si es posible:

Red: $Cu^{2+}_{(ac)} + 2e^- \longrightarrow Cu_{(s)}$ $E^o_{red}(Cu^{2+}/Cu) = 0'34V$

Oxi: $Sn(s) \longrightarrow Sn^{2+}_{(ac)} + 2e^-$ $E^o_{oxi}(Sn/Sn^{2+}) = 0'14V$

$$Cu^{2+}_{(ac)} + Sn_{(s)} \longrightarrow Cu_{(s)} + Sn^{2+}_{(ac)} \quad E^o_{reacción} = 0'48V$$

$\Rightarrow$ Como $E^o_{reacción} > 0$ se produce la reacción y por tanto, una barra de $Sn_{(s)}$ NO es estable en una disolución de $CuSO_4$ y la afirmación es falsa.

b) La sal en disolución:

$$CrCl_{3(ac)} \longrightarrow Cr^{3+}_{(ac)} + 3\,Cl^-_{(ac)}$$

Se trata de ver si el $Fe_{(s)}$ reacciona con alguno de los iones:

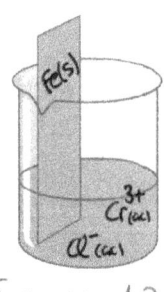

El $Fe_{(s)}$ solo puede oxidarse. Para ello el $Cr^{3+}_{(ac)}$ debería reducirse. Veamos si es posible:

PÁGINA 12

Reducción: $(Cr^{3+}_{(ac)} + 3e^- \longrightarrow Cr_{(s)})\times 2$ $E^o_{red}(Cr^{3+}/Cr) = -0'74V$

Oxidación: $(Fe_{(s)} \longrightarrow Fe^{2+}_{(ac)} + 2e^-)\times 3$ $E^o_{oxi}(Fe/Fe^{2+}) = +0'44V$

$$2Cr^{3+}_{(ac)} + 3Fe_{(s)} \longrightarrow 2Cr_{(s)} + 3Fe^{2+}_{(ac)} \quad E^o_{reacción} = -0'3V$$

$\Rightarrow$ Como $E^o_{reacción} < 0$, la reacción no se produce y la barra de hierro no se recubrirá con cromo. La afirmación por tanto es falsa.

c) El ácido clorhídrico:

$$HCl_{(ac)} \longrightarrow H^+_{(ac)} + Cl^-_{(ac)}$$

Se trata de ver si el $Al_{(s)}$ reacciona con alguno de los iones:

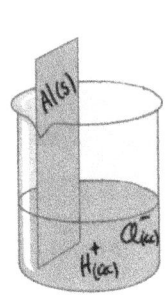

El $Al_{(s)}$ solo puede oxidarse. Para ello $H^+_{(ac)}$ debería reducirse. Veamos si es posible:

Red: $(2H^+_{(ac)} + 2e^- \longrightarrow H_{2(g)})\times 3$ $E^o_{red}(H^+/H_2) = 0V$

Oxi: $(Al_{(s)} \longrightarrow Al^{3+}_{(ac)} + 3e^-)\times 2$ $E^o_{oxi}(Al/Al^{3+}) = +1'68V$

$$6H^+_{(ac)} + 2Al_{(s)} \longrightarrow 3H_{2(g)} + 2Al^{3+}_{(ac)} \quad E^o_{reacción} = 1'68V$$

$\Rightarrow$ Como $E^o_{reacción} > 0$, efectivamente el $Al_{(s)}$ se disuelve en $HCl_{(ac)}$. La afirmación por tanto es verdadera.

d) La sal en disolución:

$$SnCl_{2(ac)} \longrightarrow Sn^{2+}_{(ac)} + 2Cl^-_{(ac)}$$

PÁGINA 13

Se trata de ver si el Al(s) de las paredes del recipiente reacciona con alguno de estos iones:

Red: $(Sn^{2+}_{(ac)} + 2e^- \longrightarrow Sn(s)) \times 3 \quad E^0_{red}(Sn^{2+}/Sn) = -0'14V$

Oxi: $(Al(s) \longrightarrow Al^{3+}_{(ac)} + 3e^-) \times 2 \quad E^0_{oxi}(Al/Al^{3+}) = +1'68V$

$$3Sn^{2+}_{(ac)} + 2Al(s) \longrightarrow 3Sn(s) + 2Al^{3+}_{(ac)} \quad E^0_{reacción} = 1'54V$$

$\Rightarrow$ Como $E^0_{reacción} > 0$ El aluminio sólido de las paredes del recipiente se disolverán y por tanto NO se puede guardar una disolución de $SnCl_{2(ac)}$ en un recipiente de aluminio. La afirmación es falsa.

CUESTIÓN 5

$$A_{(g)} + B_{(g)} \longrightarrow C_{(g)} + D_{(g)} \quad v = K \cdot [A]^2$$

a) FALSO. En función de las velocidades de desaparición de los reactivos, la velocidad de reacción viene dada por:

$$v_{reacción} = -\frac{d[A]}{dt} = -\frac{d[B]}{dt}$$

Con lo que $\dfrac{d[A]}{dt} = \dfrac{d[B]}{dt} \Rightarrow$ Ambos reactivos se consumen a la misma velocidad

b) FALSO. Si se disminuye el volumen a la mitad

$$[A] = \frac{n_A}{V}$$

$$[A]' = \frac{n_A}{V/2} = 2 \cdot \frac{n_A}{V} = 2[A]$$

La nueva concentración será el doble de la inicial

PÁGINA 14

con lo que la nueva velocidad:

$$V = K \cdot [A]^2$$

$$V' = K \cdot ([A]')^2 = K \cdot (2[A])^2 = 4 K [A]^2 = 4V$$

$$\Rightarrow \text{La velocidad se cuadruplica}$$

c) FALSO. De la ecuación cinética:

$$V = K \cdot [A]^2$$

$$\frac{mol}{L \cdot s} = [K] \cdot \frac{mol^2}{L^2} \Rightarrow [K] = \frac{L}{mol \cdot s} = L \cdot mol^{-1} \cdot s^{-1}$$

d) VERDADERO. Según la teoría de Arrhenius, la constante de velocidad viene dada por:

$$K = A \cdot e^{\frac{-E_a}{RT}}$$

"A" es el factor de frecuencia y nos indica el número de reacciones que hay entre las moléculas de reactivos por unidad de tiempo.

"$e^{\frac{-E_a}{RT}}$" es el factor exponencial y representa la fracción de esas colisiones que tienen una energía mayor o igual que la energía de activación (colisiones efectivas)

Al aumentar T, aumenta el factor $e^{\frac{-E_a}{RT}}$, lo que aumenta la constante K, lo que aumenta la velocidad.

CUESTIÓN 6

a) $CH_3 - CH_2 - CH_2OH \xrightarrow[\text{calor}]{H_2SO_4} CH_3 - CH = CH_2 + H_2O$

propan-1-ol   propeno

Deshidratación alcohol (ELIMINACIÓN)

b) $CH_3 - CH = CH - CH_3 + HBr \longrightarrow CH_3 - CH_2 - CHBr - CH_3$

but-2-eno   2-bromobutano

Adición

c) $CH_3 - COOH + CH_3 - CH_2 - CH_2 - CH_2OH \longrightarrow CH_3 - COO - CH_2 - CH_2 - CH_2 - CH_3 + H_2O$

ácido etanoico   butan-1-ol   etanoato de butilo

Esterificación (CONDENSACIÓN)

d) $HC \equiv CH + \frac{5}{2}O_2 \longrightarrow 2CO_2 + H_2O$

etino

Combustión (REDOX)

©Juan Bertomeu Ferrer
www.bertoblog.com

 **GENERALITAT VALENCIANA**
Conselleria d'Educació,
Universitats i Ocupació

COMISSIÓ GESTORA DE LES PROVES D'ACCÉS A LA UNIVERSITAT

COMISIÓN GESTORA DE LAS PRUEBAS DE ACCESO A LA UNIVERSIDAD

 SISTEMA UNIVERSITARI VALENCIÀ
SISTEMA UNIVERSITARIO VALENCIANO

PROVES D'ACCÉS A LA UNIVERSITAT	PRUEBAS DE ACCESO A LA UNIVERSIDAD
CONVOCATÒRIA: JUNY 2024	CONVOCATORIA: JUNIO 2024
Assignatura: QUÍMICA	Asignatura: QUÍMICA

BAREMO DEL EXAMEN: El examen consta de dos bloques: bloque I de cuatro problemas (se deben contestar *únicamente 2*) y bloque II de seis cuestiones (se deben contestar *únicamente 3*). Cada problema o cuestión tiene una puntuación máxima de 2 puntos. Únicamente se corregirán los 2 primeros problemas y las 3 primeras cuestiones respondidos en el examen escrito. Se permite el uso de calculadoras siempre que no sean gráficas o programables y que no puedan realizar cálculo simbólico ni almacenar texto o fórmulas en memoria.

Bloque I: PROBLEMAS (*elegir 2*)

Problema 1. En el laboratorio, pueden obtenerse pequeñas cantidades de dicloro, $Cl_2(g)$, haciendo reaccionar permanganato de potasio, $KMnO_4(ac)$, con cloruro de potasio, $KCl(ac)$, en medio ácido de acuerdo con la siguiente ecuación química no ajustada:

$$KMnO_4(ac) + KCl(ac) + H_2SO_4(ac) \rightarrow MnSO_4(ac) + Cl_2(g) + K_2SO_4(ac) + H_2O(l)$$

a) Escriba la semirreacción de oxidación y la de reducción, así como la reacción global ajustada, tanto en su forma iónica como molecular. **(1 punto)**

b) Si se mezclan 150 mL de la disolución **A** (que contiene 2,5 g de $KMnO_4$ y un exceso de H_2SO_4) y 250 mL de la disolución **B** (que contiene KCl a concentración 0,12 M y un exceso de H_2SO_4), calcule el volumen de Cl_2 producido, medido a 20 °C y 723 mmHg. **(1 punto)**

Datos: masas atómicas relativas: H = 1,0; O = 16,0; Cl = 35,5, K = 39,1; Mn = 54,9.
$R = 0,082$ atm·L·K^{-1}·mol^{-1}. 1 atm = 760 mmHg.

Problema 2. A 400 °C, el cloruro de amonio, $NH_4Cl(s)$, se descompone en cloruro de hidrógeno, HCl(g), y amoníaco, $NH_3(g)$, de acuerdo con la siguiente ecuación química:

$$NH_4Cl(s) \leftrightarrows HCl(g) + NH_3(g), \quad K_p = 16,4 \text{ a } 400 °C.$$

En un matraz donde se ha hecho el vacío, se deposita un exceso de NH_4Cl y se calienta hasta alcanzar los 400 °C.

a) Calcule la presión total en el recipiente una vez se alcanza el equilibrio. **(1 punto)**

b) En un experimento independiente, se introducen 1 mol de HCl y 1 mol de NH_3 en un matraz de 10 L de volumen y se mantiene a 400 °C. ¿Cuál es el número de moles de NH_4Cl formado al alcanzarse el equilibrio? **(1 punto)**

Dato: $R = 0,082$ atm·L·K^{-1}·mol^{-1}.

Problema 3. El ácido benzoico ($C_7H_6O_2$) es un ácido monoprótico (HA, $K_a = 6,25\cdot10^{-5}$), empleado como aditivo alimentario. Se preparan 200 mL de una disolución acuosa que contiene 490 mg del ácido.

a) Calcule el pH de la disolución. **(1 punto)**

b) Calcule el volumen de disolución de NaOH 0,05 M que hay que añadir a la disolución anterior para neutralizar completamente el ácido. **(0,5 puntos)**

c) Deduzca, de manera cualitativa, si en el momento de la neutralización exacta, el pH de la mezcla es mayor o menor de 7,0. **(0,5 puntos)**

Datos: masas atómicas relativas: H = 1,0; C = 12,0; O = 16,0.

Problema 4. En determinados dispositivos pirotécnicos se utiliza una mezcla de aluminio en polvo, Al(s), y perclorato de amonio, $NH_4ClO_4(s)$. La mezcla reacciona de acuerdo con la siguiente ecuación química:

$$3 Al(s) + 3 NH_4ClO_4(s) \rightarrow Al_2O_3(s) + AlCl_3(s) + 6 H_2O(g) + 3 NO(g)$$

a) Calcule la variación de entalpía estándar del proceso, expresada en kJ por mol de aluminio. **(1 punto)**

b) ¿Cuántos gramos de Al y NH_4ClO_4 se necesitan para que su reacción libere 2000 kJ de energía? Calcule el porcentaje en masa de cada compuesto en la mezcla. **(1 punto)**

Datos: entalpías de formación estándar, ΔH_f^o (kJ·mol^{-1}): $Al_2O_3(s) = -1668,8$; $NH_4ClO_4(s) = -294,1$; $AlCl_3(s) = -704,2$; NO(g) = +90,3; $H_2O(g) = -241,8$. Masas atómicas relativas: H = 1,0; N = 14,0; O = 16,0; Al = 27,0; Cl = 35,5.

Bloque II: CUESTIONES (*elegir 3*)

Cuestión 1.

Dados los elementos **A** y **B** con números atómicos 9 y 15, respectivamente: **(0,5 puntos cada apartado)**

a) Escriba su configuración electrónica del estado fundamental e indique grupo y periodo al que pertenecen.

b) Escriba todos los posibles valores de los números cuánticos para un electrón 2p y para un electrón 3s.

c) Deduzca el ion más probable que formará cada uno de ellos y escriba su configuración electrónica del estado fundamental.

d) Aplicando la regla del octete, deduzca la fórmula empírica del compuesto formado por los dos elementos **A** y **B**, e indique, razonadamente el tipo de enlace.

Cuestión 2.

Considere las siguientes moléculas: BF_3, CF_4 y NF_3. Responda a las siguientes cuestiones:

a) Dibuje la estructura electrónica de Lewis de cada una de las moléculas y deduzca su geometría. **(0,9 puntos)**

b) Ordene, justificadamente las moléculas BF_3, CF_4, NF_3 por orden creciente de su ángulo de enlace. **(0,5 puntos)**

c) Discuta la polaridad de los enlaces de las tres moléculas, y deduzca si éstas tienen momento dipolar. **(0,6 puntos)**

Datos: números atómicos, Z: B = 5; C = 6; N = 7; F = 9. Electronegatividades: B = 1,9; C = 2,4; N = 3,0; F = 4,0.

Cuestión 3.

La combustión del etanol, $C_2H_6O(l)$, se produce de acuerdo con la ecuación química siguiente:

$$C_2H_6O(l) + 3\ O_2(g) \rightarrow 2\ CO_2(g) + 3\ H_2O(l), \qquad \Delta H^o = -1367\ kJ.$$

Conteste a las siguientes cuestiones: **(0,5 puntos cada apartado)**

a) Se trata de una reacción química _____ (*exotérmica/endotérmica*) puesto que se produce una _____ (*liberación de energía /absorción de energía*).

b) Cuando se queman completamente 23 g de etanol, se producen _____ g de CO_2.

c) Escriba la ecuación química correspondiente a la variación de entalpía de formación estándar (ΔH_f^o) del etanol.

d) Teniendo en cuenta la reacción de combustión del etanol, calcule la variación de entalpía estándar para la reacción:

$$4\ CO_2(g) + 6\ H_2O(l) \rightarrow 2\ C_2H_6O(l) + 6\ O_2(g)$$

Datos: masas moleculares relativas: C_2H_6O = 46; CO_2 = 44.

Cuestión 4.

Teniendo en cuenta los potenciales estándar de reducción, responda razonadamente si los siguientes enunciados son verdaderos o falsos: **(0,5 puntos cada apartado)**

a) Una barra de zinc es estable en una disolución acuosa de $CdSO_4$ 1 M.

b) Al mezclar una disolución de $CuSO_4$ 1 M con una de $CdSO_4$ 1 M, se forma cobre metálico.

c) El cobre metálico no se disuelve en una disolución acuosa de HCl 1 M.

d) Una disolución que contenga $Zn^{2+}(ac)$ 1 M se puede guardar en una botella de aluminio.

Datos: potenciales estándar de reducción, E^o (V): $Al^{3+}|Al$: –1,68; $Zn^{2+}|Zn$ = –0,76; $Cd^{2+}|Cd$: –0,40; $H^+|H_2$: 0,0; $Cu^{2+}|Cu$: +0,34.

Cuestión 5.

La siguiente tabla muestra datos de velocidad de la siguiente reacción química: $2\ NO(g) + H_2(g) \rightarrow N_2O(g) + H_2O(g)$

$[NO]$ = 0,150 mol·L^{-1}	$[H_2]$ = 0,80 mol·L^{-1}	Velocidad = 0,500 mol·L^{-1}·min^{-1}
$[NO]$ = 0,075 mol·L^{-1}	$[H_2]$ = 0,80 mol·L^{-1}	Velocidad = 0,125 mol·L^{-1}·min^{-1}
$[NO]$ = 0,150 mol·L^{-1}	$[H_2]$ = 0,40 mol·L^{-1}	Velocidad = 0,250 mol·L^{-1}·min^{-1}

a) Escriba la ley de velocidad para la reacción. **(0,8 puntos)**

b) Determine el valor de la constante de velocidad. **(0,6 puntos)**

c) Si el recipiente donde tiene lugar la reacción se comprime hasta la mitad de volumen, manteniendo la temperatura constante, la velocidad de la reacción, ¿aumenta, disminuye o permanece constante? Justifique la respuesta. **(0,6 p)**

Cuestión 6.

a) Nombre y formule los compuestos **A**, **B**, **C** y **D**. Indique el tipo de reacción en cada caso. **(1,4 puntos)**

a1) CH_3-CH_2-$CH(OH)$-CH_2-CH_3 $\xrightarrow{H_2SO_4,\ calor}$ **A** + H_2O

a2) **B** $\xrightarrow{KMnO_4,\ calor}$ CH_3-CH_2-CO-CH_2-CH_3

C + **D** $\xrightarrow{H^+,\ catalizador}$ CH_3-CH_2-COO-CH_2-CH_2-CH_3 + H_2O

b) Dibuje la fórmula estructural de una molécula orgánica que contenga 5 átomos de C, 10 átomos de H y 2 átomos de O. Indique los grupos funcionales que contiene esta molécula. **(0,6 puntos)**

PROBLEMA 1

$$\overset{+1\ +7\ -2}{K\,Mn\,O_{4(ac)}} + \overset{+1\ -1}{K\,Cl_{(ac)}} + \overset{+1\ +6\ -2}{H_2SO_{4(ac)}} \longrightarrow \overset{+2\ +6\ -2}{MnSO_{4(ac)}} + \overset{0}{Cl_{2(g)}} + \overset{+1\ +6\ -2}{K_2SO_{4(ac)}} + \overset{+1\ -2}{H_2O_{(e)}}$$

oxidación
reducción

Reducción: $((MnO_4)^-_{(ac)} + 8H^+_{(ac)} + 5e^- \longrightarrow Mn^{2+}_{(ac)} + 4H_2O_{(e)}) \times 2$

Oxidación: $(2Cl^-_{(ac)} \longrightarrow Cl_{2(g)} + 2e^-) \times 5$

Iónica Ajustada: $2(MnO_4)^-_{(ac)} + 16H^+_{(ac)} + 10Cl^-_{(ac)} \longrightarrow 2Mn^{2+}_{(ac)} + 8H_2O_{(e)} + 5Cl_{2(g)}$

Por tanto, la ecuación molecular.

$$2KMnO_{4(ac)} + 10KCl_{(ac)} + 8H_2SO_{4(ac)} \longrightarrow 2MnSO_{4(ac)} + 5Cl_{2(g)} + 6K_2SO_{4(ac)} + 8H_2O_{(e)}$$

150 mL dsón
2'5g KMnO₄

250mL dsón
0'12 M

V?
T = 20°C
P = 723 mm Hg

$$M(KMnO_4) = 39'1 + 54'9 + 4\cdot16 = 158\ g/mol \rightarrow M = \frac{n}{V} = \frac{\frac{2'5}{158}}{0'15} = 0'1055M$$

Veamos cuál es el reactivo limitante:

$$150\,mL\ dsón\ KMnO_4 \times \frac{1\,L\,dsón}{1000\,mL\,dsón} \times \frac{0'1055\,mol\,KMnO_4}{1\,L\,dsón} \times \frac{10\,mol\,KCl}{2\,mol\,KMnO_4} \times \frac{1\,L\,dsón\,KCl}{0'12\,mol\,KCl} \times$$

$$\times \frac{1000\,mL\,dsón\,KCl}{1\,L\,dsón\,KCl} = 659'37\ mL\ dsón\ KCl \longrightarrow KCl_{LIMITANTE}$$

$$250\,mL\ dsón\ KCl \times \frac{1\,L\,dsón}{1000\,mL\,dsón} \times \frac{0'12\,mol\,KCl}{1\,L\,dsón} \times \frac{5\,mol\,Cl_2}{10\,mol\,KCl} = 0'015\,mol\,Cl_2$$

$$P\cdot V = nRT \implies V = \frac{n_{Cl_2}\cdot R\cdot T}{P} = \frac{0'015\cdot0'082\cdot293}{723/760} = 0'38\ L\ Cl_{2(g)}$$

PÁGINA 1

PROBLEMA 2

$$NH_4Cl_{(s)} \rightleftharpoons HCl_{(g)} + NH_{3(g)} \qquad K_p = 16'4$$

	NH_4Cl	HCl	NH_3
Inicial	n_0	—	—
Reacción	$-x$	$+x$	$+x$
Equilibrio	$n_0 - x$	$+x$	$+x$

Como en el equilibrio $n_{HCl_{eq}} = n_{NH_{3eq}} \implies P_{HCl_{eq}} = P_{NH_{3eq}}$

$$K_p = P_{HCl} \cdot P_{NH_3} \implies K_p = P_{HCl}^2 \implies P_{HCl} = \sqrt{K_p} = \sqrt{16'4} = 4'05 \, atm$$

$$\implies P_{TOTAL} = P_{HCl} + P_{NH_3} = 2P_{HCl} = 2 \cdot 4'05 = 8'1 \, atm$$

b) $$NH_4Cl_{(s)} \rightleftharpoons HCl_{(g)} + NH_{3(g)}$$

	NH_4Cl	HCl	NH_3
Inicial	—	1	1
Reacción	$+x$	$-x$	$-x$
Equilibrio	$+x$	$1-x$	$1-x$

Acabamos de ver que el equilibrio se alcanza cuando

$$P_{HCl} = 4'05 \, atm \implies P_{HCl} \cdot V = n_{HCl} \cdot R \cdot T \implies 4'05 \cdot 10 = (1-x) \cdot 0'082 \cdot 673$$

$$\implies 1-x = 0'734 \implies x = 0'266 \, mol$$

$$\implies n_{NH_4Cl_{eq}} = x = 0'266 \, mol$$

* Comprender como funciona un equilibrio te ahorrará muchos cálculos!!

PÁGINA 2

PROBLEMA 3

$$M(C_7H_6O_2) = 7 \cdot 12 + 6 \cdot 1 + 2 \cdot 16 = 122 \, g/mol$$

$$C_0 = \frac{n \, soluto}{L \, dsón} = \frac{\frac{490 \cdot 10^{-3}}{122}}{0'2} = 0'02 \, mol/L$$

$$HA_{(ac)} + H_2O_{(\ell)} \rightleftharpoons A^-_{(ac)} + H_3O^+_{(ac)}$$

Inicial	0'02	—	— —
Ionización	— x	...	+ x + x
Equilibrio	0'02-x	...	+ x + x

$$K_a = \frac{x^2}{0'02-x} \rightarrow 6'25 \cdot 10^{-5} (0'02-x) = x^2 \longrightarrow$$

$$\longrightarrow x^2 + 6'25 \cdot 10^{-5} x - 1'25 \cdot 10^{-6} = 0 \begin{cases} x = 1'087 \cdot 10^{-3} \, mol/L \\ x = Negativo \end{cases}$$

$$\Rightarrow pH = -log[H_3O^+] = -log(1'087 \cdot 10^{-3}) = 2'96$$

b) $$HA_{(ac)} + NaOH_{(ac)} \longrightarrow NaA_{(ac)} + H_2O_{(\ell)}$$

  0'2 L dsón   V?
  0'02 M   0'05 M

$$0'2 \, L \, dsón_{HA} \times \frac{0'02 \, mol \, HA}{1 \, L \, dsón_{HA}} \times \frac{1 \, mol \, NaOH}{1 \, mol \, HA} \times \frac{1 \, L \, dsón}{0'05 \, mol \, NaOH} = 0'08 \, L \, dsón_{NaOH}$$

c) La sal en disolución: $NaA_{(ac)} \longrightarrow Na^+_{(ac)} + A^-_{(ac)}$

Na^+ no hidroliza. Pero A^- proviene del benzoico (débil). Por tanto:

$$A^-_{(ac)} + H_2O_{(\ell)} \rightleftharpoons HA_{(ac)} + OH^-_{(ac)}$$

$\Longrightarrow$ El pH será básico (pH>7) por los hidroxilos $OH^-_{(ac)}$

PÁGINA 3

PROBLEMA 4

$$3 Al_{(s)} + 3 NH_4ClO_{4(s)} \longrightarrow Al_2O_{3(s)} + AlCl_{3(s)} + 6 H_2O_{(g)} + 3 NO_{(g)}$$

$$\Delta H_R^0 = 3\Delta H_{f NO}^0 + 6 \Delta H_{f H_2O}^0 + \Delta H_{f AlCl_3}^0 + \Delta H_{f Al_2O_3}^0 - 3\Delta H_{f NH_4ClO_4}^0 - 3 \cdot \Delta H_{f Al_{(s)}}^0$$

$$\Delta H_R^0 = 3 \cdot 90'3 + 6 \cdot (-241'8) + (-704'2) + (-1668'8) - 3 \cdot (-294'1) = -2670'6 KJ$$

Por tanto la entalpia molar pedida

$$\Delta H_{proceso}^0 = \frac{-2670'6 \, KJ}{3 \, mol \, Al} = -890'2 \, KJ/_{mol \, Al}$$

b) Si se liberan 2000 KJ

$$-2000 \, KJ \times \frac{1 \, mol \, Al}{-890'2 \, kJ} \times \frac{27 g \, Al}{1 \, mol \, Al} = 60'66 \, g \, de \, Al$$

$$M(NH_4ClO_4) = 14+4+35'5+4\cdot16 = 117'5 g/mol$$
↑

$$-2000 \, KJ \times \frac{3 \, mol \, NH_4ClO_4}{-2670'6 \, KJ} \times \frac{117'5 \, g \, NH_4ClO_4}{1 \, mol \, NH_4ClO_4} = 263'99 \, g \, NH_4ClO_4$$

Por tanto, en la mezcla:

$$\%_{Al} = \frac{m_{Al}}{m_{total}} \cdot 100 = \frac{60'66}{60'66 + 263'99} \cdot 100 = 18'68 \% \, Al$$

y por tanto, $\%_{NH_4ClO_4} = 100 - 18'68 = 81'32 \%$

PÁGINA 4

©Juan Bertomeu Ferrer
www.bertoblog.com

CUESTIÓN 1

a) $A(z=9): 1s^2 2s^2 2p^5 \longrightarrow$ Periodo 2 Grupo 17

$B(z=15): 1s^2 2s^2 2p^6 3s^2 3p^3 \longrightarrow$ Periodo 3 Grupo 15

b) Los números cuánticos son:

$$\left(n, \ell, m, s \right)$$

spin $\rightarrow \pm 1/2$

nivel enagético

subnivel
$\ell = 0 \rightarrow$ orbital s
$\ell = 1 \rightarrow$ orbital p
$\ell = 2 \rightarrow$ orbital d
....

orientación espacial
$m = -\ell, ... 0, ..., +\ell$

Por tanto:

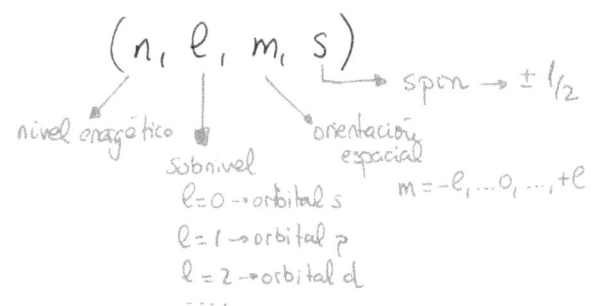

1s
n=1
$m=0$
$\ell=0$

2s
n=2
$m=0$
$\ell=0$

2p
n=2
$m=-1$ | $m=0$ | $m=1$
$\ell=1$

3s
n=3
$m=0$
$\ell=0$

Electrón 2p $\begin{cases} (2,1,-1,1/2) \\ (2,1,-1,-1/2) \\ (2,1,0,1/2) \\ (2,1,0,-1/2) \\ (2,1,1,1/2) \\ (2,1,1,-1/2) \end{cases}$ Electrón 3s $\begin{cases} (3,0,0,1/2) \\ (3,0,0,-1/2) \end{cases}$

c) Los iones más probables son:

$A^-(A+1e^-): 1s^2 2s^2 2p^6$

$B^{3-}(B+3e^-): 1s^2 2s^2 2p^6 3s^2 3p^6$

PÁGINA 5

d) Los elementos A y B son no metales. La diferencia de electronegatividades entre ellas no serán lo suficientemente grandes para que se "cedan" electrones. Por ello formarán compuesto COVALENTE compartiendo electrones según:

A: 2s $\boxed{\uparrow\downarrow}$ 2p $\boxed{\uparrow\downarrow | \uparrow\downarrow | \uparrow}$ $\overset{\times\times}{\underset{\times\times}{\times A \times}}$

B: 3s $\boxed{\uparrow\downarrow}$ 3p $\boxed{\uparrow | \uparrow | \uparrow}$ $\overset{\circ\circ}{\underset{\circ}{\circ B \circ}}$

$\Rightarrow$ $\overset{\times\times}{\underset{\times\times}{\times A}} \circ \overset{\circ\circ}{B} \circ \overset{\times\times}{\underset{\times\times}{A \times}}$ $\overset{\times}{\underset{\times\times}{A}}$ $\Rightarrow BA_3$

CUESTIÓN 2

$B (z=5): 1s^2 2s^2 2p^1 \rightarrow 3e^-$ $N(z=7): 1s^2 2s^2 2p^3 \rightarrow 5e^-$

$C (z=6): 1s^2 2s^2 2p^2 \rightarrow 4e^-$ $F(z=9): 1s^2 2s^2 2p^5 \rightarrow 7e^-$

$\boxed{BF_3}$ LEWIS + RPECV

F   B   F
      F
24 electrones

$\Rightarrow$ F—B—F
         |
         F
   18 electrones

$\Rightarrow$ $\overset{\times\times}{\underset{\times\times}{\times F}} - B - \overset{\times\times}{\underset{\times\times}{F \times}}$
         $\overset{\times}{\underset{\times\times}{\times F \times}}$
   Definitiva!!

La estructura es definitiva al ser nula la carga formal. Molécula AX_3 con geometría TRIANGULAR PLANA y ángulo $\widehat{F-B-F} = 120°$

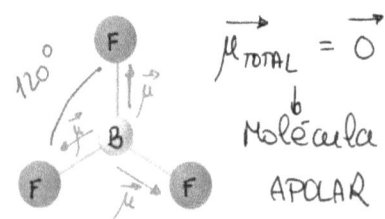

$\vec{\mu}_{TOTAL} = \vec{0}$

Molécula APOLAR

$\boxed{CF_4}$ LEWIS + RPECV

F

F   C   F $\Rightarrow$ F—C—F $\Rightarrow$ $\overset{\times\times}{\underset{\times\times}{\times F\times}}$

F   F $\underset{\times\times}{\times F\times} — C — \underset{\times\times}{F\times\times}$

                                                                $\underset{\times\times}{\times F\times}$

32 electrones   Quedan 24e⁻   Definitiva!!

La estructura es definitiva al ser nula la carga formal. Molécula AX_4 con geometría TETRAÉDRICA y ángulo $\widehat{F-C-F} = 109'5°$

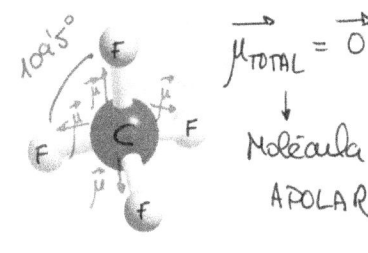

$\vec{\mu}_{TOTAL} = \vec{0}$
↓
Molécula
APOLAR

$\boxed{NF_3}$ LEWIS + RPECV

F   N   F   F—N—F $\underset{\times\times}{\times F\times} — N — \underset{\times\times}{F\times\times}$

F $\Rightarrow$ F $\Rightarrow$ $\underset{\times\times}{\times F\times}$ Definitiva!!

26 electrones   Quedan 20e⁻

La estructura es definitiva al ser nula la carga formal. Molécula AX_3E con geometría de PIRÁMIDE TRIGONAL y ángulo $\widehat{F-N-F} < 109'5°$

$\vec{\mu}_{TOTAL} \neq \vec{0}$
↓
Molécula
POLAR

< 109'5°

Y como ya hemos justificado: $\widehat{F-N-F} < \widehat{F-C-F} < \widehat{F-B-F}$

PÁGINA 9

CUESTIÓN 3

$$C_2H_6O_{(l)} + 3O_{2(g)} \longrightarrow 2CO_{2(g)} + 3H_2O_{(l)} \quad \Delta H_R^0 = -1367\ KJ$$

a) Al ser $\Delta H_R^0 < 0$, podemos asegurar que se trata de una reacción EXOTÉRMICA ya que se produce una LIBERACIÓN DE ENERGÍA

b) $23\,g_{etanol} \times \dfrac{1\,mol\,etanol}{46\,g_{etanol}} \times \dfrac{2\,mol\,CO_2}{1\,mol\,etanol} \times \dfrac{44\,g\,CO_2}{1\,mol\,CO_2} = 44\,g\ de\ CO_{2(g)}$

c) La formación de una sustancia es la reacción en la que se forma dicha sustancia partiendo de las especies elementales que la constituyen en su forma más abundante en la naturaleza. Por tanto

$$2C_{(s)} + 3H_{2(g)} + \tfrac{1}{2}O_{2(g)} \xrightarrow{\ \Delta H_R^0 = \Delta H_{f\,etanol}^0\ } C_2H_6O_{(l)}$$

d) $4CO_{2(g)} + 3O_{2(g)} \longrightarrow 2CO_{2(g)} + 3H_2O_{(l)} \quad \Delta H_R^0\ ??$

Si te fijas bien, esta reacción es la inversa de la reacción de combustión dada y además implica al doble de moles de cada especie. Por tanto:

$$\Delta H_R^0 = -2 \cdot \Delta H_{comb}^0 = -2 \cdot (-1367) = 2734\ KJ$$

CUESTIÓN 4

a) La sal en disolución:

$$CdSO_{4(ac)} \longrightarrow Cd^{2+}_{(ac)} + (SO_4)^{2-}_{(ac)}$$

Se trata de ver si el $Zn_{(s)}$ reacciona con los iones $Cd^{2+}_{(ac)}$

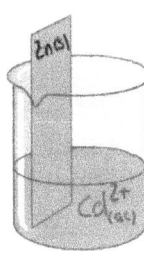

El $Zn_{(s)}$ solamente puede oxidarse. Para ello el $Cd^{2+}_{(ac)}$ debería reducirse. Veamos si es posible:

Red: $Cd^{2+}_{(ac)} + 2e^- \longrightarrow Cd_{(s)}$ $E^o_{red}(Cd^{2+}/Cd) = -0'4V$

Oxi: $Zn_{(s)} \longrightarrow Zn^{2+}_{(ac)} + 2e^-$ $E^o_{oxi}(Zn|Zn^{2+}) = +0'76V$

$$Cd^{2+}_{(ac)} + Zn_{(s)} \longrightarrow Cd_{(s)} + Zn^{2+}_{(ac)} \quad E^o_{reacción} = 0'36V$$

Como $E^o_{reacción} > 0$, la barra de $Zn_{(s)}$ se disolverá y la afirmación es FALSA.

b) En disolución $\begin{cases} CdSO_{4(ac)} \longrightarrow Cd^{2+}_{(ac)} + (SO_4)^{2-}_{(ac)} \\ CuSO_{4(ac)} \longrightarrow Cu^{2+}_{(ac)} + (SO_4)^{2-}_{(ac)} \end{cases}$

Como ambos iones $Cd^{2+}_{(ac)}$ y $Cu^{2+}_{(ac)}$ lo único que pueden hacer es reducirse, no habrá reacción entre ellos y la afirmación es FALSA

c)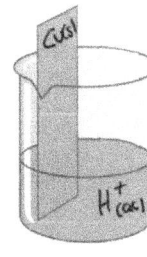

El $Cu_{(s)}$ solamente puede oxidarse. Igual que antes:

Red: $2H^+_{(ac)} + 2e^- \longrightarrow H_{2(g)}$ $E^o_{red}(H^+/H_2) = 0V$

Oxi: $Cu_{(s)} \longrightarrow Cu^{2+}_{(ac)} + 2e^-$ $E^o_{oxi}(Cu|Cu^{2+}) = -0'34V$

$$2H^+_{(ac)} + Cu_{(s)} \longrightarrow H_{2(g)} + Cu^{2+}_{(ac)} \quad E^o_{reacción} = -0'34V$$

Como $E^o < 0 \Rightarrow$ No hay reacción $\Rightarrow$ VERDADERO

PÁGINA 9

d) Se trata de ver si el $Al_{(s)}$ de las paredes del recipiente reacciona con los iones $Zn^{2+}_{(ac)}$

Red: $(Zn^{2+}_{(ac)} + 2e^- \longrightarrow Zn_{(s)}) \times 3$ $E^o_{red}(Zn^{2+}/Zn) = -0'76V$

Oxi: $(Al_{(s)} \longrightarrow Al^{3+}_{(ac)} + 3e^-) \times 2$ $E^o_{oxi}(Al/Al^{3+}) = +1'68V$

$$3Zn^{2+}_{(ac)} + 2Al_{(s)} \longrightarrow 3Zn_{(s)} + 2Al^{3+}_{(ac)} \quad E^o_{reacción} = 0'92V$$

Como $E^o > 0 \longrightarrow$ se produce la reacción. Las paredes del recipiente se disolverán y la afirmación es FALSA.

CUESTIÓN 5

$$2NO_{(g)} + H_{2(g)} \longrightarrow N_2O_{(g)} + H_2O_{(g)} \quad V = K[NO]^\alpha \cdot [H_2]^\beta$$

	$[NO]\frac{mol}{L}$	$[H_2]\frac{mol}{L}$	$V\frac{mol}{L \cdot min}$
1	0'15	0'8	0'5
2	0'075	0'8	0'125
3	0'15	0'4	0'25

$\Rightarrow \dfrac{V_1}{V_2} \Rightarrow \dfrac{0'5}{0'125} = \dfrac{K \cdot 0'15^\alpha \cdot 0'8^\beta}{K \cdot 0'075^\alpha \cdot 0'8^\beta} \longrightarrow 4 = 2^\alpha \Rightarrow \alpha = 2$

$\Rightarrow \dfrac{V_1}{V_3} \Rightarrow \dfrac{0'5}{0'25} = \dfrac{K \cdot 0'15^\alpha \cdot 0'8^\beta}{K \cdot 0'15^\alpha \cdot 0'4^\beta} \longrightarrow 2 = 2^\beta \Rightarrow \beta = 1$

La ley de velocidad por tanto: $V = K \cdot [NO]^2 \cdot [H_2]$

b) $V_1 = K \cdot [NO]^2 \cdot [H_2] \Longrightarrow$

$$\Longrightarrow K = \frac{V_1}{[NO]^2 \cdot [H_2]} = \frac{0'5 \, \frac{mol}{L \cdot min}}{0'15^2 \, \frac{mol^2}{L^2} \cdot 0'8 \, \frac{mol}{L}} = 27'78 \, \frac{L^2}{mol^2 \cdot min}$$

c) Si se reduce el volumen a la mitad, las concentraciones aumentarán, y por tanto la velocidad de reacción aumentará. En concreto:

$$V = K \cdot [NO]^2 \cdot [H_2]$$
$$\text{(mitad volumen)} \quad V' = K \cdot (2[NO])^2 \cdot (2[H_2]) = 8V$$

La velocidad aumentará en un factor de 8

CUESTIÓN 6

(1) $CH_3 - CH_2 - \underset{\underset{OH}{|}}{CH} - CH_2 - CH_3 \xrightarrow[calor]{H_2SO_4} CH_3 - CH_2 - CH = CH - CH_3 + H_2O$

pentan-3-ol   pent-2-eno

              ELIMINACIÓN   (deshidratación)

(2) $CH_3 - CH_2 - \underset{\underset{OH}{|}}{CH} - CH_2 - CH_3 \xrightarrow[calor]{KMnO_4} CH_3 - CH_2 - CO - CH_2 - CH_3$

pentan-3-ol   pentan-3-ona

          OXIDACIÓN

(3) $CH_3 - CH_2 - COOH + \underset{\underset{OH}{|}}{CH_2} - CH_2 - CH_3 \longrightarrow CH_3 - CH_2 - COO - CH_2 - CH_2 - CH_3 + H_2O$

ácido propanoico   propan-1-ol   propanoato de propilo

            CONDENSACIÓN (esterificación)

b) Este es de respuesta abierta, ya que hay muchos compuestos con fórmula $C_5H_{10}O_2$. Indicaré algunos pero podrían ser muchos otros.

Ácido pentanoico
(valérico) : $CH_3-CH_2-CH_2-CH_2-COOH$

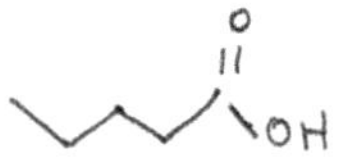

Grupo carboxilo
(ácido)

Acetato de propilo : $CH_3-COO-CH_2-CH_2-CH_3$

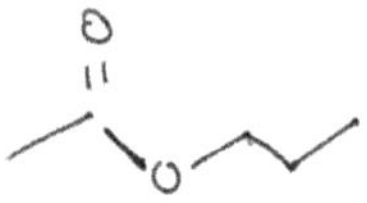

Grupo éster

. . .

©Juan Bertomeu Ferrer
www.bertoblog.com

 **GENERALITAT VALENCIANA**
Conselleria d'Educació,
Universitats i Ocupació

COMISSIÓ GESTORA DE LES PROVES D'ACCÉS A LA UNIVERSITAT

COMISIÓN GESTORA DE LAS PRUEBAS DE ACCESO A LA UNIVERSIDAD

SISTEMA UNIVERSITARI VALENCIÀ
SISTEMA UNIVERSITARIO VALENCIANO

PROVES D'ACCÉS A LA UNIVERSITAT	PRUEBAS DE ACCESO A LA UNIVERSIDAD
CONVOCATÒRIA: JULIOL 2024	CONVOCATORIA: JULIO 2024
Assignatura: QUÍMICA	Asignatura: QUÍMICA

BAREMO DEL EXAMEN: El examen consta de dos bloques: bloque I de cuatro problemas (se deben contestar *únicamente 2*) y bloque II de seis cuestiones (se deben contestar *únicamente 3*). Cada problema o cuestión tiene una puntuación máxima de 2 puntos. Únicamente se corregirán los 2 primeros problemas y las 3 primeras cuestiones respondidos en el examen escrito. Se permite el uso de calculadoras siempre que no sean gráficas o programables y que no puedan realizar cálculo simbólico ni almacenar texto o fórmulas en memoria.

Bloque I: PROBLEMAS (*elegir 2*)

Problema 1.

Una bombona de butano, $C_4H_{10}(g)$, contiene 13,6 kg. La combustión del butano genera $CO_2(g)$ y $H_2O(l)$.

a) Ajuste la ecuación química de combustión. Calcule el volumen teórico de aire (79 % dinitrógeno, 21 % dioxígeno, en volumen), medido a 1 atm y 25 °C, necesario para la combustión completa del butano contenido en una bombona. **(1 punto)**

b) Si la combustión del gas contenido en la bombona completa transcurre con un rendimiento del 85 %, calcule la cantidad de energía generada. **(1 punto)**

Datos: masas atómicas relativas: H = 1,0; C = 12,0; O = 16,0. $R = 0{,}082$ atm·L·mol^{-1}·K^{-1}.
Entalpías de formación estándar, ΔH_f^o (kJ·mol^{-1}): $C_4H_{10}(g)$ = −125,7; $CO_2(g)$ = −393,5; $H_2O(l)$ = −285,8.

Problema 2.

El óxido de nitrógeno(II), NO(g), es un gas implicado en numerosos procesos biológicos. Se puede obtener por reacción entre el dinitrógeno y el dioxígeno, de acuerdo con la ecuación química siguiente:

$$N_2(g) + O_2(g) \rightleftarrows 2\,NO(g), \quad K_c = 1{,}7 \cdot 10^{-3} \text{ a } 2300 \text{ K}.$$

En un recipiente, cuyo volumen es de 10 litros, se introducen 0,25 mol de O_2, 0,25 mol de N_2 y 0,06 mol de NO. Una vez cerrado, se calienta hasta 2300 K y se espera hasta alcanzar el equilibrio.

a) Calcule las concentraciones en equilibrio de los tres compuestos. **(1,2 puntos)**
b) Calcule la presión parcial de cada compuesto dentro del recipiente. **(0,8 puntos)**

Dato: $R = 0{,}082$ atm·L·mol^{-1}·K^{-1}.

Problema 3.

Se dispone en el laboratorio de una disolución de ácido acético, $K_a = 1{,}78 \cdot 10^{-5}$, de concentración desconocida. El pH de la disolución es 3,11.

a) Calcule la concentración, en mol·L^{-1}, de la disolución de ácido acético. **(1 punto)**
b) Si 20 mL de la disolución de ácido acético se diluyen con agua hasta alcanzar un volumen de 100 mL, ¿cuál será el pH de la disolución resultante? **(1 punto)**

Problema 4.

El dióxido de estaño, $SnO_2(s)$, se puede obtener en un laboratorio al reaccionar estaño con ácido nítrico concentrado, según la siguiente ecuación química <u>no ajustada</u>:

$$Sn(s) + HNO_3(ac) \rightarrow SnO_2(s) + NO_2(g) + H_2O(l)$$

a) Escriba las semirreacciones de oxidación y de reducción, así como la ecuación química global ajustada. **(1,2 puntos)**
b) ¿Cuántos gramos de SnO_2 se obtendrán al reaccionar completamente 5,0 g de estaño con un exceso de ácido nítrico? ¿Qué volumen de NO_2, medido a 23 °C y 790 mmHg, se generará en el proceso? **(0,8 puntos)**

Datos: masas atómicas relativas: H = 1; N = 14; O = 16,0; Sn = 118,7. $R = 0{,}082$ atm·L·mol^{-1}·K^{-1}. 760 mmHg = 1 atm.

Cuestión 1.

Considere los elementos **A**, **B**, **C** cuyos números atómicos son 13, 17 y 20 y sus números másicos son 27, 37 y 42, respectivamente.

a) Indique a qué grupo y periodo de la Tabla Periódica pertenece cada uno de los tres elementos. **(0,6 puntos)**
b) Escriba la configuración electrónica del estado fundamental de las especies: A^{3+}, B y C^{2+}. **(0,3 puntos)**
c) Determine el número de protones, neutrones y electrones para las tres especies del apartado **b)**. **(0,6 puntos)**
d) Aplicando la regla del octete, justifique el compuesto más probable que se formará entre los elementos **B** y **C**. **(0,5 p)**

Cuestión 2.

Sean las moléculas SiF_4, PCl_3 y SO_2.

a) Dibuje la estructura electrónica de Lewis de las tres especies. **(0,9 puntos)**
b) Deduzca la geometría de las tres moléculas y justifique si son polares o apolares. **(0,9 puntos)**
c) Deduzca si el ángulo de enlace O–S–O del SO_2 es mayor o menor que el Cl–P–Cl del PCl_3. **(0,2 puntos)**

Datos: números atómicos, Z: O = 8; F = 9; Si = 14; P = 15; S = 16; Cl = 17.
Electronegatividades: O = 3,4; F = 4,0; Si = 1,6; P = 2,0; S = 2,3; Cl = 2,7.

Cuestión 3.

Razone si las siguientes afirmaciones son verdaderas o falsas. **(0,5 puntos por cada apartado)**

a) La mezcla de 80 mL de HCl(ac) 0,1 M con 20 mL de $Ca(OH)_2$(ac) 0,2 M, da lugar a una disolución neutra.
b) El pH de una disolución acuosa de $(NH_4)_2SO_4$ es 7.
c) El pH de una disolución de NH_3 0,5 M es el mismo que el de una disolución de NaOH 0,5 M.
d) La mezcla de 50 mL de CH_3COOH(ac) 0,1 M con 50 mL de KOH(ac) 0,1 M, da lugar a una disolución neutra.
Datos: $K_a(CH_3COOH) = 1,8 \cdot 10^{-5}$; $K_b(NH_3) = 1,8 \cdot 10^{-5}$. $K_w = 10^{-14}$.

Cuestión 4.

Se dispone en el laboratorio de cuatro disoluciones, todas a concentración 1 M: **A**: HCl(ac); **B**: $AgNO_3$(ac); **C**: $Fe(NO_3)_2$(ac); **D**: $AlCl_3$(ac). Además, se dispone de unas láminas de Ag, Fe y Al. A partir de los datos de E^o, responda razonadamente:

a) ¿Es posible obtener aluminio, Al(s), a partir de la disolución **D**, haciendo que ésta reaccione con alguno de los tres metales de los que se dispone? **(0,5 puntos)**
b) ¿Se producirá alguna reacción al introducir una lámina de plata, Ag(s), en la disolución **A**? **(0,5 puntos)**
c) Se desea construir la pila galvánica que proporcione el potencial de celda más elevado.
c.1) Indique qué disoluciones y qué metales utilizaría para construir dicha pila galvánica. **(0,5 puntos)**
c.2) Escriba la semirreacción de oxidación y la de reducción, así como la reacción iónica global ajustada y calcule el potencial de la pila. **(0,5 puntos)**
Datos: potenciales estándar de reducción, E^o (V): Al^{3+}|Al: –1,66; Fe^{2+}|Fe: –0,44; H^+|H_2: 0,00; Ag^+|Ag: +0,80.

Cuestión 5.

La reacción entre los compuestos **A** y **B** para formar el compuesto **C**, es de primer orden respecto de **A** y de segundo orden respecto de **B**. En un experimento, donde se parte de concentraciones iniciales: $[A]_0 = 0,15$ mol·L^{-1}, $[B]_0 = 0,50$ mol·L^{-1}, se determina que la velocidad inicial es $2,5 \cdot 10^{-3}$ mol·$L^{-1} \cdot s^{-1}$.

a) Determine la constante de velocidad de la reacción. **(0,6 puntos)**
b) Determine la velocidad de reacción si las concentraciones iniciales se duplicaran. **(0,7 puntos)**
c) Al añadir un catalizador, la constante de velocidad aumenta en un factor de 10. Determine la velocidad de reacción cuando las concentraciones iniciales son: $[A]_0 = 0,15$ mol·L^{-1}, $[B]_0 = 0,50$ mol·L^{-1}. **(0,7 puntos)**

Cuestión 6.

Indique qué compuestos son **A**, **B**, **C**, **D** y **E** en las siguientes reacciones (fórmula molecular si son especies inorgánicas; nombre y fórmula estructural si se trata de moléculas orgánicas). Identifique el tipo de reacción en cada caso. **(0,5 puntos cada apartado)**

a)	$CH_3-CH(Br)-CH_3 + OH^-$	$\longrightarrow$	**A**
b)	$CH_3-CH=CH_2 + Cl_2$	$\longrightarrow$	**B**
c)	$CH_3-CH=CH_2 + O_2$	$\longrightarrow$	**C + D**
d)	$CH_3-CH_2OH + CH_3-CH_2-COOH$	$\xrightarrow{H^+, \text{ catalizador}}$	**E + H_2O**

PROBLEMA 1

$$C_4H_{10(g)} + \frac{13}{2} O_{2(g)} \longrightarrow 4 CO_{2(g)} + 5 H_2O_{(e)}$$

13'6 Kg   V?

a) $13'6 \ Kg_{C_4H_{10}} \times \frac{1000 g \, C_4H_{10}}{1 Kg \, C_4H_{10}} \times \frac{1 \, mol \, C_4H_{10}}{58 g \, C_4H_{10}} \times \frac{\frac{13}{2} \, mol \, O_2}{1 \, mol \, C_4H_{10}} = 1524'14 \ mol \, O_2$

$M(C_4H_{10}) = 4 \cdot 12 + 10 = 58 g/mol$

Con la ley de los gases:

$P \cdot V = n \cdot R \cdot T \implies V = \frac{n \cdot R \cdot T}{P} = \frac{1524'14 \cdot 0'082 \cdot 298}{1} = 37243'88 \ L \ O_2$

Y por tanto:

$37243'88 \ L \ O_2 \times \frac{100 L \, aire}{21 L \, O_2} = 177351'83 \ L \ de \ aire$

b) La entalpía de esta reacción viene dada por:

$$\Delta H_R^\circ = 5 \cdot \Delta H_{f_{H_2O}}^\circ + 4 \cdot \Delta H_{f_{CO_2}}^\circ - \frac{13}{2} \Delta H_{f_{O_2}}^\circ - \Delta H_{f_{C_4H_{10}}}^\circ$$

$$\Delta H_R^\circ = 5 \cdot (-285'8) + 4 \cdot (-393'5) - (-125'7) = -2877'3 \ KJ$$

Y por tanto, la energía liberada será:

$13'6 \ Kg_{C_4H_{10}} \times \frac{1000 g \, C_4H_{10}}{1 Kg \, C_4H_{10}} \times \frac{1 \, mol \, C_4H_{10}}{58 g \, C_4H_{10}} \times \frac{-2877'3 KJ \, teóricas}{1 \, mol \, C_4H_{10}} \times$

$\times \frac{85 \ KJ \, reales}{100 \ KJ \, teóricos} = -573475'66 \ KJ$, donde el signo

negativo indica que se trata de una energía desprendida

PROBLEMA 2

$$N_{2(g)} + O_{2(g)} \rightleftharpoons 2NO_{(g)} \quad K_c = 1'7 \cdot 10^{-3} \quad V = 10L$$

Inicial   0'25   0'25   0'06

Primero debemos establecer en qué sentido se desplazará la reacción para alcanzar el equilibrio. Para ello hay que evaluar el COCIENTE DE REACCIÓN Q_c y compararlo con el valor que tiene en el equilibrio (K_c). Así:

$$Q_c = \frac{[NO]^2}{[N_2][O_2]} = \frac{\left(\frac{0'06}{10}\right)^2}{\frac{0'25}{10} \cdot \frac{0'25}{10}} = \left(\frac{0'06}{0'25}\right)^2 = 0'0576$$

Y como $Q_c > K_c$, para alcanzar el equilibrio la reacción evolucionará en sentido inverso (hacia la izquierda)

Por tanto:

$$N_{2(g)} + O_{2(g)} \rightleftharpoons 2NO_{(g)}$$

Inicial   0'25   0'25   0'06

Reacción   + x   + x   − 2x

Equilibrio 0'25+x   0'25+x   0'06−2x

$$K_c = \frac{[NO]^2}{[N_2][O_2]} \rightarrow 1'7 \cdot 10^{-3} = \frac{\left(\frac{0'06-2x}{10}\right)^2}{\frac{0'25+x}{10} \cdot \frac{0'25+x}{10}} \rightarrow 1'7 \cdot 10^{-3} = \left(\frac{0'06-2x}{0'25+x}\right)^2$$

$$\Rightarrow \sqrt{1'7 \cdot 10^{-3}} = \frac{0'06-2x}{0'25+x} \rightarrow 0'0103 + 0'0412x = 0'06-2x \rightarrow$$

$$\rightarrow 2'0412x = 0'0497 \Rightarrow x = 0'0243 \; mol$$

PÁGINA 2

Por tanto, las concentraciones pedidas en el equilibrio:

$$[N_2]_{eq} = [O_2]_{eq} = \frac{0'25 + x}{10} = \frac{0'25 + 0'0243}{10} = 0'0274 \ mol/L$$

$$[NO]_{eq} = \frac{0'06 - 2x}{10} = \frac{0'06 - 2 \cdot 0'0243}{10} = 0'0011 \ mol/L$$

b) Para las presiones parciales, con la ley de los gases:

$$P \cdot V = n \cdot R \cdot T \implies P = \underbrace{\left(\frac{n}{V}\right)}_{\text{Concentración!!}} \cdot R \cdot T \implies P = C \cdot R \cdot T$$

$$P_{N_2} = P_{O_2} = 0'0274 \cdot 0'082 \cdot 2300 = 5'17 \ atm$$

$$P_{NO} = 0'0011 \cdot 0'082 \cdot 2300 = 0'21 \ atm$$

PROBLEMA 3

$$XH_{(ac)} + H_2O_{(\ell)} \rightleftharpoons X^-_{(ac)} + H_3O^+_{(ac)} \qquad K_a = 1'78 \cdot 10^{-5}$$

Inicial	C_0	...	— —
Disociación	$-x$	...	$+x$ $+x$
Equilibrio	$C_0 - x$		x x

$$pH = -\log[H_3O^+] \longrightarrow 3'11 = -\log(x) \implies x = 7'76 \cdot 10^{-4} \ mol/L$$

Y de la expresión de la constante:

$$K_a = \frac{[X^-][H_3O^+]}{[XH]} = \frac{x^2}{C_0 - x} \implies 1'78 \cdot 10^{-5} = \frac{(7'76 \cdot 10^{-4})^2}{C_0 - 7'76 \cdot 10^{-4}} \implies$$

$$\Rightarrow C_0 = \frac{(7'76 \cdot 10^{-4})^2}{1'78 \cdot 10^{-5}} + 7'76 \cdot 10^{-4} = 0'035 \text{ mol/L}$$

b)

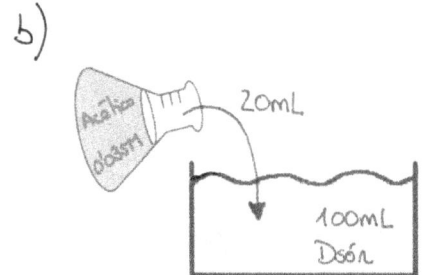

Antes de diluir en agua, tomamos 20 mL:

$$C = \frac{n_{acético}}{V_{dsón}} \Rightarrow n_{acético} = C \cdot V_{dsón} =$$

$$= 0'035 \cdot 0'02 = 7 \cdot 10^{-4} \text{ mol}$$

Por tanto, la nueva concentración será:

$$C = \frac{n_{acético}}{V_{dsón}} = \frac{7 \cdot 10^{-4}}{0'1} = 0'007 \text{ mol/L}$$

Con lo que el nuevo pH:

$$Ka = \frac{x^2}{C_0 - x} \longrightarrow 1'78 \cdot 10^{-5} = \frac{x^2}{0'007 - x} \Rightarrow$$

$$\Rightarrow x^2 + 1'78 \cdot 10^{-5} x - 1'25 \cdot 10^{-7} = 0 \begin{cases} x = 3'45 \cdot 10^{-4} \text{ mol/L} \\ x = \text{Negativo} \end{cases}$$

$$pH = -\log [H_3O^+] = -\log(x) = -\log(3'45 \cdot 10^{-4}) = 3'46$$

PROBLEMA 4

$$\underset{\text{Oxidación}}{\overbrace{\overset{0}{Sn}_{(s)} + \overset{+1}{H}\overset{+5}{N}\overset{-2}{O_3}_{(ac)} \longrightarrow \overset{+4}{Sn}\overset{-2}{O_2}_{(s)} + \overset{+4}{N}\overset{-2}{O_2}_{(g)} + \overset{+1}{H_2}\overset{-2}{O}_{(e)}}}$$

Reducción

Reducción: $\left((NO_3)^-_{(ac)} + 2H^+_{(ac)} + \bar{e} \longrightarrow NO_{2(g)} + H_2O_{(e)}\right) \times 4$

Oxidación: $Sn_{(s)} + 2H_2O_{(e)} \longrightarrow SnO_{2(s)} + 4H^+_{(ac)} + 4e^-$

$4(NO_3)^-_{(ac)} + 8H^+_{(ac)} \overset{4}{\cancel{}} + Sn_{(s)} + \cancel{2H_2O_{(e)}} \longrightarrow 4NO_{2(g)} + \cancel{4H_2O_{(e)}}^{2} + SnO_{2(s)} + \cancel{4H^+_{(ac)}}$

Iónica
Ajustada : $4(NO_3)^-_{(ac)} + 4H^+_{(ac)} + Sn_{(s)} \longrightarrow 4NO_{2(g)} + 2H_2O_{(e)} + SnO_{2(s)}$

Por tanto, la ecuación molecular: $M(SnO_2) = 118'7 + 2\cdot16 = 130'7\ g/mol$

$$Sn_{(s)} + 4\ HNO_{3(ac)} \longrightarrow SnO_{2(s)} + 4\ NO_{2(g)} + 2\ H_2O_{(e)}$$

$5g$ $g?$ $\overset{V?}{P = 790\,mmHg}$
                                      $T = 23°C$

$$5\,g_{Sn} \times \frac{1\,mol\ Sn}{118'7\,g_{Sn}} \times \frac{1\,mol\ SnO_2}{1\,mol\ Sn} \times \frac{150'7\,g\ SnO_2}{1\,mol\ SnO_2} = 6'35\,g\ SnO_{2(s)}$$

Por otro lado:

$$5\,g_{Sn} \times \frac{1\,mol\ Sn}{118'7\,g_{Sn}} \times \frac{4\,mol\ NO_2}{1\,mol\ Sn} = 0'168\,mol\ NO_2$$

Y con la ley de los gases:

$$P\cdot V = n\,R\,T \Longrightarrow V = \frac{n\,R\,T}{P} = \frac{0'168\cdot0'082\cdot296}{790/760} = 3'92\ L\ NO_2$$

©Juan Bertomeu Ferrer
www.bertoblog.com

CUESTIÓN 1

a) Mediante la configuración electrónica:

$A (z=13)$: $1s^2 2s^2 2p^6 3s^2 3p^1$ $\longrightarrow$ Periodo 3 Grupo 13

$B (z=17)$: $1s^2 2s^2 2p^6 3s^2 3p^5$ $\longrightarrow$ Periodo 3 Grupo 17

$C (z=20)$: $1s^2 2s^2 2p^6 3s^2 3p^6 4s^2$ $\longrightarrow$ Periodo 4 Grupo 2

b) $A^{3+} (A-3e^-)$: $1s^2 2s^2 2p^6$

$C^{2+} (C-2e^-)$: $1s^2 2s^2 2p^6 3s^2 3p^6$

$B^- (B+1e^-)$: $1s^2 2s^2 2p^6 3s^2 3p^6$

c) Dado un átomo neutro $^A_z X$, el número atómico "z" representa el número de protones en el núcleo y el número másico "A" representa el número de nucleones (es decir la suma de protones más neutrones). Por ello:

$^{27}_{13}A \longrightarrow$
{ 13 protones
13 electrones
14 neutrones

y por tanto $^{27}_{13}A^{3+} \longrightarrow$
{ 13 protones
10 electrones
14 neutrones

$^{37}_{17}B \longrightarrow$
{ 17 protones
17 electrones
20 neutrones

y por tanto $^{37}_{17}B^- \longrightarrow$
{ 17 protones
18 electrones
20 neutrones

$^{42}_{20}C \longrightarrow$
{ 20 protones
20 electrones
22 neutrones

y por tanto $^{42}_{20}C^{2+} \longrightarrow$
{ 20 protones
18 electrones
22 neutrones

PÁGINA 6

d) B es un no metal y C es un metal tal y como se ha justificado en el apartado a). La diferencia entre las electronegatividades es lo suficientemente grande como para que los átomos del metal cedan electrones al no metal, transformándose iones positivos y negativos respectivamente. (ENLACE IÓNICO). La fórmula de estos compuestos se determina al combinar estos iones de manera que la suma de cargas sea neutra y por tanto:

$$C^{2+} B^- \longrightarrow CB_2$$

PARA SER RIGUROSO debenamos reservar el nombre "regla del octeto" para referirnos a los compuestos covalentes en los que los átomos efectivamente comparten electrones para completar su capa de valencia. En nuestro caso el átomo B si completa su capa pero no así el átomo C que pierde sus electrones de valencia (aunque quede estable con 8e⁻ en una capa interna). No pasa nada si llamas a esto "regla del octeto" pero en los compuestos iónicos es mejor enfocarse en la TRANSFERENCIA de los electrones y la posterior estabilización de los iones en la red cristalina.

PÁGINA 7

Puede parecer una tontería, pero el mecanismo que subyace es diferente en los compuestos covalentes, donde sí se alcance la estabilidad cumpliendo el octeto mediante la compartición de los electrones. En el compuesto iónico la estabilidad no proviene del hecho de tener $8e^-$ sino de la interacción electrostática de los iones de la red.

CUESTIÓN 2

$Si (z=14): 1s^2 2s^2 2p^6 3s^2 3p^2 \rightarrow 4e^-$ $F(z=9): 1s^2 2s^2 2p^5 \rightarrow 7e^-$

$P(z=15): 1s^2 2s^2 2p^6 3s^2 3p^3 \rightarrow 5e^-$ $Cl(z=17): 1s^2 2s^2 2p^6 3s^2 3p^5 \rightarrow 7e^-$

$S(z=16): 1s^2 2s^2 2p^6 3s^2 3p^4 \rightarrow 6e^-$ $O(z=8): 1s^2 2s^2 2p^4 \rightarrow 6e^-$

$\boxed{SiF_4}$ LEWIS + RPECV

32 electrones   24e⁻   Definitiva!!

La estructura es definitiva al ser nula la carga formal sobre todos los átomos Se trata de una molécula AX_4 que presenta geometría TETRAÉDRICA

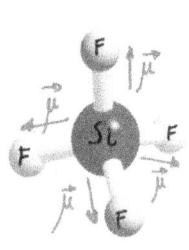

Hemos aprovechado la representación de la molécula para inducir los momentos dipolares $\vec{\mu}$, y como puedes ver:

Como $\vec{\mu}_{TOTAL} = \vec{0}$ ⟹   MOLÉCULA APOLAR

$\boxed{P\,Cl_3}$ LEWIS + RPECV

Cl P Cl

Cl

⟹ Cl —P— Cl

Cl

⟹ :Cl̈ —P— Cl̈:

Cl̈:

26 electrones   Quedan 20e-   Definitiva!!

La estructura es definitiva al ser nula la carga formal sobre todos los átomos. Se trata de una molécula AX_3E que presentará geometría de PIRÁMIDE TRIGONAL con ángulo de enlace $\widehat{Cl-P-Cl} < 109'5°$ debido a la mayor repulsión del par no enlazante sobre P.

Como $\vec{\mu}_{TOTAL} \neq \vec{0}$

⇓

MOLÉCULA POLAR

$\boxed{SO_2}$ LEWIS + RPECV

$$O \quad S \quad O \implies O-S-O \implies \overset{\times\times}{\underset{\times\times}{O}}-S-\overset{\times\times}{\underset{\times\times}{O}} \implies \overset{\times}{\underset{\times\times}{O}}=\overset{\times}{S}=\overset{\times}{\underset{\times\times}{O}}$$

18 electrones   Queda 14e⁻   carga formal   Definitiva!!

La estructura es definitiva al ser nula la carga formal sobre todos los átomos. Recuerda que el azufre es un átomo del periodo 3 que tiene orbitales "d" disponibles (OCTETO EXPANDIDO). Se trata de una molécula AX_2E que presenta geometría ANGULAR con ángulo de enlace $O-\overset{\frown}{S}-O$ MUY LIGERAMENTE inferior a 120°

Como $\vec{\mu}_{TOTAL} \neq \vec{0} \implies$ MOLÉCULA POLAR

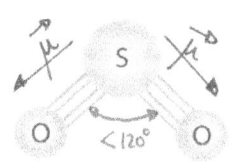

c) La distribución electrónica en torno al fósforo en PCl_3 es tetraédrica (es decir tridimensional) y esto hace que el efecto del par no enlazante sea significativo. Por eso el ángulo $Cl-\overset{\frown}{P}-Cl$ es significativamente menor que el ángulo teórico (109'5°). Sin embargo, en el SO_2, la distribución es plana y los efectos de la repulsión del par no enlazante es menos significativa. Además, los enlaces dobles ocupan más espacio, lo que reduce aún más la posible distorsión que provoca el par no enlazante. Es por este motivo por el que, a pesar de la existencia del par no enlazante sobre S, el ángulo $O-\widehat{S}-O$ es prácticamente igual a 120°. Por todo ello

$$O-\widehat{S}-O \; > \; Cl-\widehat{P}-Cl$$

CUESTION 3

a) $M = \dfrac{n}{V}$

$n_{HCl} = M \cdot V = 0'1 \cdot 0'08 = 0'008 \; mol \; HCl$

$n_{Ca(OH)_2} = M \cdot V = 0'2 \cdot 0'02 = 0'004 \; mol \; Ca(OH)_2$

La reacción de neutralización:

$$2HCl_{(ac)} + Ca(OH)_{2\,(ac)} \longrightarrow CaCl_{2\,(ac)} + 2H_2O_{(\ell)}$$

	$2HCl$	$Ca(OH)_2$	$CaCl_2$	$2H_2O$
Inicial	0'008	0'004	—	. . .
Reacción	-0'008	-0'004	+0'004	. . .
Final	0	0	0'004	. . .

Como ves, el ácido y la base se agotan por completo. Por otro lado, la sal en disolución.

$$CaCl_{2\,(ac)} \longrightarrow Ca^{2+}_{(ac)} + 2Cl^-_{(ac)}$$

Ninguno de estos iones hidroliza, ya que provienen de ácido y base fuerte. No habiendo exceso ni de ácido ni de base, ni tampoco hidrólisis, el pH de la disolución será neutro y la afirmación es

VERDADERA.

b) La sal en disolución:

$$(NH_4)_2SO_{4\,(ac)} \longrightarrow 2\,NH_{4\,(ac)}^+ + (SO_4)^{2-}_{(ac)}$$

El ión sulfato $(SO_4)^{2-}$ se comporta como base conjugada de un ácido fuerte y por tanto no hidroliza.

El ión amonio NH_4^+ es el ácido conjugado de la base débil NH_3 e hidrolizará según:

$$NH_{4\,(ac)}^+ + H_2O_{(\ell)} \rightleftharpoons NH_{3\,(ac)} + H_3O^+_{(ac)}$$

La disolución por tanto es ácida (pH < 7) y la afirmación es FALSA

c) NaOH es una base fuerte y NH_3 es una base débil. Como la concentración inicial es la misma, la disolución de NaOH será más básica

$$pH_{NaOH} > pH_{NH_3} \implies \text{la afirmación es FALSA}$$

d)

$$M = \frac{n}{V}$$

$n_{CH_3COOH} = M \cdot V = 0'1 \cdot 0'05 = 0'005 \ mol \ CH_3COOH$

$n_{KOH} = M \cdot V = 0'1 \cdot 0'05 = 0'005 \ mol \ KOH$

La reacción de neutralización:

$$CH_3COOH_{(ac)} + KOH_{(ac)} \longrightarrow CH_3COOK_{(ac)} + H_2O_{(\ell)}$$

Inicial	0'005	0'005	—	—
Reacción	$-0'005$	$-0'005$	$+0'005$	...
Final	0	0	$+0'005$	...

El ácido y la base se agotan por completo. Por otro lado, la sal en disolución.

$$CH_3COOK_{(ac)} + H_2O_{(\ell)} \rightleftharpoons CH_3COO^-_{(ac)} + K^+_{(ac)}$$

El ión K^+ es el ácido conjugado de una base fuerte y por tanto no hidroliza. El ión CH_3COO^- es base conjugada de un ácido débil y por tanto hidroliza:

$$CH_3COO^-_{(ac)} + H_2O_{(\ell)} \rightleftharpoons CH_3COOH_{(ac)} + OH^-_{(ac)}$$

Por tanto, la disolución es básica $(pH > 7) \Rightarrow$ FALSO

CUESTIÓN 4

a) La disolución D:

$$AlCl_{3\,(ac)} \longrightarrow Al^{3+}_{(ac)} + 3Cl^-_{(ac)}$$

Para que $Al^{3+}_{(ac)}$ se reduzca a $Al_{(s)}$ deberá reaccionar con algún metal que se oxide de modo que $E^o_{reacción} > 0$

©Juan Bertomeu Ferrer
www.bertoblog.com

Por tanto:

$$E^o_{reacción} > 0 \Rightarrow E^o_{red}(Al^{3+}/Al) + E^o_{oxi} > 0 \Rightarrow$$

$$\Rightarrow -1'66 + E^o_{oxi} > 0 \Rightarrow E^o_{oxi} > 1'66 \ V$$

Podrán reducir a Al^{3+} aquellos metales que tengan $E^o_{oxi} > 1'66 V$
Como ves, ninguno de los metales propuestos cumple y
por tanto no es posible obtener $Al(s)$

b) La disolución A:

$$HCl_{(ac)} \longrightarrow H^+_{(ac)} + Cl^-_{(ac)}$$

Se trata de ver si la $Ag_{(s)}$ reacciona con los iones $H^+_{(ac)}$

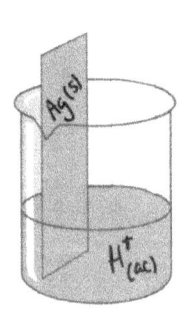

La $Ag(s)$ solamente puede oxidarse. Para ello H^+ debería reducirse. Veamos si es posible:

Red: $2H^+_{(ac)} + 2e^- \longrightarrow H_2 {}_{(g)}$ $E^o_{red}(H^+/H_2) = 0V$

Oxi: $\left(Ag_{(s)} \longrightarrow Ag^+_{(ac)} + 1e^-\right) \times 2$ $E^o_{oxi}(Ag/Ag^+) = -0'8V$

$$2H^+_{(ac)} + 2Ag_{(s)} \longrightarrow H_2{}_{(g)} + 2Ag^+_{(ac)} \quad E^o_{reacción} = -0'8 \ V$$

Como $E^o_{reacción} < 0 \Rightarrow$ No se producirá ninguna reacción.

c) El par que mayor tendencia tiene a reducirse es
$Ag^+_{(ac)}/Ag_{(s)}$ y el de mayor tendencia a oxidarse es $Al_{(s)}|Al^{3+}_{(ac)}$
Por tanto, construiremos la pila según:

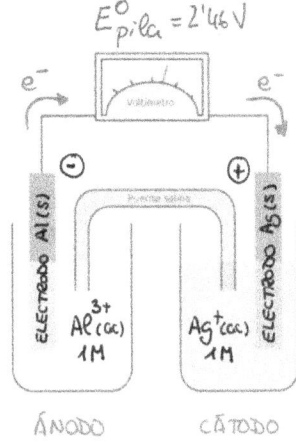

$E^o_{pila} = 2'46\,V$

Reducción: $(Ag^+_{(ac)} + 1e^- \longrightarrow Ag_{(s)}) \times 3$ $E^o_{red} = 0'8\,V$
(CÁTODO)

Oxidación: $Al_{(s)} \longrightarrow Al^{3+}_{(ac)} + 3e^-$ $E^o_{oxi} = 1'66\,V$

PILA: $3\,Ag^+_{(ac)} + Al_{(s)} \longrightarrow 3\,Ag_{(s)} + Al^{3+}_{(ac)}$ $E^o_{pila} = 2'46\,V$

Esquema: $Al_{(s)} | Al^{3+}_{(ac)} \| Ag^+_{(ac)} | Ag_{(s)}$

CUESTIÓN 5

Tenemos una reacción $A + B \longrightarrow C$ de primer orden respecto a A y de segundo orden respecto a B. Por tanto.

$$V = K \cdot [A] \cdot [B]^2$$

a) $V = K \cdot [A] \cdot [B]^2 \Rightarrow K = \dfrac{V}{[A] \cdot [B]^2} = \dfrac{2'5 \cdot 10^{-3}\,\frac{mol}{L \cdot s}}{0'15\,\frac{mol}{L} \cdot 0'5^2\,\frac{mol^2}{L^2}}$

$$\Rightarrow K = 0'067\,\dfrac{L^2}{mol^2 \cdot s}$$

b) Duplicando concentraciones:

$V' = K \cdot (2[A]) \cdot (2[B])^2 = 8\,\underbrace{K[A][B]^2}_{V} = 8V = 8 \cdot 2'5 \cdot 10^{-3} = 0'02\,\dfrac{mol}{L \cdot s}$

c) Con $K_{cat} = 10\,K$

$V' = K_{cat} \cdot [A][B]^2 = 10\,\underbrace{K[A][B]^2}_{V} = 10V = 10 \cdot 2'5 \cdot 10^{-3} = 0'025\,\dfrac{mol}{L \cdot s}$

CUESTIÓN 6

a) $CH_3-CH(Br)-CH_3 + OH^- \longrightarrow CH_3-\overset{\overset{\displaystyle OH}{|}}{CH}-CH_3 + Br^-$

2-bromopropano   SUSTITUCIÓN   propan-2-ol

b) $CH_3-CH=CH_2 + Cl_2 \xrightarrow[\text{ADICIÓN}]{} CH_3-\overset{\overset{\displaystyle Cl}{|}}{CH}-\overset{\overset{\displaystyle Cl}{|}}{CH_2}$

propeno   1,2-dicloropropano

c) $CH_3-CH=CH_2 + \frac{9}{2}O_2 \longrightarrow 3\,CO_2 + 3\,H_2O$

propeno   REDOX   dióxido de   agua
            (Combustión)   carbono

d) $CH_3-CH_2OH + CH_3-CH_2-COOH \longrightarrow CH_3-CH_2-COO-CH_2-CH_3 + H_2O$

etanol   ácido propanoico   propanoato de
                                                             etilo
                              CONDESACIÓN
                              (Esterificación)